半導體製程入門

從零開始了解晶片製造

Kevin Chen 著

作　　者：Kevin Chen
編　　輯：林楷倫

董 事 長：曾梓翔
總 編 輯：陳錦輝

出　　版：博碩文化股份有限公司
地　　址：221 新北市汐止區新台五路一段 112 號 10 樓 A 棟
電話 (02) 2696-2869　傳真 (02) 2696-2867

發　　行：博碩文化股份有限公司
郵撥帳號：17484299　戶名：博碩文化股份有限公司
博碩網站：http://www.drmaster.com.tw
讀者服務信箱：dr26962869@gmail.com
訂購服務專線：(02) 2696-2869 分機 238、519
（週一至週五 09:30 ～ 12:00；13:30 ～ 17:00）

版　　次：2025 年 1 月初版一刷

建議零售價：新台幣 680 元
I S B N：978-626-414-108-6
律師顧問：鳴權法律事務所 陳曉鳴律師

國家圖書館出版品預行編目資料

半導體製程入門：從零開始了解晶片製造 / Kevin Chen 著 . -- 初版 . -- 新北市：博碩文化股份有限公司 , 2025.01
　面；　公分

ISBN 978-626-414-108-6（平裝）

1.CST: 半導體 2.CST: 半導體工業
3.CST: 技術發展

448.65　　113020673

Printed in Taiwan

商標聲明

有限擔保責任聲明

著作權聲明

前言

人類的欲望促使著科學技術的快速發展，從家庭到職場，人類一直在探索可以將各種場景中的日常活動簡單化的方案。這也讓技術設備的不斷升級成為創新思想家們（Innovative thinker）一直關注的焦點。人類的這種欲望促使只能做簡單運算的機器不斷升級為更實用、更精密的設備。

從古至今，人類從未停止過發明機器的腳步。1871 年查爾斯 · 巴貝奇（Charles Babbage）的分析機（Analytical Engine）就是最具代表性的實驗創舉。分析機具備了現代電腦的所有設計思想：穿孔卡片和輸出設備相當於現在的記憶體。後來電的發現讓人類用電控制電腦的想法開始萌生，並成為了當時的一大主流思想。很多科學家開始嘗試用電力來驅動電腦，其中電子數值積分電腦（ENIAC：Electronic Numerical ntegrator and Computer）採用了真空電子管和各種電路來驅動電腦。1947 年，電晶體誕生。電晶體可以用微小的電量控制大量電流的流動，可謂是顛覆性的創造。1959 年，貝爾研究所的研究員穆罕默德 · 阿塔拉（Mohamed M. Atalla）博士和姜大元（Dawon Kahng）博士共同發明了一種 MOSFET（金氧半場效電晶體，縮寫為 MOS）（後文都用 MOS）大幅提高了科學技術生產率。

如今，我們日常的生活、生產、交通、通訊、醫療、建築等等方面都充斥著各式各樣的電子產品。不誇張的說，不論是在家裡、職場還是出行，每個人都無法跟手機、iPad、數位相機、無人機、導航、購物、社交等各類智慧電子產品或者五花八門的應用相割裂。深究這些產品，我們就會認識一個專業名詞：半導體，被譽為世界上第四大重要發明，生活中的手機、電視、電腦、汽車等電子產品、設備都與半導體無不相關。無可否認，不論是半導體技術還是其產業本身，都已經成為所有市場中最大的產業之一。全球媒體、企業和政府也紛紛把目光投向了半導體工廠的下一個建設地。而每一次的技術革新都會進一步增加對智慧設備的需求，半導體晶片的重要性也隨之變得愈加突顯。

我們再來看一下普通電子零件是怎麼製成的。只要拆解身邊的任何一件電子產品，我們便不難發現：其基本結構都是把電晶體、乾電池、蓄電池和電感線圈等各種單位電子元件固定在印刷電路板（PCB：Printed Circuit Board，是指在通用基材上按預定設計形成點間連接及印製元件的印刷板）上，製程工藝可簡單概括為「電子元件的製造 → 電子元件的固定」。

同樣，在晶圓（Wafer）上製作 MOS 時也採用這種順序。晶圓加工的第一道工藝就是「製造」各種電子元件。說是「製造」，其實就是透過在晶圓上的各種處理，繪製所需的電子元件。這一過程我們稱之為晶圓加工的前道工序（FEOL，Front End Of the Line）。隨後，我們需要「固定」這些電子元件。當然，對於這麼小的電子元件，無法使用直接焊接的方式，而是需要採用與前道工序相似的技術，透過金屬佈線在多達數十億個電子元件之間形成連接。這一過程我們稱之為晶圓加工的後道工序（BEOL，Back End Of the Line）。

「半導體製造工藝」，簡短七個字，事實上卻包含著各式各樣的工藝與技能在其中。半導體究竟為何物？它是如何製造而成的呢？在這本書中，第 1 章概論介紹半導體所有製程，同時說明其與製造工藝間的關係。第 2 章至第 5 章則是從各製程的細分環節依次個別說明其中所使用的代表性工藝、構造、動作原理、性能等。總體而言，本書會從整體性、實踐性的觀點來明確解說半導體製程，以及與各個製程中所使用的製造工藝間的關聯性，盡可能幫助各位讀者能更加系統性地深入理解半導體製造。

目錄

1 CHAPTER 半導體製程概論

2 CHAPTER 前段製程

3 後段製程
CHAPTER

4 CHAPTER 後段製程半導體行業發展趨勢

5 CHAPTER 後段製程半導體製程裝置清單及專業術語匯總

1
CHAPTER
半導體製程概論

1.1 什麼是「半導體」

物質存在的形式和狀態可以大致分為固態、液態、氣態和電漿態。眾所周知，我們一般將導電性良好的金屬稱為導體，而將導電性極差的材料稱為絕緣體。當定義一種稱為「**半導體（Semi Conductor）**」的物體時，通常按字面意思對其進行解釋。「半導體」一詞由首碼「semi-」（意為「半」）和單詞「conductor」（「導體」）組合而成，其介於導體和絕緣體之間（見表 1-1）。

▶ **表 1-1　導體、半導體與絕緣體的區別**

導體、半導體與絕緣體的區別	
導體	電導率大於 103S/cm 的材料，如金（**Au**）、銀（Ag）、銅
絕緣體	電導率小於 10^{-8}S/cm 的材料，如玻璃、塑膠
半導體	電導率介於兩者之間的材料，如矽（Si）、鍺（Ge）、硼（B）

與導體和絕緣體相比，半導體材料的發現是最晚的，直到 20 世紀 30 年代，當材料的提純技術改進以後，半導體的存在才真正被學術界認可。半導體在積體電路（IC）、消費電子、通訊系統、光伏發電、照明、大功率電源轉換等領域都有應用，如二極體、三極體等就是採用半導體製作的元件。無論從科技或是經濟發展的角度來看，半導體的重要性都是非常巨大的。

那麼，「半」電流到底是什麼意思？如何才能更精確地定義半導體？

1.1.1 從電流的角度看半導體

區分導體和絕緣體的標準是是否「導電」。如果一種物體導電，則為導體；如果不導電，則為絕緣體。那麼，作為介於導體和絕緣體之間的物體，半導體到底應傳導多少電流？ 10[A] 還是 10[mA]、10[nA] 還是 10[pA] ？沒有人能給出確切答案。原因是「傳導一半電流」的含義只是字面意義，並無科學界定。

但是，諸如「**導電（ON）**」和「**不導電（OFF）**」這樣的二分規則在字面上和科學上都講得通，所以對導體和絕緣體的定義具有合理性。在這種定義下，半導體（意謂著半「導電」）屬於「導電（ON）」類別，所以半導體應被視為「導體」。因此，就電流（導電性）而言，半導體必須包含在導體的範疇內。

1.1.2 「摻雜（Doping）」使絕緣材料變成導電材料

那為何要將半導體和導體區分開來呢？原因是，當區分導體、半導體和絕緣體時，「材料屬性」的影響大於物體本身屬性或操作的影響。地球上的材料中，特別是屬於 14 族元素的純鍺和矽，都是絕緣材料；然而，當 13 族或 15 族元素與 14 族元素進行化學合成（摻雜）並與 14 族元素鍵合（共用原子和最外層電子）後，電導率（σ）有所增加。換句話說，**電阻率（ρ）**，也就是不導電的程度，相應降低。這是一項突破性的技術創新，可以根據需要控制電流量，同時自由管理摻雜濃度。由此可見，半導體的魅力在於其可以透過**摻雜（擴散（Diffusion）或離子植入）**將純矽絕緣體轉化為導電材料（如圖 1-1 所示）。

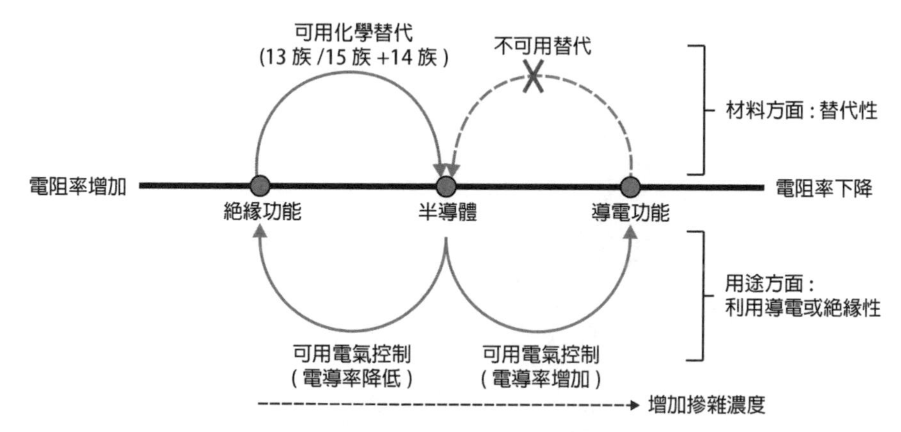

▲ 圖 1-1 半導體的導電、絕緣性質與其電阻率的關係示意圖

同時，可以根據摻雜量來決定電導率或電阻率。被摻雜的材料（具有比絕緣材料低而比導電材料高的中等電阻率值）稱為半導體。這種材料具有多種類型，如基板（N 型 /P 型基板）、「井」字形（N 型 /P 型）、源型 / 汲極端子（N 型 /P 型）、多柵端子和其它次要層。半導體有時用作導體或絕緣體。因此，將半導體定義為「半個導體」這種說法不甚明確。但三四年前，在 3D-NAND（**NAND Flash Memory 的簡稱，Flash Memory 譯為快閃記憶體，是 1 種非揮發性記憶體**）中限制（儲存）電子時，有時使用一種具有半導體概念的 CTF 材料，但除了這些情況，半導體都被用作導體或絕緣體。

1.1.3 四個表徵半導體的常數

半導體可以用許多變數和常數來表徵和分類，但在區分導電或絕緣的材料性質時，用常數來表示比較方便。在表徵半導體的各個常數中，電導率、介電常數或磁導率難以計算，因為這些電氣或磁性特性應透過輸入變數（如電場強度或磁場強度）來推導出。

但是，當使用表示電阻率的常數 ρ，<R=ρ（長度 / 面積）>時，半導體的三維體積（長度和面積）和材料屬性可以由固定值（常數）推導出。此外，電阻率不容易受到除溫度外的其它數值的影響。半導體的電阻率範圍為 10^-4 至 10^2 Ω · m，這便於表徵材料屬性（隨著資料變化，該範圍略有不同）：但是，這些電阻率值也會隨著溫度的變化而變化（如圖 1-2 所示）。

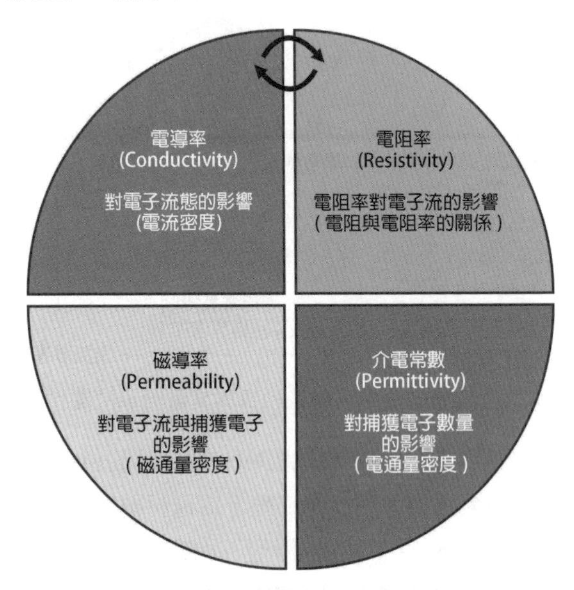

▲ 圖 1-2 四個影響半導體的常數

1.1.4 半導體的定義

綜上所述，半導體是指透過將 13 族或 15 族的雜質元素與絕緣材料純矽進行化學鍵合（摻雜），將材料的電阻率常數降低到約 10^-4 至 10^2 Ω · m 而得到的一種物體。這種摻雜方法透過允許每種材料或每層具有各自獨特的電阻率常數來決定非存放裝置和存放裝置的電阻率或電導率常數（如圖 1-3 所示）。根據這些常數的值提前計算電荷是否容易變動，這也影響了捕獲或儲存電子的能力。存放裝置還受到介電常數（電荷比例累積）或磁導率常數（磁通量密度比例）的影響。

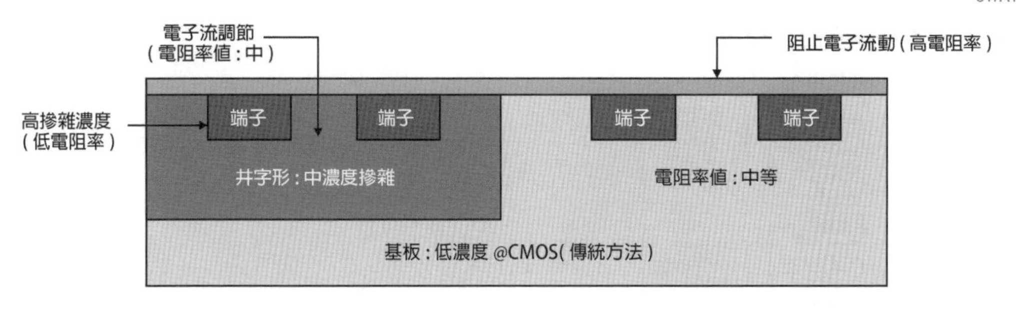

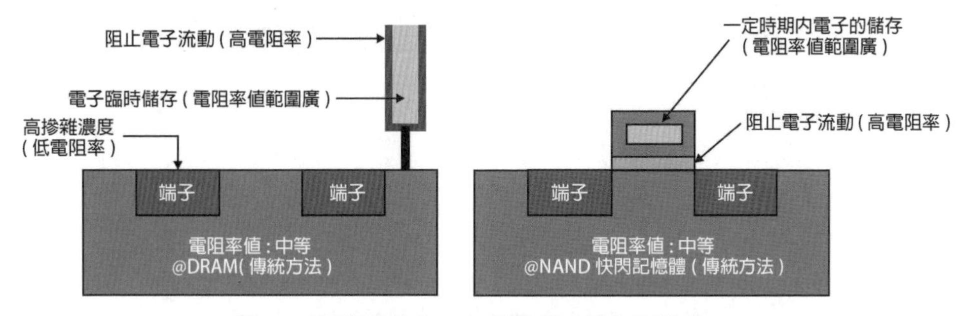

▲ 圖 1-3 轉換電阻(TR)的內部結構和電阻率

因此，**動態隨機存取記憶體**(**DRAM：Dynamic Random Access Memory**)的**電容器**(**Capacitor**)和 **NAND** 的浮動柵能捕獲到的漏極電流和電子的數量可透過調整上文提及的四個常數(電阻率、電導率、介電常數和磁導率)來確定。同時，應盡量減小外部電流對被捕獲的或流動的電子的影響(透過計算數值並相應地改變結構或材料，可以防止電子流動和電子數量發生快速變化)。最終，透過調整摻雜量和改變層狀材料的結構形式，調整上述四個常數至適當值，從而使半導體組合元件能夠正常執行 **ON/OFF**(**導電 / 不導電**)功能。

絕緣體有多種材料，如氧化材料、氮化材料、矽基材料(砷化鎵半導體等)。其中具有代表性的是，透過在純矽絕緣體中摻雜具有所需導電性的材料製成的半導體。摻雜後，摻雜量不變，「電阻率」值也不變(兩者成反比)。簡而言之，半導體可以解釋為透過在絕緣矽中摻雜 13 族或 15 族雜質使電阻率值發生變化所形成的導體。沒有一種半導體是半個導體。儘管長期以來將非黃金材料轉化為黃金的煉金術均以失敗告終，但隨著摻雜半導體的誕生，20 世紀的轉型煉金術取得了成功。

1.1.5 半導體分類

根據不同的分類方法，我們可以將半導體分為以下五類：

1、按照半導體的化學成分劃分（如圖 1-4 所示）：

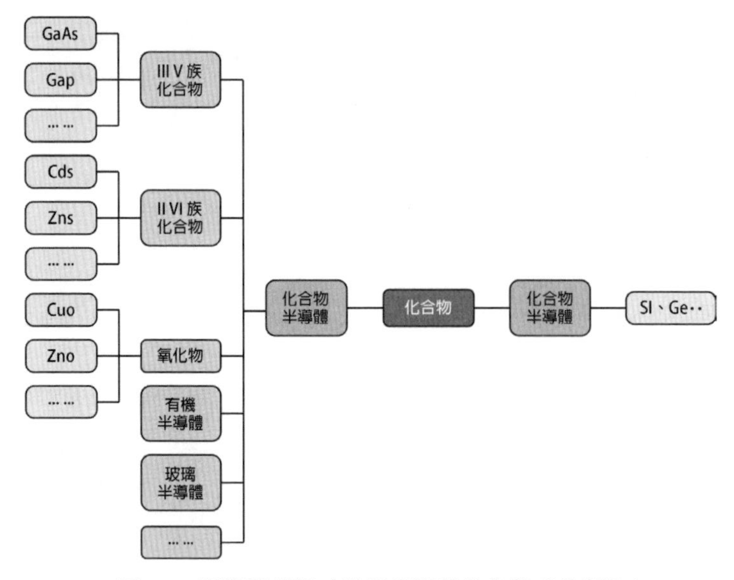

▲ 圖 1-4　半導體分類（按照半導體的化學成分劃分）

2、按照摻雜與否劃分（如圖 1-5 所示）：

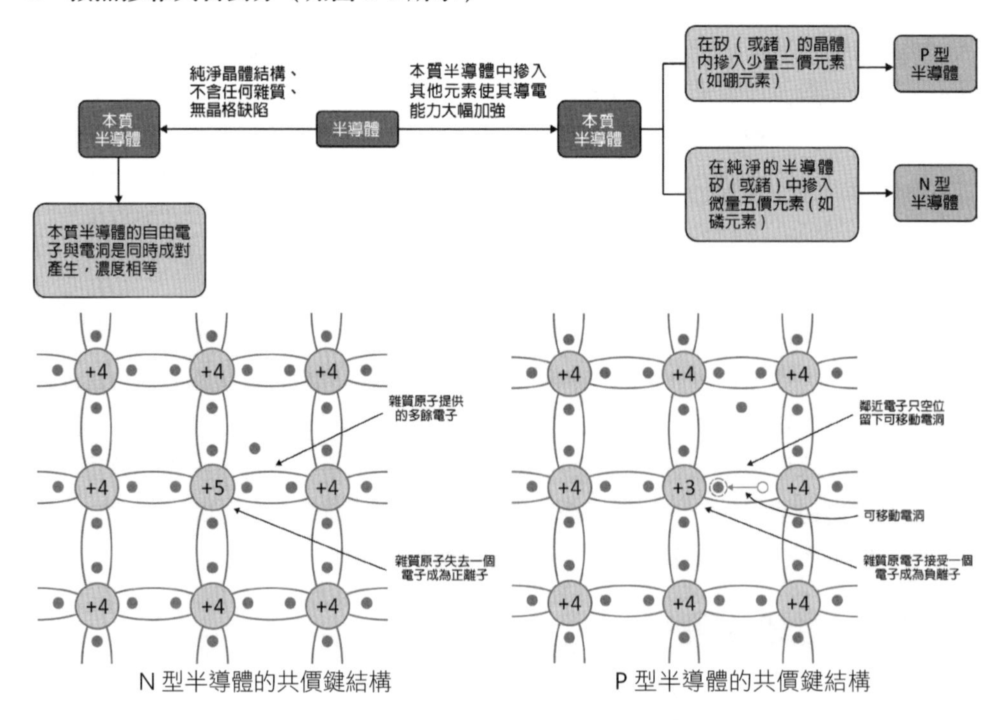

▲ 圖 1-5　半導體分類（按照摻雜與否劃分）

假如在一塊半導體矽上摻入一半三價的硼，和一半五價的磷，這樣就形成了一種基本的結構：PN 接面。PN 接面只允許電流從 P 端向 N 端流動，卻不允許 N 端電流向 P 端移動。這就是二極體的單向導電機理（如圖 1-6 所示）。

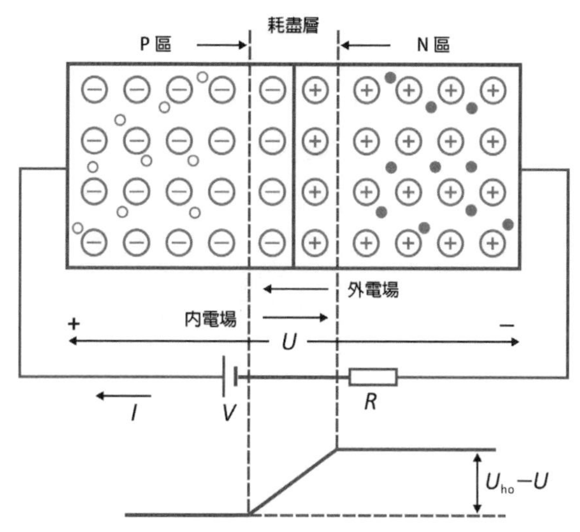

▲ 圖 1-6 PN 接面加正向電壓時導通

3、按照產品標準方式劃分（如圖 1-7 所示）：

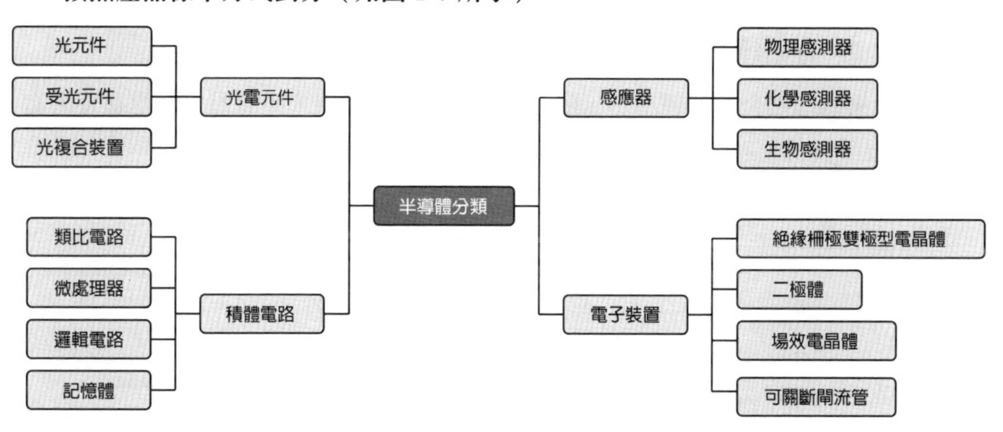

▲ 圖 1-7 半導體分類（按照產品標準方式劃分）

4、按照積體電路製造工藝劃分：

包括 28nm、20nm、14nm、10nm、7nm、5nm、3nm 等等，是指晶片內部電晶體**閘極（Gate）**的最小線寬（閘寬），工藝製程反映半導體製造技術先進性。

5、按照使用功能劃分：

此種分類方式應該是半導體元件分類中最複雜，但也是最常用的方式（如圖 1-8 所示）：

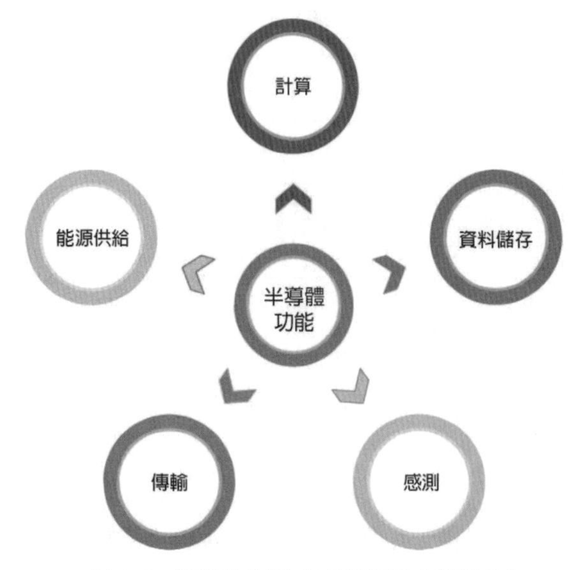

▲ 圖 1-8 半導體分類（按照使用功能劃分）

1.1.6 半導體材料的迭代發展

半導體產業的基礎是半導體材料，隨著半導體產業的發展，半導體材料也在逐漸發生變化，已經從第一代半導體材料過渡到第四代半導體材料（見表 1-2）。

▸ 表 1-2 半導體材料的發展

半導體材料的發展		
第一代	矽鍺	重點被應用於低電壓、低頻、中功率元件
第二代	砷化鎵（GaAs）	衛星通訊、現代行動通訊、光通訊、GPS 導航
	磷化銦（InP）	
第三代	碳化矽（SiC）	電力電子功率元件
	氮化鎵（GaN）	基地台、消費電子、極端環境
	氧化鋅（ZnO）	壓電元件和壓電光電子元件
第四代	氧化鎵（Ga_2O_3）	光電子元件

第一代半導體材料是指矽和鍺等元素的半導體材料。在 1990 年以前，以矽材料為主的第一代半導體材料由於自然界儲存量較大、晶片製造工藝成熟等因素佔據絕對的統治地位。由第一代半導體材料製成的電晶體取代了體積大、成本高、壽命短、製造繁瑣、結構脆弱的真空電子管，推動了積體電路的飛快成長，重點被應用於低電壓、低頻、中功率元件。至 2021 年，全球以矽作為主要材料製造的半導體晶片和元件超過 95%。第一代半導體材料奠定了電腦、網路和自動化技術發展的基礎。

第二代半導體材料的主要是指興起於 20 世紀 70 年代的以**砷化鎵（GaAs）**、**磷化銦（InP）**為代表的化合物半導體材料。相比於第一代半導體材料矽，砷化鎵在電子遷移率方面展現出了極高的優點，並具有較寬的帶隙，可以滿足高頻和高速的工作環境，是製造高性能微波、毫米波元件及發光元件的優良材料。由於資訊公路和網際網路的迅速發展，衛星通訊、現代行動通訊、光通訊、GPS 導航等行業也普遍地使用第二代半導體材料。雖然第二代半導體材料相較於第一代半導體材料有了較大的進步，但第二代半導體材料也有著嚴重的缺點，其禁帶寬度（或稱帶隙或能隙，Band gap）、擊穿電場強度在高溫、高功率等較為極端環境中並不能滿足工作運行的條件。其次，第二代半導體的原材料不僅資源稀缺，價格昂貴，而且具有毒性，對環境和人體都不夠友好，應用受到一定的局限。

第三代半導體材料通常是指禁帶寬度大於 2.3eV 或等於 2.3eV 的半導體材料，也被稱為寬禁帶半導體材料或高溫半導體材料，是以**碳化矽（SiC）**、**氮化鎵（GaN）**、**氧化鋅（ZnO）**等為代表的化合物半導體材料。其具有寬的禁帶寬度、高電子飽和速率、高擊穿電場、較高熱導率、耐腐蝕以及抗輻射等優點，更適用於高溫、高頻等極端環境，被廣泛應用於高電壓、高功率等領域。碳化矽的顯著優點是碳化矽元件在高溫下具有很好的可靠性，適用於電力電子功率元件等領域。氮化鎵的優勢在高頻領域，適合應用於基地台、消費電子等場合。除此之外，氮化鎵作為一種結構相當穩定、類似纖鋅礦的化合物，又是高熔點並且堅硬的材料，因此適用於極端環境。氧化鋅是在熔點、成本等方面表現出極大應用前景的化合物半導體材料。氧化鋅研究的重要方向是壓電元件和壓電光電子元件應用。

第四代半導體**氧化鎵（Ga_2O_3）**由於自身的優異性能，憑藉其比碳化矽和氮化鎵更寬的禁帶，在紫外探測、高頻功率元件等領域吸引了越來越多的關注和研究。氧化鎵是一種寬禁帶半導體，其導電性和發光特性良好，因此在光電子元件方面有廣闊的應用前景，被用於 Ga 基半導體材料的絕緣層以及紫外線濾光片。

得益於技術迭代，第四代半導體材料市場關注度日漸提升，全球佈局企業數量不斷增加。在國際市場上，隨著研究不斷深入，第四代半導體材料研究已取得一定成果，但總體來看，目前第四代半導體材料仍處於產業化初期，距離規模化生產和應用仍較遠。

1.1.7 相關名詞的聯繫與區別

1.1.7.1 半導體、積體電路與晶片

半導體是積體電路的基礎材料，積體電路是晶片的重要組成部分，晶片是積體電路得以應用的載體。

一、半導體（Semiconductor）

見前文所述，半導體包括了積體電路 + 分立元件 + 光電子元件 + 感測器。

二、積體電路（Integrated Circuit）

是一種微型電子元件或部件，採用一定的工藝，把一個電路中所需的電晶體、電阻、電容和電感等元件及佈線互連一起，製作在一小塊或幾小塊半導體晶圓或介質基片上，然後封裝在一個管殼內，成為具有所需電路功能的微型結構，也叫做晶片。在港臺稱之為積體電路。當今半導體工業大多數應用的是基於矽的積體電路，積體電路技術包括晶片製造技術與設計技術，主要體現在加工設備，加工工藝，封裝測試，批量生產及設計創新的能力上。

根據處理信號類型的不同，積體電路可分為數位晶片和類比晶片。按處理信號類型的不同，積體電路可分為數位積體電路和類比積體電路兩大類，其中數位積體電路用來對離散的數位訊號進行算數和邏輯運算，包括邏輯晶片、儲存晶片和微處理器是一種將元件和連線整合於同一半導體晶片上而製成的數位邏輯電路或系統；類比積體電路主要是指由電容、電阻、電晶體等組成的類比電路整合在一起用來處理類比信號的積體電路（見表 1-3）。

▶ 表 1-3 類比積體電路和數位積體電路對比

比較項目	類比積體電路	數位積體電路
處理訊號	連續函數形式的類比訊號	離散的數位訊號
技術難度	設計門檻高，平均學習曲線為 10-15 年	電腦輔助設計，平均學習曲線 3-5 年

比較項目	類比積體電路	數位積體電路
設計難點	非理想效應較多，需要紮實的多學科基礎知識和豐富的經驗	晶片規模大，工具運行時間長，工藝要求複雜，需要多團隊共同協作
工藝製程	目前業界仍大量使用0.18μm/0.13μm，部分製程使用28nm	依照摩爾定律的發展，使用最先進的製程，目前已達到5-7nm
產品應用	放大器、訊號介面、資料轉換、比較器、電源管理等	CPU、微處理器、微控制器、數位訊號處理單元、記憶體等
產品特點	種類多	種類少
生命週期	一般5年以上	1-2年
平均零售價	價格低，穩定	初期高，後期低

按整合度高低不同，可分為**小型（SSI：Small Scale Integration，邏輯閘10個以下或電晶體100個以下）**、**中型（MSI：Medium Scale Integration，邏輯閘11~100個或電晶體101~1k個）**、**大規模（LSI：Large Scale Integration，邏輯閘101~1k個或電晶體1,001~10k個）**及**超大規模（VLSI：Very large scale integration，邏輯閘1,001~10k個或電晶體10,001~100k個）**、**極大型積體電路（ULSI：Ultra Large Scale Integration，邏輯閘10,001~1M個或電晶體100,001~10M個）**以及**巨大型積體電路（GLSI：Giga Scale Integration，邏輯閘1,000,001個以上或電晶體10,000,001個以上）**積體電路6類。

三、晶片（Chip）

一片晶圓，首先經過切割，然後測試，將完好的、穩定的、足容量的**晶粒/晶片（Die）**取下，封裝形成日常所見的**晶片**。晶片一般主要含義是作為一種載體使用，並且積體電路經過很多道複雜的設計工序之後所產生的一種結果。

在電子和半導體行業中，「Chip」是一個非常常見的術語，又稱積體電路是一個更宏觀、更產品化的概念。經過設計、製造、封裝和測試後，形成的可直接使用的產品形態，都被認為是晶片。在強調用途的時候，人們會更多採用「晶片」的叫法，例如**中央處理器（CPU：Central Processing Unit，是一塊由超大型積體電路組成的運算和控制核心，主要功能是運行指令和處理資料，相當於電腦的大腦，下文均用CPU）**晶片、AI晶片、基帶晶片等。也有人將晶片定義為：「包含了一個或多個積體電路的、能夠實作某種特定功能的通用半導體元件產品」。或者說，晶片是半導體元件產品的統稱。

總而言之，這些稱呼很多時候是在特定場合下的泛指，比如，以前收音機也被稱做半導體。通常來說，「半導體」實際是指整個半導體產業的代稱，是指所有用半導體材料製造出來的產品：積體電路（在實際應用中，半導體 80% 的應用都在積體電路上）、分立元件、光電元件、感測器（如圖 1-9 所示），這些都是用半導體材料製造出來的，所以統稱為半導體（本文中對「半導體」的定義）。因為這裡面積體電路占比最大，所以有的時候，人們直接用半導體來指代積體電路。晶片是積體電路的載體，廣義上也將晶片等同於了積體電路。

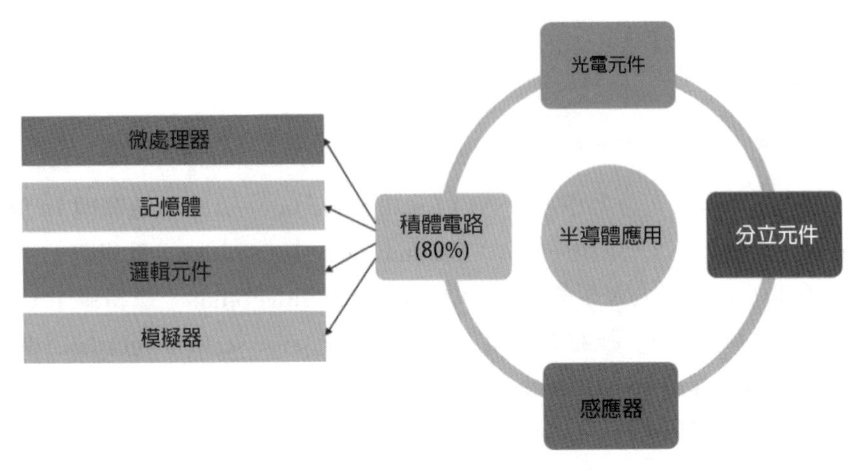

▲ 圖 1-9 半導體的應用領域

1.1.7.2 晶圓（Wafer）、晶粒 / 晶片 / 裸晶（Die）與晶片（Chip）

一、晶圓（Wafer）

晶圓是指矽半導體積體電路製作所用的矽晶片，由於其形狀為圓形，故稱為晶圓。具體而言，高純度的多晶矽溶解後摻入矽晶體晶種，然後慢慢拉出，形成圓柱形的單晶矽。矽晶棒在經過研磨，拋光，切片後，形成矽晶圓片，也就是晶圓（如圖 1-10 所示）。

二、晶粒 / 晶片 / 裸晶（Die）

晶圓上的一個小塊，就是一個晶片晶圓體，封裝後就成為一個顆粒，俗稱「晶粒 / 晶片 / 裸晶」。晶片是組成多晶體的外形不規則的小晶體，而每個晶片有時又有若干個位向稍有差異的亞晶片所組成。晶片的平均直徑通常在 0.015~0.25mm 範圍內，而亞晶片的平均直徑通常為 0.001mm 數量級。

在半導體行業中，晶粒 / 晶片也通常被稱為「晶片」（如圖 1-10 所示）。

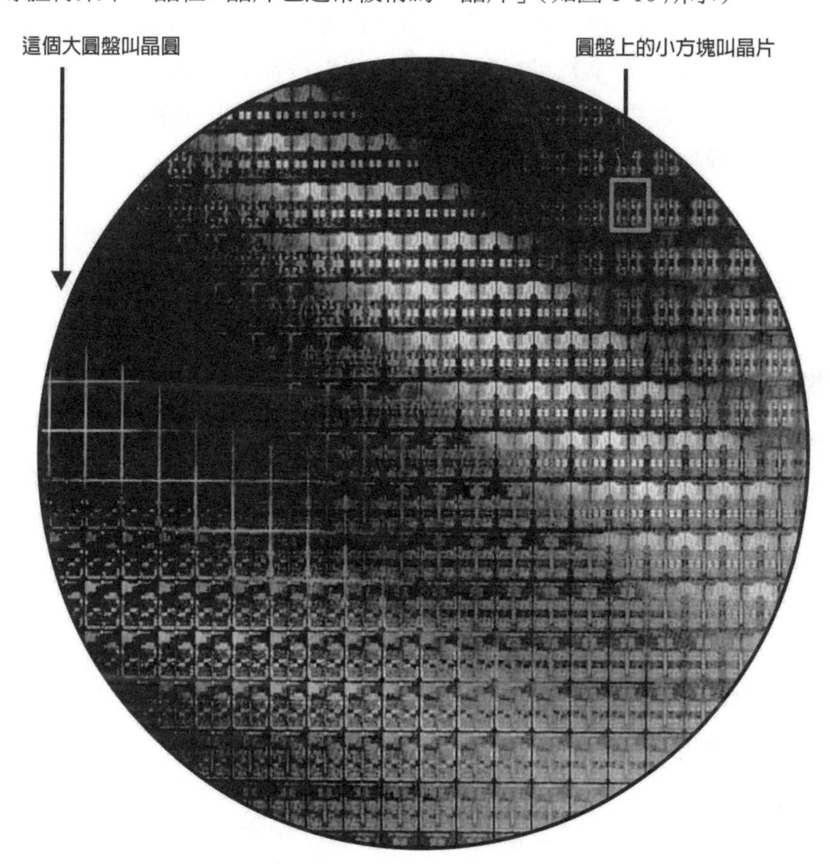

▲ 圖 1-10　晶圓與晶片的形態示意圖

1.2 半導體製程分段概述

完整的半導體**製程**（**Process**）包括數百至上千個工藝步驟，這類由單台設備或者單個反應腔室即可完成的工藝步驟稱為單項工藝，如**微影**（**Lithography**）、**蝕刻**（**Etching**）、**薄膜**（**TF：Thin Film**）沉積等（如圖 1-11、圖 1-12 所示）。

在製造實踐中，為了技術和管理上的便利性，將可以集合成由特定功能工藝模組的一組單項工藝稱為模組工藝。更進一步，可以將這些工藝模組集合歸類為**前道工序**和**後道工序**，這兩段工序屬於前段製程（主要是對**矽晶圓**（**Silicon Wafer**）進行加工），完整的半導體製造流程還包括後段製程（封裝、測試）。前段製程與後段製程的主要區別（如圖 1-13 所示）：

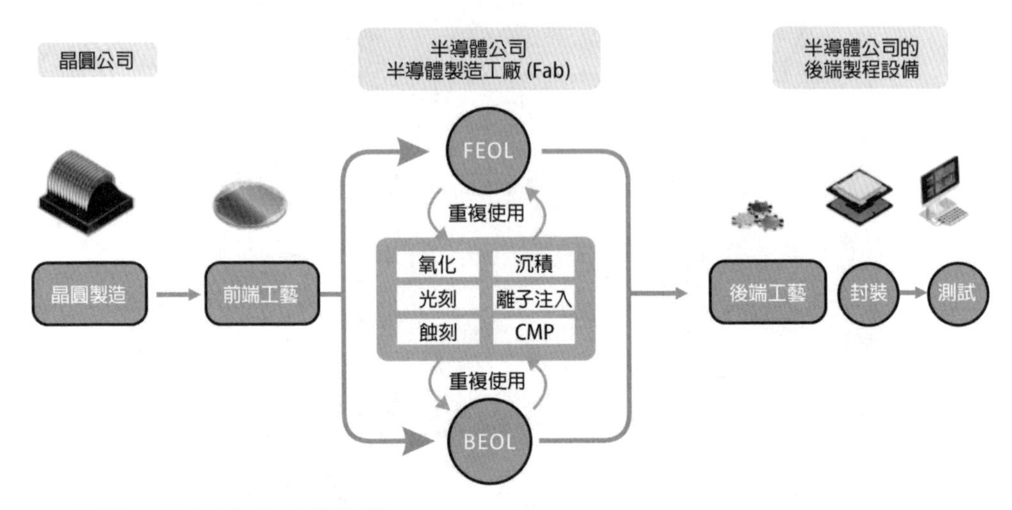

▲ 圖 1-11 半導體製程的主要內容

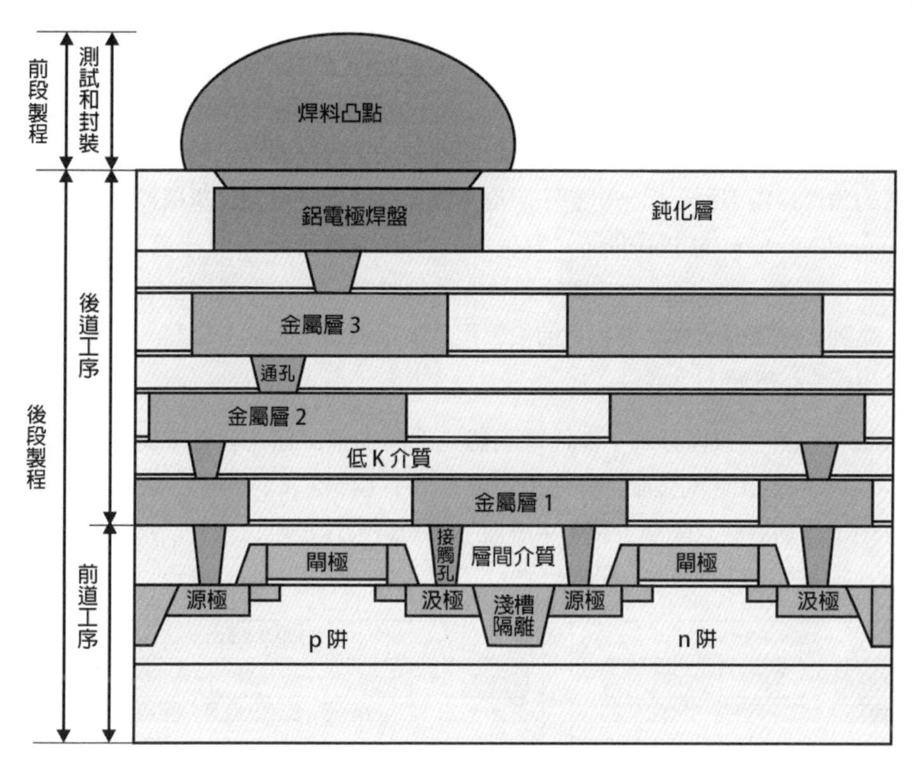

▲ 圖 1-12 積體電路製造工藝段落示意圖

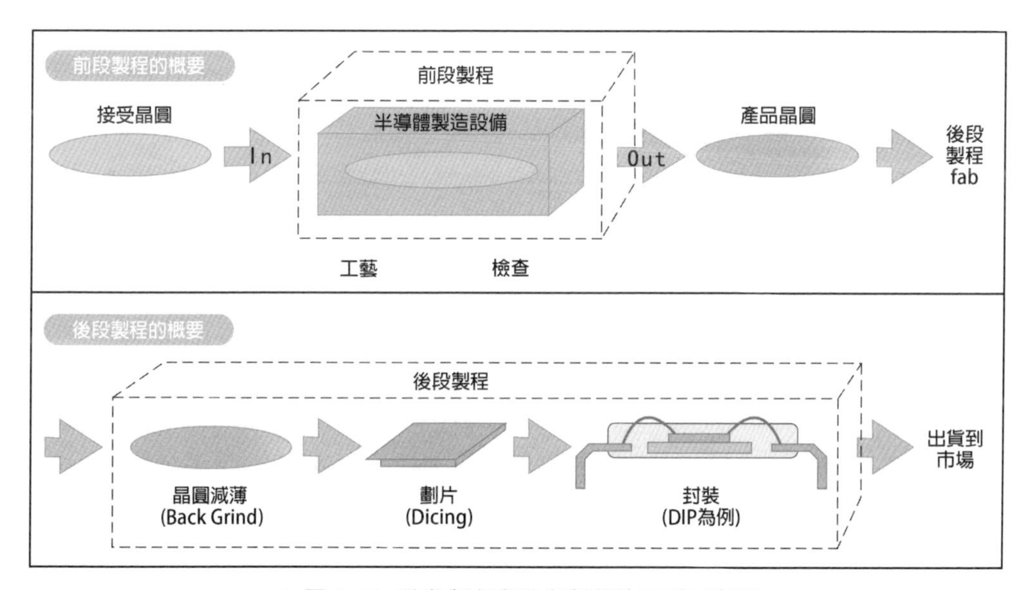

▲ 圖 1-13 前段製程與後段製程的區別示意圖

1.2.1 前段製程概要

前段製程（如圖 1-14 所示）主要包括用來形成絕緣膜與金屬層的薄形成膜製程、形成微影電路圖的微影製程、使用光阻劑的膜加工蝕刻製程、在矽晶圓板上形成導電層的雜質摻雜製程、用來研磨不平滑薄膜表面使其平坦的**化學機械拋光（CMP：Chemical-Mechanical Polishing）**製程等。其他還有清除晶圓汙漬及雜質的**清洗（Rinse）**製程、確認完成形式與電路檢查的檢驗製程、去除使用後的光阻劑剝離製程、晶圓加熱後退火處理製程。前段製程就是反覆進行上述各製程，以便能在製程組合後產生半導體。

前段製程可再大致區分為：製造電晶體元件的前道工序（**元件成型（Plating）**製程），以及晶體元件間金屬佈線連接的後道工序（佈線成型製程）。在晶圓電路檢查製程中，會逐個檢查晶圓上諸多半導體晶片迴路動作是否正常，以判定晶片的優劣情況，並在不合格的晶片上標註記號。

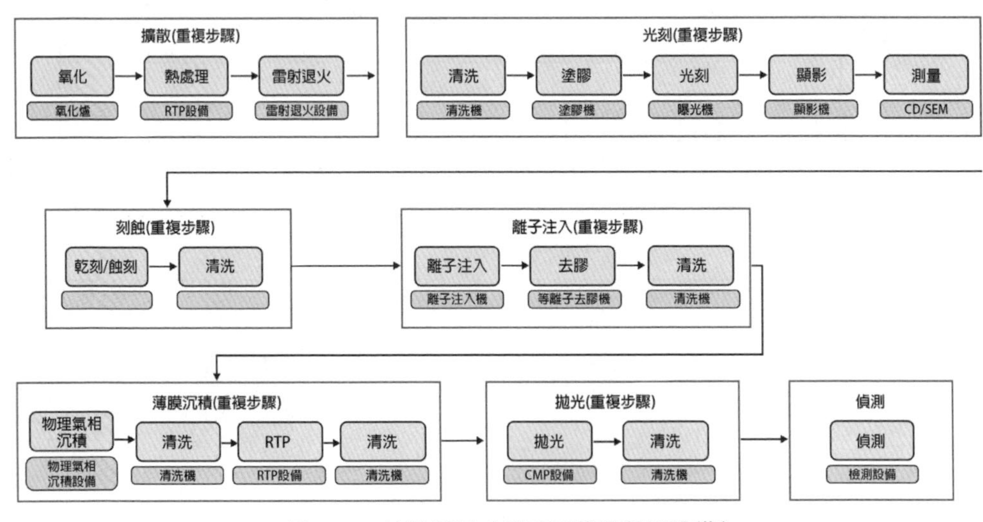

▲ 圖 1-14 前段製程（晶圓工藝流程及設備）

1.2.2 後段製程概要

總體來說，半導體後道工序是指在半導體晶片製造的最後階段，對晶片進行加工和測試的過程，是透過在半導體晶片外部形成保護殼和讓它們能夠與外部交換電信號的過程，直接影響到晶片的品質和性能，極其重要。後道工序主要包括切割、清洗、蝕刻、金屬化、測試和封裝等。

在後段製程中，首先會研磨整個晶圓背部使其變薄，以成為平滑的矽晶表面。由於經過前述的晶圓電路檢查後，劣質晶片已經被標記出來，因此接著在切割製程中，則會將原本晶圓上所裝置的優質的半導體迴路晶片逐一切割成單個的晶片。在此後會進入封裝製程（如圖 1-15 所示）。接下來以一些具有代表性的塑模封裝為例說明。

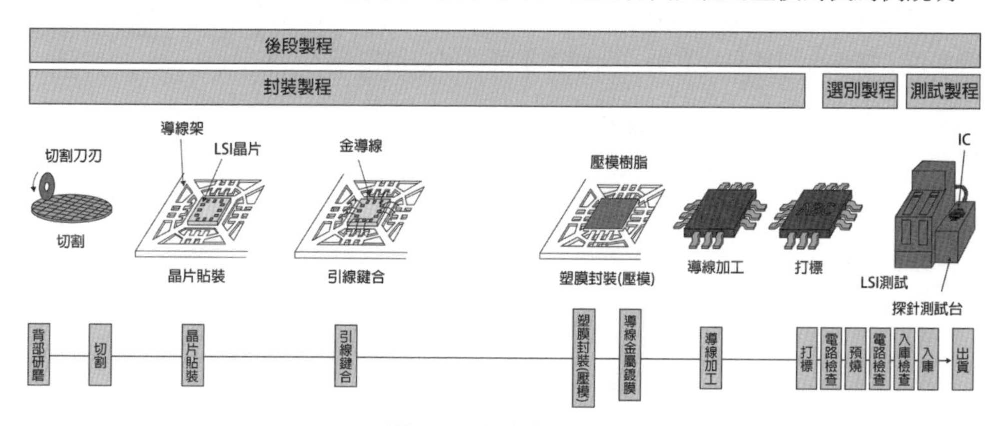

▲ 圖 1-15 後段製程示意圖

透過**晶片鍵合（Die Bonding，也稱「晶片貼裝（Die Attach）」，把分離的晶片固定在 PCB 或定架上，後文有詳細講解）**製程，可以將優質的晶片黏著固定於導線架中央的**晶片架（Island）**上，再透過**引線鍵合（WB：Wire Bonding）**製程，以金導線將晶片上的金屬電極焊墊（Bonding Pad，或稱電極焊線盤）與導線架的金屬導線依次連接，並接續電路。

緊接著在封膠製程中以壓模樹脂覆蓋住晶片與金導線。並在進行導線金屬鍍膜製程時，將導線架上尚未被壓模樹脂覆蓋到的導線進行金屬鍍膜。如此一來，就可以在導線加工製程中切斷輔助用的聯結杆，讓導線成為一個固定的形狀（導線成形）。最後，在打標製程中，在晶片上打標壓模樹脂的品名等資訊即可。經過上述的過程，雖然半導體晶片已經算是大功告成了，但是還必須經過電路檢查、**預燒（Burn-in）**等過程，確保半導體晶片品質沒問題後才可以出廠銷售。

前道工藝最為重要，且技術難點多，操作複雜，是整個半導體製造流程的核心。

2

CHAPTER

前段製程

前道工藝最為重要，且技術難點多，操作複雜，是整個半導體製造流程的核心。

2.1 晶圓氧化（Oxidating）

2.1.1 氧化的過程與目的

氧化（Oxidating）是指在含有氧氣的氧化環境中用高溫處理晶圓，將晶圓上的矽轉換為矽氧化層的製程。具體來說，為了把形狀各異的物質在半導體內變成均勻的物質，需要經過多道處理工藝，如不需要的部分就要削減掉，需要的部分還要裹上特定物質等。在這一過程中，還會使用各種反應性很強的化學物質，如果化學物質接觸到不應接觸的部分，就會影響到半導體製造的順利進行。而且，半導體內還有一些物質，一旦相互接觸就會產生短路。氧化工藝的目的，就是透過生成隔離膜防止短路的發生。

氧化工藝可以分為兩步（如圖 2-1 所示）：

第一步：氧化過程的第一步是去除雜質和汙染物。需要透過四步去除有機物，金屬等雜質以及蒸發殘留的水分。

第二步：清洗完成後就可以將晶圓置於 800 至 1200°C 的高溫環境下，透過氧氣或者蒸汽在晶圓表面流動形成二氧化矽層。透過這種方法製備的氧化層非常的薄，可以做到奈米級別。

其中第一步中的去除有機物和金屬雜質這一步可以細分為四步：去分子型雜質→去離子型雜質→去原子型雜質→高純水清洗。

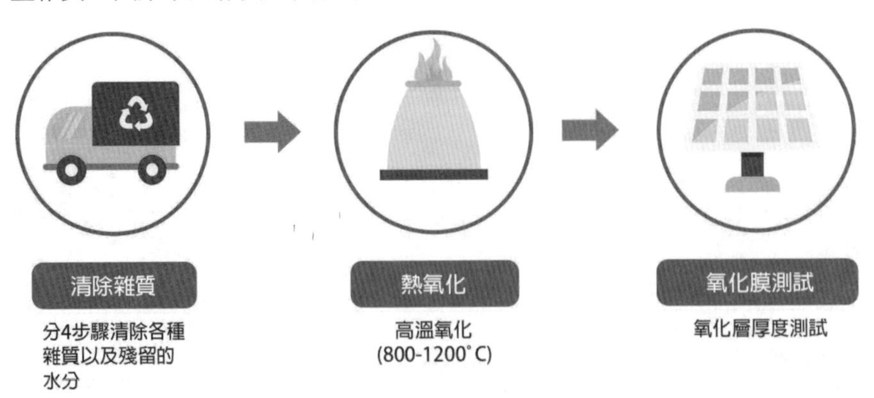

▲ 圖 2-1 氧化過程示意圖

氧化最主要的目的就是在矽晶圓上生成一層保護膜。矽和氧氣反應就會形成二氧化矽（SiO_2）。在我們的日常生活中也能體會到玻璃具有較高的化學穩定性，常用作各種飲料甚至鹽酸、硫酸等各種化學藥品的容器。在半導體製作過程中，透過氧化工藝形成的氧化膜也同樣具有穩定性。它可以防止其他物質的穿透，因此在**離子植入（Ion Implant：在半導體製造過程中，為把純淨的晶圓變成半導體狀態，將三族或五族元素以一定的方式摻入到半導體基片規定的區域內）**工藝中非常實用。

氧化膜還可以用於阻止電路間電流的流動。MOS 結構的核心就是。MOS 與**雙極性電晶體（BJT：Bipolar Junction Transistor）**不同，閘極不與電流溝道（S 與 D 的中間部分）直接接觸，只是「間接」發揮作用。這也是 MOS 不運作時，電力消耗小的原因。MOS 透過氧化膜隔絕閘極與電流溝道，這種氧化膜被稱為**閘極氧化層（Gate Oxide）**。隨著最近推出的先進半導體產品體積逐漸變小，它們也會採用 **HKMG（High-K Metal Gate：可有效減少電流洩露的新一代 MOS 閘極；是一種以金屬代替傳統的多晶矽（Polysilicon）**閘極，以高介電（High-K）取代氧化矽絕緣膜的電晶體）等各種閘極絕緣層來取代氧化膜（如圖 2-2 所示）。

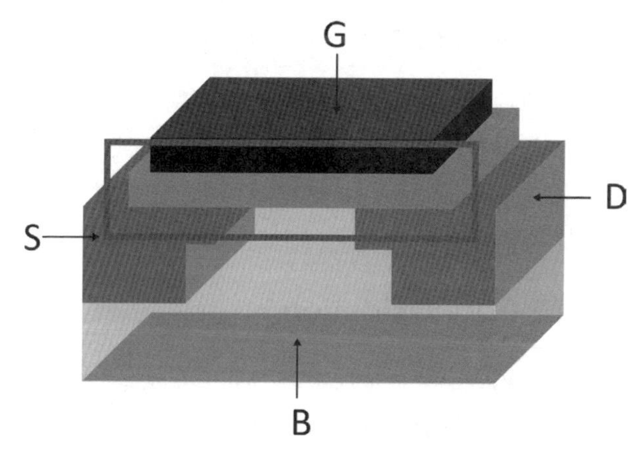

▲ 圖 2-2 閘極（G）與電流溝道（S-D 中間）的隔絕物質（紅框部分）示意圖

可用作保護膜的並非只有二氧化矽一種物質。我們還可透過沉積方式覆蓋保護膜，或者使用部分已形成的電路作為保護。

氧化工藝使用的是晶圓的組成物質，即透過氧化晶圓的大量矽原子形成保護膜。需要提前說明的是，這一點與「沉積」工藝還是有所不同的。

2.1.2 熱氧化工藝的類別

熱氧化工藝一般可分為**濕式氧化法（Wet Oxidation）**、**乾式氧化法（Dry Oxidation）和自由基氧化（Radical Oxidation）**三大類（見表 2-1）：

▸ 表 2-1 熱氧化工藝的種類

種類	提供氣體	濕度	壓力	氧化速度（相同溫度下）
濕式氧化法（Wet）	H_2O	>600°C	ATM（常壓氧化）（N_2 稀釋氧化）	快速
乾式氧化法（Dry）	O2 (+N_2)	>600°C		普通
自由基	H_2+O2		<1 Torr	慢速

2.1.2.1 濕式氧化法（Wet Oxidation）

濕式氧化法採用晶圓與高溫水蒸氣（水）反應的方式生成氧化膜，化學方程式如下：

$$Si（固體）+ 2H_2O（氣體）\rightarrow SiO_2（固體）+ 2H_2（氣體）$$

這個化學方程式可以簡單理解為用高溫水讓晶圓表面生鏽。濕式氧化法，雖然氧化膜生長速度快，但其氧化層整體的均勻度和密度較低。而且，反應過程中還會產生氫氣等副產物。由於濕式氧化法過程的特性難以控制，在對半導體性能而言至關重要的核心領域中無法使用該方法。

2.1.2.2 乾式氧化法（Dry Oxidation）

乾式氧化法則採用高溫純氧與晶圓直接反應的方式（如圖 2-3 所示）。氧分子比水分子重（32 vs 18：假設氫（H）原子的重量為 1，氧（O）原子的重量為 16，氧（O_2）分子的重量就是 32，水（H_2O）分子的重量就是 18，因此，氧分子比水分子更重），滲入晶圓內部的速度相對較慢。因此，相比濕式氧化法，乾式氧化法的氧化膜生長速度更慢。但乾式氧化法的優點在於不會產生副產物氫氣（H_2），且氧化膜的均勻度和密度均較高。正是考慮到這種優點，我們在生成對半導體性能影響重大的閘極氧化膜時，會選用乾式氧化法的方式（如圖 2-3 所示）。

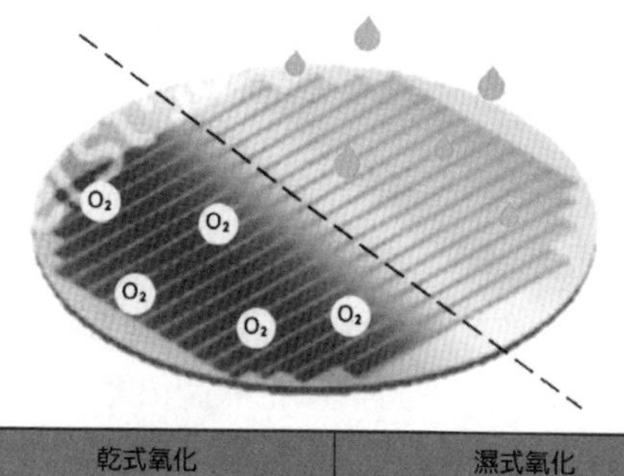

乾式氧化	濕式氧化
使用氧氣	使用水蒸氣
速度慢但氧化層薄	速度快但氧化層厚

▲ 圖 2-3 乾式氧化法和濕式氧化法比較示意圖

2.1.2.3 自由基氧化（Radical Oxidation）

自由基氧化與前兩種不同：濕式與乾式氧化法都是透過提高自然氣體的溫度來提升其能量，從而促使氣體與晶圓表面發生反應。自由基氧化則多一道工藝，即在高溫條件下把氧原子和氫分子混合在一起，形成化學反應活性極強的自由基氣體，再使自由基氣體與晶圓進行反應。由於自由基的化學活性極強，自由基氧化不完全反應的可能性極小。因此，相比乾式氧化，該方法可以形成更好的氧化膜（如圖 2-4 所示）。

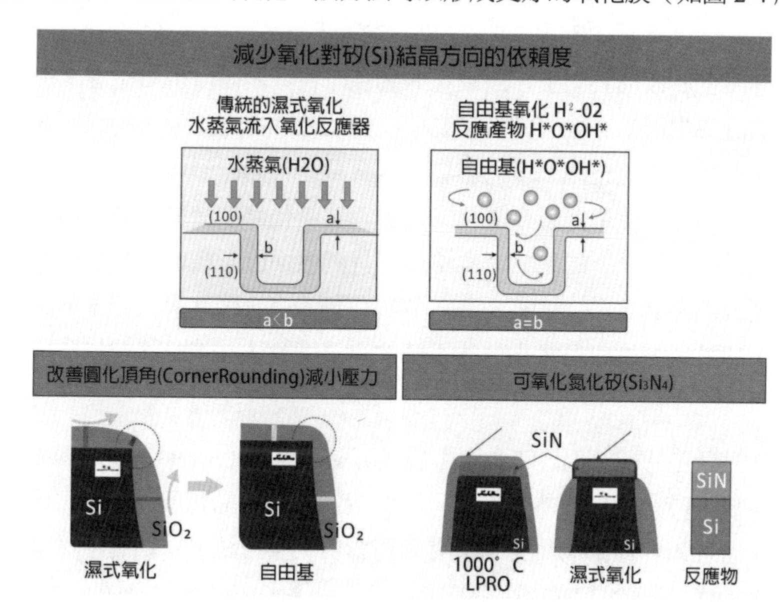

▲ 圖 2-4 自由基氧化的特點

此外，自由基氧化還可以生成在立體結構上厚度均勻的氧化膜。半導體公司使用的都是單結晶體晶圓，結晶方向相同。

上圖中的數字 100 和 110 表示矽的結晶方向，下面的兩幅圖是矽原子的解析圖（如圖 2-5 所示）。從圖中可以看出，採用濕式和乾式氧化法時，晶圓上側（100）方向的氧化膜生長速度相對較慢，而側面（110）方向的氧化速度較快。由於 100 方向的矽原子排列更稠密，乾式或濕式氧化法時，氧化氣體很難穿透結晶與矽發生反應，而自由基氧化在這方面則相對容易。

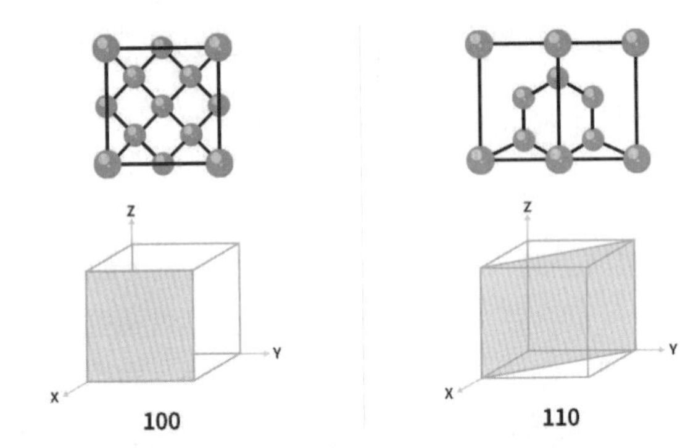

▲ 圖 2-5 密勒指數（Miller indices）描述的矽原子排列示意圖

矽氧化反應產生於矽晶表面上，因氧化的關係而在矽表面產生氧化層，氧化劑就會在已經形成的氧化層中擴散，當抵達到矽晶表面時就會產生氧化反應。氧化的速度會受到氧化環境中的氧化劑濃度的影響，也會被在表面已形成氧化層中的氧化劑擴散速度所左右。如果使用氧氣來氧化，則會因為氧化溫度及氧氣濃度提高而加速氧化速度。由於使用水蒸氣的濕式氧化法能夠提高表面已形成的氧化層中的溶解度，或是能夠提高高壓氧化（~1MPa 左右）的氧化劑濃度，因此氧化速度就能夠得以加快。此外，矽結晶方位或是氧化矽的不純物質濃度等矽晶本身狀況也會影響到氧化的速度。

將矽轉變為被氧化的矽氧化層時會產生體積膨脹、**應力（Stress）**等狀態的改變。當產生強烈的應力時，就會成為降低氧化速度或造成矽結晶有所缺陷的原因。在半導體製程中，會使用**矽局部氧化（下文有具體講解）**等方法，在製造絕緣區域等具有較厚的氧化層時，則必須注意是否因為體積膨脹而對周邊的矽晶區域產生應力。

2.1.3 三個熱氧化隔離技術

整面全區覆蓋氧化層、矽局部氧化和淺溝槽隔離是使用在積體電路製造中的三種最主要的隔離技術。

2.1.3.1 整面全區覆蓋氧化層

整面全區覆蓋氧化層用於早期的積體電路工業，是一種簡單而直接的工藝技術。整面全區覆蓋氧化層可以在平坦的矽表面上生長適當厚度的氧化層形成，然後在氧化層上進行圖形化和蝕刻形成視窗。場氧化層生長的厚度由場區臨界電壓決定，表示為 VFT，需要足夠高的電壓（VFT>>V）防止鄰近電晶體直接相互影響。雖然外加電壓可以開啟或關閉晶片上的 **MOS（MOS：Metal Oxide Semiconductor，金屬氧化物半導體）**電晶體（V > VT），但卻不能開啟寄生的金屬氧化物半導體元件造成晶片失效。下圖顯示了一個全區整面覆蓋氧化層作為隔離的金屬氧化物半導體電晶體晶片示意圖，整面全區覆蓋氧化層的厚度為 10000 - 20000 A（如圖 2-6 所示）。

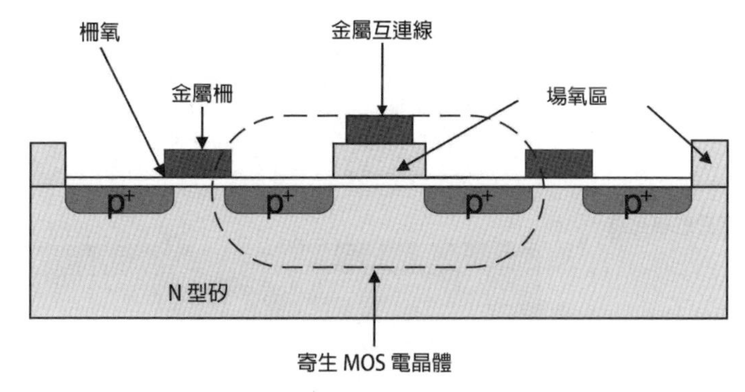

▲ 圖 2-6 全區整面覆蓋氧化層作為隔離金屬氧化物半導體電晶體晶片示意圖

2.1.3.2 矽局部氧化（LOCOS：Local Oxidation of Silicon）

整面全區場氧化層在 20 世紀 70 年代左右大量使用。雖然這種工藝很簡單，但有一些缺點。第一是元件區視窗的氧化層階梯具有一個尖銳的邊緣，這種邊緣在後續的金屬沉積工藝中很難覆蓋掉。另一個缺點是溝道隔離摻雜必須在氧化工藝前完成，從而必須要求場氧化層對準隔離摻雜區，這種需求在圖形尺寸縮小時很難達到。

矽局部氧化用於遮蔽氧化層，這種工藝只能實作厚的二氧化矽。技術從 20 世紀 70 年代起就一直應用於晶片生產中，其中的一個優點是二氧化矽是在溝道隔離注入後才生長的。場區氧化層能夠**自校準（Self-Alignment：試圖表徵和補償類比晶片**

（**ADC**）**內部模組的偏移和增益誤差**）隔離摻雜區。透過使用溝道隔離注入，場區氧化層的厚度減小時，能夠保持相同的場區臨界電壓，與整面全區覆蓋氧化層比較，元件區與場區氧化層之間的階梯高度比較低，而且側壁是傾斜的，這使得側壁覆蓋在後續的金屬化沉積或**多晶矽**（**Poly Silicon**）沉積過程中容易實作。矽局部氧化氧化層的厚度範圍為 5000-10000A。下圖說明了矽局部氧化隔離工藝技術（如圖 2-7 所示）。電晶體製作在有源區，這個區域被氮化矽覆蓋而不能生長氧化物，矽局部氧化技術需要利用墊底氧化層緩衝**低壓化學沉積**（**LPCVD，後文有詳細講解**）氮化矽的張應力。含有氟的電漿蝕刻常用於進行氮化矽圖形化蝕刻，熱磷酸通常用於去除氮化矽層。

- P型晶片
- 晶圓清洗
- 生長墊底氧化層
- 氮化矽
- 光刻1, LOCOS
- 蝕刻氮化矽
- 去光阻劑
- 清洗
- 隔離注入, 硼
- 濕式氧化, 形成LOCOS
- 去氮化矽和墊底氧化層
- 清洗

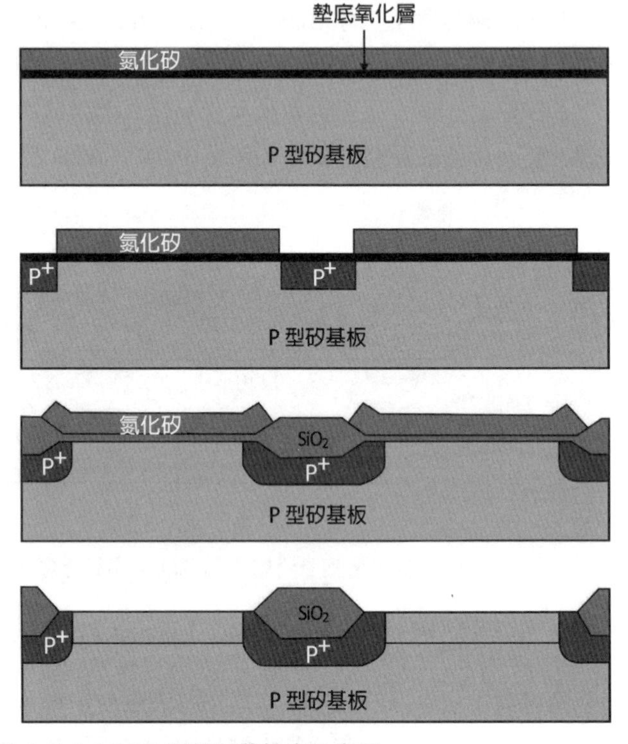

▲ 圖 2-7 LOCOS 隔離工藝技術示意圖

矽局部氧化工藝主要的缺點之一就是所謂的**「鳥嘴」**（**Bids Beak**）效應。因為二氧化矽是等向性生長，從而使得在氮化矽層下形成側面侵蝕。加熱氧化期間，「鳥嘴」由二氧化矽內部的等向性擴散形成。矽局部氧化侵蝕的尺寸大約與兩側的氧化層厚度相當；對於厚度為 5000A 的氧化層，兩側的「鳥嘴」大約為 0.5um。「鳥嘴」佔據了許多矽的表面區域，使電晶體密度增加變得非常困難（如圖 2-8 所示）。

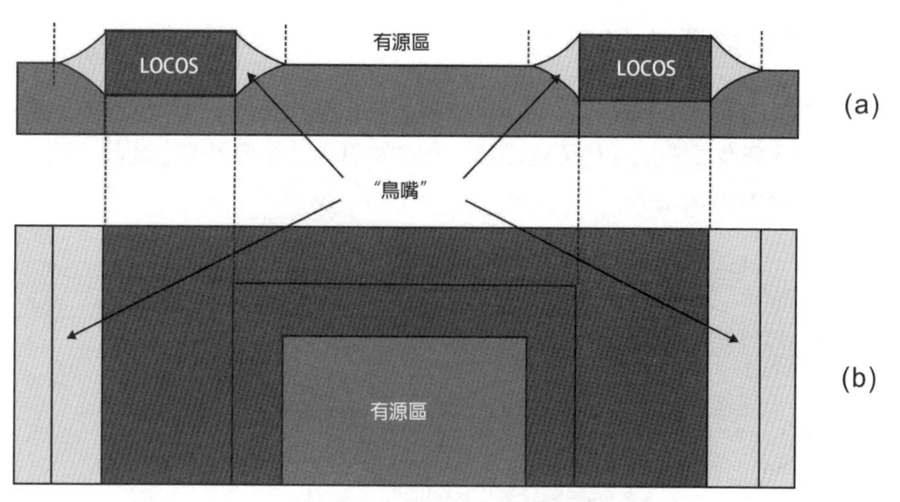

▲ 圖 2-8「鳥嘴」效應示意圖

為了降低矽局部氧化的「鳥嘴」效應，人們已經進行了多項改進工作。**多晶矽緩衝層（PBL：Poly Buffered LOCOS）**工藝技術是最常使用的方法。多晶矽緩衝層（PBL）可以減小鳥嘴的尺寸，這是因為橫向擴散的氧會被多晶矽消耗掉。透過在低壓化學沉積氮化矽工藝前先沉積一層矽局部氧化層，可以把「鳥嘴」的區域減小到 0.1 ～ 0.2um。下圖顯示了這種工藝的流程（如圖 2-9 所示）。

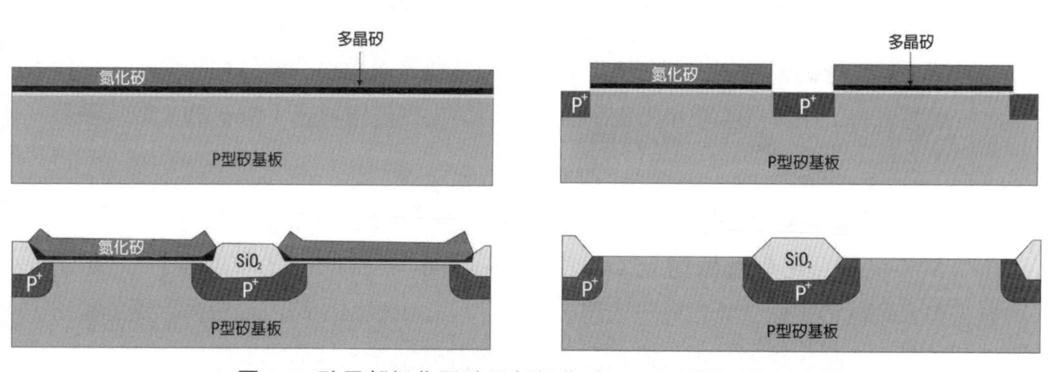

▲ 圖 2-9 矽局部氧化層矽局部氧化（PBL）工藝技術示意圖

2.1.3.3 淺溝槽隔離（STI）

淺溝槽隔離（**STI：Shallow Trench Isolation**）在相鄰的元件之間形成陡峭的溝槽，在溝槽中填入氧化物形成元件隔離結構，在金屬氧化物半導體管之間起隔離，以防止漏電（如圖 2-10 所示）。

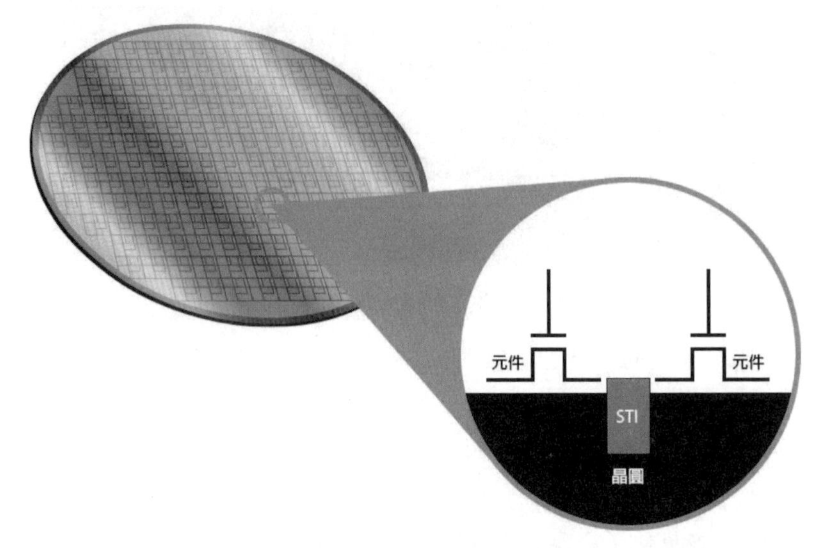

▲ 圖 2-10 STI 在相鄰元件之間形成溝槽防止漏電示意圖

為了減小氧化層的侵蝕，人們研究了以氮化矽為遮蔽氧化層的矽蝕刻和溝槽氧化反應。接著研究了淺溝槽隔離和用化學氣相沉積氧化物**溝槽填充**（**Gap fill**）取代熱氧化反應工藝。

淺溝槽隔離工藝包括許多流程：氧化、氮化矽沉積、氮化矽 / 氧化物蝕刻、矽蝕刻、化學氣相沉積、**化學機械拋光**（**CMP：Chemical-Mechanical Polishing**）、氧化物退火和去除氮化矽與二氧化矽墊底層。當元件尺寸繼續縮小時，淺溝槽隔離工藝主要的挑戰是單晶矽蝕刻、化學氣相沉積和化學機械拋光。淺溝槽隔離氧化矽也可以透過在有源區產生應力提高元件的速度。如下為一個簡單的淺溝槽隔離工藝示意圖（如圖 2-11 所示）：

- PECVD 沉積氮化矽封閉層
- PECVD 沉積低k介質層
- TiN 硬蔽層沉積 (a)
- 通孔圖形化
- 通孔蝕刻
- 去光阻劑(b)
- 光阻劑填充
- 光阻劑回蝕刻
- 金屬 2 槽形圖形化
- 金屬 2 槽形蝕刻
- 去光阻劑(C)
- 去除覆蓋層

（a）

（b）

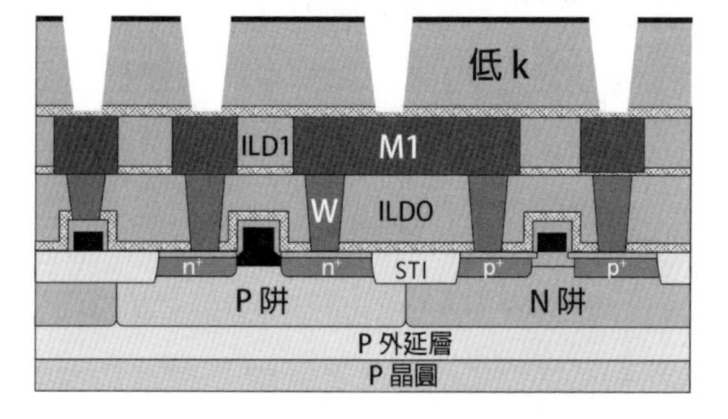

（c）

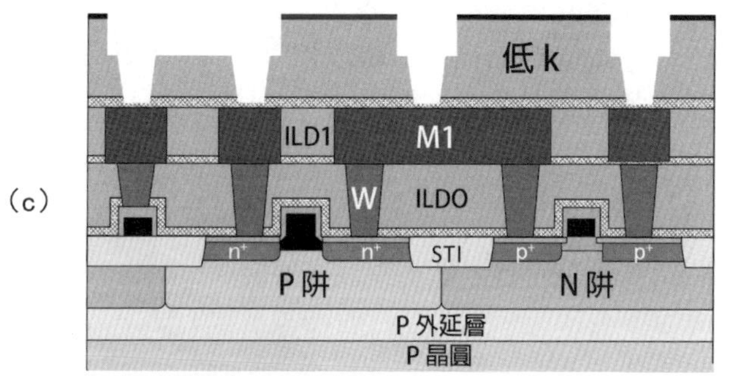

▲ 圖 2-11 簡單的淺溝槽隔離工藝示意圖

早期的淺溝槽隔離工藝中，低壓化學氣相沉積氮化矽層用於作為單晶矽蝕刻的硬遮蔽層和氧化物蝕刻停止層。化學氣相沉積氧化物填充矽表面蝕刻的溝槽前，需要先生長一層薄的氧化緩衝層，而且將硼離子植入到溝槽的底部形成通道隔離結。通道隔離注入可以降低所需的隔離氧化層厚度，這樣就可以減小溝槽的深度，因此也會在一定的程度上降低工藝的複雜度和加工成本。光阻劑回蝕刻平坦化用於去除晶圓表面的化學氣相沉積氧化物。透過適當選擇 CF_4/O_2 比，可以使光阻劑和氧化物蝕刻比達到 1：1。回蝕刻工藝將停止於氮化矽層上，透過藉助 C-N 光譜線信號的改變獲得蝕刻終點。用熱磷酸將氮化矽去除後，留在溝槽內的氧化物作為隔離相鄰元件的隔離層，由於氧化物和周圍的襯底材料不一致，因此會隔斷溝槽兩側之間元件的連接，保證優良的隔離性能。

雖然淺溝槽隔離和矽局部氧化工藝相比有很多優點，但卻沒有很快取代矽局部氧化。矽局部氧化工藝流程有較少的工序，這樣可以保證產量。矽局部氧化在積體電路工業中持續使用到 20 世紀 90 年代中期，當圖形尺寸小於 0.35um 時，矽局部氧化技術的「鳥嘴」效應就成為不能容忍的問題。因為景深的要求，微小的幾何尺寸需要一個高度平坦化的表面以確保微影像技術的解析度。矽局部氧化在元件區和氧化物表面之間有一個 2500 A 或更高的階梯，這對於 0.25um 的圖形太大。因此，淺溝槽隔離工藝與化學機械拋光就被研究發展而應用於積體電路製造。如下為先進的淺溝槽隔離工藝流程示意圖（如圖 2-12 所示）。

- PECVD 氮化物
- CVD FSG
- 晶圓清洗
- M1 光刻
- 蝕刻 FSG 和氮化物
- 去光阻劑(a)
- 晶圓清洗
- 氬濺射
- 鉭阻擋層 PVD (b)
- 銅籽晶層 PVD
- 銅 ECP (c)
- CMP 銅和鉭
- CVD 氮化物覆蓋層 (d)

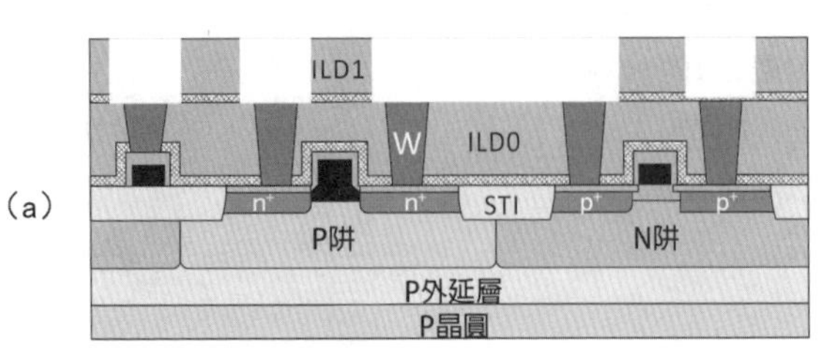

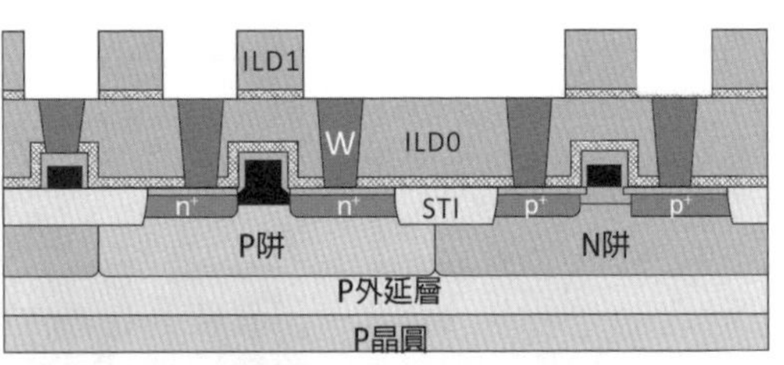

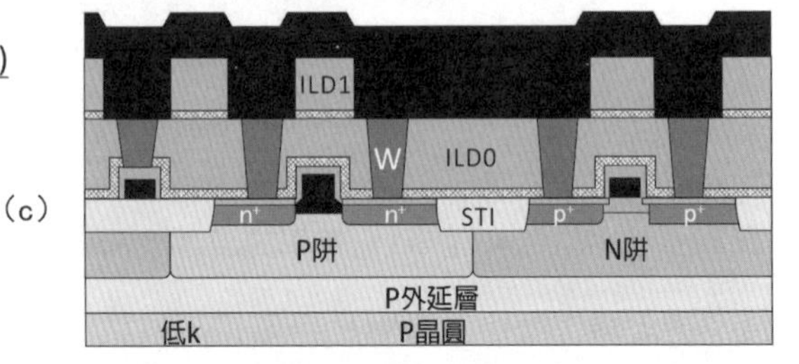

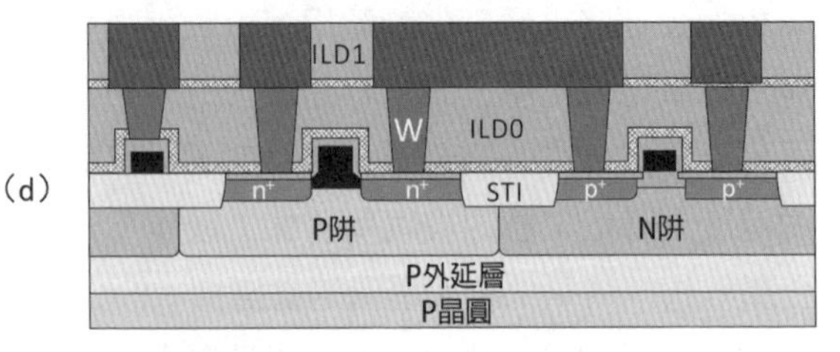

▲ 圖 2-12 先進的淺溝槽隔離工藝流程示意圖

因為積體電路元件的外加電源電壓已經降到了 1.8 V 或更低，不再需要通道隔離注入提高場區的臨界電壓。溝槽填充工藝可以透過加熱的**亞常壓化學氣相沉積（O3-TEOS CVD）**在常壓和低於常壓條件下進行。高密度電漿沉積氧化物一般不需要加熱退火過程，因為沉積過程中被重離子轟擊過的氧化物會變得很緻密，然而用亞常壓化學氣相沉積的氧化物必須在高於攝氏 1000 度的氧環境下退火以使得薄膜緻密。

2.1.4 氧化裝置

氧化裝置的主要構成內容是**裝載機 - 卸載機（Loder-Unloder）**、爐心管溫度控制系統、氣體控制系統、換氣管（用**清除劑（Scavenger）**排氣）等。裝置的類型方面則有將管線水平放置的橫型爐，以及將管線垂直放置的縱型爐（如圖 2-13、圖 2-14 所示）。縱型爐能夠減少**所占面積（FootPrint）**，也有利於自動化。熱氧化是透過氣相沉積法等方法形成比矽氧化層還更優質的薄膜層，因此**閘極（Poly Silicon）**氧化層就是以熱氧化的方式形成的。

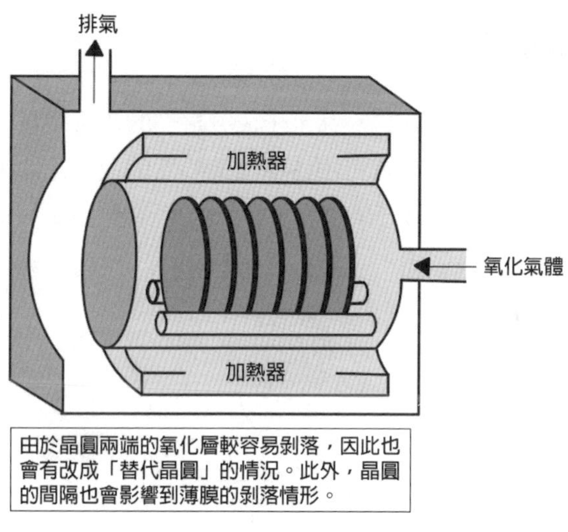

▲ 圖 2-13 氧化裝置（橫型爐）

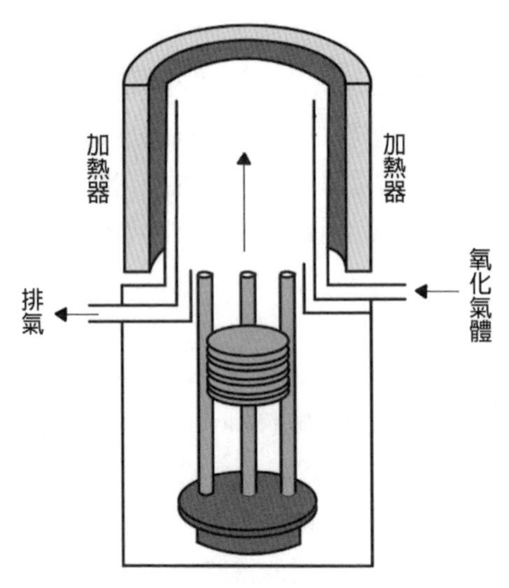

▲ 圖 2-14 氧化裝置（縱型爐）

2.2 晶圓清洗

半導體對雜質極為敏感，百萬分之一甚至十億分之一的微量雜質，就對半導體的物理性質產生影響，微量的有害雜質可由各種隨機的原因進入元件，從而破壞半導體元件的正常性能。為了清除隨機汙染建立了特殊的半導體工藝 —— 清洗工藝（如圖 2-15 所示）。

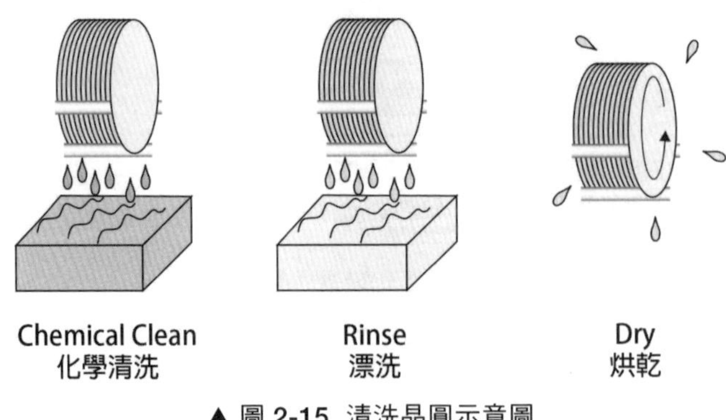

▲ 圖 2-15 清洗晶圓示意圖

2.2.1 各種汙染物的來源和相對的影響

講清洗的基本原理，應當從汙染物的來源講起，只有知道了各種汙染物的來源，針對具體的汙染物，才能制定具體的清洗方法，各種汙染物的來源和相對的影響見下表 2-2：

▶ 表 2-2 各種汙染物的來源和相對的影響

汙染物	可能來源	影響
顆粒	設備、環境、氣體、去離子水、化學試劑	氧化層低擊穿，成品率降低
金屬離子	設備、化學試劑、反應離子蝕刻（RIE）、離子植入、人	低擊穿場強，PN 結構中的漏電流，載子生命週期的減少，Vt 偏移
有機物	室內氣氛、光阻劑、儲存容器化學試劑	氧化速率改變
微粗糙度	初始矽片材料、化學試劑	氧化層低擊穿場強，載流子遷移率下降
自然氧化層	環境濕氣、去離子水沖洗	閘極氧化層退化，外延層品質變差接觸電阻增大，矽化物品質差

2.2.2 晶圓清洗的目的及步驟

晶圓清洗工藝的目的是去除化學和顆粒雜質，而不改變或損壞晶圓表面或襯底。晶圓表面必須保持不受影響，以免粗糙、腐蝕或點蝕破壞晶圓清潔過程的結果（見表 2-3）。

▶ 表 2-3 晶圓清洗步驟和目的

晶圓清洗步驟和目的	
預擴散清洗	創建一個沒有金屬、顆粒和有機汙染物的表面。在某些情況下，需要去除自然氧化物或化學氧化物
金屬離子去除清洗	消除可能對設備運行產生不利影響的金屬離子
顆粒去除清洗	使用兆聲波清洗，使用化學或機械擦洗去除表面顆粒
蝕刻後清洗	去除蝕刻過程後留下的光阻劑和聚合物。去除光阻劑和固體殘留物，包括「蝕刻聚合物」
脫膜清洗	氮化矽（Si_3N_4：氮化矽是保護膜的一種，在半導體電子元件的製造過程中以沉積方式覆蓋在電子錶面）蝕刻 / 剝離、氧化物蝕刻 / 剝離、矽蝕刻和金屬蝕刻 / 剝離

其中預擴散清洗是晶圓製造過程中的關鍵步驟。它們在製造過程中需要多次完成，並且需要大量的設備容量。它們是矽晶圓經過**擴散爐**（**Diffusion Furnace**）操作之前的最後一步。必須最大限度地減少顆粒和金屬汙染，並優化蝕刻**均勻性**（**Uniformity**），同時保持高產量。

根據汙染物的性質，可以使用各種腐蝕性化學品（包括上述清洗方法中的化學品）來實作清潔表面。預擴散清洗是一個關鍵過程，因為晶圓表面上的顆粒或汙染物也可能被驅入晶圓中，導致不可預測的電氣特性，從而導致有缺陷或低品質的半導體輸出。

矽晶圓的產量與晶圓加工過程中的缺陷密度（清潔度和顆粒數）成反比。降低缺陷密度和提高產量的一種方法是使用高效且有效去除顆粒汙染物晶圓清潔工藝。隨著半導體元件和幾何形狀越來越小，從矽晶圓上去除更小的顆粒變得更加重要。因為顆粒和晶圓基底之間存在強靜電力，小顆粒可能難以去除。

2.2.3 去除顆粒和汙染物的機理

2.2.3.1 顆粒

黏附在矽片表面的粒子通常是在工藝中引進的，工藝設備、環境、氣體、化學試劑和去離子水均會引入顆粒。在**極大型積體電路**級的化學試劑中，粒子汙染物的情況（見下表 2-4），其中 H_2SO_4 最高，HF 最低。對粒子尺寸的要求是隨著工藝技術中最小特徵的減小而減小，一般粒子的尺寸只能是元件特徵尺寸的十分之一，如 0.4um 元件要求粒子尺寸小於 0.04um。

▶ 表 2-4 在 ULSI 級化學試劑中的顆粒濃度（數目 /ml）

	≥0.2um	≥0.5um
氫氧化銨（NH_4OH）	130-240	15-30
過氧化氫（H_2O_2）	20-100	5-20
氟化氫（HF）	0-1	0
氯化氫（HCl）	2-7	1-2
硫酸（H_2SO_4）	180-1150	10-80

為了控制粒子，需要瞭解粒子的附著和去除機理。粒子的附著機理有以下幾種可能的情況：靜電力或凡得瓦力；粒子與表面間的化學鍵，粒子被去除的機理有四種：

1、溶解；
2、氧化分解；
3、對矽片表面輕微的腐蝕去除；
4、粒子和矽片表面的電排斥。

SC-1 液具有上述第二與第四項的功能，**過氧化氫（H_2O_2）**在矽的表面有氧化作用，**氫氧化銨（NH_4OH）**中的 OH- 能提供給矽表面和粒子負電荷。粒子的澱積強烈地依賴於溶液中的 PH 值，PH 值增加到 10 時，粒子的澱積數目最低，因此在強酸中，粒子的澱積數目最大，下表 2-5 對各種清洗工藝作了比較，發現 SC-1 是最有效的一種。

▶ 表 2-5 各種清洗工藝去除顆粒髒汙的效率

	清洗方法			
髒汙來源	SPM	SC-1	SC-2	PM
城市用水	98.4	98.9	86.0	42.4
二氧化矽（SiO_2）	833.3	98.4	97.1	94.7
PSL	91.7	99.2	55.2	7.2
空氣	95.8	96.3	86.7	0

註：SPM：H_2SO_4：H_2O_2=4：1，5min
SC-1 NH_4OH：H_2O_2：H_2O=0.1：1：5，80-90°C 10min
SC-2 HCL：H_2O_2：H_2O=1：1：6，80-90°C 10min
PM：H_2O_2：H_2O=：1：5，80-90°C 10min
PSL：聚苯乙烯橡膠小球

有很多報導關於 SC-1 改進的清洗工藝，最有效的一種方法是兆聲波（Megasonic）清洗工藝，SC-1 液結合兆聲波清洗工藝可以去除有機和無機顆粒，溫度可低於 40°C，清洗的原理是這樣的，當矽片浸潤 SC-1 液中，高功率（300W）和高頻率（800-900KHZ）的聲能平行於矽片表面，首先使顆粒浸潤，然後溶液擴散進入介面，最後粒子完全浸潤，並成為懸浮的自由粒子而去除顆粒。

2.2.3.2 金屬髒汙

金屬髒汙的來源可以是化學試劑和離子植入、**反應離子蝕刻（RIE：Reactive-Ion Etching）**等工藝中引入，金屬髒汙會影響元件性能，在介面形成缺陷，在後續的氧化或外延工藝中引入層錯，PN 接面的漏電流，減少少數載流子的壽命。

金屬沉積到矽表面有兩種機理：

1、透過金屬離子和矽襯底表面的氫原子之間的電荷交換直接結合到矽表面，這種類型的雜質很難透過濕式清洗工藝去除，這類金屬常是貴金屬離子，如**金**，由於它的負電性較 Si 高，有從矽中取出電子中和的趨向，並沉積在矽表面。

2、金屬沉積的第二種機理是氧化時發生的，當矽在氧化時，像**鋁（Al）**、**鉻（Cr）**和**鐵（Fe）**有氧化的趨向，並會進入氧化層中，這種金屬雜質可透過在稀釋的 HF 中去除氧化層而去除。

三、有機汙染

矽片表面的有機汙染通常來源於環境中的有機蒸汽，儲存容器和光阻劑的殘留，在矽表面存在有機雜質將會使矽片表面無法得到徹底的清洗，如自然氧化層和金屬雜質，這會影響到後面的工藝，比如在以後的反應離子蝕刻工藝中會有微掩膜作用，殘留的光阻劑是晶片工藝中有機汙染的主要來源。在目前工藝中光阻劑一般是用**臭氧（O_3）**乾式去除，然後在 SPM 中處理，大部分的膠在乾式時已被去除，濕式會使去除更徹底。但由於 SPM 的溫度較高，會降低濃度，工藝較難控制，最近有人提出用注入到純水中或採用紫外光和過濾系統去除有機汙染的方法。

2.2.4 常用的晶圓清洗方法

清洗的方法可大致可分為化學分解以及透過物理力量去除的方法。此外，根據清洗所使用的媒介不同，還可分為用藥水及純水的濕式清洗製程，以及使用氧氣及臭氧的乾式清洗製程。

通常會組合搭配使用上述方法來進行清洗製程，一般會使用藥水來進行化學性分解、並去除這些雜質。藥水的成分有：硫酸與過氧化氫的混合液（SPM：H_2SO_4/H_2O_2 100~130°C）、氫氧化銨、過氧化氫和去離子水組成的混合液（APM：$NH_4OH/H_2O_2/H_2O$ 75~80°C）、鹽酸與過氧化氫混合液（HPM：$HCl/H_2O_2/H_2O$ 75~80°C）等。

在 APM 的清洗製程中，會使用對矽晶表面產生強烈氧化效果的過氧化氫，過氧化氫會氧化矽晶表面，並產生矽氧化層。接著再透過氫氧化氨去除該矽氧化層，異物就會浮出表面以方便清除（剝落效果：Lift-off Effect，將晶圓表面變薄後用蝕刻來去除表面異物的效果）。使用氫氟酸溶液的清洗法則是使用氧化膜蝕刻來去除異物的剝落效果。會在金屬佈線成形後的製程中，使用不會將鋁等佈線金屬溶解的有機溶劑（乙醇類、丙酮類）。

物理性去除的清洗法中，有一種是用高壓純水噴射至晶圓上以去除異物的**噴射擦洗（Jet Scrub）**清洗法；另一種則是用電刷擦拭晶圓來去除異物的**電刷擦洗（Brush Scrub）**清洗法。用化學方式清洗後，也有不少會連續再用物理方式清洗的情況。擦洗清洗則是由於是用純水在晶圓上擦洗，而晶圓上的絕緣膜本身即帶有電力，可能會因為局部放電而對晶圓造成損害。因此必須要調整噴射擦洗的壓力及純水的導電能力，電刷擦洗方面則需要考慮是否已經選擇了適當的電刷壓力等要素。

除使用藥水外，另外也可以加上超音波來提高清洗的程度。採用這種清洗方法清洗時，會在超音波透過藥水中的細微空洞時的衝擊來剝除附著於晶圓上的異物。也可以稱作是一種物理性的清洗方法。

清洗裝置方面，大多使用可依次將晶圓浸置於清洗效果各異、並且配有多個藥水的槽內，來去除各種異物的**濕式清洗台（Wet Bench）**。清洗裝置則主要是由藥水處理槽、水洗及乾燥系統、液體溫度控制系統、藥水供給、排放系統、物件搬運系統、排氣系統構成。

濕式清洗台清洗裝置可分為配置有多個藥水槽的多槽浸置式（如圖 2-16 所示）、僅用一個藥水槽依次供應多種藥水的單槽式（如圖 2-17 所示），以及在封閉的**真空反應室（Chamber）**內用**噴嘴（Nozzle）**噴射水等類型。單槽式可以在每種藥水處理完後用純水代替藥水進行清水清洗，因此可以在不接觸到空氣的情況下來清洗晶圓。

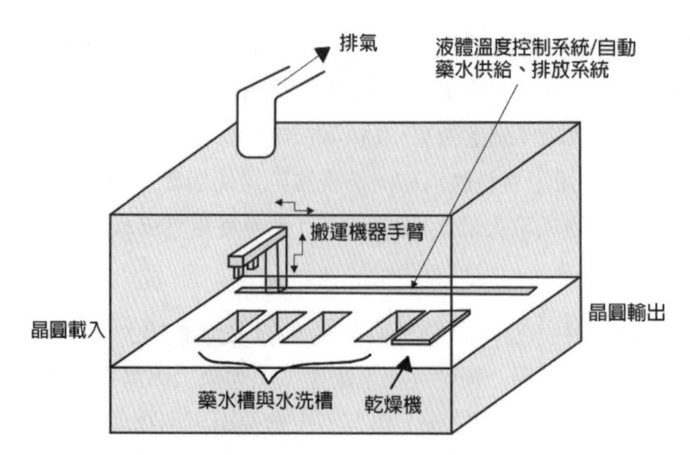

▲ 圖 2-16 濕式清洗台（多槽浸置式）示意圖

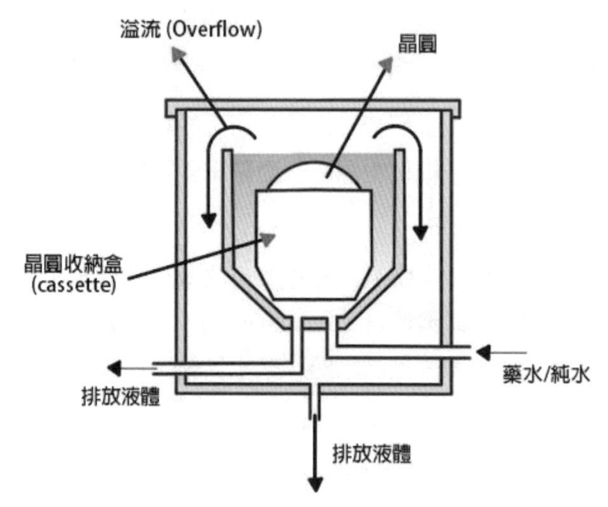

▲ 圖 2-17 濕式清洗台（單槽式）示意圖

此外，也有針對單片清洗的葉片式清洗方法。葉片式清洗裝置是將每片晶圓放置於旋轉臺上，使其旋轉並依次進行多種藥水的處理。除了有 1~2 槽的多種藥水處理裝置（如圖 2-18 所示）外，也有一些是僅用來處理專用藥水的裝置。葉片式清洗方法，也會有噴射擦洗或是進行連續處理。

乾式清洗技術也可分為：透過紫外線照射產生臭氧等分子分解、揮發有機物質的紫外線清洗方式（如圖 2-19 所示）；用氧氣電漿產生化學反應的電漿清洗方式；非活性氣體（如：**氬氣（Ar）**等）電漿的物理性清洗方式（反濺射）；**低溫煙霧（Aerosol）**清洗以及超臨界清洗等。

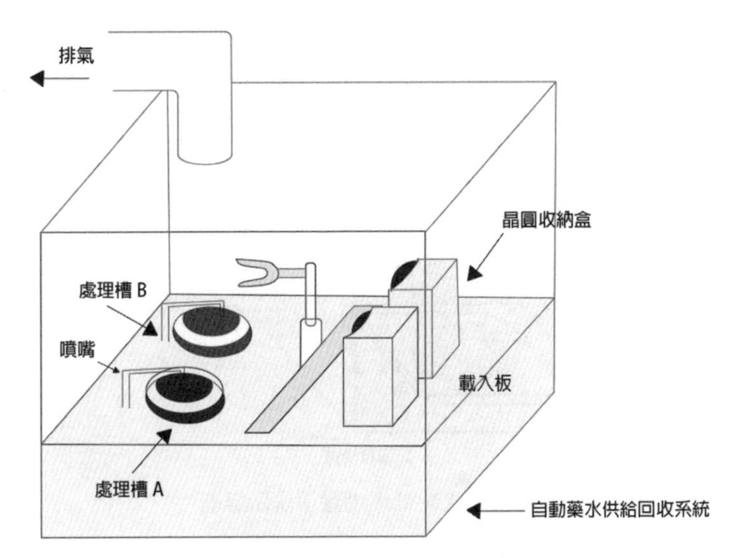

▲ 圖 2-18 葉片式清洗台示意圖

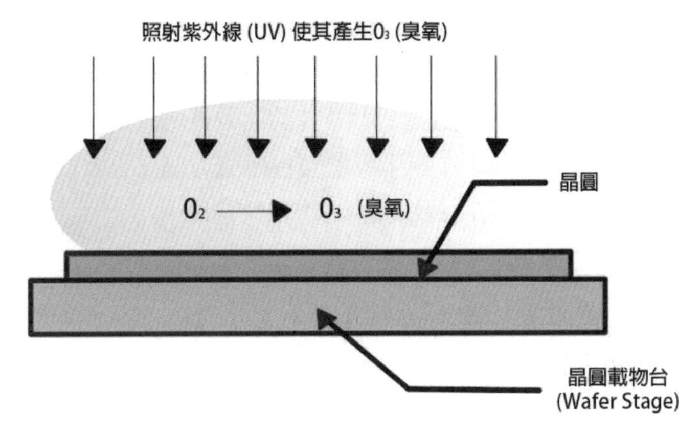

▲ 圖 2-19 紫外線清洗示意圖

2.2.5 新興的清洗技術

新興清洗技術方面，目前主要有低溫煙霧清洗、超臨界清洗以及機能水清洗等方法。

一、低溫煙霧清洗

主要是用來冷卻氬氣、氮氣、碳酸氣體等，以降低非活性氣體的壓力，再從反應室內由噴嘴噴射藥水使其結冰後，再將結冰的固體粒子置於反應室內，以去除與晶圓有所衝突的異物。由於結冰的固體粒子在常溫時會變回氣體，因此不需要特別的乾燥裝置（如圖 2-20 所示）。

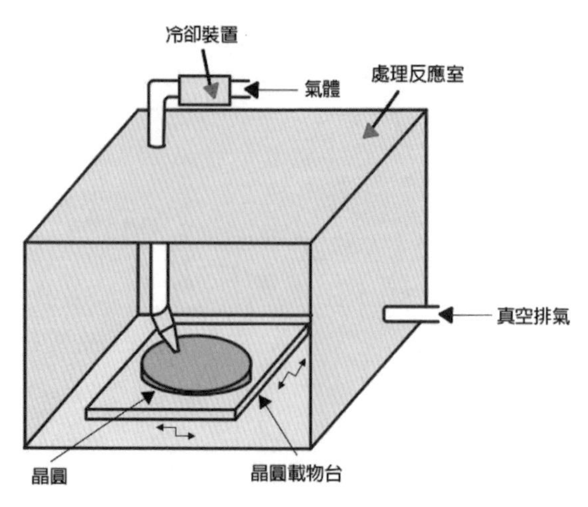

▲ 圖 2-20 低溫煙霧清洗示意圖

二、超臨界清洗

超臨界 CO_2（sc CO：Supercritical Carbon dioxide）清洗則是在**臨界溫度（TC：Critical Temperature）**以及**臨界壓力（PC：Critical Pressure）**下，使用具有液體與氣體中間特性狀態的流體來清洗晶圓，由於其黏性較低，因此擴散速度較快，很短時間內就可溶解物質使其剝離。在對半導體製程研究方面，專家們也正在探討是否可以使用二氧化碳（CO_2）與清洗藥水混合等方法來清洗。

一般而言，物質通常都存在氣、液、固三種相態。在相圖上（如圖 2-21 所示），三相成平衡態共存的點就叫做三相點（即圖中的 O 點）；氣、液兩相平衡線延伸的終點就稱為臨界點（即圖中的 C 點）。在臨界點時的溫度和壓力分別稱為和臨界壓力。不同物質的臨界點所要求的溫度和壓力各不相同。所謂超臨界狀態就是指物質的溫度和壓力高於臨界點後，物質不再有液態和氣態的區別，而呈現出均勻流體的狀態。處於超臨界狀態時，氣、液兩相性質非常相近，向該狀態的氣體加壓，氣體不會液化，只是密度增大，具有類似液態的性質，同時還保留著氣體性能，這種狀態的流體就被稱為超臨界流體。三種狀態變化（如圖 2-22 所示）。sc CO_2 就是溫度和壓力處於臨界溫度和臨界壓力以上的 CO_2。由於其安全無毒、價格低廉、儲量豐富、生產規模大、產品純度高（尤其有益於製藥工業和食品工業）、臨界溫度較低（TC = 303.05 K）、易於分離溶劑與產物（尤其適用於不耐高溫的物質）、臨界壓力適中（PC = 7.375 MPa 對設備要求不高，易於運輸）、化學性質惰性（不可燃，一般不參加反應），操作安全，sc CO_2 被廣泛地應用於國計民生相關的重要領域。

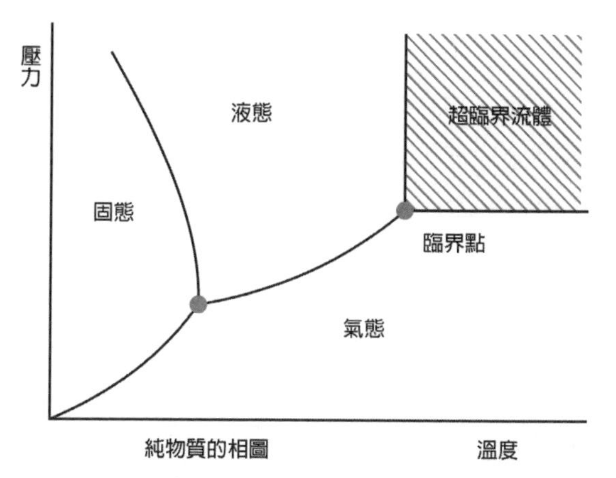

▲ 圖 2-21 超臨界清洗二氧化碳（CO_2）相圖（超臨界清洗）

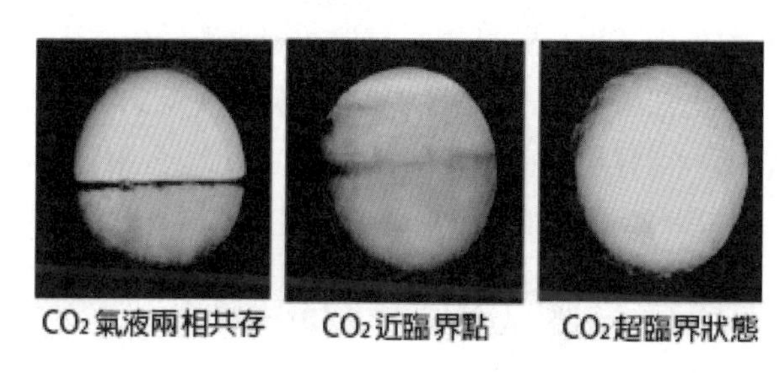

▲ 圖 2-22 溫度壓力改變下二氧化碳氣液介面的變化

三、機能水清洗方法

是一種不使用酸、鹼的藥水，而是使用臭氧水與電解臭氧水等機能水的清洗技術。由於沒有使用藥水，因此不用進行廢水處理，這是一種比較環保的技術。

隨著半導體製程的逐步細微化，與致命缺陷密切相關的異物也變得更加微小、微量。此外，圖形尺寸與深度的比率（寬高比）也變得更大，因此業界開始尋求能夠深入開口與溝槽底部的清洗技術。另一方面，由於導入具有代表性的新興 High-k（高介電）及 Low-k（低介電）材料，因此研究人員們也不斷尋找著對這些薄膜層損傷更小的清洗技術。

2.3 晶圓加工

所有半導體工藝都始於一粒沙子，因為沙子所含的「矽」是生產晶圓所需要的原材料。晶圓就是將高純度的「矽（Si）」或「砷化鎵（GaAs）」製成的單晶柱體切割形成的圓薄片。晶圓加工就是製作獲取上述晶圓的過程。

2.3.1　矽提純

矽的前身是石英砂，裡面含有許多雜質，因此需要將其純化，主要方式為將石英砂加入碳並加熱還原成冶金級矽，高純矽熔化成液體，進而再凝固成單晶固體形式，隨後將其丟入反應爐中與氯化氫以及氫氣反應形成多晶矽。

2.3.2　鑄錠（Ingot）

需將矽砂加熱，去除其中的雜質，透過溶解、提純、蒸餾等一系列操作獲得高純度的電子級矽（EG-Si）。高純矽熔化成液體，進而再凝固成單晶固體形式，稱為「錠」，這就是半導體製造的第一步。矽錠（矽柱）的製作精度要求很高，達到奈米級，其廣泛應用的製造方法是提拉法。

提拉法的生長工藝首先將待生長的晶體原料放在耐高溫的坩堝中加熱熔化，並調整爐內溫度場，使熔體上部處於過冷狀態；然後在**籽晶（Seed）**杆上安放一粒籽晶，讓籽晶接觸熔體表面，待籽晶表面稍熔後，提拉並轉動籽晶杆，使熔體處於過冷狀態而結晶於籽晶上，在不斷提拉和旋轉過程中，生長出圓柱狀晶體。

2.3.3　錠切割成薄晶圓（Wafer Slicing）

為了將圓陀螺模樣的鏡製成圓盤狀的晶圓，需要使用金剛石鋸將其切成均勻厚度的薄片。其直徑決定了晶圓的尺寸。晶圓的尺寸常規的有 150mm（6 英寸）、200mm（8 英寸）、300mm（12 英寸）等等。晶圓越薄，製造成本越低，直徑越大，一次可生產的半導體晶片數量就越多，因此圓的厚度和大小呈逐漸變薄和擴大的趨勢（如圖 2-23 所示）。

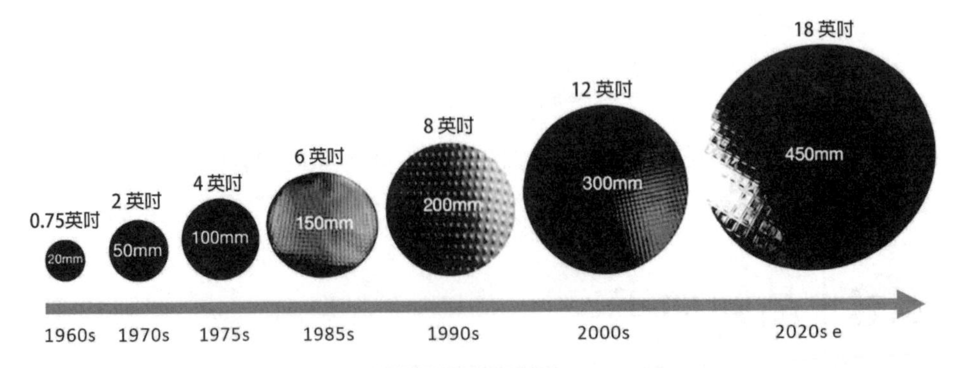

▲ 圖 2-23　半導體晶圓尺寸發展歷程示意圖

首先用旋轉砥石對整個晶圓背部進行研磨，來削薄晶圓的厚度（如圖 2-24 所示）。再將晶圓上以棋盤狀配置的許多半導體迴路晶片一個一個地進行切割（Dicing），並挑選出優質的晶片。切割是用切割刀（Dicing Blade）（圓板狀的超薄砥石），沿著晶片與晶片中間進行劃線切割（如圖 2-25 所示）。

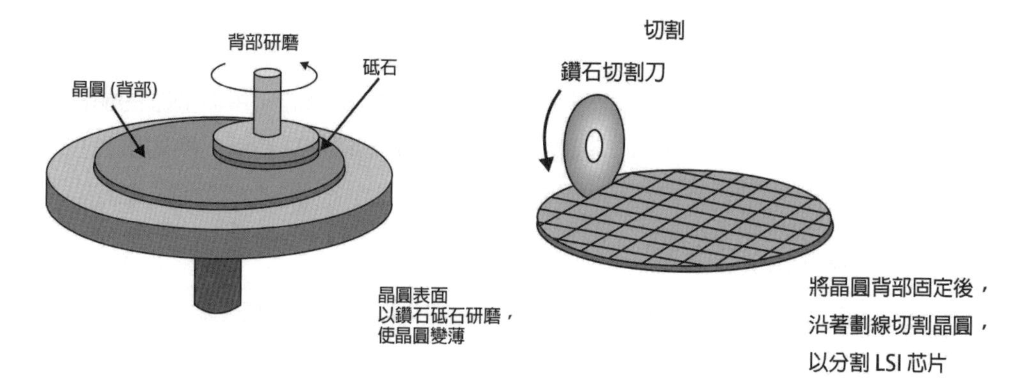

▲ 圖 2-24 背部研磨示意圖

▲ 圖 2-25 切割示意圖

2.3.4 晶圓表面拋光

2.3.4.1 表面拋光後的晶圓構造

切割後的晶圓需要進行加工，以使其像鏡子一樣光滑。這是因為剛切割後的晶圓表面有瑕疵且粗糙，可能會影響電路的精密度，因此需要使用拋光液和拋光設備將晶圓表面研磨光滑。加工前的晶圓就像處於沒有穿衣服的狀態一樣，所以叫做**裸晶圓**（**Bare wafer**）。

經過物理、化學多個階段的加工後，可以在表面形成晶片（如圖 2-26 所示）：

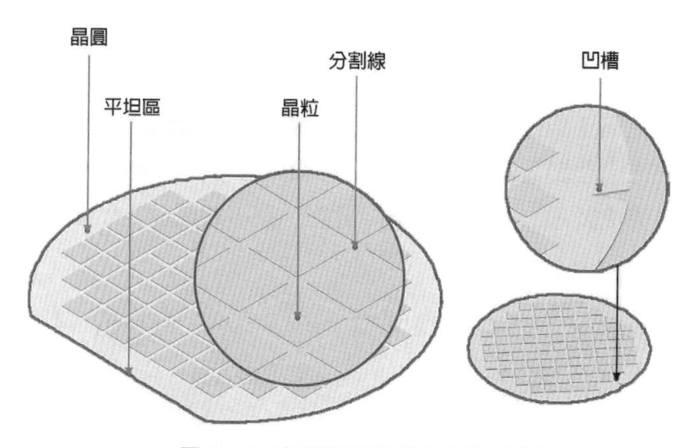

▲ 圖 2-26 表面拋光後的晶圓示意圖

一、分割線（Scribe Line）

看上去各個晶粒像是黏在一起，但實際上晶粒和晶粒之間具有一定的間隙。該間距稱為分割線。在晶粒和晶粒之間設置分割線是為了在晶圓加工完成後將這些晶粒一個個割斷，然後組裝成晶片，也是為了留出用金剛石鋸切割的空間。

二、平坦區（Flat Zone）

平坦區是為區分晶圓結構而創建的區域，是晶圓加工的標準線。由於晶圓的晶體結構非常精細並且無法用肉眼判斷，因此以這個平坦區為標準來判斷晶圓的垂直和水平。

三、凹槽（Notch）

和平坦區晶圓相比，凹槽晶圓可以製造更多的晶粒，因此效率很高。

2.3.4.2 化學機械拋光

晶圓表面拋光一般採用**化學機械拋光（CMP：ChemicalMechanicalPolishing）**，讓已成膜的導體材料產生化學反應並且進行機械式的摩擦加以研磨後使晶圓得以平坦，並將其埋設入溝槽與凹洞之中。

化學機械拋光會用研磨的方式將已成膜的氧化層去除，除了將氧化層埋入進行淺溝槽隔離（STI，後文有專門詳解）操作的溝槽部分外，也使用於接觸孔的鎢絲插頭（埋入），以及將層間絕緣膜等晶圓表面平坦化的工程。使用晶圓支撐頂維持晶圓背部狀態，再將晶圓表面壓至已貼附研磨墊的旋轉台上，分別將**研磨液（Slurry）**與支撐頂（晶圓）旋轉（如圖 2-27 所示）。凸出部位的研磨速度會比凹入部位的研磨速度來得快，因此去除凸出部位、留下凹入部位即可使晶圓變得平坦。雖然研磨速度會與晶圓壓入的重量及相對速度成正比，研磨壓力、研磨墊與晶圓的回轉速度控制相當重要，但是研磨墊與研磨液的種類及供給量也會對其有所影響。

化學機械拋光裝置的主要是由研磨裝置（研磨盤、晶圓支撐 · 加壓等）、研磨液供給裝置、研磨液廢液處理裝置（回收 · 再利用 · 廢棄等）等裝置構成。也有先統合整理好研磨後的所有清洗裝置，再進行研磨 ~ 清洗 ~ 連串的處理（如圖 2-28 所示）。

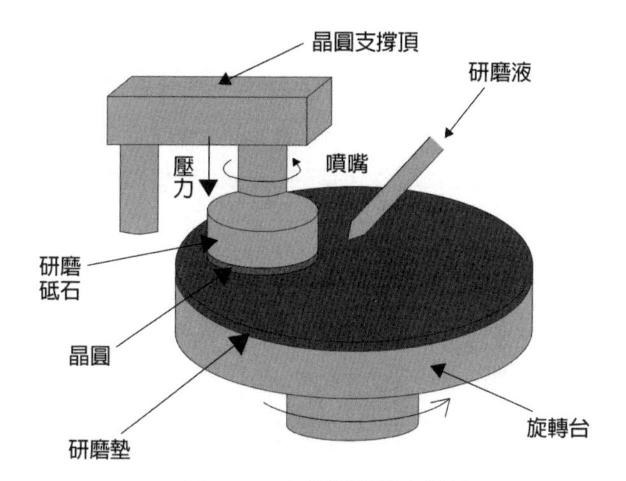

▲ 圖 2-27 化學機械拋光裝置

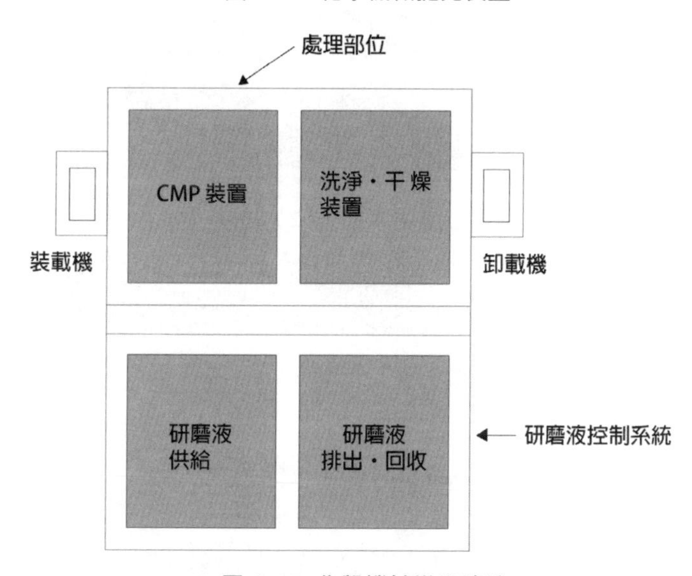

▲ 圖 2-28 化學機械拋光清洗

（如下圖 2-29~2-32）所示，是一些半導體氧化層化學機械拋光淺溝槽隔離、層間絕緣膜、鎢絲插頭、**金屬鑲嵌（Damascene：為使用銅作為金屬佈線材料所需的工藝。該工藝先蝕刻金屬佈線的位置，隨後沉積金屬，再透過物理方法去除多餘的部分）**製程中的銅金屬佈線工程在進行化學機械拋光製程時的剖面圖範例。

在化學機械拋光製程中，可以利用相同的導體材料的凹凸差異來進行研磨，因此無法確切判斷何時要結束研磨工作而造成因為研磨不足而導致薄膜殘留，或是研磨過度使得殘留薄膜變薄的凹陷（Dishing）、腐蝕（Erosion）、變薄（Thinnig）等狀況。一般來說會在研磨中使用渦電流以及光學的監控方式，並使用可以準確檢測出終點的監視器。

根據所選擇的研磨墊、研磨液的不同，除了氧化層外，化學機械拋光也適用於鎢金屬接觸連接線、層間絕緣膜、銅金屬鑲嵌佈線等的拋光化操作。研磨也可依氧化層、銅、鎢金屬等研磨層的不同，選擇適當的溶液與砥石種類。

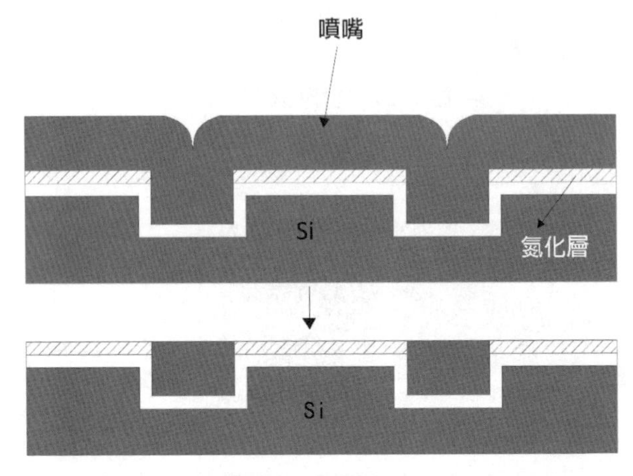

▲ 圖 2-29　氧化層化學機械拋光（埋設 STI）

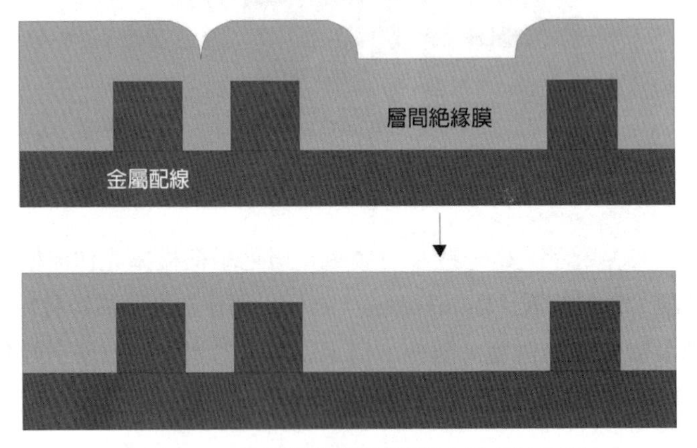

▲ 圖 2-30　層間絕緣膜化學機械拋光氧化層

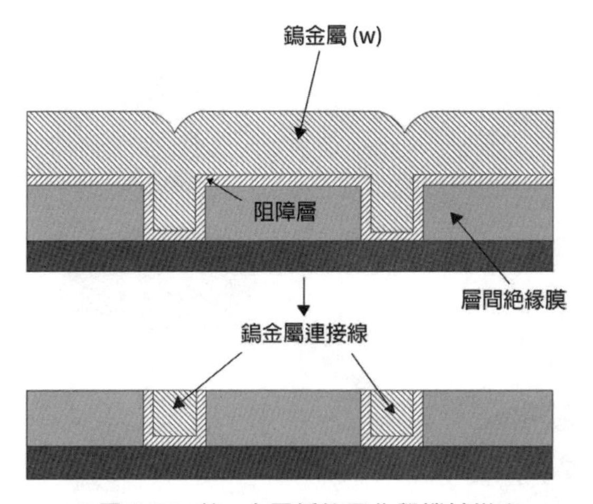

▲ 圖 2-31 鎢・金屬緩衝層化學機械拋光

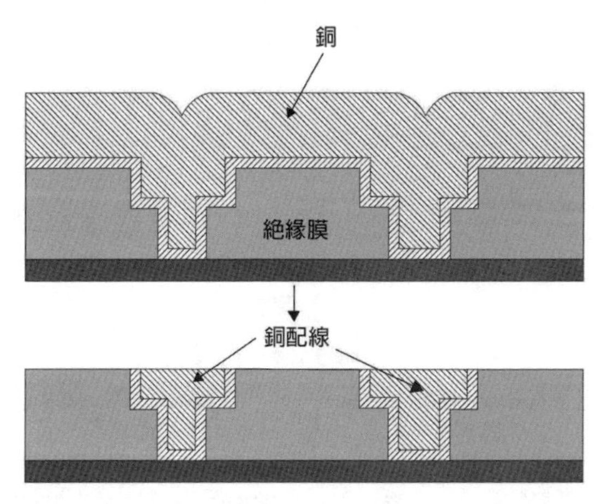

▲ 圖 2-32 銅・金屬緩衝層化學機械拋光（金屬鑲嵌佈線）

2.4 微影（Photolithography）—四大製程 1

微影（Photolithography，又稱光刻、Photomasking、Masking 或 Microlithography）技術是圖形化工藝中將設計好的圖形從**光罩或掩膜版**（主體為石英玻璃，透光性高，熱膨脹係數小）轉印到晶圓表面的光阻劑上所使用的技術，也就是使用光將電路圖案「印刷」到晶圓上（如圖 2-33、圖 2-34 所示）。我們可以將其理解為在晶圓表面繪製的半導體零件。電路圖案的精細度越高，產品晶片的積體密度就越高，這只能透過先進的微影技術來實作。

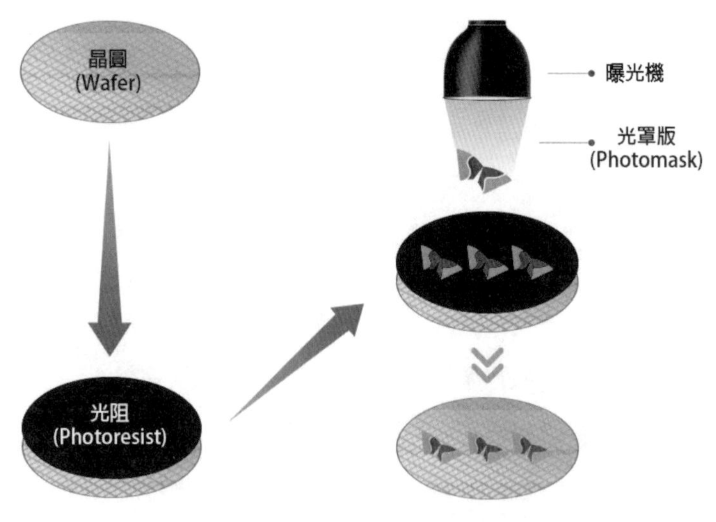

▲ 圖 2-33 微影製程示意圖

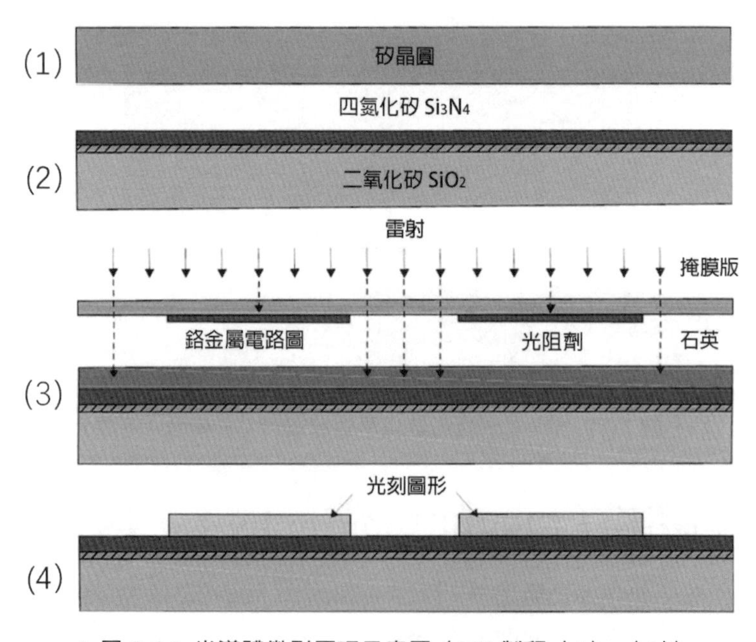

▲ 圖 2-34 半導體微影原理示意圖（LSI 製程（1）-（4））

在晶圓的製造過程中，晶體三極體、二極體、電容、電阻和金屬層的各種物理部件在晶圓表面或表層內構成。這些部件是每次在一個掩膜版上生成的，並且結合生成薄膜及去除特定部分，透過微影製程過程，最終在晶圓上保留特徵圖形的部分。微影生產的目標是根據電路設計的要求，生成尺寸精確的特徵圖形，並且在晶圓表面的位置正確且與其它部件的關聯正確。

微影是前道工序的所有工藝中最關鍵的。微影確定了元件的**關鍵尺寸（Critical Dimension）**。微影過程中的錯誤可造成圖形歪曲或套準不良，最終可轉化為對元件的電特性產生影響。圖形的錯位也會導致類似的不良結果。微影製程中的另一個問題是缺陷。微影是高科技版本的照相術，只不過是在難以置信的微小尺寸下完成。在製程中的汙染物會造成缺陷。事實上由於微影在晶圓生產過程中要完成 5 層至 20 層或更多，所以汙染問題將會放大。

微影技術最先應用於印刷工業，並長期用於製造印刷電路板半導體產業在 20 世紀 50 年代開始採用微影技術製造電晶體和積體電路。由於元件和電路設計都是利用蝕刻和離子植入將定義在光阻劑上的圖形轉移到晶圓表面，晶圓表面上的光阻劑圖形由微影技術決定，因此微影是積體電路生產中最重要的工藝技術。

典型的積體電路製造微影製程的八步基本工藝包括襯底的準備、**光阻塗佈（Coating）**、軟烘焙、曝光、曝光後烘培、顯影、硬烤焙和顯影檢測。襯底準備主要是在塗抹光阻劑之前，對矽襯底進行預處理。一般情況下，襯底表面上的水分需要蒸發掉，這一步在帶有抽氣的密閉腔體內透過脫水烘焙來完成。此外，為了提高光阻劑在襯底表面的附著能力，還會在襯底表面塗抹化合物（如圖 2-35 所示）：

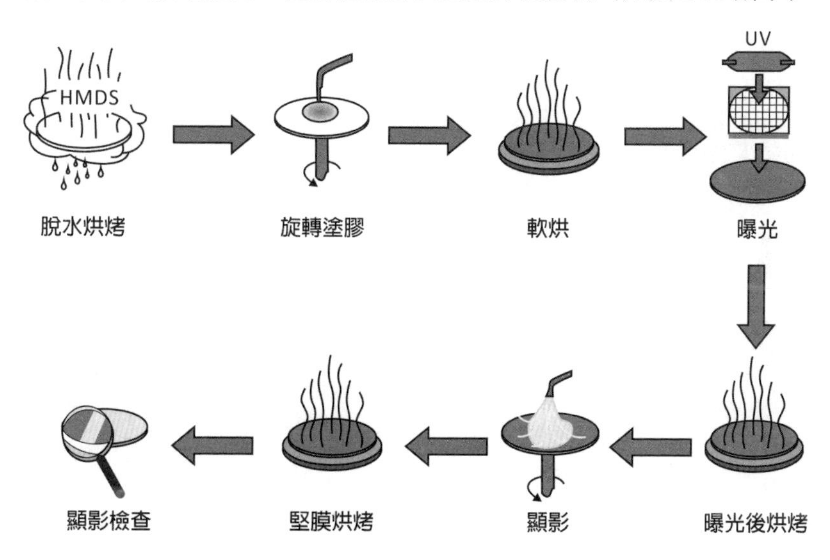

▲ 圖 2-35 半導體微影流程示意圖

2.4.1 光阻劑（Photoresist）

光阻劑又稱光刻膠、光致抗蝕劑，也稱為光敏膠，是一種對光敏感的膠狀物質。在積體電路製造領域，如果說曝光機（又稱光刻機）是推動製程技術進步的「引擎」，光阻劑就是這部「引擎」的「燃料」。下圖展示了光阻劑如何在一個 NMOS（NMOS：N-Metal-Oxide-Semiconductor，N 型金屬 - 氧化物 - 半導體，而擁有這種結構的電晶體我們稱之為 NMOS 電晶體）電晶體的製造工藝中發揮作用（如圖 2-36 所示）。NMOS 電晶體是半導體製程工藝中最常用的積體電路結構之一。步驟 1 中的綠色部分代表紅色部分多晶矽材料被塗上了一層光阻劑。在步驟 2 的微影曝光過程中，黑色的掩膜遮擋範圍之外的光阻劑都被微影光源照射，發生了化學性質的改變，在步驟 3 中表現為變成了墨綠色。在步驟 4，經過顯影之後，紅色表徵的多晶矽材料上方只有之前被光罩遮擋的地方留下了光阻劑材料。於是掩模版上的圖形就被轉移到了多晶矽材料上，完成了「微影」的過程。在此後的步驟 5 到 7 中，基於「微影」過程在多晶矽材料上留下的光阻劑圖形，「多晶矽層蝕刻」、「光阻劑清洗」和「N+ 離子植入」工藝共同完成了一個 NMOS 電晶體的構造。

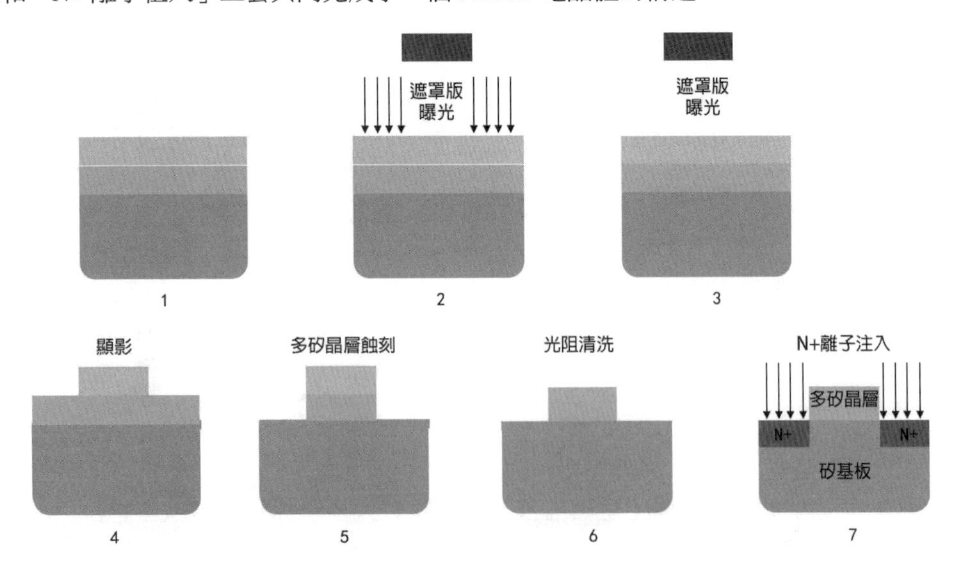

▲ 圖 2-36 一種 NMOS 電晶體積體電路結構的製造過程示意圖

2.4.1.1 光阻劑的組成成分

光阻劑主要由溶劑、光引發劑（包括光增感劑、光致產酸劑）、光阻劑樹脂、其他添加劑等成分組成（如圖 2-37 所示）。其中溶劑占比約 50%~90%，光引發劑占比約 1%~6%，樹脂占比約 10%~40%，添加劑占比約 <1%。

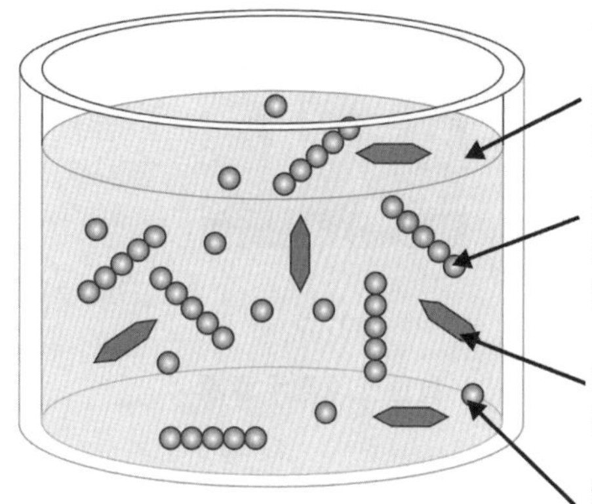

光阻劑的組分

溶劑：使光阻劑具有流動性、易揮發，對於光阻劑的對於光阻的化學性質幾乎沒有影響。

樹脂：惰性的聚合物，用於把光阻劑中的不同材料聚在一起的黏合劑，給予光阻劑其機械和化學性質。

光引發劑：光阻劑材料中的光敏成分，對光能發生光化學反應

添加劑：控制光阻劑材料特殊方面的化學物質，用來控制和改變光阻劑材料的特定化學性質或光響應特性

▲ 圖 2-37 光阻劑的組成成分示意圖

2.4.1.2 光阻劑的分類及性能指標

一、按照顯影效果不同分類

光阻劑可分為正性光阻劑（Positive Photoresist，光照射部位溶解）和負性光阻劑（Negative photoresist，光照射到的部位殘留下來）兩種類型（如圖 2-38 所示）。正性光阻劑在經過曝光後，其被光照射的部分會溶於顯影液而發生分解，而未被光照射到的部分會保留下來。正性光阻劑具有較高的解析度和靈敏度，適用於製造精細的電路圖案。負性光阻劑在經過曝光後，其被光照射的部分會發生交聯反應而不溶於顯影液，而未被光照射的部分會在顯影液中分解。負性光阻劑具有較好的抗蝕性和彈性，適用於製造大面積的電路圖案。

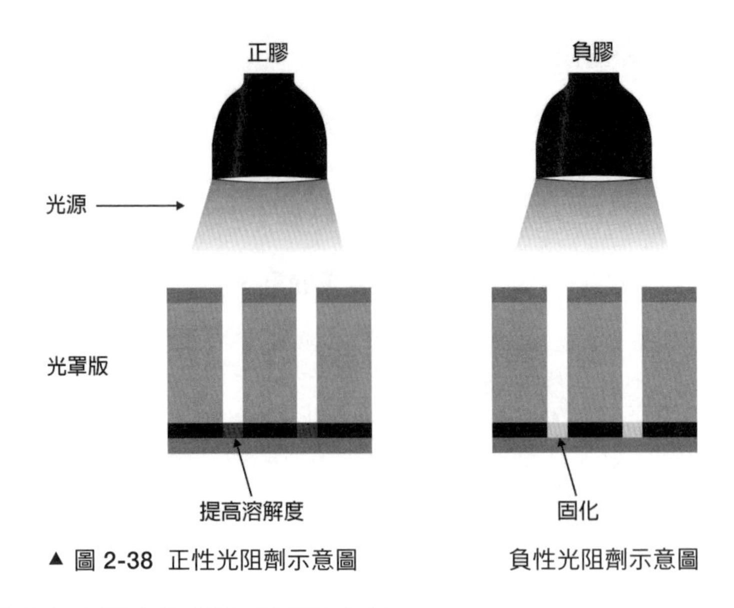

▲ 圖 2-38 正性光阻劑示意圖　　負性光阻劑示意圖

二、按照曝光光源和輻射源的不同分類

光阻劑可為紫外光阻劑、深紫外光阻劑、極紫外光阻劑、輻射線光阻劑等（如圖 2-39 所示）。紫外光阻劑適用於 g 線（436 nm）與 i 線（365 nm）微影技術。**深紫外光阻劑即 DUV（Deep Ultraviolet Lithography）**光阻劑，它指的是 160~280nm 的曝光波長的光阻劑，目前在微影製程上指的就是 KrF 和氟化氬（ArF）光阻劑。極紫外光阻劑指的是使用 EUV（又稱作軟 X 射線 Soft X-ray）作為曝光光源，光源波長為 11-14nm，常用 13.5nm。輻射線光阻劑指的是以 X- 射線、電子束或離子束為曝光源的光阻劑。由於 X- 射線、電子束或離子束等的波長比深紫外光更短，幾乎沒有繞射作用，因此在積體電路製作中可獲得更高的解析度。

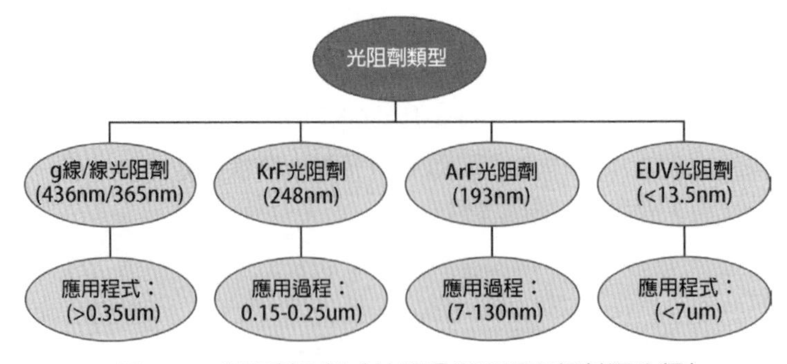

▲ 圖 2-39 光阻劑分類（按照曝光光源和輻射源分類）

三、按照化學結構不同分類

光阻劑可分為光聚合型、光分解型、光交聯型和化學放大型。光聚合型光阻劑採用烯類單體，在光作用下生成自由基，引發單體聚合反應生成聚合物，常用於負性光阻劑。光分解型光阻劑，採用含有**重氮醌類化合物（DQN）**材料作為感光劑，其經過光照後，發生光分解反應，可以製成正性光阻劑。光交聯型光阻劑採用聚乙烯醇月桂酸酯等作為光敏材料，在光作用下，形成不溶性的網狀結構，起到抗蝕作用，可製成負性光阻劑。化學放大型光阻劑採用難以溶解的聚乙烯樹脂，使用**光致酸劑（PAG）**作為光引發劑，當光阻劑曝光後，曝光區域 PAG 產生酸，可作為後續熱烘焙工序的催化器，使得樹脂變得易於溶解。

四、按照下游應用領域不同分類

光阻劑可分為**印刷電路板（PCB：PrintedCircuitBlock，又稱為印製電路板，由電路組成的半導體板。使用印刷方式將鍍銅的基版印上防蝕線路，並加以蝕刻沖洗出線路，且元件焊接在電路板表面，這些電路板通常用於電子設備中）**光阻劑、LCD 光阻劑和半導體光阻劑。**印刷電路板**光阻劑主要包括乾膜光阻劑、濕膜光阻劑、光成像阻焊油墨。LCD 領域光阻劑主要包括彩色光阻劑和黑色光阻劑、觸控式螢幕光阻劑、TFT 光阻劑（見表 2-6）。

▸ 表 2-6 塗佈光阻劑分類（按照下游應用領域分類）

依應用領域分類	主要品種	主要用途
半導體光阻劑	g 線光阻劑（436nm）	6 寸晶圓
	i 線光阻劑（365nm）	6 寸、8 寸晶圓
	KrF 光阻劑（248nm）	8 寸晶圓
	ArF 光阻劑（193nm）	12 寸晶圓
	EUV 光阻劑（13.5nm）	12 寸晶圓
LCD 光阻劑	彩色光阻劑、黑色光阻劑	用於製備彩色濾光片
	觸控螢幕用光阻劑	用於在玻璃基板上沉積 ITO 製作
	TFT-LCD 正性光阻劑	微細圖形加工
PCB 光阻劑	乾膜光阻劑	微細圖形加工
	濕膜光阻劑（又稱抗蝕劑 / 線路油墨）	
	光成像阻焊油器	

五、光阻劑的性能指標

光阻劑的性能指標主要包括解析度、對比度、敏感度、抗蝕性等（見表 2-7）。

1、解析度（Resolution，簡稱 R）

微影製程中所能形成最小尺寸的有用圖像。是區別矽片表面相鄰圖形特徵的能力。一般用**關鍵尺寸（CD：Critical Dimension）**來衡量解析度。

2、對比度（Contrast）

指光阻劑材料曝光前後化學物質（如溶解度）改變的速率。對比度可以被認為是光阻劑區分掩膜版上亮區和暗區能力的衡量標準，且輻照強度在光阻劑線條和間距的邊緣附近平滑變化。光阻劑的對比度越大，線條邊緣越陡，典型的光阻劑對比度為2~4。

3、敏感度（Sensitivity）

即光阻劑上產生一個良好的圖形所需一定波長光的最小能量值（或最小曝光量）。光阻劑的敏感性對於波長更短的 DUV、EUV 等尤為重要。靈敏度反映了光阻劑材料對某種波長的光的反應程度。

4、抗蝕性

光阻劑材料在蝕刻過程中的抵抗力。在圖形從光阻劑轉移到晶圓的過程中，光阻劑材料必須能夠抵抗高溫（>150℃）而不改變其原有特性，在後續的蝕刻工序中保護襯底表面，需具有耐熱穩定性、抗蝕刻能力和抗離子轟擊能力。

▶ 表 2-7 光阻劑主要技術參數

光阻劑主要技術參數	具體意義
解析度 resolution	區別矽片表面相鄰圖形特徵的能力。一般用關鍵尺寸（CD，Critical Dimension）來衡量解析度。形成的關鍵尺寸越小，光阻劑的解析度越好。
對比度 contrast	指光阻劑從曝光區到非曝光區過渡的陡度。對比度越好，形成圖形的側壁越陡峭解析度越好。
解析度 resolution	光阻劑上產生一個良好的圖形所需一定波長光的最小能量值（或最小曝光量）。單位：毫焦 / 平方公分的光阻劑的敏感度對於波長較短的深紫外光（DUV）極深紫外光（EUV）等尤為重要。

光阻劑主要技術參數	具體意義
黏滯性 / 黏度 viscosity	衡量光阻劑流動特性的參數。黏滯性隨著光阻劑中的溶劑的減少而增加，高的黏滯性會產生厚的光阻劑，越小的黏滯性，就有越均勻的光阻劑厚度。
黏附性 adherence	指光阻劑劑黏著於基板的強度，黏著性不足會導致矽片表面的圖形變形。
抗蝕性 anti-etching	光阻劑保持黏附性的能力，包括耐熱穩定性、抗蝕刻能力和抗離子轟擊能力。
表面張力 surface tension	液體中將表面分子拉向液體主體內的分子間吸引力。光阻劑應該具有比較小的表面張力，使光阻劑具有良好的流動性和覆蓋範圍。
儲存和傳送 storage and transmission	能量（光和熱）可以啟動光阻劑。應存放在密閉、低溫、不透光的盒子中。同時必須規定光阻劑的閒置期限和存貯溫度環境。一旦超過儲存時間或較高的溫度範圍，負膠會發生交聯，正膠會發生感光延遲。

2.4.2 物鏡的分辨能力（鑑別率）

曝光機分辨兩物點的能力叫做物鏡的分辨能力（鑑別率），是微影過程中一個重要的要素。物鏡分辨能力的公式為 d= λ /（2NA）（ λ ：入射光的波長，NA：Numerical Aperture，表示物鏡的數值孔徑）。物鏡的分辨能力越高，兩物點間最小距離 d 越小，即兩物體彷彿重合為一個物體，很難分辨。因此，掩模版繪製再精細的版圖也無法轉印到實際的晶圓表面上。

可見，降低分辨能力非常重要。上述公式給我們揭示了兩種方法：一是透過調節入射光的波長來克服。增加雷射的能量可縮短入射光的波長。我們經常在新聞中聽到的**極紫外線（EUV，Extreme Ultraviolet Lithography）**曝光機正是透過將**深紫外線（DUV：Deep Ultraviolet Lithography）**曝光機的波長縮短至 1/14（= 提高光能），實現精細圖形繪製的；另一方面，還可透過提高物鏡的數值孔徑（NA）來尋找突破口。提高光源鏡頭數值孔徑，或使用**高折射率（Index of Refraction）**的介質增加物鏡的數值孔徑。高數值孔徑**極紫外線（High NA EUV）**曝光機就是採用了提高光源鏡頭數值孔徑的方法，而常用的**深紫外線曝光機（ArF immersion）**則採用了高折射率介質的方法。

物鏡的數值孔徑其實很難直觀去理解，下圖展示了一種相對較通俗的理解方法，讀者可以從中理解光源鏡頭變大，解析度就會提高（變小）的原理（如圖 2-40 所示）。

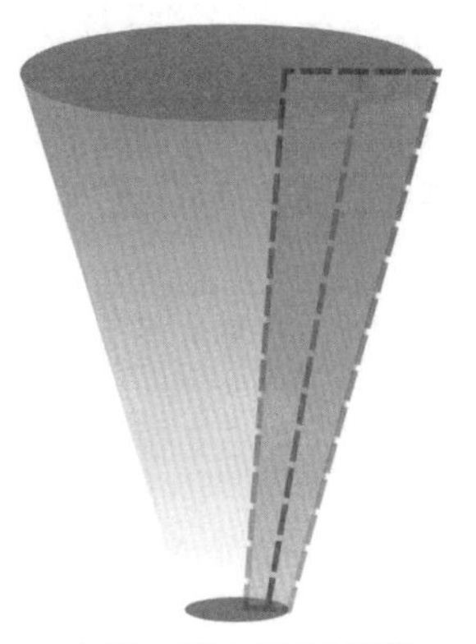

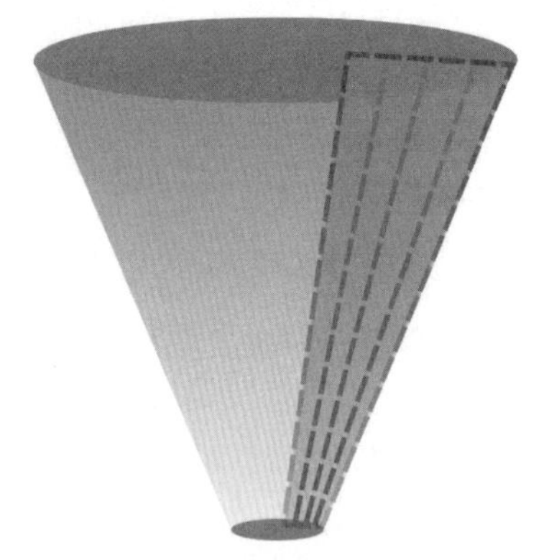

▲ 圖 2-40 物鏡的數值孔徑與物鏡的分辨能力示意圖

2.4.3 光阻塗佈（Photoresist Coating）

根據光（紫外線）反應性的區別，如前文所述，光阻劑可分為正膠（正性光阻劑）和負膠（負性光阻劑），前者在受光後會分解並消失，從而留下未受光區域的圖形，而後者在受光後會聚合併讓受光部分的圖形顯現出來（如圖 2-41 所示）。

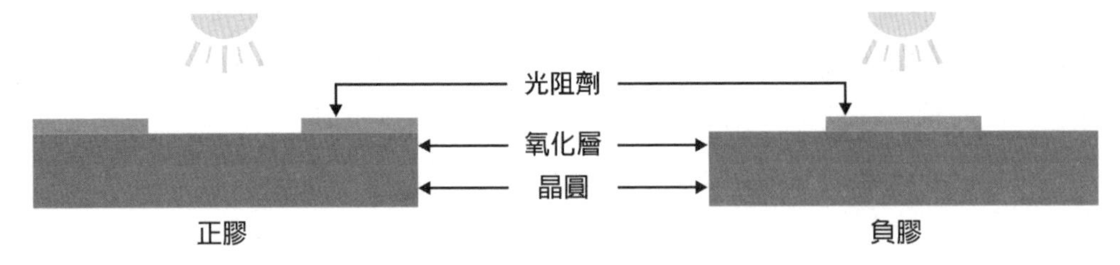

▲ 圖 2-41 正膠和負膠的區別示意圖

在晶圓上繪製電路的第一步是在氧化層上塗覆光阻劑。光阻劑透過改變化學性質的方式讓晶圓成為「相紙」。晶圓表面的光阻劑層越薄，塗覆越均勻，可以印刷的圖形就越精細。這個步驟可以透過**旋轉塗佈（Spin Coating）**的方式形成厚度均勻的微影薄膜。旋轉塗佈法可以分為靜態旋轉法和動態噴灑法：

一、靜態旋轉法

首先把光阻劑透過滴膠頭堆積在矽片的中心，然後低速旋轉使得光阻劑鋪開，再以高速旋轉甩掉多餘的光阻劑。在高速旋轉的過程中，光阻劑中的溶劑會揮發一部分。這個過程（如圖 2-42 所示）。

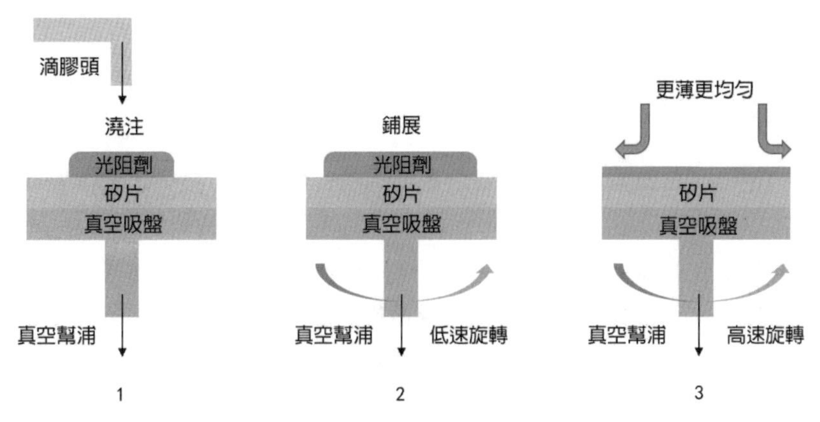

▲ 圖 2-42 靜態旋轉法塗膠過程示意圖

靜態塗膠法中的光阻劑堆積量非常關鍵，量少了會導致光阻劑不能充分覆蓋矽片，量大了會導致光阻劑在矽片邊緣堆積甚至流到矽片的背面，影響工藝品質。

二、動態噴灑法

隨著矽片尺寸越來越大，靜態塗膠已經不能滿足最新的矽片加工需求。相對靜態旋轉法而言，動態噴灑法在光阻劑對矽片進行澆注的時刻就開始以低速旋轉幫助光阻劑進行最初的擴散（如圖 2-43 所示）。

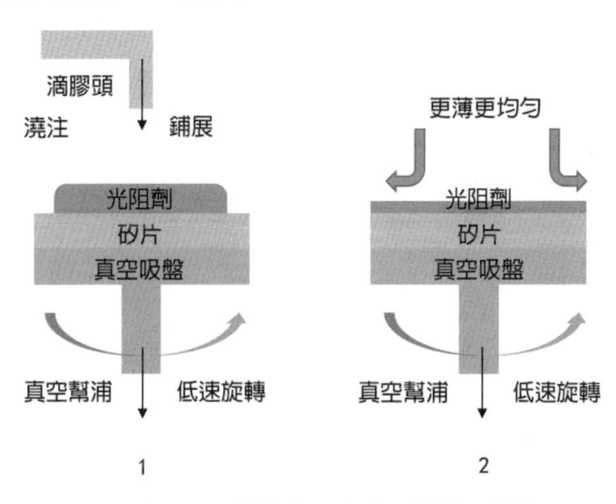

▲ 圖 2-43 動態噴灑法塗膠過程示意圖

這種方法可以用較少量的光阻劑形成更均勻的光阻劑鋪展，最終以高速旋轉形成滿足厚薄與均勻度要求的光阻劑膜。

2.4.4 曝光（Esposure）

2.4.4.1 曝光過程

如果直接用雷射照射整個晶圓，那麼光阻劑的所有部分都會發生質變，所以需要使光源透過特定形狀的母版，再照射到晶圓上，這個母版就叫**掩模版（Photomask，又叫縮倍光罩 / 光罩（Litho））**。將在透明石英基板上以鉻金屬等遮光置形成掩膜版並裝配到**步進機（Step into the machine，縮微投影曝光裝置）**上。調整掩膜版與晶圓後，雷射透過掩膜版曝光（照射）於光阻劑上，便可將掩膜版上的電路圖形轉印在晶圓上。由於掩膜版僅能形成一塊晶片大小的圓形，因此必須依次反覆讓每塊晶片進行對準、曝光等動作，才得以全都轉印電路圖上。

具體來講，在這一步中，將使用特定波長的光對覆蓋襯底的光阻劑進行選擇性地照射。光阻劑中的感光劑會發生光化學反應，從而使正光阻劑被照射區域（感光區域）、負光阻劑未被照射的區域（非感光區）化學成分發生變化。這些化學成分發生變化的區域，在下一步的能夠溶解於特定的顯影液中。

在接受光照後，正性光阻劑中的感光劑 DQ 會發生光化學反應，變為乙烯酮，並進一步水解為**茚並羧酸（Indene-Carboxylic-Acid，CA）**，羧酸在鹼性溶劑中的溶解度比未感光部分的光阻劑高出約 100 倍，產生的羧酸同時還會促進酚醛樹脂的溶解。利用感光與未感光光阻劑對鹼性溶劑的不同溶解度，就可以進行掩膜圖形的轉移（如圖 2-44 所示）。

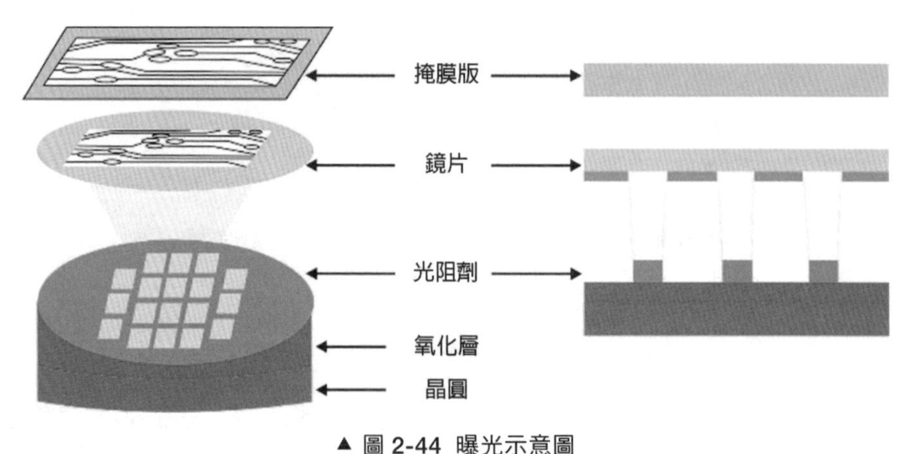

▲ 圖 2-44 曝光示意圖

曝光方法一般包括（如圖 2-45 所示）：

1、接觸式曝光（Contact Printing）

光罩直接與光阻劑層接觸。初期的曝光裝置是以接觸式曝光裝置將描繪圖形的掩膜版置於已完成光阻劑塗佈的晶圓上進行緊密鍵合和重疊後，再採用平行光線照射的曝光方式。

掩膜版會與晶圓上的圖形擁有同樣的尺寸倍率，在與晶圓尺寸完全相符的區域中形成晶片圖形。結構上看起來雖然相當簡單，但缺點是掩膜版與晶圓必須緊密鍵合，如果一旦有晶圓上的雜質或光阻劑附著於掩膜版上，則下一片晶片就會被迫經歷轉寫和曝光等過程。

2、接近式曝光（Proximity Printing）

光罩與光阻劑層的略微分開，大約為 10 ～ 50 μm。接近式曝光裝置會在掩膜版與晶圓之間設置一個相當狹小的間隔，除了近似曝光這部分以外，其他都與密接曝光的方式相同。此方式由於不需要與晶圓極光置緊密鍵合，因此具有可以降低轉寫缺陷的效果。上述這些雖然幾乎都沒有用於目前的半導體製程中，但是由於結構簡單、價格低廉，因此會被廣泛應用於液晶、印刷基板、**微機電系統（MEMS：Micro Electro Mechanical Systems）**等方面。

3、投影式曝光（Projection Printing）

這是一種將透過掩膜版的光線通過投影透鏡後照射曝光於晶圓上的方式，可分為等倍率投影曝光裝置以及縮小投影曝光裝置。

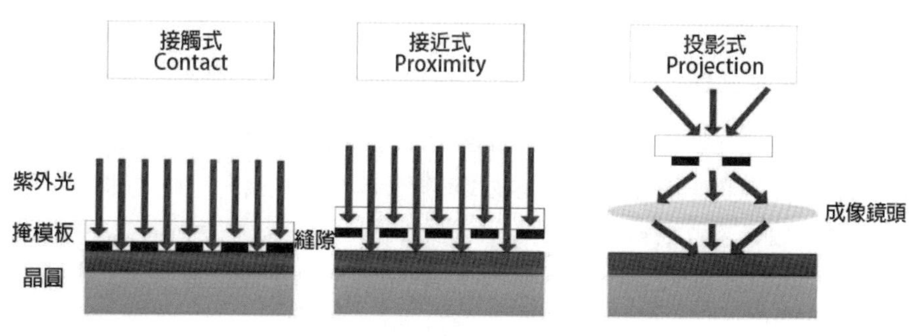

▲ 圖 2-45 曝光方法類別示意圖

2.4.4.2 步進機（Stepper）與浸潤式（Immersion）曝光裝置

曝光裝置的主要構成內容有裝載機、卸載機、曝光載物台 · 移動系統、雷射產生 · 光源系統、照明透鏡系統、投影透鏡系統、掩膜版交換系統等。

一、步進機

其中最常被使用的是步進機（如圖 2-46 所示）。透過曝光光源的氬氟化雷射等掩膜版以及**透鏡（Lens）**，將晶圓上的光阻劑縮小、照射至四分之一（或五分之一）處，再將掩膜版的圖形轉寫至晶圓上的光阻劑上，即可形成曝光（照射）部分與非曝光（非照射）部分。

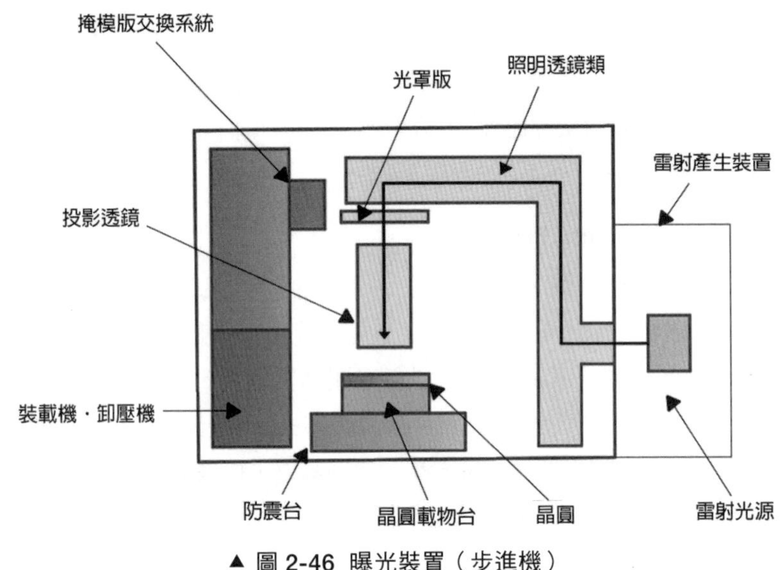

▲ 圖 2-46 曝光裝置（步進機）

掩膜版上可以形成一塊晶片的電路圖形，但是一次就只能完成一塊晶片的曝光。因此，必須將裝置不斷持續地往旁邊的晶片移動、曝光，反覆進行如此的操作後才即可使整張晶圓完成曝光。

二、浸潤式曝光裝置

此外，在晶圓與曝光裝置之間夾雜著因空氣而造成曲折率變大的水分等液體，因而進行開發並採用在實際成效方面曝光波長較短、解析度較高、可適應細微化的浸潤式曝光裝置（如圖 2-47 所示）。

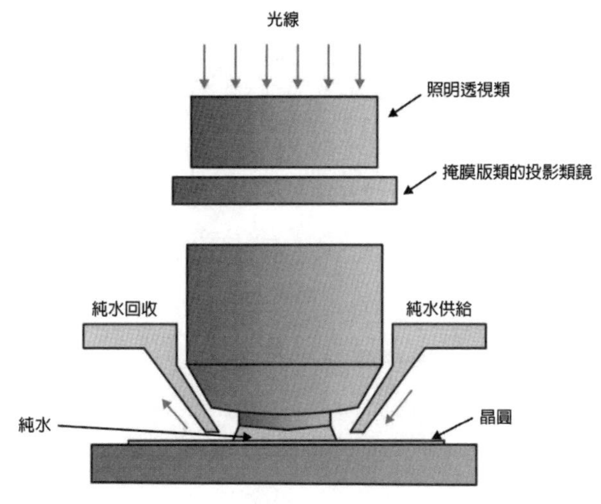

▲ 圖 2-47 浸潤式曝光裝置示意圖

2.4.4.3 極紫外（EUV）

極紫外（EUV：Extreme ultra-violet）光是指用於微晶片微影的極紫外光，涉及在微晶片晶圓上塗上感光材料並小心地將其曝光。這會將圖案列印到晶圓上，用於微晶片設計過程中的後續步驟，是半導體行業變革的關鍵驅動力。微影是一種在半導體材料上印刷複雜圖案的方法，自半導體時代開始以來，透過使用越來越短的波長而取得了進步。極紫外光微影是迄今為止最短的。經過數十年的發展，第一台批量購買並準備生產的極紫外線曝光機來自荷蘭半導體公司 ASML。

ASML 的極紫外光微影系統發出波長約為 13.5 奈米（nm）的光，該波長明顯短於上一代**深紫外（DUV：Damaging ultraviolet）**微影所使用的波長，從而能夠在半導體晶圓上印刷更精細的圖案。最先進的微晶片可以具有小至 7、5 和 3 奈米的節點，這些節點是透過將半導體晶圓反覆透過極紫外光微影系統而製成的。

當電路圖案放置在極紫外光的路徑中時，產生的光被收集並引導透過一系列鏡子和光學元件，透過掩模或掩模版，其方式大致類似於使用模板在板上繪製圖案。晶圓上光阻劑對 EUV 光敏感，暴露在其下的區域會發生化學變化，然後被蝕刻。然後可以將新材料沉積在蝕刻區域以形成微晶片的各種元件。該過程可以使用不同的掩模重複多達 100 次，以在單個晶圓上創建多層、複雜的電路。

在這些步驟之後，晶圓經過進一步的處理以去除雜質並準備好將晶片切成單獨的晶片。然後將它們包裝用於電子設備。

一般情況下，曝光裝置所使用的曝光光源是經過由光線在空氣中通過透鏡所產生的光線。然而，極紫外線會被空氣及光學透鏡所吸收，因此光線路徑必須要能完全維持在真空狀態，因而變得必須放棄使用提供光線通過的透鏡，而是使用反射透鏡類的元件。此外考量到實用化的方面，在開發極紫外線光源的同時，反射類的掩膜版與反射類的等裝置開發也成為必須得面對的課題（如圖 2-48 所示）。這也顯示出半導體製造所使用最小尺寸的細微化趨勢與曝光裝置、光源波長間的關係（如圖 2-49 所示）。

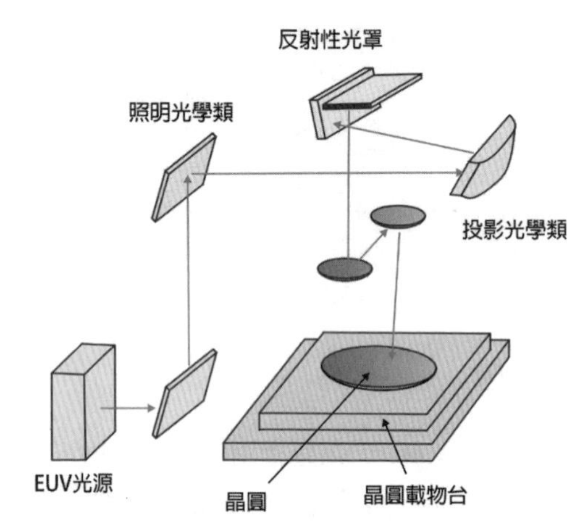

▲ 圖 2-48 極紫外線曝光裝置概要示意圖

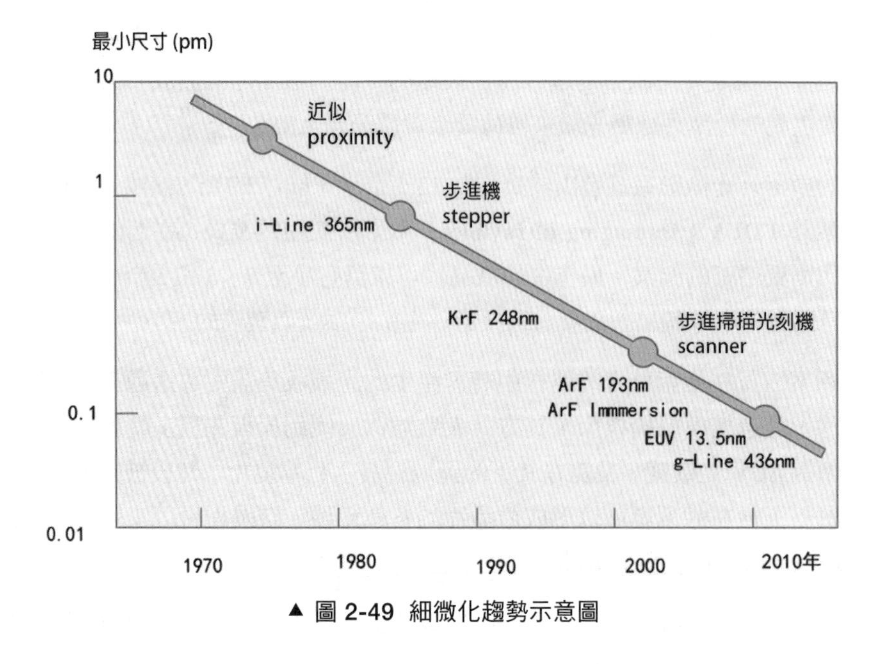

▲ 圖 2-49 細微化趨勢示意圖

2.4.4.4 圖形解析度提升技術

為了提升使用同一光學類型的裝置在晶圓上的圖形解析度，必須採用各式各樣的技術。在此先來認識一些較為主要的技術：

一、變形照明（斜射照明）

一般的曝光裝置雖然是將光線垂直照射於光罩上，但是會偏離曝光裝置的光軸中心，因此變形照明就是以傾斜的方式將光線照射至掩膜版，以提升解析度與焦點深度的技術。也會出現輪帶照明與四極照明等扭轉的形狀。

二、相位偏移（Phase Shift）

相位偏移是使用特殊加工的掩膜版，以提升晶圓圖形解析度與焦點深度的技術。在掩膜版上將曝光光線相位反轉 180 度的相位偏移進行加工、並測試光線強度以提升解析度。相位偏移主要有如下三個類型：**列文生（Levenson）型、半透（Halftone）型以及輔助（Assist slot）型**。

1、**列文生（Levenson）型**：列文生型是在掩膜版的明亮部位貼附一片透明薄膜，一邊使光線相位偏移，一邊將玻璃基板進行蝕刻後，再反轉通過該部位所產生的光線相位。此方法適用於等**幅線寬圖式（Line/Space Patterns）**（如圖 2-50 所示）。

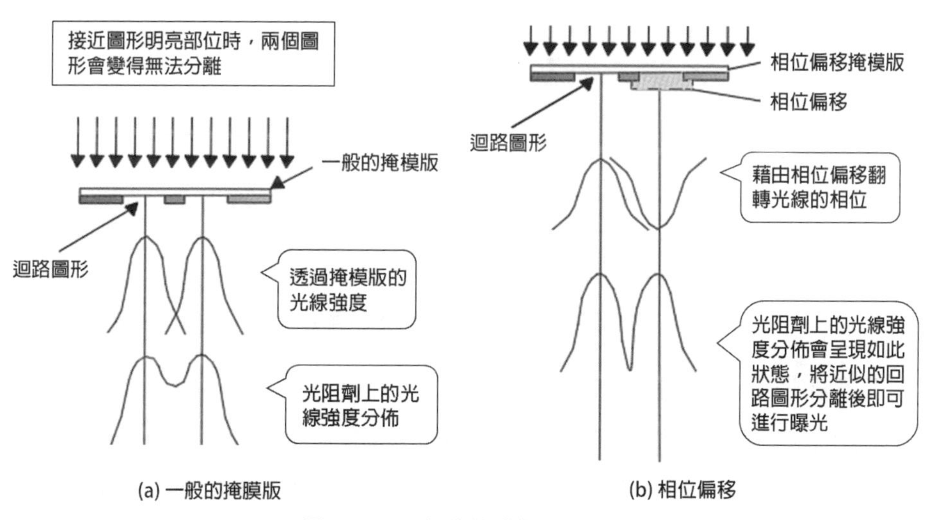

▲ 圖 2-50 一般的掩膜版、相位偏移

2、**半透（Halftone）型**：半透型是為了使相位偏移，因此必須控制縮掩膜版遮光膜的通透率以及曲折率，並使通過遮光部位的微弱曝光光線進行相位反轉後，再使用該光線。半透型偏移通常被使用於氧化鉻、金屬氧化物半導體以及**矽化鉭**（TaSi）等氧化層。此方法適用於**孔圓**（**Hole Pattern**）。

三、光學鄰近修正（OPC：Optical Proximity Correction）

此方法是附加於掩膜版上，用來修正圖形，以提升晶圓圖形解析度與焦點深度的技術。

目前現有的曝光裝置是使用於光線的極限解像附近，由於光線的繞射現象會使晶圓上光阻劑圖形的終端形狀變得又細又圓，因而使得掩膜版的圖樣無法通過。

為了適應上述圖形，該技術會被應用於在掩膜版上附加凸角形、**錘頭形**（**Hammerhead**）等輔助圖形，以便讓轉寫於晶圓上的光阻劑圖形能夠符合當初所設計的圖形（如圖 2-51 所示）。

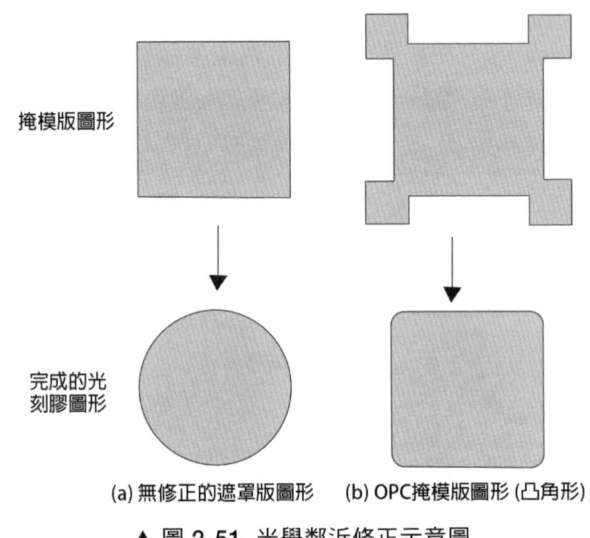

▲ 圖 2-51 光學鄰近修正示意圖

四、二次圖形曝光（雙圖案）

該技術是使用可將圓形一分為二的兩片掩膜版分別反覆進行兩次曝光一蝕刻後，獲得較細微圖形的方法。由於此方法為了獲得一個圖形必須要進行兩次的曝光蝕刻製程，因此要求必須要能夠進行高精確度的**校正**（**Alignment**）。

2.4.4.5 電子束微影術（EBL）

在前文中所提及的裝置是使用光源的光線，但是也有採用**電子束（Electron Beam）**及X光線的技術。**電子束微影術，又稱電子束曝光（EBL：Electron Beam Lithography）**裝置是將電子束掃描後，照射在電子線專用的光阻劑上以形成圖形的裝置。形成圖形的電子束掃描法可分為**循序掃描（Raster Scan）**和**量式掃瞄（Vector Scan）**兩種：

一、循序掃描

循序掃描是在一定的電子束尺寸下，將光束以一定的方向進行掃描，並適應所描繪的圖形決定光束的開 / 關以形成圖形的一種方法。

二、量式掃瞄

量式掃瞄則是在選擇電子束所照射的領域範圍後，用光束進行掃描以形成圖形的一種方法。

此外，電子束微影術裝置還可分為不使用掩膜版，而直接適應圖形檔案曝光的直接描繪方式以及使用掩膜版進行曝光的方法。如果使用直接描繪方式並不需要製造掩膜版。由於**產量（Throughput）**低，因此可使用於極少量的晶圓製造，以及掩膜版的光阻劑掩膜版製造方法（如圖 2-52 所示）。

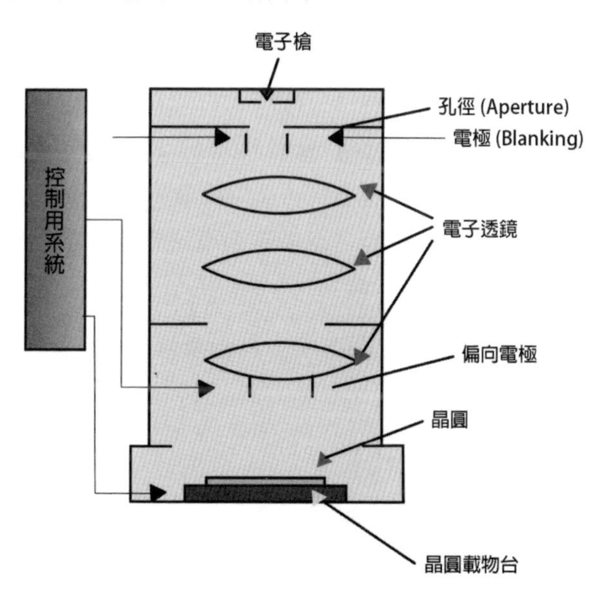

▲ 圖 2-52 電子束微影術裝置（Spot beam 方式）

沒有使用掩膜版的描繪方法被稱為**無光罩微影（ML：Maskless Lithography）**，但是主要目的還是為了提升產量，其他還有許多像是部分統括法、可變成形光束法、**單列（Single-Column）/ 多（multi）光束法、多列（Multi-Column）**/ 可變成形法等不同的方法。

使用掩膜版進行的描繪方法則有**近程電子束微影（PEL：Proximity EB Lithography）**以及**電子束投影微影（EPL：EB Projection Lithography）**等方法：

1、**近程電子束微影**：近程電子束微影是將等倍率的掩膜版設置在接近晶圓的位置，並使低加速電壓的電子束透過掩膜版進行掃描、照射後，再將掩膜版圖形轉寫在晶圓上的方法。

2、**電子束投影微影**：是先在掩膜版上分割出 1 毫米（mm）的大小，以便能夠形成半導體圖形。將毫米（mm）尺寸大小所形成的電子束照射在掩膜版上已被分割的圖形後再將被縮小至四分之一的圖形轉寫在晶圓上（晶圓上 25 微米（um）角）。與分割的圖形連接後，依序將掩膜版與晶圓同步移動並照射電子束，這也是一種半導體圖形的製作方法。

2.4.5 曝光後烘烤（PEB）

在進入顯影工藝前，要把晶圓放入烘箱烘烤，這樣可以進一步促進曝光區光阻劑的性質變化，這一過程被稱作**曝光後烘烤（PEB：Post Exposure Bake）**，也被稱為**軟烤 / 前烘（Soft Baking）**。前烘能夠蒸發光阻劑中的溶劑溶劑、能使塗覆的光阻劑更薄。

在液態的光阻劑中，溶劑成分占 65% － 85%。雖然在甩膠之後，液態的光阻劑已經成為固態的薄膜，但仍有 10% － 30%的溶劑，容易沾汙灰塵。透過在較高溫度下進行烘培，可以使溶劑從光阻劑中揮發出來（前烘後溶劑含量降至 5%左右），從而降低了灰塵的沾汙。同時，這一步驟還可以減輕因高速旋轉形成的薄膜應力，從而提高光阻劑襯底上的附著性。

在前烘過程中，由於溶劑揮發，光阻劑厚度也會減薄，一般減薄的幅度為 10% － 20%左右。

2.4.6 對準（Alignment）

微影對準技術是曝光前一個重要步驟作為微影的三大核心技術之一，一般要求對準精度為最細線寬尺寸的 1/7--1/10。隨著微影分辨力的提高，對準精度要求也越來越高，例如針對 45am 線寬尺寸，對準精度要求在 5am 左右。

受微影分辨力提高的推動，對準技術也經歷迅速而多樣的發展。從對準原理上及標記結構分類，對準技術從早期的投影微影中的幾何成像對準方式，包括影像對準、雙目顯微鏡對準等，一直到後來的波帶片對準方式、干涉強度對準、雷射外差干涉以及莫爾條紋對準方式。從對準信號上分，主要包括標記的顯微圖像對準、基於光強資訊的對準和基於相位資訊對準。

對準法則是第一次微影只是把掩膜版上的 Y 軸與晶圓上的平邊成 90º（如圖 2-53 所示）。接下來的掩膜版都用對準標記與上一層帶有圖形的掩膜對準。對準標記是一個特殊的圖形，分佈在每個晶片圖形的邊緣。經過微影製程對準標記就永遠留在晶片表面，同時作為下一次對準使用。

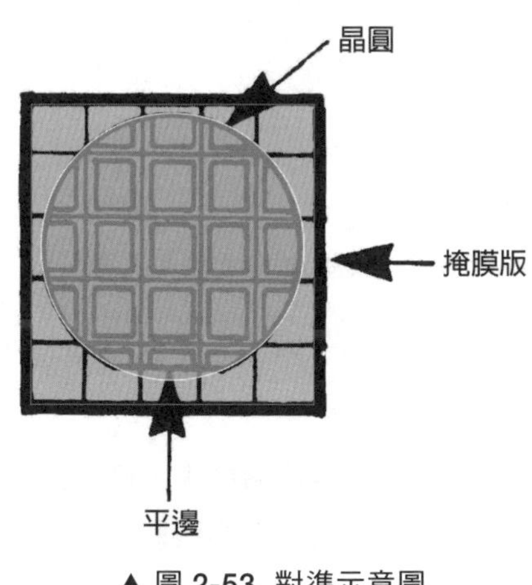

▲ 圖 2-53 對準示意圖

對準方法包括：

1、預對準，透過矽片上的**凹槽（Notch）**或者平面進行雷射自動對準；
2、透過對準標誌，位於切割槽上。另外層間對準，即套刻精度，保證圖形與矽片上已經存在的圖形之間的對準。

2.4.7 顯影

裝置方面較常使用葉片式的**旋轉式顯影裝置（Spin Developer）**（如圖 2-54 所示）。旋轉式顯影裝置是在水平的晶圓載物臺上放置一片晶圓並用噴嘴將一定劑量的顯影液從晶圓中央滴下，擴散至整片晶圓後慢慢旋轉晶圓。

經過一定時間處理、完成顯影後，再將晶圓高速旋轉、甩掉顯影液：從噴嘴中將純水大量流至晶圓上，此時必須儘快將顯影液清洗來停止顯影，然後再進行水洗。然而顯影液並非是從中央滴下，而是將多個顯影噴嘴排成一列，從晶圓前端開始移動進行顯影處理的。

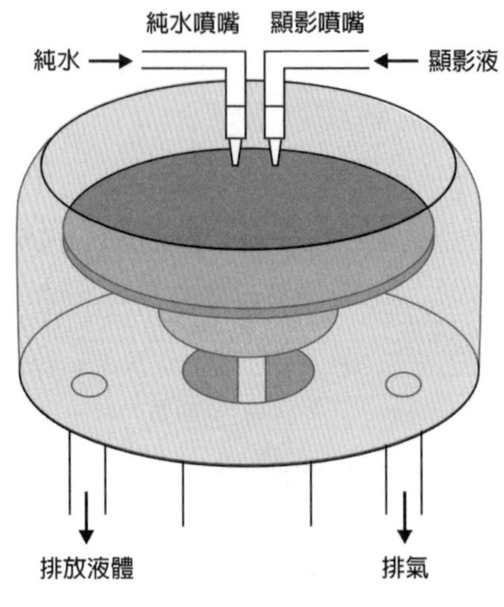

▲ 圖 2-54 旋轉式顯影裝置

裝置的主要構成內容則是裝載機、卸載機、旋轉載物台、顯影液供給、純水供給、顯影凹槽、排氣等。

另外還有一種浸沒微影顯影方法。在浸沒微影中，微影鏡頭與光阻劑之間是特定液體。這些液體可以是純水也可以是別的化合物液體。微影光源發出的輻射經過這些液體的時候發生了折射，波長變短。這樣，在不改變光源的前提條件下，更短波長的紫外光被投影光阻劑，提高了微影加工的解析度。下圖展示了一個典型的浸沒微影系統（如圖 2-55 所示）。

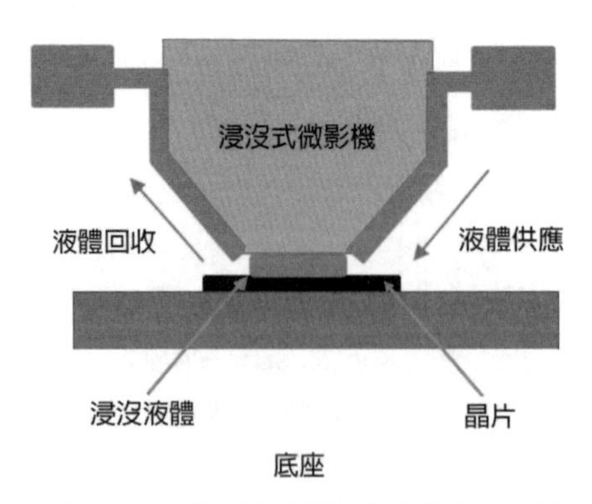

▲ 圖 2-55 典型的浸沒微影系統示意圖

2.4.7.1 光阻劑與顯影液

一、正性光阻劑的顯影液

正膠的顯影液位鹼性水溶液。KOH 和 NaOH 因為會帶來**可動離子汙染（MIC：Movable Ion Contamination）**，所以在 IC 製造中一般不用。最普通的正膠顯影液是四甲基氫氧化銨（TMAH）（標準當量濃度為 0.26，溫度 15 ～ 25°C）。在 I 線光阻劑曝光中會生成羧酸，TMAH 顯影液中的鹼與酸中和使曝光的光阻劑溶解於顯影液，而未曝光的光阻劑沒有影響；在**化學放大光阻劑（CAR：Chemical Amplified Resist）**中包含的酚醛樹脂以 PHS 形式存在。CAR 中的 PAG 產生的酸會去除 PHS 中的**保護基團（t-BOC）**，從而使 PHS 快速溶解於 TMAH 顯影液中。整個顯影過程中，TMAH 沒有同 PHS 發生反應。

將正膠應用在曝光製程中時顯影液會加速予以溶解；並將沒有經過曝光的光阻劑留存下來（如圖 2-56 所示）。

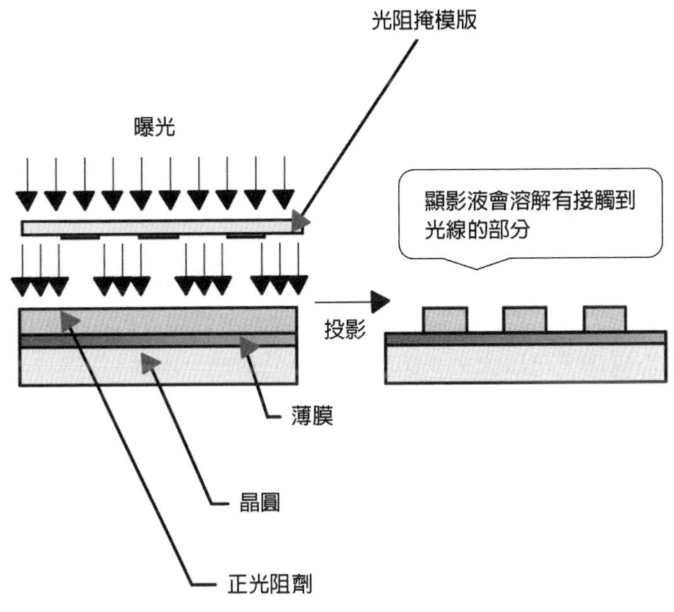

▲ 圖 2-56 正性光阻劑顯影液原理示意圖

二、負性光阻劑的顯影液（二甲苯）

清洗液為乙酸丁脂或乙醇、三氯乙烯。顯影中的常見問題：

1、**顯影不完全（Incomplete Development）**：表面還殘留有光阻劑。顯影液不足造成；

2、**顯影不夠（Under Development）**：顯影的側壁不垂直，由顯影時間不足造成；

3、**過度顯影（Over Development）**：靠近表面的光阻劑被顯影液過度溶解，形成臺階。顯影時間太長。

負性光阻劑則是會加速溶解沒有經過曝光的光阻劑，並留存已經曝光的部分光阻劑（如圖 2-57 所示）。

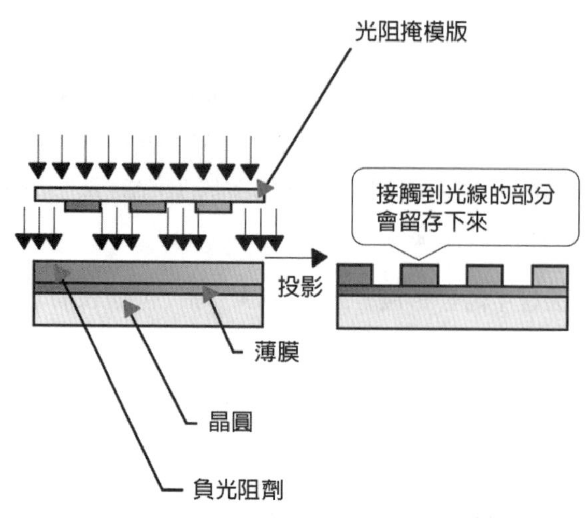

▲ 圖 2-57 負性光阻劑顯影液原理示意圖

2.4.8 硬烤（Hard Bake）

光阻劑顯影完成後，圖形就基本確定，不過還需要使光阻劑的性質更為穩定。硬烤可以達到這個目的，這一步驟也被稱為預烤、**蝕刻前烘烤（Pre-etch Bake）**。在這過程中，利用高溫處理，可以除去光阻劑中剩餘的溶劑、增強光阻劑對矽片表面的附著力，同時提高光阻劑在隨後蝕刻和離子植入過程中的抗蝕性能力。另外，高溫下光阻劑將軟化，形成類似玻璃體在高溫下的熔融狀態。這會使光阻劑表面在表面張力作用下圓滑化，並使光阻劑層中的缺陷（如針孔）減少，這樣修正光阻劑圖形的邊緣輪廓（如圖 2-58 所示）。

用 O_2 電漿對樣品整體處理，以清除顯影後可能的**非望殘留（De-scumming）**。特別是負膠但也包括正膠，在顯影後會在原來膠 - 基板介面處殘留聚合物薄層，這個問題在結構小於 1um 或大深 - 寬比的結構中更為嚴重。當然在非望殘留過程中留膠厚度也會降低，但是影響不會太大。

最後，在蝕刻或鍍膜之前需要硬烤以去除殘留的顯影液和水，並退火以改善由於顯影過程滲透和膨脹導致的介面接合狀況。同時提高膠的硬度和提高抗蝕刻性。硬烤溫度一般高達 120 度以上，時間也在 20 分左右。主要的限制是溫度過高會使圖形邊緣變差以及蝕刻後難以去除。

一、方法

熱板，100 ～ 130°C（略高於玻璃轉化溫度（Tg），1 ～ 2 分鐘）。

二、目的

1、完全蒸發掉光阻劑裡面的溶劑（以免在汙染後續的離子植入環境，例如 DNQ 酚醛樹脂光阻劑中的氮會引起光阻劑局部爆裂）；
2、硬烤，以提高光阻劑在離子植入或蝕刻中保護下表面的能力；
3、進一步增強光阻劑與矽片表面之間的黏附性；
4、進一步減少**駐波效應（Standing Wave Effect）**。

三、裝置

在與光阻劑塗佈裝置進行連動、塗佈光阻劑後，裝置方面還有**熱平板（Hot Plate）**式、用傳送帶搬運晶圓透過加熱**通道（Channel）**的通道式（如圖 2-58）以及按批次放入箱型加熱爐內處理的方式。前面所講述的裝置是使用塗佈**顯影機（Developer）**的熱平板式，會從塗佈光阻劑開始就連續進行烘烤的動作（如圖 2-59 所示）。

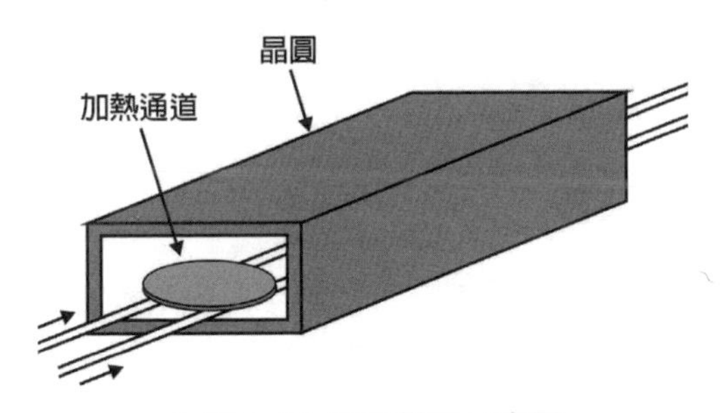

▲ 圖 2-58 硬烤裝置示意圖

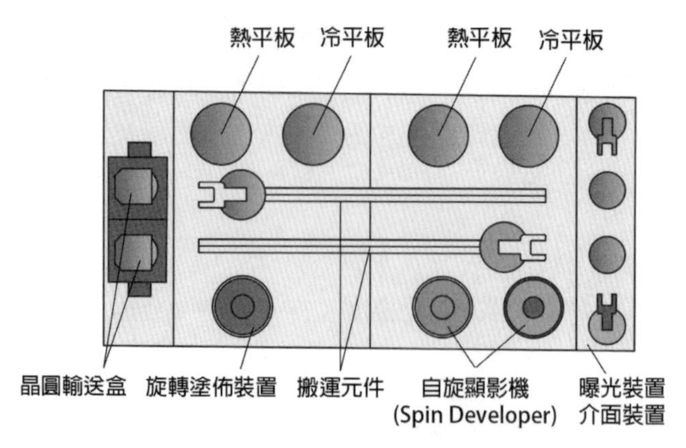

▲ 圖 2-59 塗佈顯影機示意圖

四、常見問題

1、**烘烤不足（Underbake）**：減弱光阻劑的強度（抗蝕刻能力和離子植入中的阻擋能力）；降低針孔填充能力（Gapfill Capability for the needle hole）；降低與基底的黏附能力。

2、**烘烤過度（Overbake）**：引起光阻劑的流動，使圖形精度降低，解析度變差。另外還可以用**深紫外線（DUV：Deep Ultra-Violet）**堅膜。使正性光阻劑樹脂發生交聯形成一層薄的表面硬殼，增加光阻劑的熱穩定性。在後面的電漿蝕刻和離子植入（125 ～ 200°C）工藝中減少因光阻劑高溫流動而引起解析度的降低。

2.4.9 光阻劑的剝離與灰化

2.4.9.1 光阻劑剝離裝置

光阻劑剝離是在蝕刻與離子植入處理後，去除多餘光阻劑的工程。一般會使用藥水進行濕式剝離。

濕式剝離是在許多個藥水槽內倒入已加熱的**剝離液（Stripper）**與有機溶液，依次將每片晶圓浸置其中進行光阻劑剝離處理後，會依序進入到將剝離液置換並清洗的有機清洗部分以及純水清洗及乾燥的部分（如圖 2-60 所示）。

裝置的主要構成內容為裝載機·卸載機、剝離·過水·乾燥處理系統、藥水供給與排放系統、控制系統。其他濕式剝離裝置還有像是先在密閉桶內放置數片晶圓，再將剝離液、有機溶劑、純水分別從噴嘴依次噴入的密閉桶式裝置、葉片式的旋轉剝離裝置等。

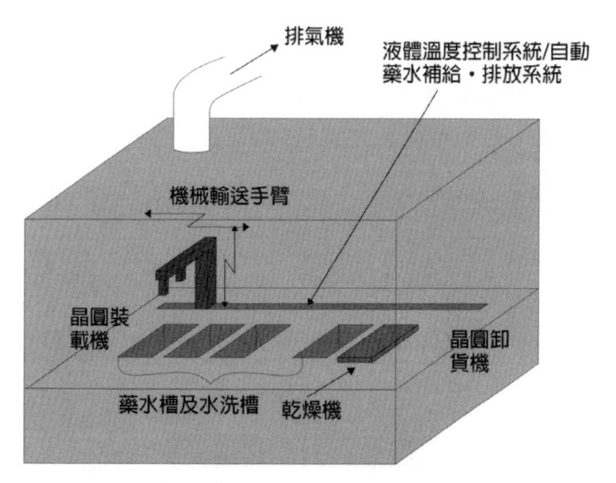

▲ 圖 2-60 濕式剝離裝置（多槽浸置式）示意圖

2.4.9.2 灰化（Ashing）裝置

所謂灰化是透過氣體等方式分解、揮發光阻劑的乾式剝離方法，也稱「去膠」。可以將灰化裝置大致區分為：在低壓下使用電漿激發氧氣而形成氧氣電漿的電漿灰化裝置以及透過紫外線（UV）照射臭氧及氧氣等氣體使其分解後產生氧氣自由基的光線（激發）灰化裝置 / 臭氧灰化裝置。

光阻劑是由碳（C）、氫（H）、氧（O）所構成，因此如果與氧氣電漿及氧氣自由基等進行化學反應，就會變成二氧化碳、水蒸氣（H_2O）氧氣（O_2）等氣體排放出來。

灰化裝置要考慮的除了剝離性與灰化速度外，還必須注意是否有因充電而造成的傷害或薄膜惡化、也希望微粒子（Particle）及反應室內的金屬不會因為飛散而再次附著造成金屬汙染。

初期所導入的桶型電漿灰化裝置，大多會透過清洗台處理方式來提高生產力，但是後來由於充電損傷、**低介電（Low-k）**膜等薄膜惡化、灰化速度混亂等原因而使其使用範圍受限、在高晶密度工程用途等方面使用葉片式的裝置。

電漿灰化裝置中的葉片式平行平板型裝置，雖然能夠保證灰化速度的一致性，但是由於晶圓被放置於電漿中，因此仍會在充電時受到損傷。就這點來說，從電漿反應室中只能找出有助於進行灰化的氧氣自由基，然而進行灰化的**下流式灰化機（Down Flow Asher）**卻具有能夠降低充電損傷的特徵。

光（激發）灰化裝置是以 UV（紫外線）照射臭氧等氣體後產生氧氣自由基，透過化學反應分解、排出氣化光阻劑的裝置（如圖 2-61 所示）。可以避免充電損傷、金屬汙染、氧化薄膜膜質惡化，也是可以在大氣壓中處理灰化操作的簡單裝置。

臭氧灰化裝置則是透過高濃度的臭氧進行化學反應，以分解、排出氣化光阻劑的裝置，與光線灰化裝置具有同樣可降低充電損傷的效果。

其他還有像是在葉片式蝕刻裝置中設置許多葉片反應室，蝕刻處理後即可接著連續進行灰化處理的裝置。

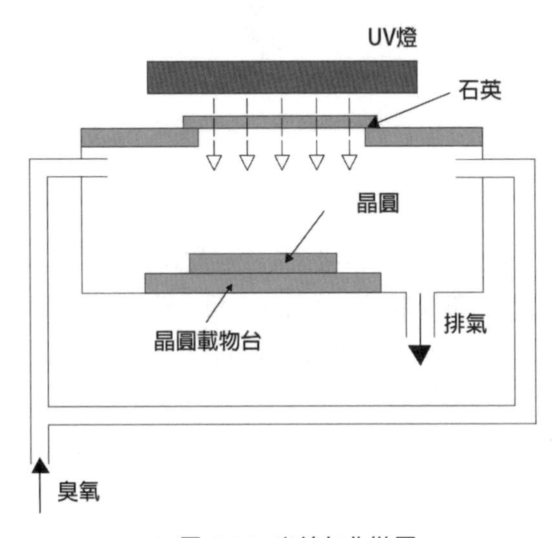

▲ 圖 2-61 光線灰化裝置

總而言之，微影技術是積體電路製造的核心。從裸片晶圓到鍵合墊片的蝕刻和去光阻劑為止，即使最簡單的碳化矽晶片都需要 5 道微影製程，先進的積體電路晶片可能需要 30 道微影製程步驟。積體電路製造非常耗時，即使一天 24 小時無間斷地工作，都需要 6-8 週時間才能將裸片晶圓製造成晶片晶圓，其中的微影製程技術就耗費了整個晶圓製造時間的 40% - 50%。

2.5 摻雜（Doping）—— 四大製程 2

金氧半場效電晶體有 P 型金屬氧化物半導體管和 N 型金屬氧化物半導體管之分。由金屬氧化物半導體管構成的積體電路稱為金屬氧化物半導體積體電路，由 NMOS 組成的電路就是 NMOS 積體電路，由 PMOS 管組成的電路就是 PMOS 積體電路，由 NMOS 和 PMOS 兩種管子組成的互補金屬氧化物半導體電路，即 CMOS 電路。想要形成 NMOS 電晶體或 PMOS 電晶體就需要向矽襯底中進行摻雜，形成 N 溝道或是 P 溝道。

摻雜裝置的主要構成有離子源、離子束加速器、品質分析器、離子透鏡、掃描板、處理反應室以及各系統的真空排氣部件。各部分的機能如下所述：

1、離子源：分子與電子衝撞所產生的離子；
2、離子束加速器：施加高壓、使離子加速；
3、品質分析器：從離子源所產生的離子束由於有複數的離子存在，因此需要從中挑選出符合注入 / 注入要求的離子種類；
4、離子透鏡：將離子束整形、縮小光圈；
5、掃描板：透過高頻波電將離子束掃描後全面性注入於晶圓上；
6、處理反應室：處理圓盤板上所承載的晶圓的離子植入。

根據工藝原理的不同，摻雜主要包括高溫熱擴散和離子植入兩種：

2.5.1 高溫熱擴散技術

一、擴散（Diffusion）的概念

擴散是在高溫條件下，利用熱擴散原理將雜質元素按工藝要求摻入矽襯底中，使其具有特定的濃度分佈，達到改變材料的電學特性，形成半導體元件結構的目的（如圖 2-62 所示）。

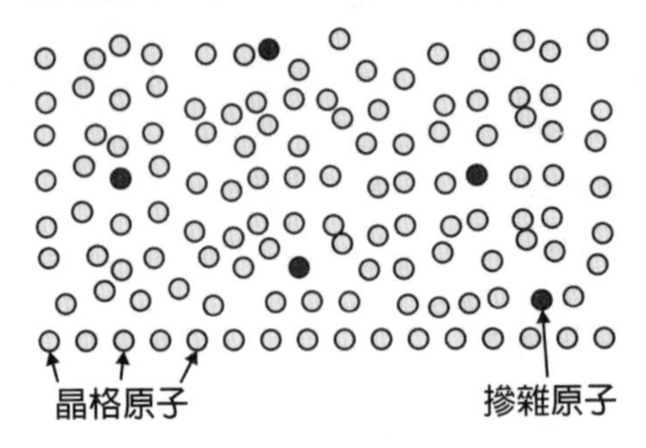

▲ 圖 2-62 擴散原理示意圖

在矽積體電路工藝中，擴散工藝用於在 P（N）型襯底上擴散 N（P）型雜質形成 PN 接面或構成積體電路中的電阻、電容、互連佈線、二極體和電晶體等元件（如圖 2-63、圖 2-64 所示）。

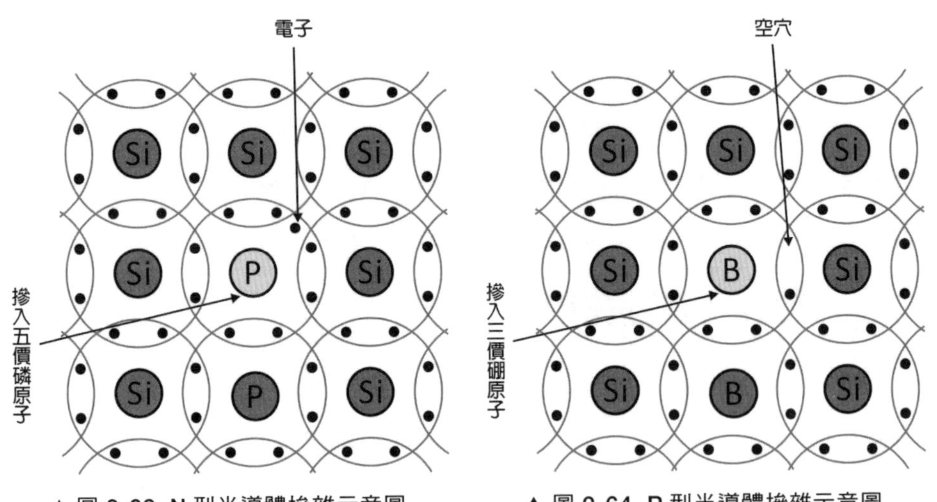

▲ 圖 2-63 N 型半導體摻雜示意圖

▲ 圖 2-64 P 型半導體摻雜示意圖

二、雜質類別

根據雜質在半導體材料晶格中所處的位置，可將雜質分為替位型雜質與填隙型雜質兩類：

1、**替位型雜質**：這種雜質原子或離子大小與矽原子大小差別不大，它沿著矽晶體內晶格空位跳躍前進擴散，雜質原子擴散時佔據晶格格點的正常位置，不改變原來矽材料的晶體結構。硼、磷、砷等是此種方式（如圖 2-65 所示）。

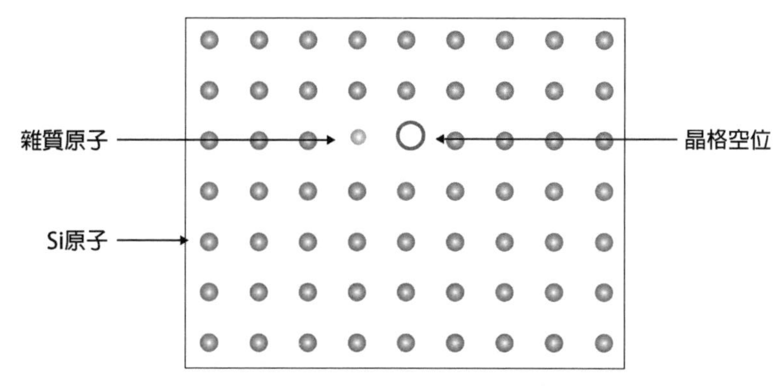

▲ 圖 2-65 替位型雜質示意圖

2、**填隙型雜質**：這種雜質原子大小與矽原子大小差別較大，雜質原子進入矽晶體後，不佔據晶格格點的正常位置，而是從一個矽原子間隙到另一個矽原子間隙逐次跳躍前進。鎳、鐵等重金屬元素等是此種方式（如圖 2-66 所示）。

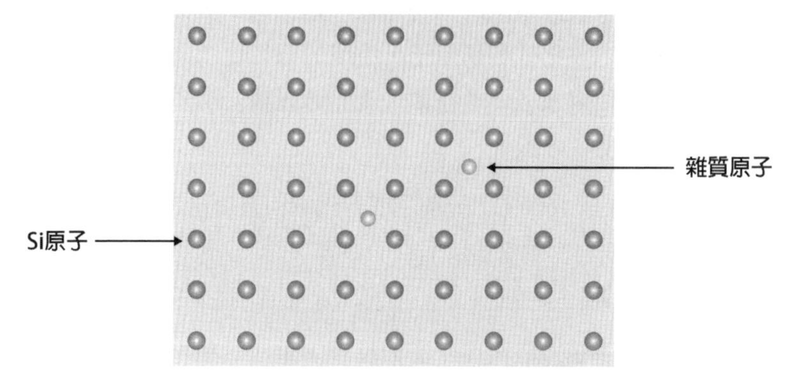

▲ 圖 2-66 填隙型雜質示意圖

三、三氯氧磷（$POCl_3$）液態源擴散工藝

熱擴散法可分為塗佈源擴散、液態源擴散和固態源擴散。其中透過三氯氧磷液態源擴散工藝，磷擴散的形成 PN 接面，作為光伏發電的主要作用（如圖 2-67 所示）。

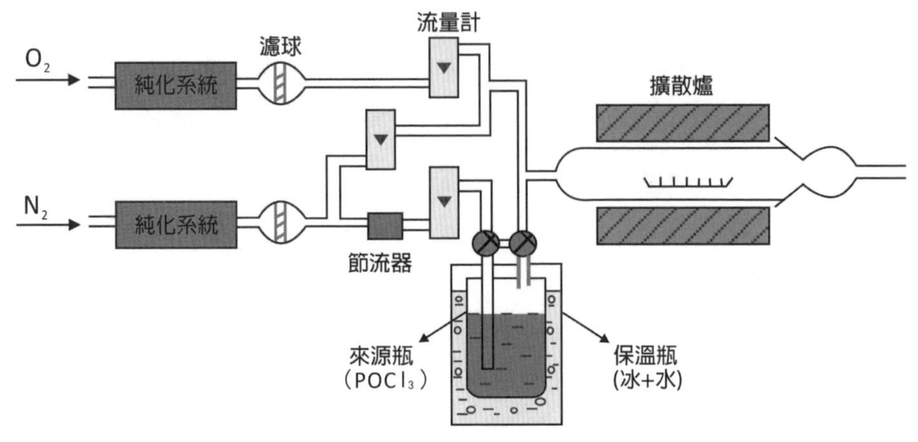

▲ 圖 2-67 三氯氧磷液態源擴散裝置示意圖

三氯氧磷為液態磷源，液態磷源擴散具有生產效率較高、穩定性好、PN 接面均勻平整及擴散層表面良好等優點。

三氯氧磷在大於 600℃ 的條件下分解生成**五氯化磷（PCl_5）**和五氧化二磷（P_2O_5），五氯化磷對矽片表面有腐蝕作用，當有氧氣 O_2 存在時，五氯化磷會分解成五氧化二磷且釋放出氯氣，所以擴散通氮氣的同時通入一定流量的氧氣。五氧化二磷在擴散溫度下與矽反應，生成二氧化矽和磷原子，生成的五氧化二磷澱積在矽片表面與矽繼續反應生成二氧化矽和磷原子，並在矽片表面形成磷 - 矽玻璃（PSG），磷原子向矽中擴散，最終製得 N 型半導體。

1、三氯氧磷在高溫下（>600℃）分解生成五化磷和五氧化二磷，其反應式如下：

$$5POCl_3 \xrightarrow{>600^\circ C} 3PCl_5 + P_2O_5$$

2、生成的五氧化二磷在擴散溫度下與矽反應，生成二氧化矽和磷原子其反應式如下：

$$2P_2O_5 + 5Si = 5SiO_2 + 4P\downarrow$$

3、由上面反應式可以看出，三氯氧磷時，如果沒有外來的氧參與其分解是不充分的，生成的五氯化磷是不易分解的，並且對矽有腐蝕作用，破壞矽片的表面狀態。但在有外來 O_2 存在的情況下，五氯化磷會進一步分解成五氧化二磷並放出氯氣（Cl_2）其反應式如下：

$$4PCl_5+5O_2 \xrightarrow{\text{過量 } O_2} 2P_2O_5+10Cl_2\uparrow$$

三氯氧磷液態源擴散具有生產效率較高，得到 PN 接面均勻、平整和擴散層表面良好等優點，這對於製作具有大面積 PN 接面的太陽電池是非常重要的。

四、擴散層品質

擴散層品質是個關鍵問題。品質的要求，主要體現在擴散的深度（結深），擴散層的表面雜質濃度等方面：

1、**結深（接面深度，Junction Depth）**：結深是指在矽片中摻入不同導電類型的雜質時，在距離矽片表面 xj 的地方，摻入的雜質濃度與矽片的本體雜質濃度相等，即在這一位置形成了 PN 接面。xj 稱為結深（如圖 2-68 所示）。

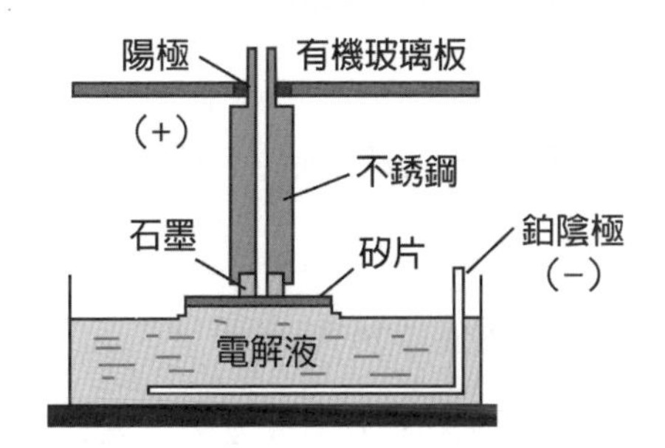

▲ 圖 2-68 陽極氧化法側結深裝置示意圖

2、**表面濃度**：表面濃度就是擴散完成後在矽片表面的擴散層中的雜質含量（如圖 2-69 所示）：

（1）曲線初始點代表擴後片外觀表層磷濃度，即矽片磷矽玻璃層表面磷濃度；

（2）最高點為 PN 接面表面濃度，影響電池片的接觸電阻，直觀體現為 FF 值大小；

（3）拐點為雜質磷在矽片內部的分佈界限點，即鑲嵌式和替位式的分界點；

（4）曲線最終點為 PN 接面深度末端磷濃度，此處磷濃度含量與矽片 P 型區磷含量相等；

（5）區間 1 代表為擴後片表面磷矽玻璃層厚度和磷含量，區間 2 代表鑲嵌式雜質磷含量，區間 3 代表替位式雜質磷含量；

（6）區間 1、區間 2 與區間 3 所形成的面積大小直接影響轉換效率的高低，一般情況即面積越大轉換效率越高。

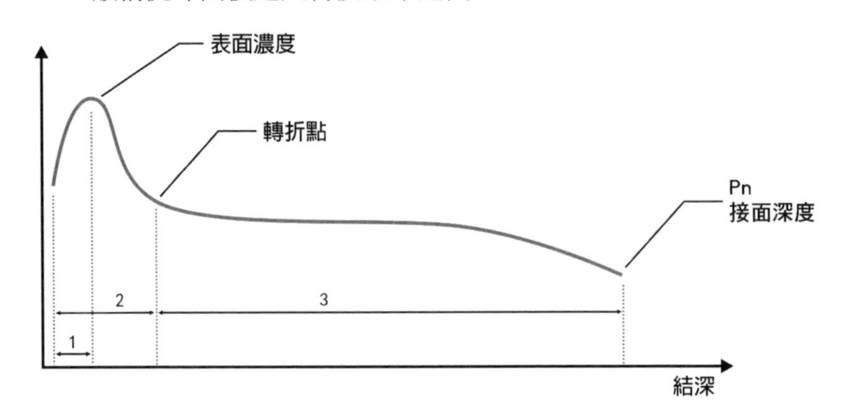

▲ 圖 2-69 濃度與結深的關係示意圖

3、方塊電阻（Sheet Resistance）

指的是半導體膜或金屬薄膜單位面積上的電阻，大小隻與膜的厚度和材料特性有關。

五、熱擴散工藝流程

熱擴散工藝流程大致如下所述（如圖 2-70 所示）：

1、**清洗**：初次擴散前，擴散爐石英管首先連接三氯乙烷（TCA）裝置，當爐溫升至設定溫度，再以設定流量來清洗石英管。清洗開始時，先開氧氣，再開三氯乙烷；清洗結束後，先關三氯乙烷，再關氧氣。清洗結束後，將石英管連接擴散源，待擴散。

2、**飽和**：每班生產前，需對石英管進行飽和。爐溫升至設定溫度時，以設定流量通小氮氣（攜源）和氧氣，使石英管飽和，20 分鐘後，關閉小氮氣和氧氣。初次擴散前或停產一段時間以後恢復生產時，須使石英管在 950°C 通源飽和 1 小時以上。

3、**裝片**：戴好防護口罩和乾淨的塑膠手套，將清洗甩乾的矽片從傳遞窗口取出，放在潔淨臺上。用吸筆依次將矽片從矽片盒中取出，插入石英舟。

4、**送片**：用舟將裝滿矽片的石英舟放在碳化矽臂槳上，保證平穩，緩緩放入擴散爐。

5、回溫、打開氧氣，等待石英管升溫至設定溫度。

6、擴散、打開小氮氣，以設定流量通小氮氣（攜源）進行擴散。擴散結束後，關閉小氮氣和氧氣，將石英舟緩緩退至爐口，降溫以後，用舟叉從臂槳上取下石英舟。並立即放上新的石英舟，進行下一輪擴散。如沒有待擴散的矽片，將臂槳推入擴散爐，盡量縮短臂槳暴露在空氣中的時間。等待矽片冷卻後，將矽片從石英舟上卸下並放置在矽片盒中，放入傳遞窗。

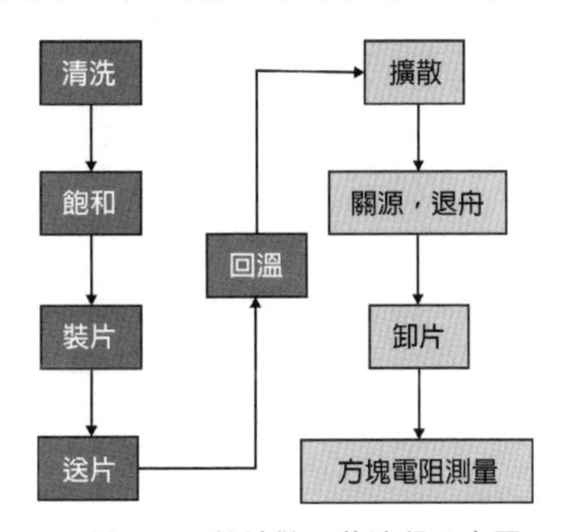

▲ 圖 2-70 熱擴散工藝流程示意圖

六、擴散品質的檢驗

1、表面品質及結深檢驗

擴散層表面品質主要指有**無合金（Alloy）**點、麻點、表面光潔情況。這些表面品質問題，一般用目檢或在顯微鏡下觀察判別。一旦發現上述品質問題，應立即進行分析，找出原因，並採取相應的改進措施。

檢驗結深，主要看其是否符合設計規定。較深的結，一般可用磨角染色法、滾槽法測量。他們的測量是採用幾何、光學放大 PN 接面化學染色的原理實作的。對於太陽電池來說，其結構要求採用淺結，商業化地面用太陽電池的結深一般設計為 0.5 微米以內，用上述兩種方法都難於測量。用陽極氧化去層法可以滿足測量要求。

2、方塊電阻的檢驗

方塊電阻的測量採用四探針法測量。四探針測試法使用四根彼此間距為 S 的探針，成一直線接觸在擴散樣片上。靠外面的兩根探針成為電流探針，由穩壓電源供電，在擴散薄層中透過一定量的電流 I。中間兩根探針稱為電壓探針，用來測定兩根探針之間的電位差 V，即可測出 Rs（如圖 2-71 所示）。如果被測樣片的尺寸遠遠大於探針間距時，方塊電阻可以表示為：

$$R_S=C（V/I）$$

式中 C 為修正因數。其數值由被測樣品的長、寬、厚尺寸和探針間距決定。

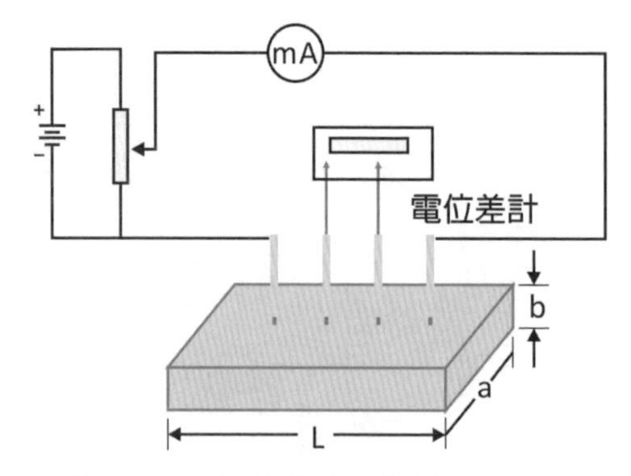

▲ 圖 2-71 四探針法測量方塊電阻的示意圖

2.5.2 離子植入（Ion Implant）

2.5.2.1 離子植入的概念

離子植入（Ion Implant）作為一種重要的摻雜技術已廣泛應用於半導體元件及超大型積體電路的製造工藝中。對於**碳化矽（SiC）**來說，用熱擴散法來實現選擇性區域摻雜是不現實的，因為在小於 1800°C 的溫度下（在該溫度下，可以保證材料表面的完整性），雜質在碳化矽中的擴散係數很小。這樣離子植入就成為唯一可用於對碳化矽進行選擇性區域摻雜的技術（如圖 2-72 所示）。

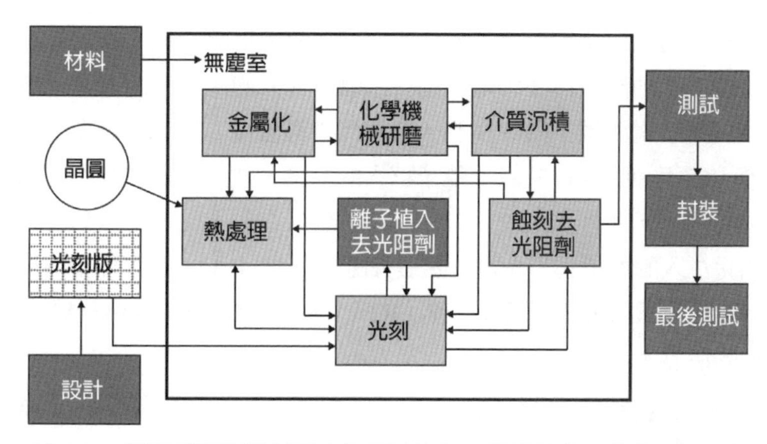

▲ 圖 2-72 積體電路製造過程中的離子植入工藝與其他工藝的關係示意圖

透過離子植入機的加速和引導，將要摻雜的離子以離子束形式入射到材料中去，離子束與材料中的原子或分子發生一系列理化反應（如圖 2-73 所示）。這裡使用的雜質有 15 族元素磷（P）、砷（As）和 13 族元素硼等。如果加 15 族元素，就會成為 N 型半導體（又稱電子型半導體）；如果加入 13 族元素，就會成為 P 型半導體（又稱空穴型半導體）。

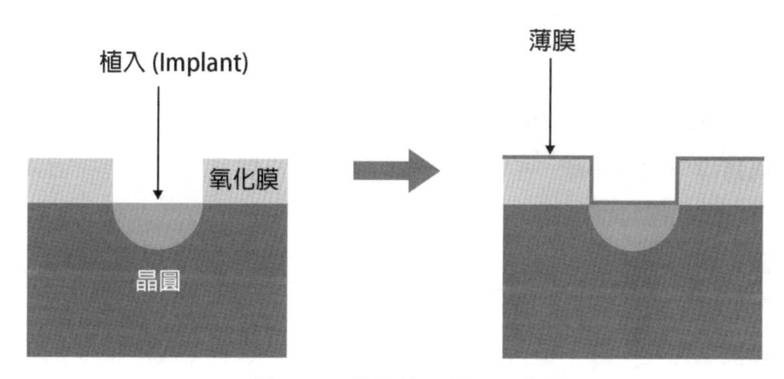

▲ 圖 2-73 離子植入原理示意圖

由 P 型半導體或 N 型半導體單體構成的產品有熱敏電阻器、壓敏電阻器等電阻體。由 P 型與 N 型半導體結合而構成的單結半導體元件，最常見的是二極體。

離子植入通常會用光阻劑圖形覆蓋於晶圓上還沒有進行離子植入的部分，不過，其實也只有這些必要的部分需要將離子進行摻雜。注入的深度與注入量（劑量）會根據加速能量與離子電流做不同的控制。為確保半導體電力特性與可靠度，會根據每一製程所導入的不純物質種類以及離子植入的深度、注入量、情況不同、注入角度的不同來進行注入。此外，由於只有在將離子植入在矽上時才不會具有導電性，因此為了能活化注入的離子必須先進行**熱退火處理（Anneal）**。為了儘量減少加熱及工作次數，當然也會採用**快速熱退火處理（RTA：Rapid Thermal Anneal）**與其他熱退火處理並用的情形。

因為整個裝置必須維持在真空的狀態下，所以必須透過品質分析器從各個不純物質的離子來源選擇出多種離子，然後將離子加速注入至晶圓上。將數片晶圓安裝在圓盤板（Disc-Plate）上並設置在處理室內來進行 1 個批次的注入處理。當圓盤板上的晶圓都處理完成後才可替換掉該平板。

2.5.2.2 離子植入的特點

離子植入為晶圓製造摻雜核心工藝，技術壁壘僅次於微影、蝕刻、薄膜沉積。離子植入與其他摻雜方法的對比，優點如下所述：

1、**純淨摻雜**：離子植入是在真空系統中進行的，使用高解析度的品質分析器，保證摻雜離子具有極高的純度。

2、**大面積均勻注入**：離子植入系統中的束流掃描裝置可以保證在很大的面積上具有很高的摻雜均勻性。

3、**精確控制**：離子植入可以精確控制雜質的總劑量、深度分佈和麵均勻性，而且是低溫工藝，可防止原來雜質的再擴散等。

4、**與擴散法對比**：離子植入工藝與擴散法相比，具有更高的精度和均勻性，可以大幅度提高積體電路的成品率。由於純淨矽材料導電性較差，晶圓製造需要在有源區、襯底和閘極等部位引入摻雜工藝增大電導率。

當然，採用離子植入技術摻雜時，必然會產生出許多晶格缺陷，同時也會有一些原子處在間隙中。所以，半導體在經過離子植入以後，還必須要進行所謂退火處理，以消除這些缺陷和使雜質「啟動」。

高溫熱擴散法與離子植入法的對比（見表 2-8）：

▶ 表 2-8 高溫熱擴散法與離子植入法的對比

主流摻雜製程技術對比

技術對比	高溫熱擴散法	離子植入法
動力	高溫、雜質的濃度梯度平衡過程	動能，5-500keV 非平衡過程
雜質濃度	受表面固溶度限制摻雜濃度過高、過低都無法實現	濃度不受限
結深	結深控制不精確適合深結摻雜	結深控制精確適合用於淺結摻雜
橫向擴散	嚴重。橫向是縱向擴散線度的 0.70-0.85 倍，擴散線寬 3um 以上	較小。特別在低溫退火時，線寬可小於 1um
均勻性	電阻率波動約 5-10%	電阻率波動約 1%
溫度	高溫製程，約 1,000℃	常溫注入，退火溫度約 800℃，可低溫快速退火
掩蔽膜	二氧化矽等耐高溫薄膜	光阻、二氧化矽或金屬薄膜
工藝衛生	易玷汙	高真空、常溫注入，清潔
晶格損傷	小	損傷大，退火也無法完全消除，注入過程晶片帶電
設備費用	設備簡單、價廉	複雜、費用高
應用	深層摻雜雙極型元件或是電路	淺結的超大規模電路

2.5.2.3 離子植入的使用裝置

離子植入需要用到特定的離子植入機，與曝光機一樣，也是整個積體電路製造前工序中的關鍵設備。離子植入機大致分為：離子源、品質分離器、加速器、離子束掃描和離子植入室（如圖 2-74 所示）。

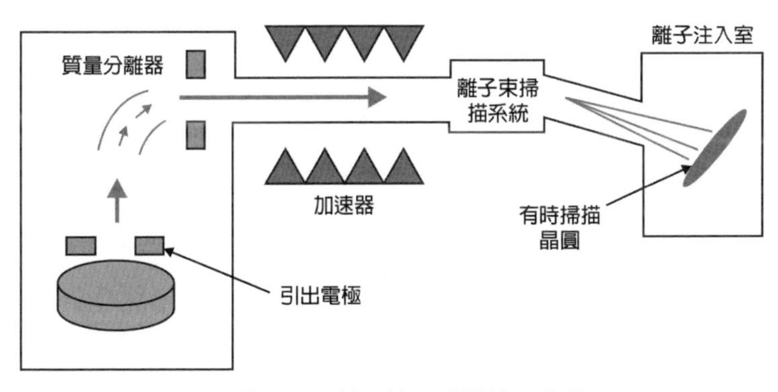

▲ 圖 2-74 離子植入設備的示意圖

離子源使電子與雜質的氣體分子碰撞產生所需的離子，而品質分離器則利用電場與磁場的作用去除不需要的離子，僅得到所需的離子，加速器透過施加高電壓給離子提供注入矽的能量，束流掃描單元能對離子束進行整形，並掃描離子束以將其注入整個晶圓（如圖 2-75 所示）。

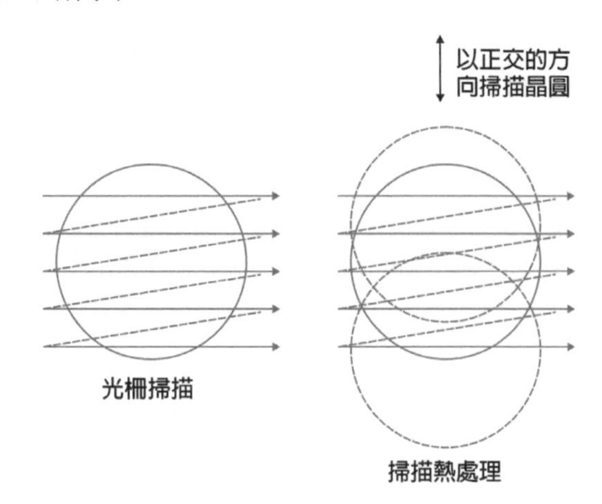

▲ 圖 2-75 離子束的掃描方法示意圖

目前，全球離子植入機市場佔有率，主要被美國應用材料（AMAT）、美國亞舍立科技（Axcelis）、日本 SMIT 等三家廠商壟斷。其中，應用材料公司占全球積體電路離子植入機市場佔有率的 50% 以上。在半導體設備中，2021 年離子植入設備價值量占比約為 2.3%。

2.5.3 四個主流的摻雜技術

隨著半導體細微化、淺鍵合技術的發展，對如何能夠使用更低能量的注入方式以及縮短注入時間等相關課題進行了更多的研究，開發出了**團簇離子植入（ClusterIon Implantation）**、**電漿摻雜（Plasma Doping）**、**雷射摻雜（Laser Doping）**等技術：

2.5.3.1 團簇離子植入技術

團簇離子植入技術是將分子量大的物質進行離子植入的方法，特色是可以縮短注入時間、減少能量分散等。

舉例來說，雖然可以用換成硼離子，對原本 $B_{10}H_{14}$（Decaborane）、$B_{18}H_{22}$（Octadecaborane）等分子量較大的物質用較高的能量來注入，但是其實在低能量進行注入的情況下也能夠獲得同樣淺的硼離子植入層。因此完全不需要特定的裝置，使用當前的裝置即可適應。

2.5.3.2 氣體團簇離子束技術（GCIB）

材料的**氣體團簇離子束技術（GCIB：Gas Cluster lon Beam）**加工是將由幾百到幾千個氣態材料的原子或分子組成的帶電的團簇離子（Cluster）離子化、加速，並且照射至晶圓的技術。首先，透過在室溫下將氣體透過噴嘴膨脹到真空，從單個氣體原子形成一束中性團簇，這些團簇隨後被電離和加速。例如將原子 1000 個團塊以 10KeV 加速時，使用氣體團簇離子束技術時每 1 個原子所受到的能量是 10eV。

氣體團簇離子束技術設備上的分離器來傳送從膨脹噴嘴中出現的氣體團簇的初級噴射核心。然後，前向的中性團簇被從燈絲上加速的電子衝擊電離，從而形成正離子團簇，每個團簇名義上有一個電荷。透過使用一系列的電極，電離團簇被提取並透過 2 至 30 千伏的典型電位進行加速。靜電透鏡被用來對團簇離子進行聚焦，而單體則透過一個強大的橫向磁場被過濾掉。通常，團簇離子束是保持靜止的，透過該離子束對待加工的材料進行機械掃描，以獲得均勻和完整的覆蓋。透過**法拉第杯（Faraday Cup）**來測量集束離子的通量（如圖 2-76 所示）。

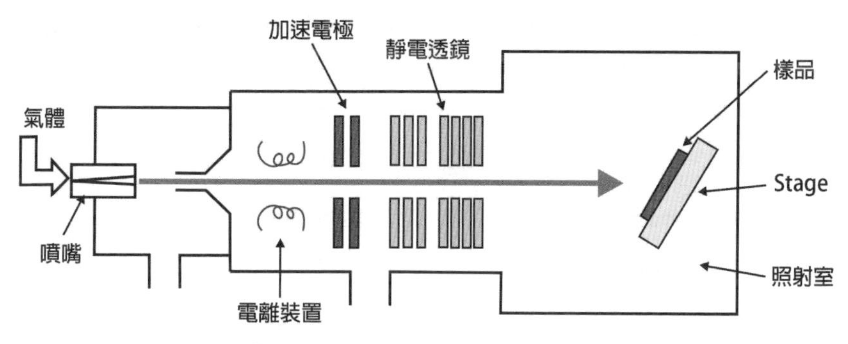

▲ 圖 2-76 氣體團簇離子束技術示意圖

當高能團簇離子撞擊表面時，它幾乎同時與許多目標原子發生作用，並將高能量密度沉積到目標材料的極小體積中。構成團簇的許多原子和目標的許多原子之間的同時能量相互作用導致了高度非線性的注入和**濺射（Sputtering，又稱濺鍍）**效應。這些效應與單體離子撞擊過程中發生的更簡單的二元碰撞有根本的不同，包括低能轟擊現象、橫向濺射效應和高化學反應效應。

由電場加速的離子容易得到較大的能量，不論多硬的材料都可以加工。該技術的用途主要有：硬材料碳化鎢（WC）模具表面處理；鑽石表面處理；基板表面平滑處理；3D 結構側壁平滑處理。

關於氣體團簇束形成的最初研究表明，在室溫下運行的具有收斂 - 發散形狀的超音速噴嘴可以產生強烈的氣體團簇束。這導致了氣體團簇離子束技術的研究和發展，以及對氣體團簇離子撞擊產生的新的離子 - 固體相互作用的調查。這些研究表明，氣體團簇離子束技術產生獨特的離子 - 固體相互作用，並在植入、濺射和離子束輔助沉積領域提供了新的原子和分子離子束工藝機會。到 2000 年為止的大部分原始技術成果已經在相關的專著中進行了總結。正在開發的更顯著的應用之一涉及光子元件的高縱橫比矽柱結構側壁的表面平滑。用於製造高柱結構的電感耦合電漿反應離子蝕刻（ICP-RIE）的連續蝕刻和沉積導致側壁過於粗糙。氣體團簇離子束平滑工藝已被用於將側壁表面平滑到 0.1nm 的表面粗糙度（Ra）值。

2.5.3.3 電漿摻雜技術（Plasma Doping）

電漿摻雜主要是以**電漿浸沒式離子植入（PII：Plasma Immersion Ion Implantation）**工藝為主。電漿浸沒式離子植入是一種低成本的離子植入方法，在毫托（1mTor=0.133 322 4Pa）壓力範圍下具有較發散的離子植入角度，因此可以進行保形摻雜（Conformal Doping）及**超淺結摻雜（USJ：Ultra-Shallow Junction Doping）**。特別是對深寬比較大的深溝槽結構進行摻雜時，電漿浸沒式離子植入工藝可使深溝槽側壁及底部的摻雜濃度分佈得非常均勻，且沿著溝槽上表面、側壁及底面形成**結深（Junction Depth）**一致的超淺結（如圖 2-77 所示）。

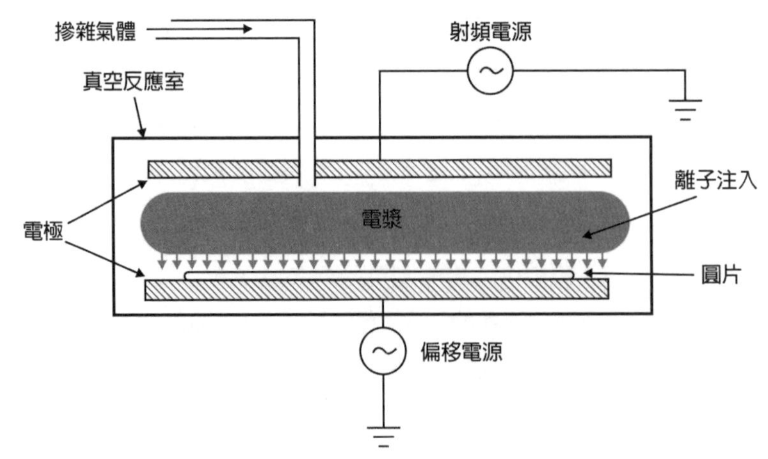

▲ 圖 2-77 電漿摻雜系統或電漿浸沒離子植入（PIII）示意圖

電漿摻雜技術（Plasma Doping）具有如下優點：

1、在低脈衝電壓下仍可產生高濃度的摻雜離子，可縮短重摻雜流程的時間；
2、可產生能量低且濃度高的離子源而形成超淺結，並減少離子植入產生的晶體缺陷；
3、保形摻雜可優化3D **鰭式場效應電晶體（FinFET：Fin Field-Effect Transistor，鰭式場效應電晶體，是一種新的互補式金氧半導體電晶體。鰭式場效應電晶體命名根據電晶體的形狀與魚鰭的相似性）**結構或深溝槽結構的特性；
4、電漿浸沒式離子植入系統設計簡單且成本較低。

這些優點是傳統離子植入工藝所不具有的。電漿浸沒式離子植入工藝在半導體產業及冶金工業上的應用日趨廣泛，**微電子研究中心（IMEC：InteruniversityMicroelectronics Centre，成立於1984年，目前是歐洲領先的獨立研究中心，研究方向主要集中在微電子、奈米技術、輔助設計方法以及資訊通訊系統技術）**及Intel（英特爾）在32nm平面式互補式金屬氧化物半導體結構上已採用電漿浸沒式離子植入（PII）形成超淺結，在22nm技術節點以下也利用電漿浸沒式離子植入具有較發散離子植入角度的特點，對鰭式場效應電晶體的多重閘極進行摻雜。

通常，用射頻電源產生高濃度電漿電離摻雜氣體，而用偏置電源加速離子去「轟擊」圓片表面。最常用的電漿摻雜氣體為B_2H_6，用於硼摻雜。對於需要非常高劑量的圓片摻雜的產品，由於離子植入機需要「點」式掃描注入，即使在最高的離子束流下，工藝實施時間仍然較長，產出效率低。而電漿摻雜則採用電漿的「面」轟擊來替代離子束的「點」掃描，因此可以大幅度提升產出效率。但是，電漿摻雜技術不能選擇離子種類，也不能精確控制離子的流量或劑量，因此電漿摻雜技術的主要應用範圍是高劑量、非關鍵層離子植入。目前，電漿摻雜技術已經被廣泛地開發、應用於需要低能量或高劑量的IC產品規模生產中（如超淺結和深溝槽應用）、動態隨機存取記憶體晶片的多晶矽補償摻雜以及動態隨機存取記憶體元件陣列的接觸注入。

2.5.3.4 雷射摻雜技術（Laser Doping）

1960年雷射的發明可能是人類歷史上最重要的里程碑之一，雖然發明者Ted Mainman並沒有因此得到一枚諾貝爾獎章。雷射對人類社會的各個領域都產生了重大影響，光伏也並不例外。在太陽能電池的製備過程中，雷射被用來開槽（埋柵電池）、隔離（邊緣隔離、電極隔離）、切片、消融，數不勝數。

雷射摻雜技術原理是在金屬柵線（電極）與矽片接觸部分進行重摻雜，而電極以外位置保持輕摻雜（低濃度摻雜）。透過熱擴散方式，在矽片表面進行預擴散，形成輕摻雜；同時表面**磷矽玻璃（PSG）**作為局部雷射重摻雜源，透過雷射局部熱效應，磷矽玻璃中磷原子二次快速擴散至矽片內部，形成局部重摻雜區。配合雷射高精度圖形化，可實現與後續絲網印刷完美套印效果（如圖 2-78 所示）。

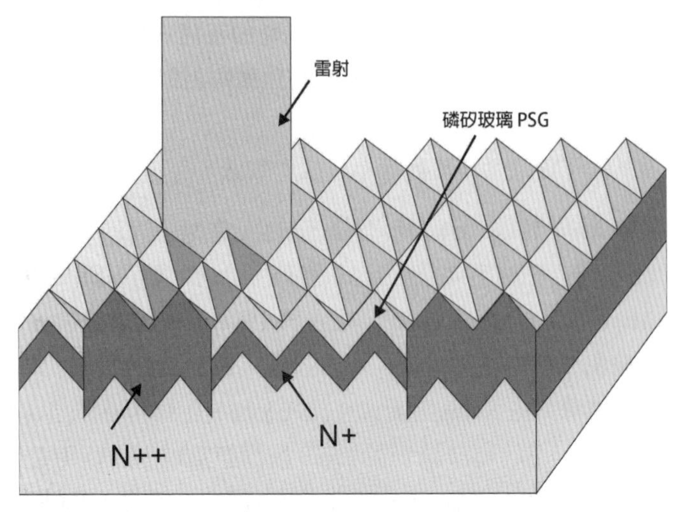

▲ 圖 2-78 雷射摻雜示意圖

雷射摻雜設備是一種利用雷射技術進行摻雜過程的裝置。摻雜是一種在半導體材料中引入雜質的過程，透過摻入特定的雜質原子，可以改變半導體材料的電子結構和性能，從而用於製造各種電子元件，如電晶體、太陽能電池等。雷射摻雜設備通常由以下主要元件組成：

1、**雷射系統**：雷射摻雜設備使用高能量雷射器作為摻雜源，產生雷射光束用於摻雜材料表面。常見的雷射器類型包括二氧化碳雷射器、二極體雷射器、固體雷射器等，根據具體的摻雜需求選擇合適的雷射器。

2、**光學系統**：光學系統用於聚焦和調節雷射光束的焦點及輸送，以確保雷射光束能夠準確地照射到材料表面進行摻雜。光學系統通常包括透鏡、反射鏡、光束擴束器等元件。

3、**控制系統**：控制系統用於控制雷射器的參數和摻雜過程的參數，如雷射功率、掃描速度、摻雜深度等。透過精確的控制，可以實現對材料的精確摻雜，以滿足不同的應用需求。

4、**加熱和冷卻系統**：摻雜過程中，由於雷射光束的高能量作用，會產生熱量。加熱和冷卻系統用於控制材料的溫度，以防止材料過熱或過冷，保證摻雜過程的穩定性和品質。

雷射摻雜設備廣泛應用於半導體和光電子工業中，特別是在製造高效太陽能電池中的應用較為常見。雷射摻雜技術具有高效、精確、無接觸、無汙染等特點，可以實現對材料的局部摻雜，避免了傳統摻雜方法中的一些限制和缺點。同時，雷射摻雜還可以實現對不同類型和深度的摻雜區域的選擇性摻雜，提高了元件的性能和效率。

雷射摻雜的本質特性在於，雷射所掃之處將固體融化，所以整個擴散工藝是在矽的液相完成的，相比矽的固相擴散（高溫擴散），擴散係數要高出幾個數量級。這就為結區設計極大的拓寬了可能性。

雷射摻雜的方法，則主要有磷矽玻璃層擴散，**旋塗絕緣介質（SOD：Spin on Dielectric）**擴散、氣體浸沒式雷射摻雜、雷射化學摻雜等。

雷射摻雜的優點主要有：

1、僅需雷射圖形化一步即可完成，工藝流程簡單；
2、局部雷射熱效應，最大限度降低高溫對矽本體熱損傷；
3、雷射加工過程簡單、無需化學處理，無汙染。

雷射摻雜的難點則在於缺陷的引入。由於雷射摻雜的過程是一個把晶矽融化為液體再重結晶的過程，所以晶體結構不可避免的受到一定的破壞，而破壞的程度和晶向有關。另一方面，由於摻雜的過程是把摻雜標的物注入矽材料中，摻雜標的物載體和介電層的雜質純度也會產生影響。解決方案可以使用氧化矽中間層。當然最後是雷射波長、能量、脈衝、時間的設定，**連續波雷射器（CW laser）**可以很大程度上解決這個問題。

2.6 蝕刻（Etching）—— 四大製程 3

在擴散工序，採用背靠背的單面擴散方式，矽片的側邊和背面邊緣不可避免地都會擴散上磷原子。當陽光照射，P-N 接面的正面收集到的光生電子會沿著邊緣擴散有磷的區域流到 P-N 接面的背面，造成短路通路。短路通道等效於降低並聯電阻。蝕刻工序是讓矽片邊緣帶有的磷的部分去除乾淨，避免了 P-N 接面短路並且造成並聯電阻降低。

微影技術和濕式蝕刻在印刷工業已經得到廣泛使用，也可用做印刷電路板。半導體產業在 20 世紀 50 年代開始采用這兩種技術製作電晶體和積體電路。透過微影製程將光罩的圖形轉移到晶圓表面的光阻劑上後，再經過**蝕刻（Etching）**或離子植入透過光阻劑上的圖形就可將元件或電路轉移到晶圓上。如圖 2-79 所示，顯示了積體電路製造中的圖形化蝕刻工藝。

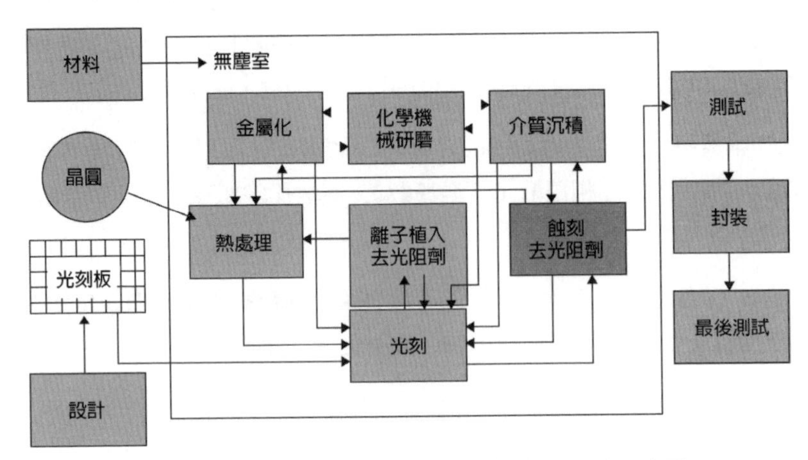

▲ 圖 2-79 積體電路製造中的圖形化蝕刻工藝示意圖

2.6.1 蝕刻工藝過程

在蝕刻工藝過程中，首先要將晶圓放置在氧化爐中，溫度保持在 800 至 1000°C 之間，隨後透過乾式在晶圓表面上形成具有高絕緣性能的二氧化矽膜。接下來進入沉積工藝，透過化學氣相沉積 / 物理氣相沉積在氧化膜上形成矽層或導電層。如果形成矽層，則在必要時可進行雜質擴散處理以增加導電性。在雜質擴散過程中，往往會反覆添加多種雜質。

此時應將絕緣層和多晶矽層結合起來進行蝕刻。首先，使用光阻劑。隨後，將掩模放置在光阻劑膜上，並透過浸沒法進行濕式曝光，從而在光阻劑膜上印刻上預期的圖案（肉眼不可見）。當透過顯影呈現圖案輪廓時，會清除掉感光區域的光阻劑。然後，將經過微影製程處理的晶圓轉入蝕刻過程，進行乾式蝕刻處理（主要採用**反應離子蝕刻（RIE：Reactive-Ion Etching）**法進行），在這一過程中，主要透過更換適用於各個薄膜的氣體來重複進行蝕刻。此外，還需要透過定期清潔來清除積聚在孔洞（蝕刻形成的間隙）底部的**聚合物（Polymer）**。重要的一點在於，所有變數（如材料、氣體、時間、形式和順序）應該進行有機調整，以確保清潔溶液或電漿能夠向下流動到溝槽底部。某個變數出現微小變動，都需要對其他變數進行重新計算，這種重新計算過程會重複進行，直到符合於各階段的目的（如圖 2-80 所示）。

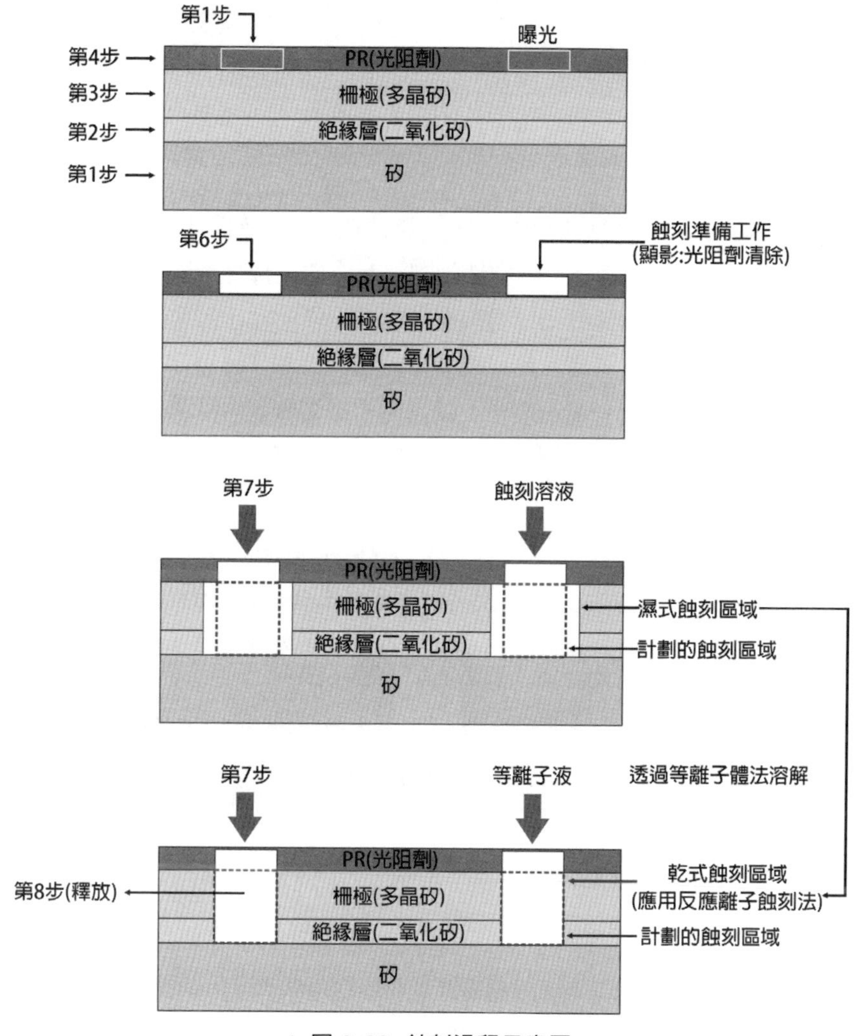

▲ 圖 2-80 蝕刻過程示意圖

2.6.2 蝕刻工藝的重要參數

「蝕刻」工藝具有很多重要的特性。所以，在瞭解具體工藝之前，有必要先梳理一下蝕刻工藝的重要參數：

一、選擇比

該參數用於衡量是否只蝕刻了想蝕刻的部分。在反應過程中，一部分光阻劑也會被蝕刻，因此在實際的蝕刻工藝中，不可能 100% 只蝕刻到想移除的部分。一個高選擇比的蝕刻工藝，便是只蝕刻了該刻去的部分，並盡可能少地蝕刻到不應該蝕刻材料的工藝。

二、方向的選擇性

顧名思義，方向的選擇性是指蝕刻的方向。該性質可分為**等向性（Isotropic）**和**非等向性（Anisotropic）**蝕刻兩種：等向性蝕刻沒有方向選擇性，除縱向反應外，橫向反應亦同時發生；非等向性蝕刻則是藉助具有方向性的離子撞擊來進行特定方向的蝕刻，形成垂直的輪廓。試想一個包裹糖果的包裝袋漏了一道口子，如果把整塊糖連包裝袋一起放入水中，一段時間後，糖果就會被溶解。可如果只向破口處照射雷射，糖果就會被燒穿，形成一個洞，而不是整塊糖果被燒沒。前一現象就好比等向性蝕刻，而後一現象就如同非等向性蝕刻（如圖 2-81 所示）。

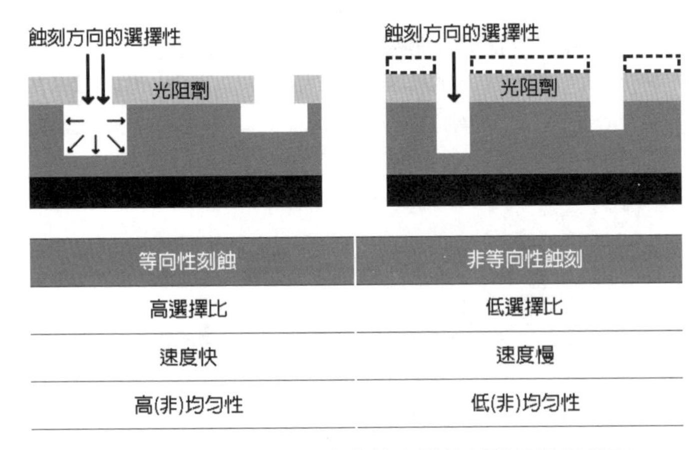

等向性刻蝕	非等向性蝕刻
高選擇比	低選擇比
速度快	速度慢
高(非)均勻性	低(非)均勻性

▲ 圖 2-81　等向性蝕刻與非等向性蝕刻的特點示意圖

1、**等向性：**等向性蝕刻則是所有的蝕刻方向都一致。因此如果使用光阻劑等掩膜版的蝕刻，就會從掩膜版端開始進行橫向的蝕刻，因而無法獲得符合掩膜版尺寸的圖形，如欲產生細微的圖形則必須剝除光阻劑。其蝕刻的表面形狀會呈現曲面（如圖 2-82 所示）。雖然都屬於乾式蝕刻，圓筒型電漿蝕刻裝置則是用於等向性蝕刻（如圖 2-83 所示）。

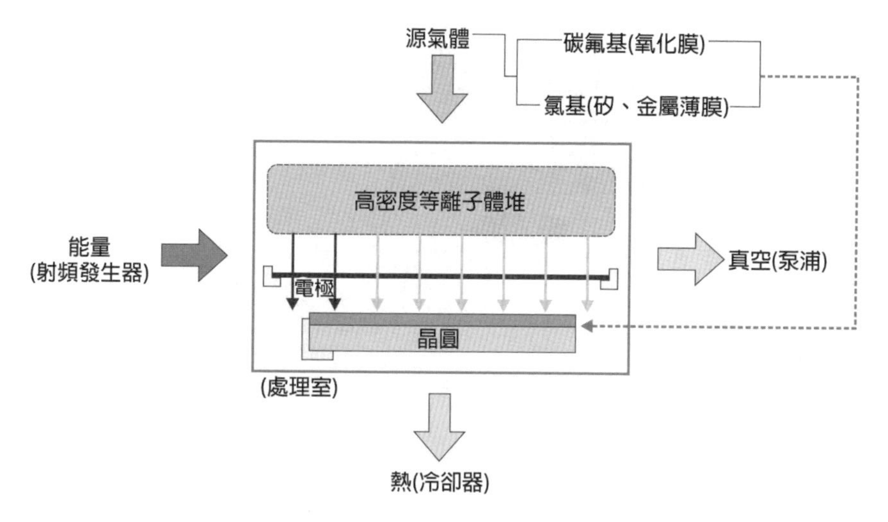

▲ 圖 2-82 電漿蝕刻反應示意圖

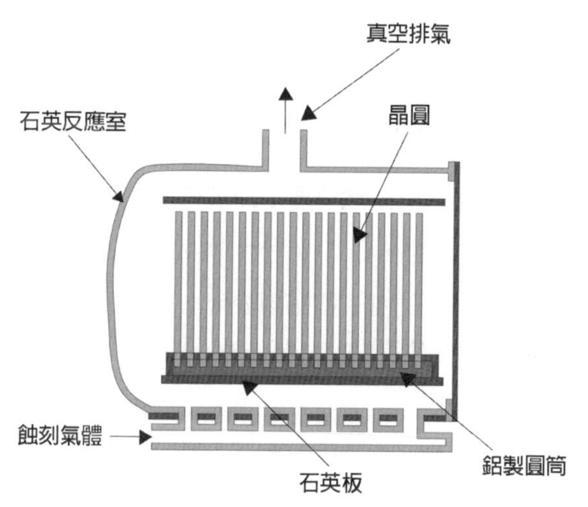

▲ 圖 2-83 電漿蝕刻裝置（圓筒型）示意圖

2、**非等向性**：異向性蝕刻是在晶圓表面朝垂直方向進行的蝕刻動作。這種使用光阻劑等物質作為掩膜版所進行的蝕刻，其呈現出來的圖形會忠實地反應出掩膜版的尺寸、並且具有高精確度圖形加工的特色，而蝕刻表面則會相當接近垂直（如圖 2-84 所示）。

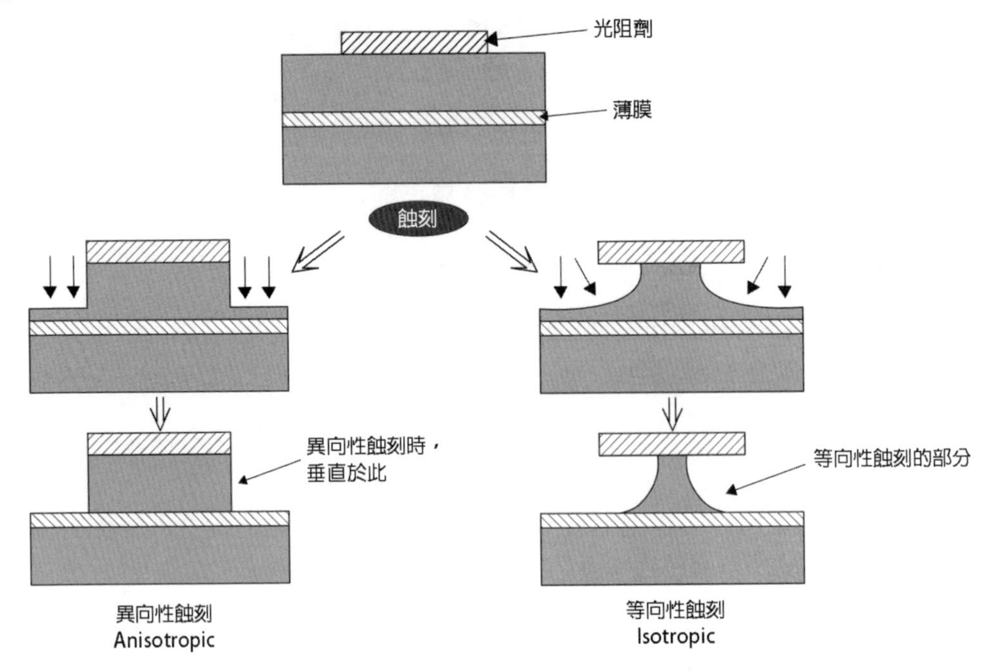

▲ 圖 2-84 蝕刻表面形狀比較示意圖

在異向性蝕刻的架構下，蝕刻時雖然有**離子助鍍模式**（**Ion Assist Model**）與側壁聚合物附著模式兩種，但是在某些情況下也會兩種結合一起使用。

離子助鍍模式會因為垂直射入的離子與蝕刻表面有所衝撞而造成缺損，此外由於離子間的衝撞會產生加熱效果，使得蝕刻反應加速、並快速朝垂直方向前進。

側壁聚合物附著模式則是指，一般在反應離子蝕刻狀態下即使在蝕刻製程中也必須對光阻劑進行蝕刻，一部分被蝕刻的光阻劑會與蝕刻薄膜導體材料以及蝕刻製程反應，以形成「聚合物」薄膜並附著於光阻劑以及被蝕刻後的側壁上。該聚合物就會成為抑制橫向蝕刻而僅在垂直方向進行蝕刻的保護膜（如圖 2-85 所示）。

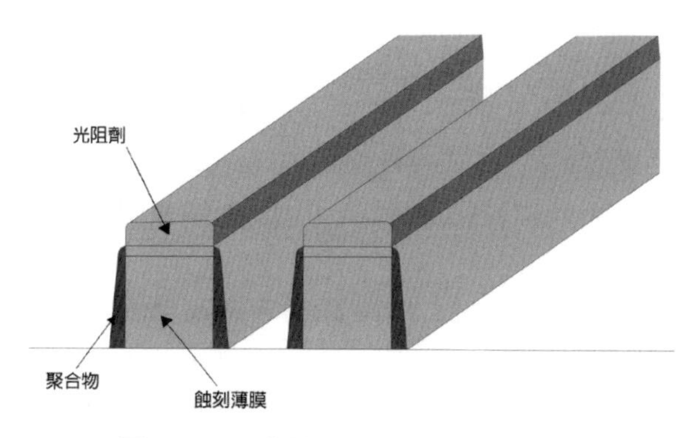

▲ 圖 2-85 反應離子蝕刻（RIE）聚合物

使用金屬佈線的鋁金屬乾式蝕刻，雖然已經使用了氯氣，但是蝕刻後附著在晶圓的氯氣與反應物**氯化鋁（$AlCl_3$）**會再與空氣中的水分進行反應而產生鹽酸。此時為了避免造成鋁金屬的腐蝕（Erosion），蝕刻後不得將其暴露於空氣中，還必須進行氧氣電漿處理及水洗處理。除了鋁金屬以外，氧氣電漿處理及水洗處理方法也可作為蝕刻後用來快速去除附著於晶圓上的蝕刻氣體與反應生成物等方法。

三、蝕刻速率（Etching Rate）

蝕刻速率（Etching Rate）表明蝕刻快慢。如果其他參數不變，當然速率越快越好，但一般沒有又快又準的完美選擇。在工藝研發過程中，往往需要在準確度等參數與速率間權衡。比如，為提高蝕刻的非等向性，需降低蝕刻氣體的壓力，但降壓就意謂著能夠參與反應的氣體量變少，這自然就會帶來蝕刻速率的放緩（如圖 2-86 所示）。

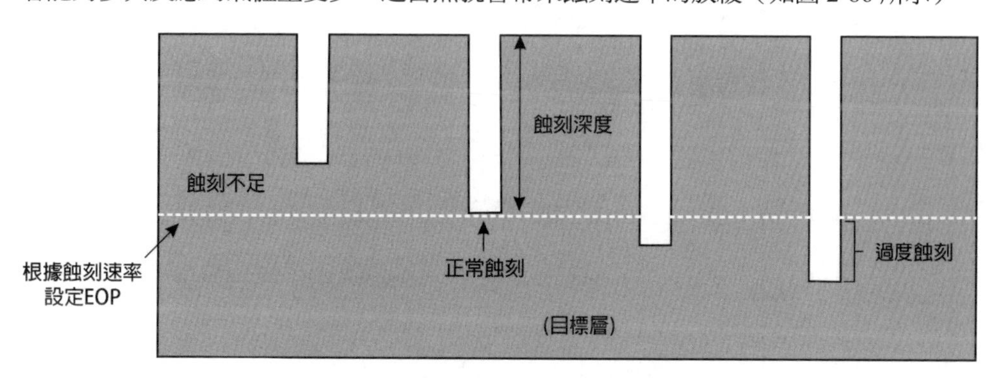

▲ 圖 2-86 與蝕刻速率相關的核心蝕刻性能指數

四、均勻性

均勻性（Uniformity）是衡量蝕刻工藝在整片晶圓上蝕刻能力的參數，反映蝕刻的不均勻程度。蝕刻與曝光不同，它需要將整張晶圓裸露在蝕刻氣體中。該工藝在施加反應氣體後去除副產物，需不斷迴圈物質，因此很難做到整張晶圓的每個角落都是一模一樣。這就使晶圓不同部位出現了不同的蝕刻速率。

2.6.3 蝕刻的發展變化

自從半導體出現以來，蝕刻和沉積技術都有了顯著發展。而沉積技術最引人注目的創新是從**溝槽法（Trench）**轉向**堆疊法（Stack）**，這與 20 世紀 90 年代初裝置容量從 1 百萬位（Mb）DRAM 發展成 4 百萬位（Mb）DRAM 相契合。蝕刻技術的一個關鍵節點是在 2010 年代初，當時 3D NAND 快閃記憶體單元堆疊層數超過了 24 層。隨著堆疊層數增加到 128 層、256 層和 512 層，蝕刻工藝已成為技術難度最大的工藝之一。

在 2D（平面結構）半導體小型化和 3D（空間結構）半導體堆疊技術的發展過程中，蝕刻工藝也在不斷發展變化。在 20 世紀 70 年代，2D 半導體為主流，電路關鍵尺寸（CD）從 100 微米（μm）迅速下降到 10 微米（μm），甚至更低。在此期間，半導體製造流程中的大部分重點工藝技術已經成熟，同時蝕刻技術已經從濕式蝕刻過渡到乾式蝕刻（如圖 2-87、圖 2-88 所示）。

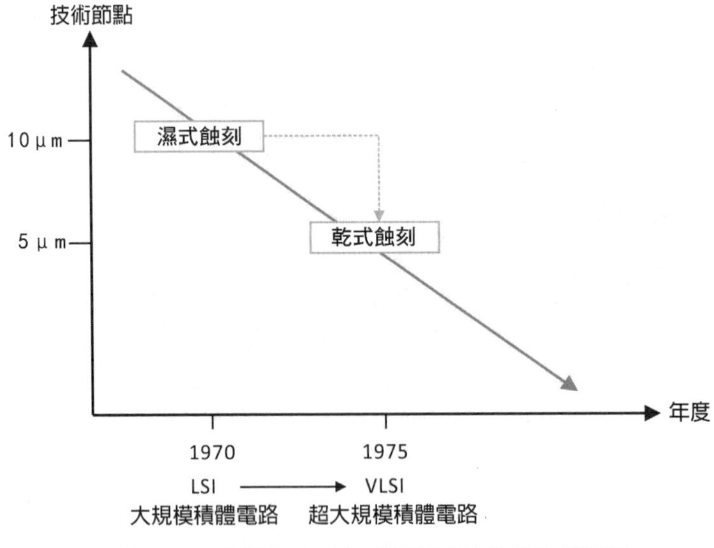

▲ 圖 2-87 小型化（2D）與蝕刻方法的發展示意圖

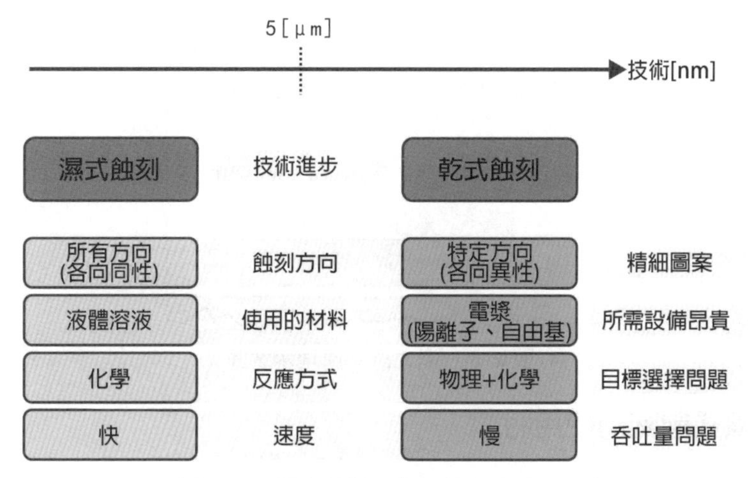

▲ 圖 2-88 濕式蝕刻和乾式蝕刻的比較示意圖

2.6.4 濕式蝕刻（Wet Etching）

2.6.4.1 濕式蝕刻的概念

對於層切割技術，最先採用的是化學濕式。取名「濕式」氧化的原因是因為採用了水蒸氣與晶圓反應，而蝕刻中的「濕」則意謂著將晶圓「浸入液體後撈出」（如圖 2-89 所示）。

▲ 圖 2-89 在光阻劑破口內自由流動的液體蝕刻劑（Etchant）

濕式腐蝕是化合物半導體元件製作中一種不可或缺的工藝技術，主要原理是腐蝕溶液與**浸漬（Impregnation）**在腐蝕液中的材料進行化學反應生成可溶解的生成物，從而將需要腐蝕的區域去除。它一般在光阻劑的保護下，對材料進行腐蝕，清洗去除光阻劑後得到最終圖形（如圖 2-90 所示）。

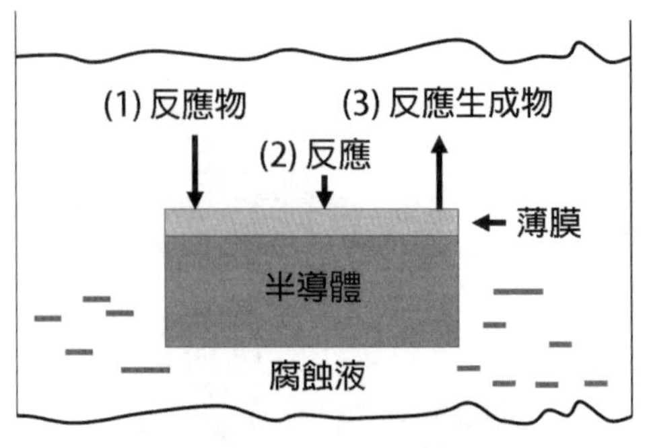

▲ 圖 2-90 濕式蝕刻原理示意圖

2.6.4.2 濕式蝕刻的使用材料

通常，使用濕式蝕刻處理的材料包括矽、鋁和二氧化矽等：

一、矽的濕式蝕刻

一般採用強氧化劑對矽進行氧化，然後利用氫氟酸與二氧化矽反應，去除掉二氧化矽，達到蝕刻矽的目的。最常用的蝕刻溶劑是硝酸與氫氟酸和水的混合液。此外，也可以使用含氫氧化鉀（KOH）的溶液進行蝕刻。

二、二氧化矽的濕式蝕刻

二氧化矽的濕式蝕刻可以使用**氫氟酸（HF：Hydrofluoric Acid）**作為蝕刻劑，但是在反應過程中會不斷消耗氫氟酸，從而導致反應速率逐漸降低。為了避免這種現象的發生，通常在蝕刻溶液中加入氟化銨作為緩衝劑，形成的蝕刻溶液稱為**氫氟酸緩衝溶液（BHF：Buffered HF）**。氟化銨透過分解反應產生氫氟酸，維持氫氟酸的恆定濃度。

三、氮化矽的濕式蝕刻

氮化矽是一種化學性質比較穩定的材料，它在半導體製造中的作用，主要是作為遮蓋層，以及完成主要流程後的保護層。濕式蝕刻大多用於整層氮化矽的去除，對於小面積蝕刻，通常選擇乾式蝕刻。

四、鋁的濕式蝕刻

積體電路中，大多數電極引線都由鋁或鋁合金製成。鋁蝕刻的方法很多，生產上常用加熱的磷酸，硝酸，醋酸以及水的混合溶液。硝酸的作用主要是提高蝕刻速率，醋酸用來提高蝕刻均勻性的。

在對半導體晶圓材料矽或者氧化矽腐蝕時，通常選擇**硝酸（HNO_3）**或 HF，反應式如下：

$$Si + 4HNO_3 \rightarrow SiO_2 + 2H_2O + 4NO_2$$

$$SiO_2 + 6HF \rightarrow H_2SiF_6 + 2H_2O$$

也就是把晶圓丟在 HNO_3 或 HF 裡泡一泡，讓強酸去除晶圓上的某部分。

2.6.4.3 濕式蝕刻的裝置

濕式蝕刻的裝置有一種是將晶圓浸置於藥水中的浸洗（**Dip**）方式，還有一種是在水平放置於旋轉台的晶圓上滴下藥水後使其旋轉的**甩乾（Spin）**方式。**噴霧式（Spray）**則可分為兩種：一種是以葉片處理方式讓噴霧式噴嘴在晶圓上進行掃描的方式（如圖 2-91 所示），另一種則是讓晶圓在噴嘴下方連續透過的方式。旋轉式濕式蝕刻與旋轉顯影裝置的構造相同，差異在於是用蝕刻藥水代替了顯影液。

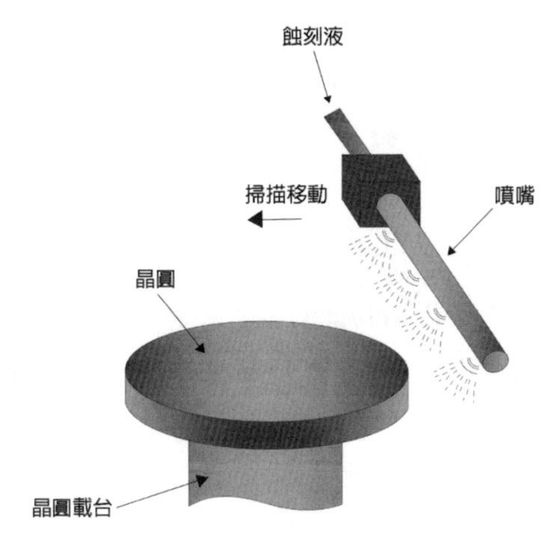

▲ 圖 2-91 噴霧式濕式蝕刻示意圖

上述的每一種方式都可以用於整體蝕刻，但是也有專門用於粗糙圖形的加工方式。

整體蝕刻製程並不會使用光阻劑等蝕刻用的掩膜版圖形，而是直接將晶圓進行整體性的蝕刻。以下簡單舉幾個具有代表性的整體蝕刻案例：

1、淺溝槽隔離形成製程的氮化層蝕刻是在氮化層完成其所扮演的角色後，將其浸置於熱磷酸液體以去除氮化層的製程。蝕刻前，晶圓表面會有氮化層與氧化層。使用熱磷酸時，由於氧化層的蝕刻率比氮化層的蝕刻率低很多，因此如果直接將晶圓浸置於熱磷酸中，雖然蝕刻率不太理想，但是卻能夠在不會太大幅度損害氧化層的狀態下去除氮化層。

2、閘極氧化層形成製程中的氧化層蝕刻，是將氧化層進行濕式蝕刻，並將金屬氧化物半導體電晶體區域的矽晶表面露出的製程。氧化層濕式蝕刻會用到**氫氟酸稀釋液（DHF：Diluted HF）**以及混合氫氟酸蝕刻溶液。在氫氟酸的氧化層蝕刻方面，由於矽晶的蝕刻率較高，較少對矽晶造成損傷，因此可用於濕式蝕刻。

3、**鈷（Co）**金屬蝕刻製程是用蝕刻的方式去除剩餘的鈷金屬（在降低金屬氧化物半導體電晶體的電阻度時，雖然在排序靠前的退火處理中可透過矽的熱反應形成 $CoSi_2$，但是其他部分則不會形成 $CoSi_2$，而是直接殘留下來，也就是「剩餘的鈷金屬」)。在這樣的製程中，將晶圓浸置在含有氧類的藥水中，進行濕式蝕刻後再將剩餘的鈷金屬進行蝕刻。

2.6.4.4 矽化物技術

矽化物（Salicide：Self-aligned Silicide）技術是為了提升金屬氧化物半導體電晶體的性能、降低閘極、源極、汲極擴散層的寄生電阻，在各自表面形成金屬矽化物。將矽露出於事先已形成的矽化物區域，再將附著的金屬與露出的矽進行熱反應，並以自校準的方式形成化物層，最後再將反應過剩的金屬透過蝕刻來去除的一種技術（如圖 2-92 所示）。

矽化物所形成的金屬，會隨著矽化物的低阻率、半導體的細微化以及淺鍵合技術等方面的要求提高，加強了對矽化物的低溫化與鄰近矽化物區域金屬物質的橋接等方面的控制，同時也會與**鉬（Mo）**、**鎢（W）**、**鈦（Ti）**、**鈷**、**鎳（Ni）**等發生變化（見表 2-9）。

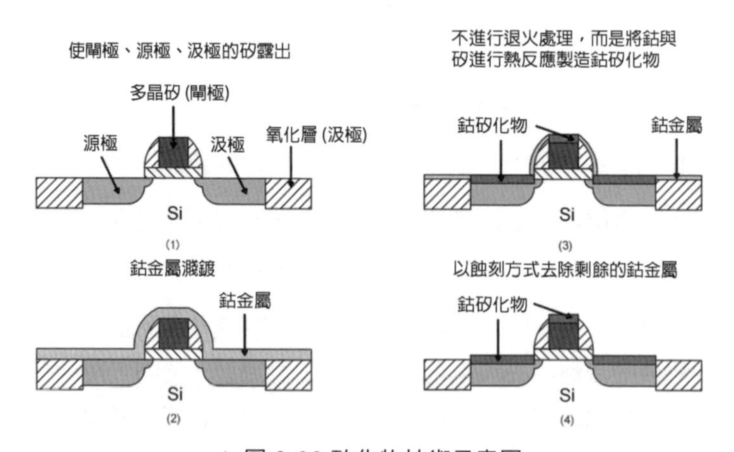

▲ 圖 2-92 矽化物技術示意圖

▶ 表 2-9 矽化物特性表

矽化物	電阻率（0/00cm）	矽化時的移動原子	矽化溫度（°C）
矽化鉬（MoSi）	100	Si	1000
矽化鎢（WSi）	70	Si	950
矽化鈦（TiSi）	12	Si	750~900
矽化鈷（CoSi）	20	Co	550~900
矽化鎳（NiSi）	20	Ni	350~750

總而言之，濕式腐蝕的工藝簡單、經濟實惠、微影掩膜製備技術成熟且通用、光阻劑在腐蝕液中的選擇比一般很高，利於選擇性腐蝕。腐蝕速率決定於腐蝕劑的活性和腐蝕產物的溶解擴散性。但濕式腐蝕具有自然的腐蝕等向性，掩膜下的下切使它不適合做小於 2 微米的圖形，濕式腐蝕過程中還會形成氣泡，氣泡附著的地方就會導致腐蝕終止。另外濕式腐蝕還有一些其它的問題，比如因暴露在化學和生成的氣體中所帶來的安全上的危害，還有化學排放需要廢物處理造成的環境上的危害。

2.6.5 乾式蝕刻（Dry Etching）

隨著積體電路的發展，濕式蝕刻呈現出以下局限：不能運用 3 微米以下的圖形；濕式蝕刻為等向性，容易導致蝕刻圖形變形；液體化學品潛在的毒性和汙染；需要額外的沖洗和乾燥步驟等。

乾式蝕刻技術的出現解決了濕式蝕刻面臨的難題。乾式蝕刻使用氣體作為主要蝕刻材料，不需要液體化學品沖洗。

乾式蝕刻是對以氣體進行蝕刻的總稱，一般會在低壓狀態下使用反應性氣體進行蝕刻。以光阻劑圖形進行的選擇性蝕刻圖形加工精確度較高，且如果選擇蝕刻氣體可對應到各式各樣的薄膜蝕刻導體材料，因此幾乎所有的圖形蝕刻製程都會使用反應性的離子蝕刻。

主要有三種類型的乾式蝕刻（如圖 2-93 所示）：

1、物理（乾式）蝕刻 / 物理濺射（**離子束蝕刻：Ion Beam Etching**）：加速粒子對晶圓表面的物理磨損；
2、化學（乾式）蝕刻（**電漿蝕刻：Plasma etch**）：氣體與晶圓表面發生化學反應；
3、化學物理（乾式）蝕刻（**反應離子蝕刻：RIE（Reactive ion etching）**）：具有化學特性的物理蝕刻工藝；

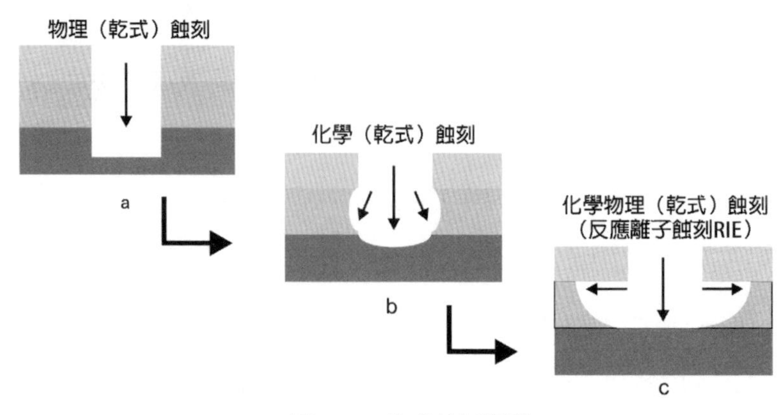

▲ 圖 2-93 乾式蝕刻類別

2.6.5.1 物理濺射

半導體後道工藝中使用了各種佈線，所使用材料因功能而已。由於化學氣相沉積等難以沉積這些用於佈線的金屬，因此使用稱為濺射（物理氣相沉積的一種）的方法。

一、物理濺射（Sputtering）的原理

濺射是在真空條件下，透過氣體放電產生離子（Ar），利用帶正電荷的氬離子轟擊帶負電位的固體靶材（Target），使靶材原子濺射出來並沉積到基體表面形成薄膜的鍍膜技術（如圖 2-94 所示）。

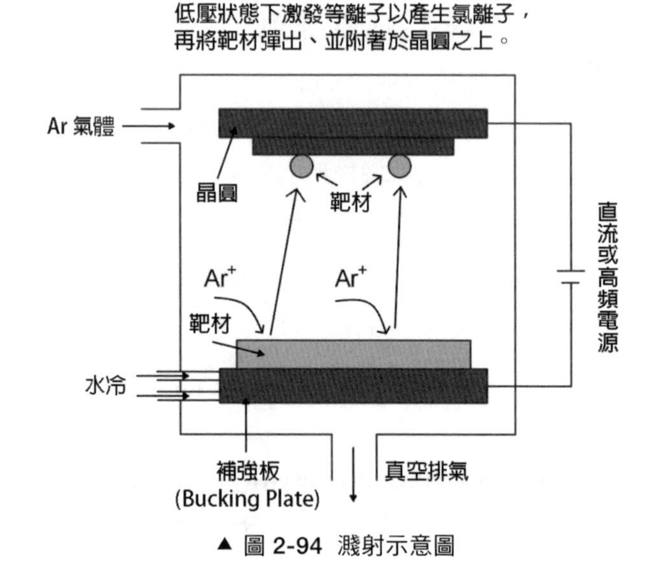

▲ 圖 2-94 濺射示意圖

真空濺射鍍按不同濺射裝置分為：二極、三極或四極濺射，直流或射頻線射，磁控濺射、反應濺射、離子束濺射等。其中，得到廣泛應用的是磁控濺射鍍膜，包括直流平面磁控濺射鍍、柱狀靶磁控濺射鍍、非平衡磁控濺射鍍、脈衝直流磁控濺射鍍、射頻磁控濺射鍍及中頻磁控濺射鍍等。

磁控濺射原理如圖 2-95 所示，其中 M 代表金屬粒子。自由電子被電場加速飛向陽極，在此過程中與 Ar 原子碰撞，使其失去外層電子，釋放出 Ar+ 和自由電子，Ar+ 在電場作用下飛向陰極，撞擊靶材，撞出靶材原子以及二次電子。自由電子在飛行過程中還有可能與 Ar+ 相撞，使其恢復中性，但在此過程中電子由激發態回到基態，會釋放出能量，這部分能量會以光子形式釋放，因為大量光子的釋放，所以電漿會出現「輝光」現象（如圖 2-96 所示）。

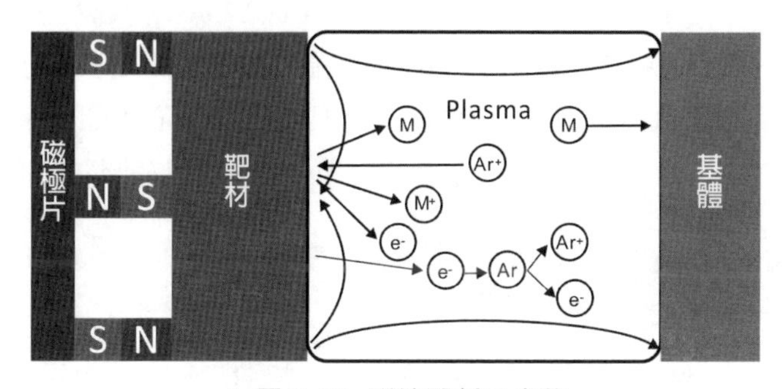

▲ 圖 2-95 磁控濺射示意圖

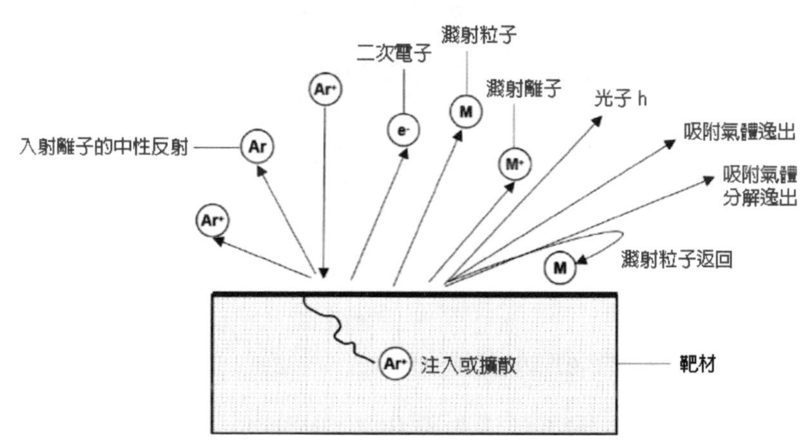

▲ 圖 2-96 粒子轟擊靶材表面的各種物理現象圖示意圖

將氮與氧等氣體混合後所產生的反應性氣體放置於濺射空氣中，此時如果使用濺射法即可得到靶材的氮化膜與氧化膜。該方法被稱的為「反應性濺射」。舉例來說，在導入與氮的混合氣體時如果使用靶材鈦（Ti），即可以將氮化鈦（TiN）附著在晶圓之上。

二、物理濺射的裝置

濺射裝置的主要構成內容有裝載機·卸載機、載入互鎖真空室處理系統、傳送塑膜反應室、電漿電源、真空排氣系統。可以在外部空氣與濺射反應室（處理室）間設立以真空排氣的載入互鎖真空室，並且可以透過閘閥開關從真空室存取晶圓（裝載機、卸載機）。

晶圓處理是先將晶圓從裝載台搬運至**載入互鎖（Load-Lock）**真空室後，再將互鎖處進行真空排氣。隨後透過閘閥的開關，即可將晶圓搬運至處理室以進行各種處理。由於是透過載入互鎖真空室進行晶圓的存取，因此必須小心不能讓濺射反應室等暴露於外部空氣之中，如此才能連續、並且穩定地進行濺射（如圖 2-97 所示）。

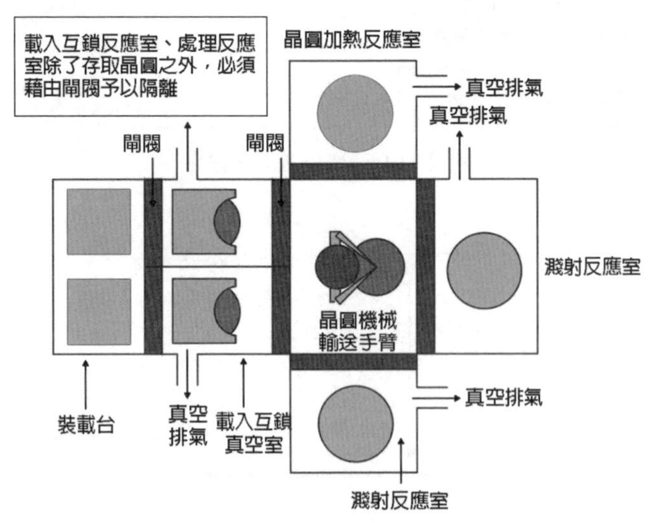

▲ 圖 2-97　濺射裝置（葉片載入互鎖式）示意圖

依電源類別，濺射裝置的種類可分為**射頻（RF：Radio Frequency，表示可以輻射到空間的電磁頻率，頻率範圍從 300KHz ～ 30GHz 之間）**電源以及**直流（DC：Direct Current，即直流電源，是維持電路中形成穩定電流的裝置。如乾電池、蓄電池、直流發電機等）**電源方式；處理方式則可分為清洗臺式及葉片式。舉例來說，一般濺渡的方法中，如果使用二極直流濺射法，為了能夠穩定持續放電就必須要有較高的氣壓（1~1Pa），但是也會因為形成膜上所殘留的氣體而造成影響。除此之外，晶圓會因為電漿而受到損傷，因而有會使晶圓溫度上升的缺點。二極直流濺射法設備如圖 2-98 所示：

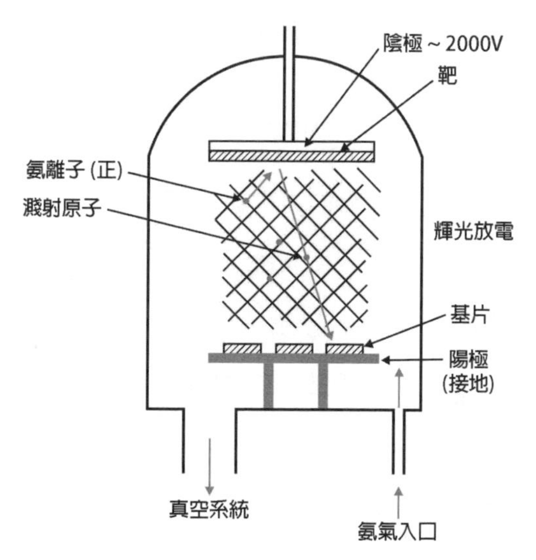

▲ 圖 2-98 二極直流濺射法設備示意圖

另一方面，**磁控濺射（Magnetron Sputtering）**方式是讓靶材背面與側面的磁鐵產生磁場並發揮磁場作用，再將電漿放置於靶材附近，以產生高密度的電漿。如此一來就不會產生二極直流濺射法所擁有的缺點甚至還具有可快速濺射的優點（如圖 2-99 所示）。

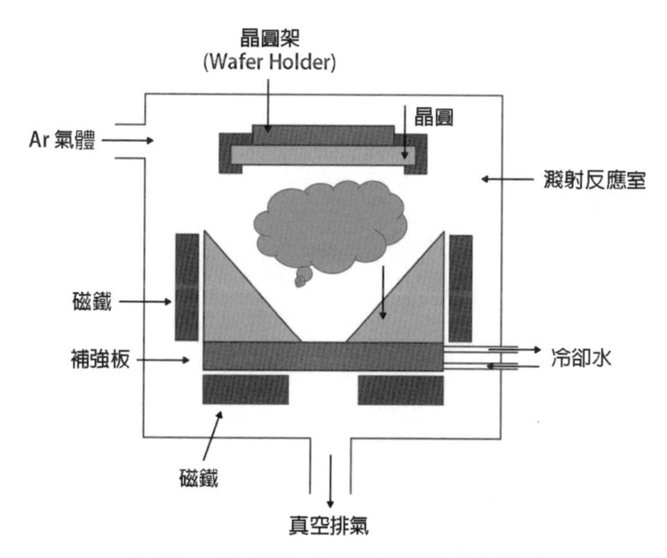

▲ 圖 2-99 葉片式磁控濺射裝置示意圖

其他濺射方法還有**電子迴旋共振（ECR：Electron Cyclotron Resonance）**濺射方式。電子迴旋共振濺射方式是讓微波（2.45GHz）與磁鐵以電子迴旋共振的方式產生電漿並於附有電壓的靶材側面，從電漿中取出離子，再將衝撞的靶材進行濺射的方法。由於這個裝置能夠個別控制電漿形成與離子加速狀態，因此可以形成用來抑制晶圓受損的保護薄膜（如圖 2-100 所示）。

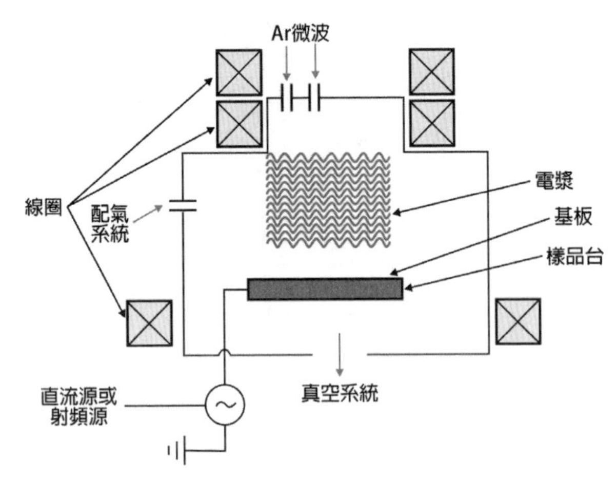

▲ 圖 2-100 電子迴旋共振濺射示意圖

電子迴旋共振濺射離子源，以其產生的離子種類多、束流強度大、電荷態高、束流品質好、穩定性和重複性高、可長期連續運行等優點，被國際上公認為當前產生強流高電荷態離子束最有效的裝置。電子迴旋共振源的發展為其他學科開闢了諸多新的研究方向，如高離化態原子物理、表面物理、材料科學研究等；除了基礎研究外，電子迴旋共振源還廣泛的應用於離子植入、離子束蝕刻、薄膜技術、材料表面改性、輻照育種等領域。

如下所述，則是在互補金屬氧化物半導體製程中使用濺射的工藝順序：

1、矽化物形成製程
- 鈷金屬濺射

2、接觸口形成製程
- 氮化鈦濺射

3、第 1 金屬佈線形成製程
- 氮化 - 鋁金屬 - 氮化濺射

4、第 2 金屬佈線形成製程
- 氮化 - 鋁金屬 - 氮化濺射

2.6.5.2 電漿蝕刻

電漿蝕刻是一種絕對化學蝕刻工藝，也稱為**化學乾式蝕刻（Chemical Dry Etch）**。它的優點在於不會導致晶圓表面的離子損傷。由於蝕刻氣體中的活性粒子可自由移動，蝕刻過程是各向同性的，因此該方法適用於去除整個薄膜層（例如，清除經過熱氧化後的背面）。

下游反應器是一種常用於電漿蝕刻的反應器類型。在這種反應器中，電漿在 2.45GHz 的高頻電場中透過碰撞電離來產生，而與晶片分離。

在氣體放電區域，由於衝擊和激發作用，會產生各種顆粒，其中包括自由基。自由基是具有不飽和電子的中性原子或分子，因此它們具有很高的反應活性。在電漿蝕刻過程中，常使用一些中性氣體，例如四氟甲烷（CF_4），將其引入氣體放電區域，透過電離或分解來產生活性物種。

例如，在 CF_4 氣體中，它會被引入氣體放電區，並分解成氟自由基（F）和二氟化碳分子（CF_2）。類似地，透過添加氧氣（O_2），可以從 CF_4 中分解出氟（F）。

$$2\,CF_4 + O_2 \longrightarrow 2\,COF_2 + 2\,F_2$$

氟分子在氣體放電區域的能量作用下，可以分裂成兩個獨立的氟原子，每個原子都是一個氟自由基。由於每個氟原子具有七個價電子，並且傾向於達到惰性氣體的電子構型，因此它們都是非常反應活躍的。除了中性的氟自由基外，氣體放電區域還會存在帶電的粒子，如 CF+4、CF+3、CF+2 等。隨後，所有這些粒子和自由基都會透過陶瓷管被引入蝕刻室。

帶電粒子可以透過提取光柵阻擋或在形成中性分子的過程中重新組合，以控制它們在蝕刻室中的行為。氟自由基也會進行部分重組，但仍然足夠活躍以進入蝕刻室，在晶圓表面發生化學反應並導致材料的剝離。而其他中性粒子則不參與蝕刻過程，與反應產物一起被耗盡。

2.6.5.3 反應離子蝕刻（RIE）

反應離子蝕刻（**RIE：Reactive-Ion Etching**）結合了前兩種方法，即在利用電漿進行電離物理蝕刻的同時，藉助電漿活化後產生的自由基進行化學蝕刻（如圖 2-101 所示）。除了**蝕刻速度**（**Etching Rate**）超過前兩種方法以外，反應離子蝕刻可以利用離子各向異性的特性，完成高精細度圖案的蝕刻。

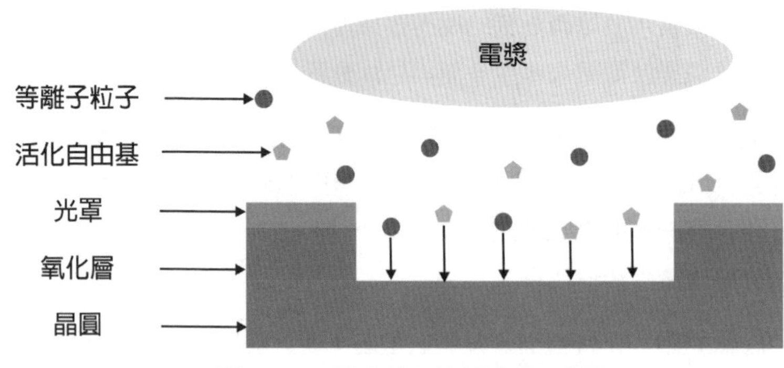

▲ 圖 2-101　反應離子蝕刻原理示意圖

具體而言，這種方法在設備內投入混合氣體（反應氣體與惰性氣體）後，賦予氣體高能量，使其分解為**電子**（**Electron**）、**陽離子**（**Positive Ion**）和自由基。品質較輕的電子基本上起不了什麼作用，而在電場中向陽離子施加衝向晶圓方向的加速度，就會發生物理蝕刻。陽離子具有正電荷，在電場中加速時方向性很強（如圖 2-102 所示）。

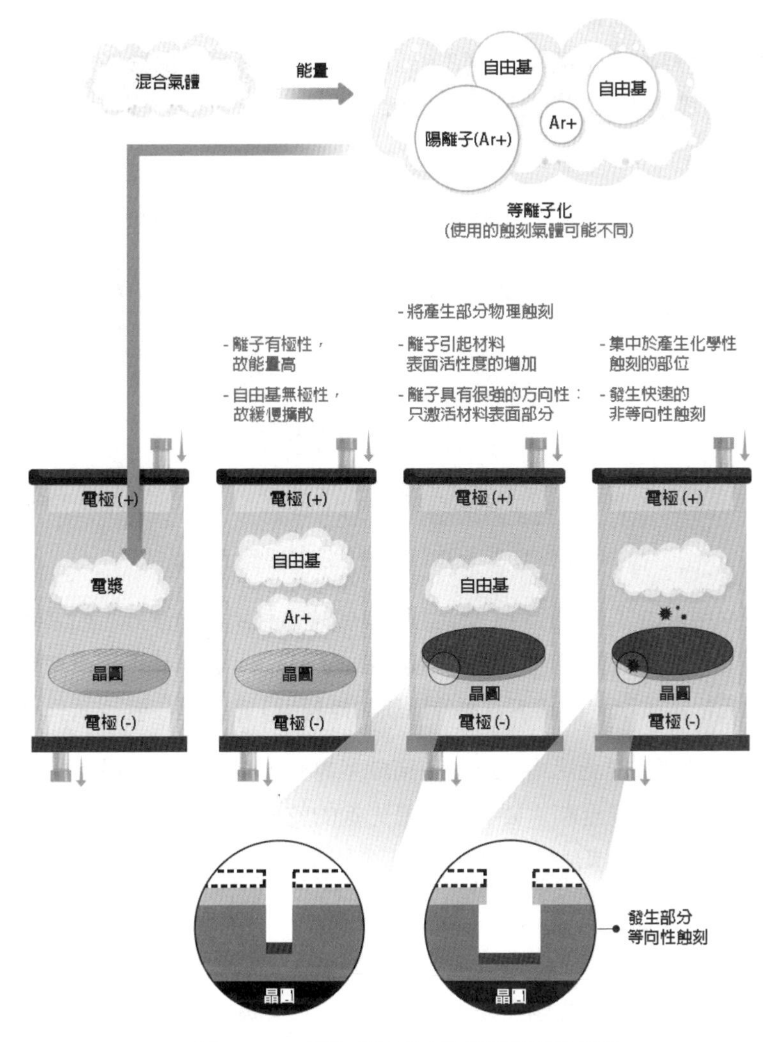

▲ 圖 2-102 反應離子蝕刻工藝過程示意圖

講到這裡，是不是感覺反應離子蝕刻與物理方法沒什麼兩樣呢？

然而，在這一過程中，陽離子還會起到一個作用：弱化被撞擊材料的化學鍵。電場使陽離子徑直向前發射出去，會集中撞到上圖所示的紅色部分。側壁化學鍵穩固，而正面化學鍵因撞擊被弱化。隨後接觸具有極高化學活性的自由基，正面材料便會有更高的蝕刻速率，最終造就非等向性很高的蝕刻。

可見，反應離子蝕刻技術可謂是「一舉三得」：（1）生成陽離子，產生物理性蝕刻；（2）使被蝕刻材料的化學鍵變弱；（3）還能提高蝕刻氣體的反應性。既取了化學蝕刻之長 ——「高選擇比」，又不失物理蝕刻的優點 ——「非等向性蝕刻」（如圖 2-103 所示）。

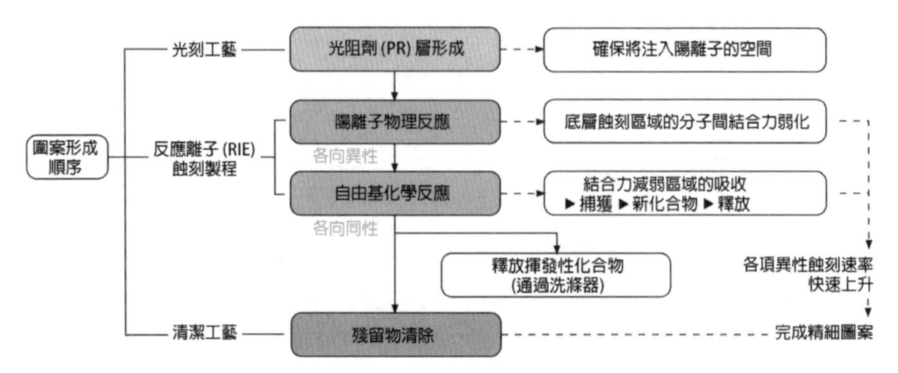

▲ 圖 2-103 反應離子蝕刻法的優勢示意圖

當然，即便採用 RIE，僅憑蝕刻工藝也很難 100% 得到所需的圖形。如果要解決其他問題，還需要改變氣體組合、採用**硬掩模（Hard Mask：為防止因圖形微細化而造成光阻劑上的圖形被破壞，在其下方額外添加的掩模版）**的其他工藝或新材料的幫助。

如今乾式蝕刻已經被廣泛使用，以提高精細半導體電路的良率。保持全晶圓蝕刻的均勻性並提高蝕刻速度至關重要，當今最先進的乾式蝕刻設備正在以更高的性能，支援最為先進的邏輯和儲存晶片的生產。

下圖顯示了一個 MOSFET 柵圖形化蝕刻的工藝流程。首先是如圖 2-104（左）所示的微影製程，即將柵光罩上的圖形顯示到晶圓表面多晶矽薄膜的光阻劑上；然後利用蝕刻工藝將圖形轉移到光阻劑下面的多晶矽上（如圖 2-104（中）所示）；最後利用濕式、乾式或兩種技術的結合將光阻劑去除以完成柵的圖形化（如圖 2-104（右）所示）。

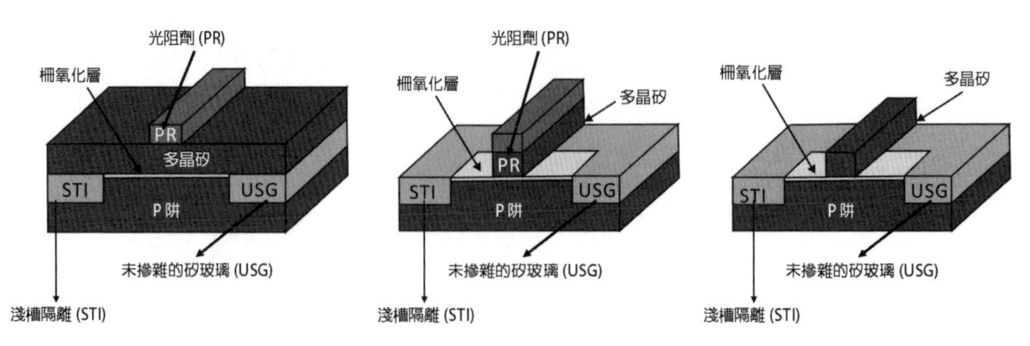

▲ 圖 2-104 MOSFET 柵圖形化蝕刻的工藝流程示意圖

2.6.5.4 使用乾式蝕刻的製程

乾式蝕刻時會使用光阻劑，而光阻劑幾乎可用於所有的圖形加工製程，並且適用於矽氧化膜、矽氮化層等絕緣膜，以及多晶矽、氮化鈦、欽金屬、鋁金屬等金屬膜的蝕刻。以下是互補金屬氧化物半導體製程中，所有使用乾式蝕刻的流程順序：

1、淺溝槽隔離的形成程
 - 氮化層 - 氧化層 - 矽蝕刻

2、多晶矽閘極形成製程
 - 多晶矽蝕刻

3、側壁形成程
 - 氧化層蝕刻（**逆向蝕刻：(Etch-Back)**）

逆向蝕刻並不是透過光阻劑等掩膜版來進行晶圓加工，而是在晶圓表面形成的薄膜的上作整體式的蝕刻。這樣的處理是將晶圓上形成的薄膜透過異向性乾式蝕刻方法使晶圓表面平坦化（讓有段差（段差是兩個平面之間的階梯差，肉眼看起來有階梯或用手摸起來有刮手的感覺）的邊角下降），以方便進行槽內埋設，並且讓薄膜殘留於段差側面的製程。

待形成多晶矽圖形後，就會形成氧化層。之後，即以**異向性乾式蝕刻（Anisotropic Dry Etching）**方式進行蝕刻。由於段差側面平坦部位的氧化膜較厚，因此蝕刻會進行到平坦部位的氧化膜消失為止，最後只有段差側面會殘留氧化膜，這部分就會成為多晶矽的側壁氧化膜（如圖 2-105 所示）。

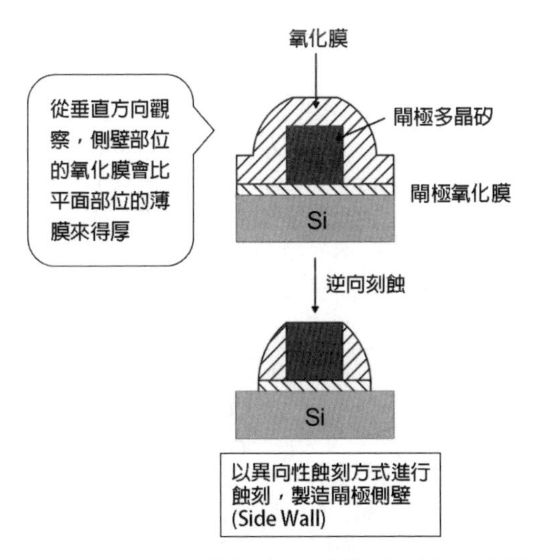

▲ 圖 2-105 逆向蝕刻（形成閘極側壁）示意圖

平坦化表面會形成光阻劑等塗佈類的薄膜，就可以利用塗佈薄膜凸出部位變薄的狀態下進行逆向蝕刻。相應的裝置通常會用於反應離子蝕刻等製程。

4、接觸口形成製程

- 接觸口（矽氧化層：層間膜）蝕刻

5、第 1 金屬佈線形成製程

- 氮化鈦 - 鋁金屬—氮化鈦蝕刻

6、**導通孔（Via Hole）**形成製程

- 導通孔（矽氧化層：佈線層間膜）蝕刻

7、第 2 金屬佈線形成製程

- 氮化鈦 - 鋁金屬 - 氮化鈦蝕刻

8、電極焊墊形成製程

- 電極焊墊（矽氧氮化層（SiON））蝕刻

2.6.6 蝕刻氣體與附加氣體

蝕刻工藝中所使用的氣體非常重要。從上述內容中可以看出，蝕刻工藝的核心就是化學反應。所以，我們要根據想去除的材料，選擇相應的蝕刻劑進行蝕刻。選擇蝕刻氣體時，要衡量反應生成的副產物是否容易被去除、蝕刻選擇比是否夠高和蝕刻速率是否足夠快等因素。經常採用的蝕刻氣體有**氟（F）、氯（Cl）、溴（Br）**等鹵素元素化合物。

▸ 表 2-10 蝕刻氣體的種類

	蝕刻物質	附加氣體	惰性氣體
目的	主蝕刻物質	調節選擇比	穩定電漿，調節蝕刻
舉例	見下表	O_2、N_2、He、etc.	He、Ar、Xe、etc.

被蝕刻材料	蝕刻物質	蝕刻副產物	用途
Si	NF_3、SF_6、CF_4、etc.、Cl_2、CCl_4、HBr	SiF_4 (-86°C)、$SiCl_4$ (58°C)、$SiBr_4$ (154°C)	（絕緣）潛溝槽隔離（STI）、閘極
SiO_2 (Si_3N_4、SiON)	CF_4、C_4F_6、C_4F_8、etc.、CHF_3、CH_2F_2、CH_3F、etc.	SiF_4 (-86°C)、CO (-191°C)、CO_2 (-57°C)、HCN (26°C)	電子元件 / 金屬接觸部分

被蝕刻材料	蝕刻物質	蝕刻副產物	用途
Al	CI_2、BCI_3	$AICI_3$ (180°C、Subl.)	金屬佈線
Ti、TiN	CI_2、CCI_4	$TICI_3$ (136°C)	
W	NF_3、SF_6、CF_4、etc.、CI_2	WF_6 (19°C)、WCI_4 (337°C)	
PR (α-Carbon)	O_2、N_2、etc.	CO (-191°C)、CO_2 (-57°C)、HCN (26°C)	光罩
Cu、Fe、Ni、Co、Pt、etc.	很難蝕刻	Cu_2CI_2 (1,490°C)、Cu_2F_2 (1,100°C)	金屬

在半導體的製程中，晶圓表面會塗敷各種物質。因此，從理論上來講，要蝕刻的材料有無數種。我們主要舉幾個代表性的例子。比如，矽系列元素採用氟系氣體可以輕易去除。矽遇氟立即反應生成很容易被氣化的氟化矽。SiF_4 就是氟化矽的一種，在標準大氣壓下，其熔點為 -90.3°C。也就是說，反應後生成的 SiF_4 將立即氣化成氣體消散，即在晶體表面發生蝕刻的同時立刻變成氣體。

常用作絕緣或保護膜的二氧化矽也很容易被含氟氣體去除。與純矽不同，二氧化矽已經是矽元素與氧結合形成的穩定化合物（矽燃燒後的粉塵），所以需要使用發熱的氣體才能將其去除。氟與碳結合的氣體便是常用於去除二氧化矽的蝕刻氣體。透過發熱反應，該氣體可奪取與氧氣結合的矽原子。

金屬性材料一般易與鹵素元素（氯、氟等）發生反應，但其副產物的熔點非常高，所以很難去除。以銅為例，銅與氣體反應產生的副產物熔點在 1,000°C 以上。也就是說，銅遇到蝕刻氣體後，晶圓表面就會像生了鏽一樣，想去除這層「鏽」，需要向晶圓施加 1,000°C 的高溫，但這樣一來其他重要的電子元件就很有可能被燒毀。因此，即便銅具有非常出色的電氣特性，它卻在鋁的電氣特性逼近物理極限時才被引進作為材料。而且，為了克服銅的這種「缺陷」，還需引進名為**鑲嵌（Damascene：為使用銅作為金屬佈線材料所需的工藝。該工藝先蝕刻金屬佈線的位置，隨後沉積金屬，再透過物理方法去除多餘的部分）**的新工藝。所以，大家要時刻記住，重點並不在於新材料本身是否具有良好的物理特性，而是在於與其一同引進的新工藝是否與已有工藝相匹配，可以實現量產。

其實，在實際工藝中，我們很難根據要去除的材料挑選出完美的蝕刻氣體。例如，對去除矽奏效的氣體對去除二氧化矽也同樣奏效（反之亦然）。如果矽與二氧化矽同在，但想更多地去除其中一種材料怎麼辦？這時，如何製作混合氣體成了關鍵。例如，調高氟氣中的碳比例，發熱反應就會更加激烈，SiO_2 的選擇比自然就會變高。

附加氣體也很重要。我們可以透過在蝕刻氣體添加氧氣（O_2）、氮氣（N_2）和氫氣（H_2）等各種其他附加氣體，使蝕刻氣體具有某種特性。例如，在去除矽時附加氫氣，可生成提高非等向性蝕刻的內壁。此外，還可添加部分惰性氣體。其中，氖氣（Ne）就是非常典型的惰性氣體之一，它在可調節蝕刻氣體濃度的同時，還可提供物理性蝕刻的效果。

蝕刻工藝就是結合物理和化學方法以形成微細圖案的半導體製程工藝的核心。蝕刻雖然不能像曝光機一樣，直接繪製精密的圖形，但可透過調節氣體比例、溫度、電場強度和氣壓等各種參數，使晶圓的數千億個電晶體具有相同的圖形。

近來，以進一步升級曝光機來提高密度的方法已達到了瓶頸。蝕刻工藝的重要性自然更加突顯。CPU 和 AP 等產品中的鰭式場效電晶體就是很好的一個案例。

尤其對於動態隨機存取記憶體和快閃記憶體這些產品對蝕刻工藝的依存度非常高。比如，DRAM 中裝載資料的電容要堆疊得更高，而 NAND 則需要先實現三維化，一次蝕刻就要穿透 100 多層。由於這些產品必然會不斷拉高**深寬比（Aspect Ratio：也稱縱橫比，蝕刻高度與寬度的比值。深寬比越高就表示穿透得越深）**（如圖 2-106 所示），為確保可靠度，開始蝕刻的部分與底邊直徑要相差無幾。可見蝕刻工藝有待解決的問題仍然很多。

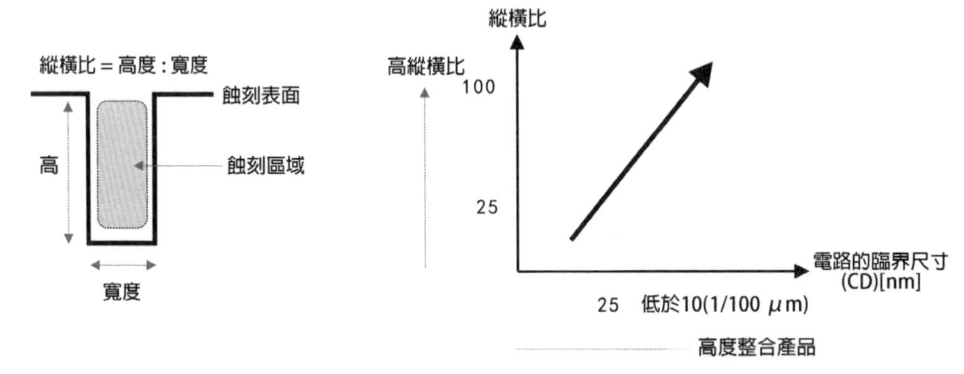

▲ 圖 2-106 縱橫比的概念以及技術進步對其的影響

2.6.7 多種蝕刻工藝

蝕刻工藝多種多樣，金屬蝕刻主要用於金屬互連線鋁合金蝕刻，製作鎢塞；介質蝕刻主要用於製作接觸孔、通孔、凹槽；矽蝕刻主要用於製作閘極和元件隔離溝槽。介質蝕刻一般採用電容耦合電漿蝕刻機；矽、金屬蝕刻一般為電感耦合電漿蝕刻機。

2.6.7.1 CCP 蝕刻與 ICP 蝕刻的區別

一、電容耦合電漿（CCP：Capacitively Coupled Plasma）蝕刻

電容耦合電漿蝕刻是透過匹配器和隔直電容把射頻電壓加到兩塊平行平板電極上進行放電而生成的，兩個電極和電漿構成一個等效電容器。這種放電是靠歐姆加熱和鞘層加熱機制來維持的。由於射頻電壓的引入，將在兩電極附近形成一個電容性鞘層，而且鞘層的邊界是快速振盪的。當電子運動到鞘層邊界時，將被這種快速移動的鞘層反射而獲得能量。電容耦合電漿蝕刻常用於蝕刻電介質等化學鍵能較大的材料，蝕刻速率較慢。

二、電感耦合電漿（ICP：Inductively Coupled Plasma）蝕刻

電感耦合電漿蝕刻的原理，是**交流電（AC：Alternating current）**流通過線圈產生誘導磁場，誘導磁場產生誘導電場，反應腔中的電子在誘導電場中加速產生電漿（如圖 2-107 所示）。透過這種方式產生的離子化率高，但是離子團均一性差，常用於蝕刻矽，金屬等化學鍵能較小的材料。電感耦合電漿蝕刻設備可以做到電場在水平和垂直方向上的獨立控制，可以做到真正意義上的**脫鉤（De-couple）**，獨立控制電漿密度以及轟擊能量。

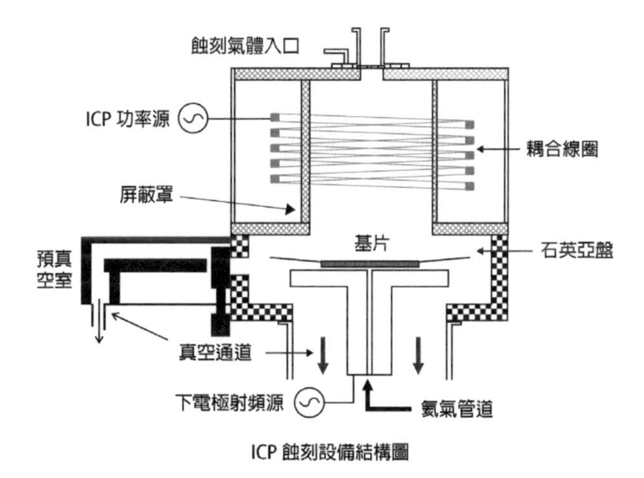

▲ 圖 2-107 電感耦合電漿（ICP）型乾式蝕刻示意圖

2.6.7.2 單晶矽蝕刻

單晶矽蝕刻用於形成淺溝槽，電容器的深溝槽。單晶矽蝕刻包括兩個工藝過程：突破過程和主蝕刻過程，突破過程使用 SiF_4 和 NF 氣體，透過強離子轟擊和氟元素化學作用移除單晶矽表面的氧化層；主蝕刻則一般採用溴化氫（HBr）為主要蝕刻劑，溴化氫在電漿中分解釋放溴元素自由基，這些自由基和矽反應形成具有揮發性的四溴化矽（$SiBr_4$）。單晶矽蝕刻通常採用電感耦合電漿蝕刻的蝕刻機。

2.6.7.3 多晶矽蝕刻

多晶矽蝕刻是最重要的蝕刻工藝之一，因為它決定了電晶體的閘極，而對閘極尺寸的控制很大程度上決定了積體電路的性能。多晶矽的蝕刻要有很好的選擇比。通常選用鹵素氣體，氯氣可實現**各向異性蝕刻（Anisotropic Etching）**並且有很好的選擇比（可達到 10：1）；溴基氣體可得到 100：1 的選擇比；HBr 與氯氣、氧氣的混合氣體，則可以提高蝕刻速率。而且鹵素氣體與矽的反應產物沉積在側牆上，可起到保護作用。多晶矽蝕刻通常採用電感耦合電漿蝕刻的蝕刻機。

2.6.7.4 金屬蝕刻

金屬蝕刻主要是互連線及多層金屬佈線的蝕刻，蝕刻的要求是：高蝕刻速率（大於 1000nm/min）；高選擇比，對掩蓋層大於 4：1，對層間介質大於 20：1；高的蝕刻均勻性；關鍵尺寸控制好；無電漿損傷；殘留汙染物少；不會腐蝕金屬等。金屬蝕刻通常採用電感耦合電漿蝕刻的蝕刻機。

一、鋁的蝕刻

鋁是半導體製備中最主要的導線材料，具有電阻低，易於沉積和蝕刻的優點。蝕刻鋁，是利用氯化物氣體所產生的電漿完成的。鋁和氯反應產生具有揮發性的三氯化鋁（$AlCl_3$），隨著腔內氣體被抽乾。一般情況下，鋁的蝕刻溫度比室溫稍高（例如 70°C），$AlCl_3$ 的揮發性更佳，可以減少殘留物。除了氯氣外，鋁蝕刻常將鹵化物加入，如碳化矽、BCl_3、BBr_3、CCl_4、CHF_3 等，主要是為了去除鋁表面的氧化層，保證蝕刻的正常進行。

二、鎢的蝕刻

在多層金屬結構中，鎢是用於孔填充的主要金屬，其他的還有鈦，鉬等。可以用氟基或氯基氣體來蝕刻金屬鎢，但是氟基氣體（SiF_6、CF_4）對氧化矽的選擇比較差，而氯基氣體（CCl_4）則有好的選擇比。通常在反應氣體中加入氮氣來獲得高的蝕刻膠選擇比，加入氧氣來減少碳的沉積。用氯基氣體蝕刻鎢可實現各向異性蝕刻和高選擇比。乾式蝕刻鎢使用的氣體主要是 SF_6、Ar 及 O_2，其中，SF_6 在電漿中可被分解，以提供氟原子和鎢進行化學反應產生氟化物。

三、氮化鈦蝕刻

氮化鈦硬掩膜取代傳統的氮化矽或氧化層掩膜，用於雙大馬士革蝕刻工藝。傳統掩膜版和低 k 介電層之間的選擇比不高，會導致在蝕刻完成後出現低 k 介電層頂部圓弧狀輪廓以及溝槽寬度擴大，沉積形成的金屬線之間的間距過小，容易發生橋接漏電或直接擊穿。氮化鈦蝕刻通常運用於硬掩膜開孔的過程中，主要反應產物為 $TiCl_4$。

2.6.7.5 介質蝕刻

介質蝕刻以二氧化矽、氮化矽等電介質為主要蝕刻對象，被廣泛應用在晶片製造中。電介質蝕刻主要用於形成接觸孔和通道孔，用以連接不同的電路層級。此外，介質蝕刻覆蓋的工藝步驟還有硬式遮蔽層蝕刻和焊接墊蝕刻（部分）。介質蝕刻通常採用電容耦合電漿蝕刻原理的蝕刻機。

一、二氧化矽膜的電漿蝕刻

二氧化矽膜的蝕刻通常採用含有氟化碳的蝕刻氣體，如 CF_4、CHF_3、C_2F_6、SF_6 和 C_3F_8 等。蝕刻氣體中所含的碳可以與氧化層中的氧產生副產物 CO 及 CO_2，從而去除氧化層中的氧。CF_4 是最常用的蝕刻氣體，當 CF_4 與高能量電子碰撞時，就會產生各種離子，原子團，原子和游離基。氟游離基可以與 SiO_2 和 Si 發生化學反應，生成具有揮發性的 SiF_4。

二、氮化矽膜的電漿蝕刻

氮化矽膜的蝕刻可以使用 CF_4 或 CF_4 混合氣體（加 O_2，SF_6 和 NF_3）進行電漿蝕刻。針對 Si_3N_4 膜，使用 CF_4—O_2 電漿或其他含有 F 原子的氣體電漿進行蝕刻時，對氮化矽的蝕刻速率可達到 1200Å/min，蝕刻選擇比可高達 20：1，主要產物為具有揮發性方便被抽走的四氟化矽（SiF_4）。

2.7 乾燥（晶圓處理後的水洗、乾燥）

乾燥是在使用藥水清洗、濕式蝕刻等濕式處理後來用藥水進行沖洗以去除附著在晶圓上的水分而使其乾燥的一種製程（濕式處理後一定要進行水洗及乾燥的過程）。

乾燥的方法有利用離心力將水分吹散的離心乾燥法、使用乾燥氮氣等吹乾晶圓的方法、以及利用**高純度異丙醇（IPA：Isopropyl Alcohol）**置換水分等方法。乾燥裝置則會選用清洗臺式的離心乾燥裝置或者葉片式的旋轉乾燥裝置（如圖 2-108 所示）。

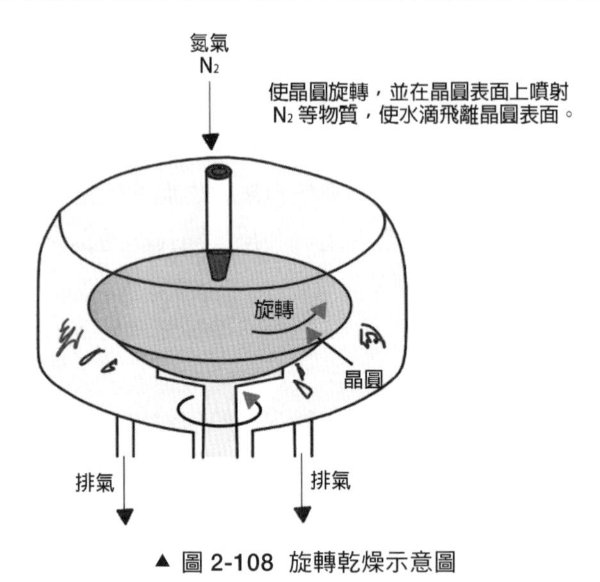

▲ 圖 2-108 旋轉乾燥示意圖

乾燥的目的是為了不讓水分殘留於晶圓上；為了在乾燥製程中不讓裝置上產生微粒子（Particle）、有機物質、金屬等異物附著於晶圓上；在乾燥的狀態下也必須注意不能讓旋轉的晶圓與空氣摩擦產生靜電，而其中最大的問題則是**水痕（Water Mark，是指不純物質在乾燥製程中最後殘留的部分水分，它們會在晶圓上形成極薄的矽氧化層水合物）**。

之所以會有水痕是由於矽晶具有非親水性，矽晶所露出的部分就會有乾燥不均的情況，因此在晶圓清洗完成後，採用純水清洗的液體就會出現有部分殘留的狀況。特別是最容易發生在清洗製程的最後，也就是在對進行用來蝕刻矽氧化層的稀釋氫氟酸（DHF）等藥水的清洗時發生。

為了不讓水痕殘留，這時就會使用高純度異丙醇的乾燥方法。一般是指以高純度異丙醇蒸氣進行處理的方法（高純度異丙醇蒸汽乾燥：IPA Vapor Drying），除此之外還有像是**馬蘭戈尼（Marangoni）**乾燥、**羅塔戈尼（Rotagoni）**乾燥等方法。此外，還有一種技術是將晶圓置於氮氣狀態下來阻斷氧氣使其乾燥的方法，由於矽具有非親水性，因此難以產生水痕。

由於半導體技術已經相當細微化，縱衡尺寸比率也變得更大，今後市場上將會出現不斷尋求能將深入到接觸孔以及細微溝槽等底部純水乾燥化的技術。

以下是一些常見的乾燥技術概要：

一、高純度異丙醇蒸汽乾燥

高純度異丙醇又稱電子級異丙醇，是一種快速乾燥且易燃的透明、無色液體，主要用作晶片、液晶、磁頭、線路板等精密電子元件加工過程中的超淨清洗和乾燥劑，是半導體產業不可或缺的高純電子化學品材料。在高純度異丙醇蒸氣中，放入已用純水沖洗過的晶圓，再將純水與高純度異丙醇置換以使其乾燥（如圖 2-109 所示）。

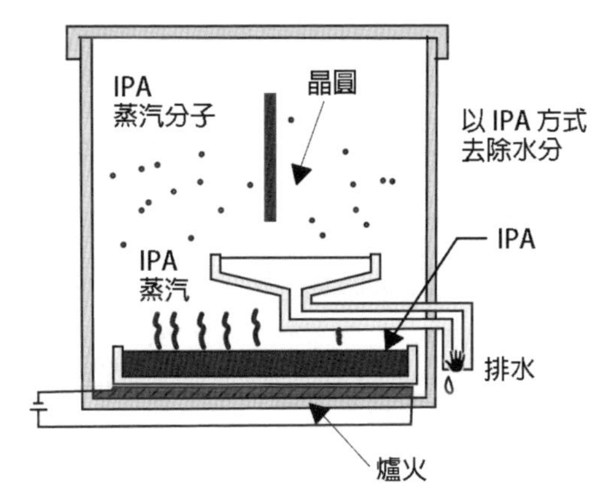

▲ 圖 2-109 高純度異丙醇蒸汽乾燥示意圖

二、馬蘭戈尼（Marangoni）乾燥

馬蘭戈尼乾燥是一種新的超潔淨乾燥過程，它依賴於表面張力梯度力，即所謂的馬蘭戈尼應力，這種方法是在從純水中拉出晶圓時，高純度異丙醇蒸氣與氮氣都會平行於晶圓，這是在不脫離純水狀態下使其乾燥的方法，這種方法在半導體工業中特別有用，其中獲得超潔淨的表面是最重要的（如圖 2-110 所示）。

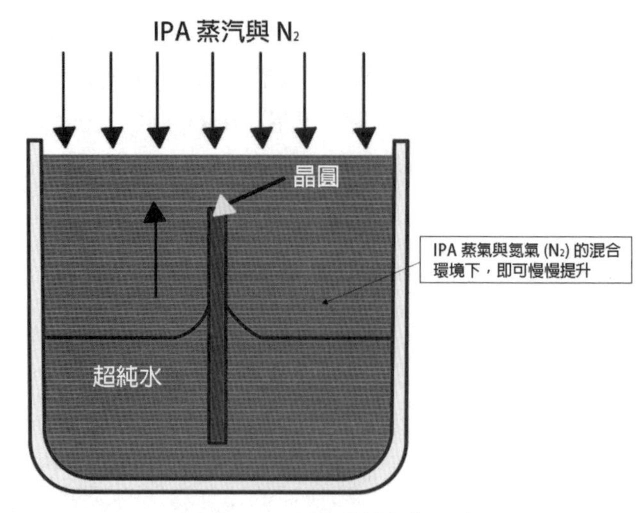

▲ 圖 2-110　馬蘭戈尼乾燥示意圖

三、羅塔戈尼（Rotagoni）乾燥

羅塔戈尼是一種在旋轉水洗 / 乾燥狀態下將馬蘭戈尼乾燥原理與單片旋轉機相結合使用的乾燥方法。也就是在晶圓旋轉的時候，讓純水與 IPA 蒸氣、氮氣混合氣體從各個噴嘴中流出，再從晶圓的中央朝周邊的方向以使其乾燥，它可以在低轉速下使用，可以顯著減少飛濺回量和空氣中顆粒的夾帶量（如圖 2-111 所示）。

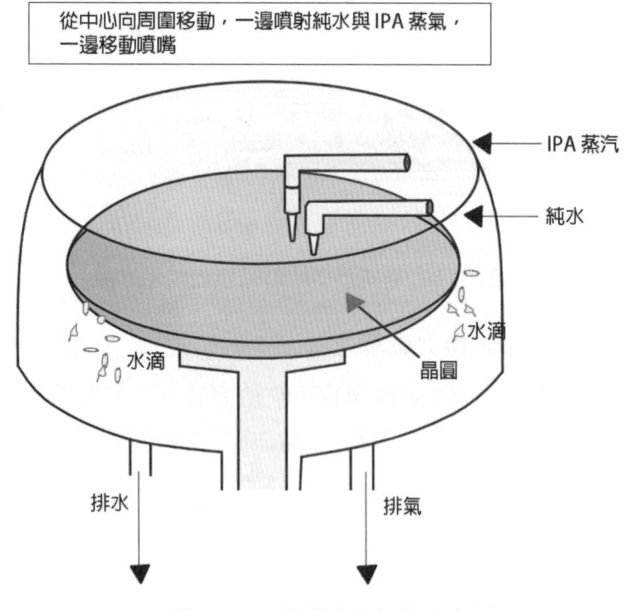

▲ 圖 2-111　羅塔戈尼乾燥示意圖

2.8 沉積（Deposition）—— 四大製程 4

在蝕刻之後的一個環節，也是所謂的晶片製造中核心工藝之一「薄膜沉積」。半導體核心元件層與佈線層厚度只有頭髮的數千分之一，想堆疊如此微細的元件和佈線層，就需要沉積超薄且厚度極均勻的薄膜。這也是為什麼沉積技術在半導體製程技術如此重要。因此「沉積工藝」，又稱為「薄膜工藝」。我們這裡所說的「薄膜」是指厚度小於 1 微米（μm，百萬分之一米）、無法透過普通機械加工方法製造出來的「膜」。將包含所需分子或原子單元的薄膜放到晶圓上的過程就是「沉積」（如圖 2-112 所示）。

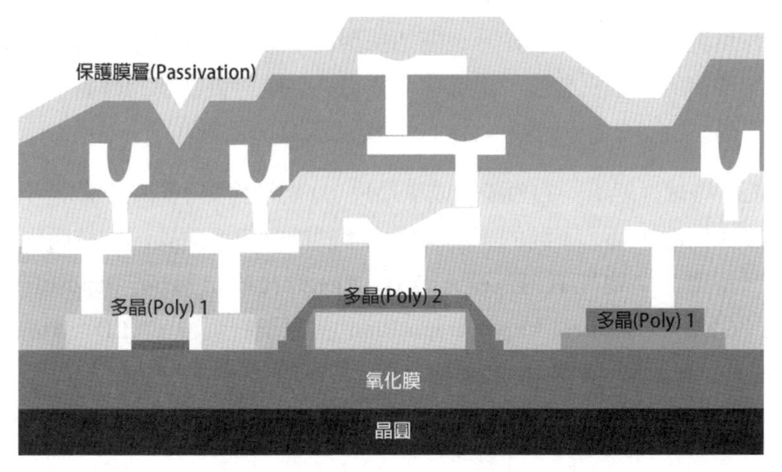

▲ 圖 2-112 沉積後的半導體結構示意圖

製造過程中，涉及多種不同材料的薄膜，如下列舉兩種常見的或重要的類型：

1、介質薄膜

是重要的半導體薄膜之一。它可用作電路間的絕緣層，掩蔽半導體核心元件的相互擴散和漏電現象，從而進一步改善半導體操作性能的可靠性；它還可用作保護膜，在半導體製程的最後環節生成保護膜，保護晶片不受外部衝擊；或用作隔離膜，在堆疊一層層元件後進行蝕刻時，防止無需移除的部分被蝕刻。淺溝槽隔離和**金屬層間電介質層（IMD：Intermetal Dieletric）**就是典型的例子。沉積材料主要有二氧化矽（SiO_2），碳化矽（SiC）和氮化矽（SiN）等。

2、金屬薄膜

晶片底部的元件（電晶體）如果未經連接是起不到任何作用的。想要使不同的元件各司其職，必須將它們與其他元件和電源連接起來。元件的連接需要透過鈦、銅或鋁等金屬進行佈線，連接金屬佈線和元件，還需要生成**接觸點（Contact）**。這就像家電產品中連接電子線路板上的元件與元件時需焊接電線一樣：連在電子線路板上的電線相當於半導體的金屬佈線，焊接點就相當於半導體內的接觸點。

除此之外，沉積工藝在電晶體的高介電性薄膜和用於**多重曝光（Multi Patterning：透過重複的曝光和蝕刻工藝，追求更高圖形密度和更小工藝節點的技術）**的硬掩模等方面應用範圍也非常廣泛。可以說，沉積在製造工藝中無處不在。不僅如此，過去沒有採用沉積方式的工藝如今也開始採用沉積方式。高介電性薄膜就是其中之一。隨著半導體的微細化發展，半導體需要更高品質、更精準的薄膜。因此，過去以氧化工藝製作的高介電性薄膜，如今也開始以沉積方式製作。

各類電性能、機械性能不同的薄膜構成了晶片 3D 結構體中不同的功能，不同材料的薄膜又對應不同的工藝，不同的工藝又需要不同的設備。薄膜沉積技術根據成膜機理的不同，主要分為**物理氣相沉積（PVD：Phy 碳化矽 al vapor deposition）**、**化學氣相沉積（CVD：Chemical Vapor Deposition）**、**原子層沉積（ALD：Atomic Layer Deposition）**三大工藝（如圖 2-113 所示）：

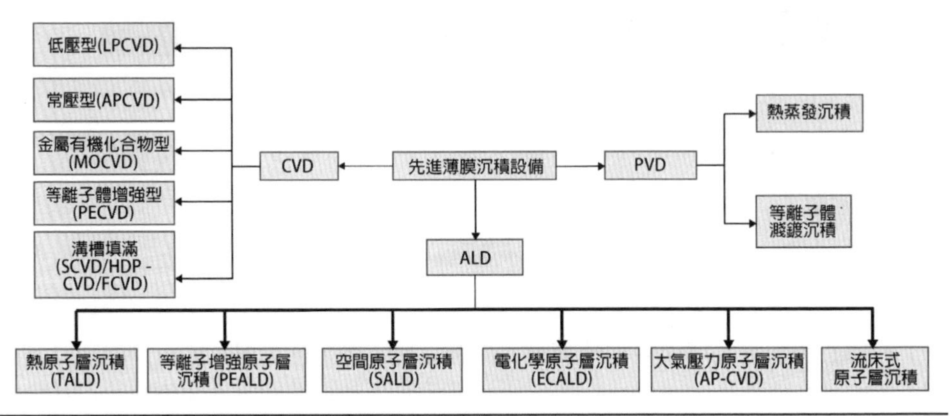

資料來源：微導奈米招股說明書，民生證券研究院

▲ 圖 2-113 薄膜沉積技術分類

2.8.1 化學氣相沉積（CVD）

2.8.1.1 工藝原理

化學氣相沉積（CVD：Chemical Vapor Deposition）是利用氣態或蒸汽態的物質在氣相或氣固介面上發生反應生成固態沉積物的過程（如圖 2-114 所示）。化學氣相澱積是近幾十年發展起來的製備無機材料的新技術。化學氣相澱積法已經廣泛用於提純物質、研製新晶體、澱積各種單晶、多晶或玻璃態無機薄膜材料。這些材料可以是氧化物、硫化物、氮化物、碳化物，也可以是 III-V、II-IV、IV-VI 族中的二元或多元的元素間化合物，而且它們的物理功能可以透過氣相摻雜的澱積過程精確控制。

在化學氣象沉積中，前驅氣體會在反應腔發生化學反應並生成附著在晶圓表面的薄膜以及被抽出腔室的副產物。電漿增強化學氣相沉積則需要藉助電漿產生反應氣體。這種方法降低了反應溫度，因此非常適合對溫度敏感的結構。使用電漿還可以減少沉積次數，往往可以帶來更高品質的薄膜。

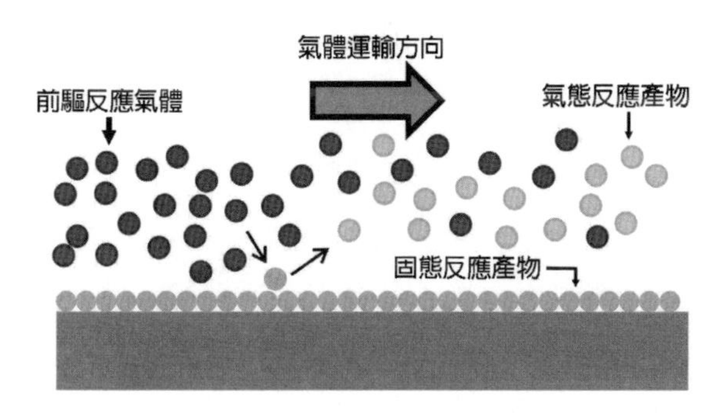

▲ 圖 2-114 化學氣相沉積示意圖

2.8.1.2 特點

化學氣相沉積透過混合化學氣體發生化學反應，在襯底表面沉積薄膜，較物理氣相沉積（後文有詳細講解）臺階覆蓋率更好、沉積溫度更低、薄膜成分和厚度更容易控制。其特點如下所述：

1、沉積物種類多：可以沉積金屬薄膜、非金屬薄膜，也可以按要求製備多組分合金的薄膜，以及陶瓷或化合物層；

2、化學氣相沉積反應在常壓或低真空進行，鍍膜的繞射性好，對於形狀複雜的表面或工件的深孔、細孔都能均勻鍍覆；

3、能得到純度高、緻密性好、殘餘應力小、結晶良好的薄膜鍍層；

4、由於薄膜生長的溫度比膜材料的熔點低得多，由此可以得到純度高、結晶完全的膜層，這是有些半導體膜層所必須的；

5、利用調節沉積的參數，可以有效地控制覆層的化學成分、形貌、晶體結構和晶片度等；

6、設備簡單、操作維修方便；

7、反應溫度太高，一般要 850-1100℃ 下進行，許多基體材料都耐受不了化學氣相沉積的高溫。採用電漿或雷射輔助技術可以降低沉積溫度。

作為一種薄膜工藝，化學氣相沉積具有多種優勢，最終導致它有時比物理氣相沉積工藝更受青睞。首先，與包括濺射和蒸發在內的其他物理氣相沉積工藝不同，化學氣相沉積具有高均鍍性，可以相對容易地塗覆孔洞、深凹陷。其次，與現在的物理氣相沉積工藝相比，該方法更經濟，具有高沉積速率和獲得厚塗層的能力。第三，化學氣相沉積通常不需要超高真空。

儘管如此，化學氣相沉積還是有一些明顯的缺點。首先，它通常在高溫下運行，其中許多基板都不是熱穩定的。其次，它需要具有高蒸氣壓的劇毒和危險的化學前體。第三，化學氣相沉積的有毒和腐蝕性副產物的處理價格較昂貴，在處理時也可能會出現安全問題。

2.8.1.3 種類

化學氣相沉積的方法很多，如**常壓化學氣相沉積（APCVD：Atmospheric-pressure Chemical Vapor Deposition）**、**低壓化學氣相沉積（LPCVD：Low Pressure CVD）**、**超高真空化學氣相沉積（UHVCVD）**、**雷射誘導化學氣相沉積（LCVD）**、**金屬有機物化學氣相沉積（MOCVD）**、**電漿輔助化學氣相沉積（PECVD：Plasma enhanced CVD）**等（見表 2-11）：

▸ 表 2-11 化學氣相沉積的方法

分類	主要特點	應用領域	主要廠商
常壓化學氣相沉積（APCVD）	成本較低，結構簡單，生產效率高	製備多晶矽、二氧化矽，磷矽玻璃等	First Nano、北方華創等
低壓化學氣相沉積（LPCVO）	提高了薄膜均勻性，電阻率均勻性。改善了溝槽覆蓋填充能力	製備二氧化矽、氧化矽、多晶矽、磷矽玻璃、硼磷矽玻璃、摻雜多晶矽、石墨烯、碳奈米管等多種薄膜	合肥科晶、Tokyo Electron 北方華創等

分類	主要特點	應用領域	主要廠商
電漿輔助化學氣相沉積（PECVD）	反應溫度低，提高了薄膜純度與密度，節省能源、降低成本，提高產能	淺溝槽隔離填充，側壁隔離，金屬連線介質隔離	Oxford Instrumens（牛津儀器）、Lam research（柯林研發）、Applied Materials（應用材料）、北方華創、拓荊科技等
原子層化學氣相沉積（ALCVD）	生長溫度較低，薄膜均勻性和緻密性較好	電晶體閘極介電層和金屬閘極電極等半導體和奈米技術術領域	First Nano（德國韋氏奈米）、Applied Materials（應用材料）、Tokyo Electron（東京電子）、拓荊科技等
氣相外延（VPE）	設備簡單，生長的GaAs純度高，電學特性好	Si氣相外延：Si半導體元件和積體電路的工業化生產。GaAs氣相外延：霍爾元件、耿氏二極體、場效電晶體等微波元件中。	北部華創等
有機金屬化學氣相（MOCVD）	實現對孔隙和溝槽很好的合階覆蓋率	用手GaN系半導體材料的外延生長與藍色，綠色或紫外線發光、二極體晶片的製造	中微半導體設備等
高密度電漿化學氣相沉積（HDPCVD）	改善PECVD薄膜的緻密性，溝槽填充能力和生長速率	CMOS積體電路的淺溝槽隔離	Lam research（柯林研發）、Applied Materials（應用材料）、北方華創等
微波電漿輔助化學氣相沉積（MPCVD）	製備面積大、均勻性好、純度高、結晶形態好	高品質硬質薄膜和晶體，大尺寸單晶鑽石	Quantum Design、NEO coat（尼奧科特）等
高溫化學氣相沉積（HTCVD）	沉積溫度過高，沉積速率過快，會造成晶體組織疏鬆、晶體粗大甚至會出現枝狀結晶	碳化矽晶體	天津中環等

分類	主要特點	應用領域	主要廠商
中溫化學氣相沉積（MTCVD）	製備的薄膜具有均勻性和緻密性	硬質合金塗層材料	天津中環等
雷射誘導化學氣相沉積（LCVD）	大幅降低基板的溫度防止基板中雜質分佈截面受到破壞，可以避免高能量粒子照射在薄膜中造成損傷	製備晶體矽、鑽石、奈米碳管、超硬膜、介質膜、微電子薄膜	深圳市森美協爾科技等
熱絲化學氣相沉積系統（HFCVD）	設備簡單。製程條件較易控制，鑽石膜生長速率比化學輸送法快	多用於鑽石的生產	NEO coat 等

2.8.1.4 設備

一、常壓化學氣相沉積

常壓化學氣相沉積法除了有爐心管及**穹頂式腔室（Dome Chamber）**外，還有一種是**傳送帶（Belt）式**（如圖 2-115 所示），主要用於形成矽氧化層（形成溫度約為 400°C），所使用的氣體除了 SiH_4+O_2 之外，也會使用**四乙基氧矽烷（TEOS，Tetraethyl Orthosilicate）**和 O_2。

二、低壓化學氣相沉積設備

低壓化學氣相沉積法的設計就是將反應氣體在反應器內進行沉積反應時的操作壓力，降低到大約 133Pa 以下的一種化學氣相沉積反應。

使用低壓化學氣相沉積法的矽氮化層，會在已加熱的反應室內將若干片晶圓並列排放在晶圓電路板上，藉此給反應室減壓。將含有矽晶及氮氣的氣體導入反應室內，以熱能進行反應的氣體就會形成矽氮化層並且附著於晶圓上。此時，已成膜的矽氮化層就會被用來當作熱氧化的掩膜版。該薄膜必須要薄，而且對熱氧化要具有高電阻能力。

裝置方面則有為了適應低壓化學氣相沉積，需將管線水平放置的橫型化學氣相沉積裝置以及將反應管線垂直放置的縱型化學氣相沉積（如圖 2-116 所示）。裝置的主要構成內容是裝載機、卸載機、反應室（爐心管）、真空排氣系統、氣體供給系統、控制系統等。

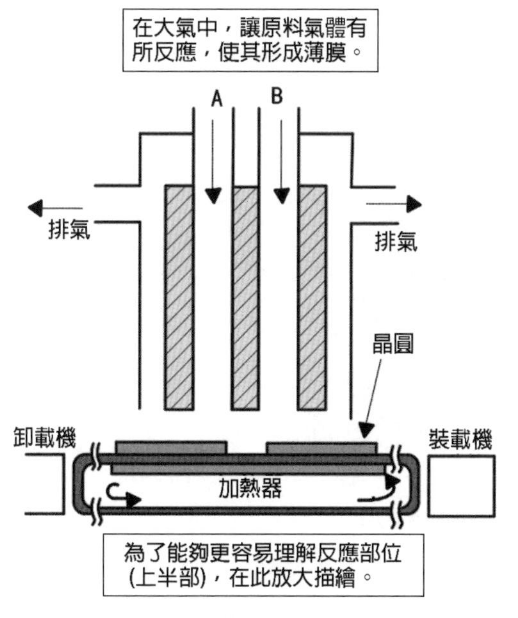

▲ 圖 2-115 常壓 CVD（傳送帶式）

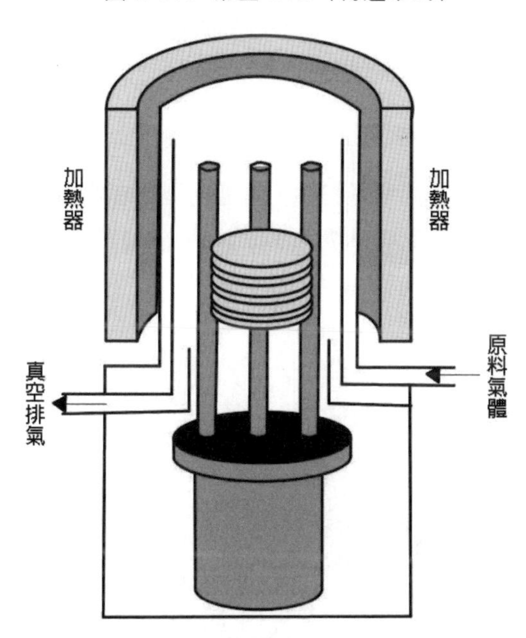

▲ 圖 2-116 低壓 CVD（縱型）

低壓化學氣相沉積又可進一步分類為晶圓與反應室牆壁溫度為高溫的**熱壁式（Hot-Wall）**以及僅將晶圓加熱，不會使反應室牆壁過熱的**冷壁式（Cold Wall）**（如圖 2-117 所示）。

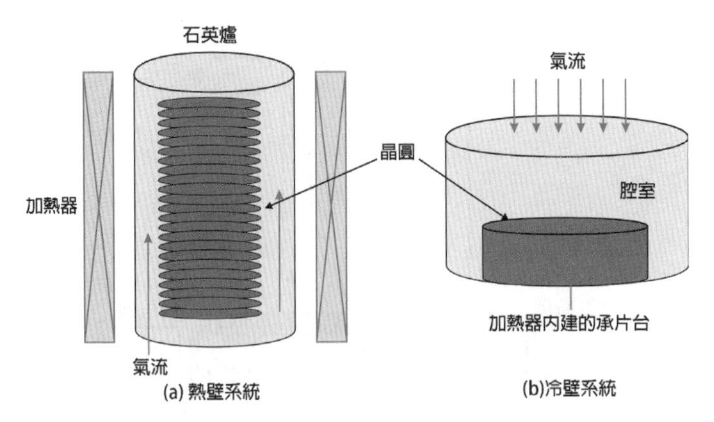

▲ 圖 2-117 熱壁式與冷壁式設備概念圖

低壓化學氣相沉積設備新的研發方向：低應力、多功能。對於很多微機械加工的常用材料，如氮化矽、多晶矽等，應力是不可避免的，在一些精密的 MEMS 工藝中需要較低的薄膜應力，以保證較小的元件形變。

三、電漿輔助化學氣相沉積

電漿輔助化學氣相沉積是在電漿過程中，氣態前驅物在電漿作用下發生離子化，形成激發態的活性基團，這些活性基團透過擴散到達襯底表面，進而發生化學反應，完成薄膜生長（如圖 2-118 所示）。

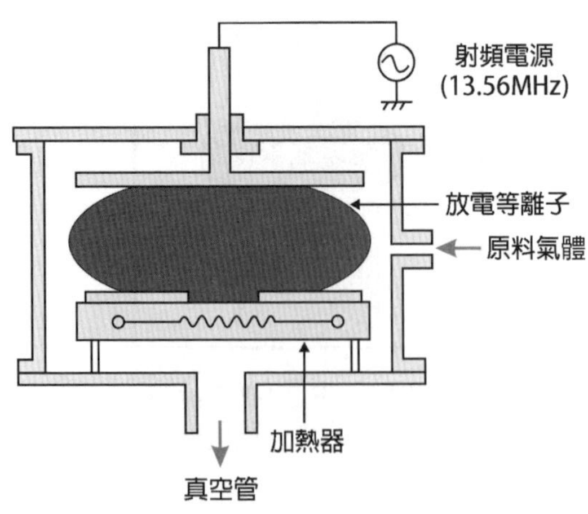

▲ 圖 2-118 電漿輔助化學氣相沉積原理示意圖

電漿輔助化學氣相沉積中有許多種的電漿產生方式。其產生方式可分為容量結合型（陽極結合型、平行平板型）、誘導結合型、電子迴旋加速器共振型的電漿。

其中將圓形平板電極平行相對的平行平板型，晶圓則放在下半部電極的周圍，以若干片並列的方式處理（如圖 2-119 所示）。裝置的主要構成內容是裝載機、卸載機、**真空預備室（Roadlock Chamber）**、反應室、氣體控制系統、電源、真空排氣。

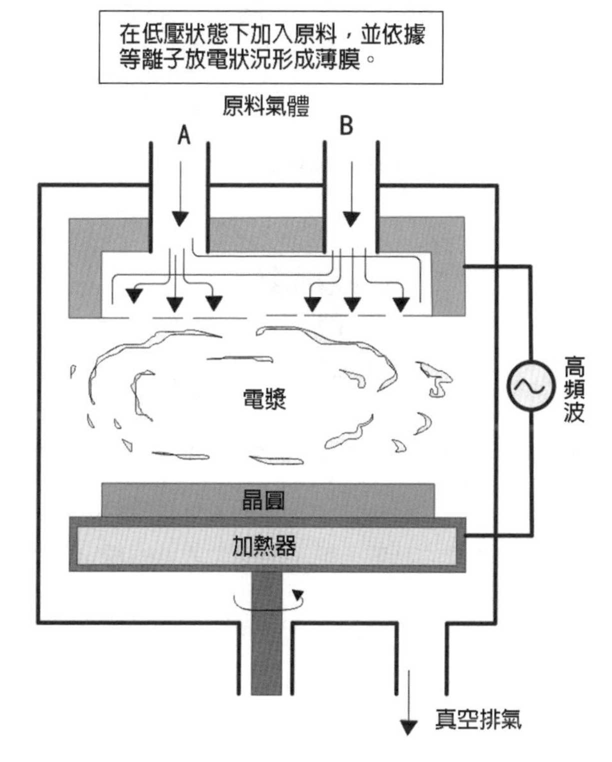

▲ 圖 2-119 電漿輔助化學氣相沉積（平行平板型）

電子迴旋加速器共振型則是透過微波（2.45GHZ）與磁石造成電子迴旋加速器共鳴所產生，在反應室內氣體反應後會呈現離子化，並在晶圓表面形成薄膜（如圖 2-120 所示）。

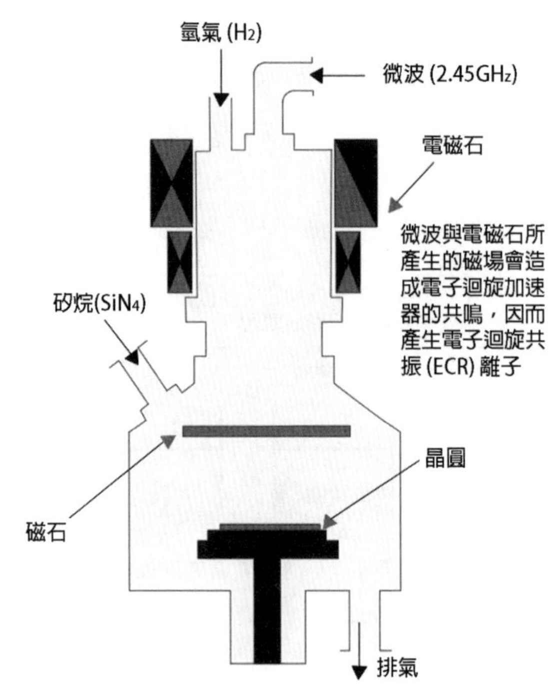

▲ 圖 2-120 電子迴旋加速器共振型電漿化學氣相沉積裝置

電漿輔助化學氣相沉積設備的性能指標主要包括：生長薄膜的均勻性，緻密性，以及設備產能。要保證生長薄膜的品質，除了要保證設備的穩定性外，還必須掌握和精通其工藝原理及影響薄膜品質的各種因素，如極板間距和反應室尺寸、射頻電源的工作頻率、射頻功率、氣壓以及襯底溫度等。

2.8.1.5 原料氣體及其形成溫度

下表 2-12 列舉出一般使用的原料氣體以及其形成的溫度範例：

▸ 表 2-12 一般使用的原料氣體以及其形成的溫度範例

矽氧化層	$SiH_4+O_2 \rightarrow SiO_2+2H_2$（約 500°C）
	碳化矽 $I_2H_2+2N_2O \rightarrow SiO_2+2N_2+2HCl$（約 900°C）
矽氮化層	3 碳化矽 $I_2H_2+4NH_3 \rightarrow Si_3N_4+6HCl+6H_2$（約 750°C）
	$3SiH_4+4NH_3 \rightarrow Si_3N_4+12H_2$（約 500°C）
多晶（poly）矽	$SiN_4 \rightarrow Si+2H_2$（約 600°C）
鎢金屬	$WF_2++3H_2 \rightarrow W+6HF$（約 450°C）

2.8.2 熱絲化學氣相沉積（Cat-CVD）

熱絲化學氣相沉積（Cat-CVD：Catalvtic CVD）是利用高溫熱絲催化作用使 SiH_4 分解來製備非晶矽薄膜，對襯底無損傷，且成膜品質非常好，但鍍膜均勻性較差，且熱絲作為耗材，成本較高，而且工藝過程中可能會導致金屬汙染（熱絲導致）。

在裝置方面，則是由真空預備室、催化用金屬線（溫度控制）、晶圓保持架（Wafer Holder）（溫度控制）、原料氣體供給、真空排氣等構成。其構造相當簡單，特電是裝置尺寸以及形狀相關的限制都很少（如圖 2-121 所示）。這種方法是讓催化材料的固定表面與原料氣體分子衝突，再透過其表面的解離吸附（催化作用）反應分解原料氣體的方法。

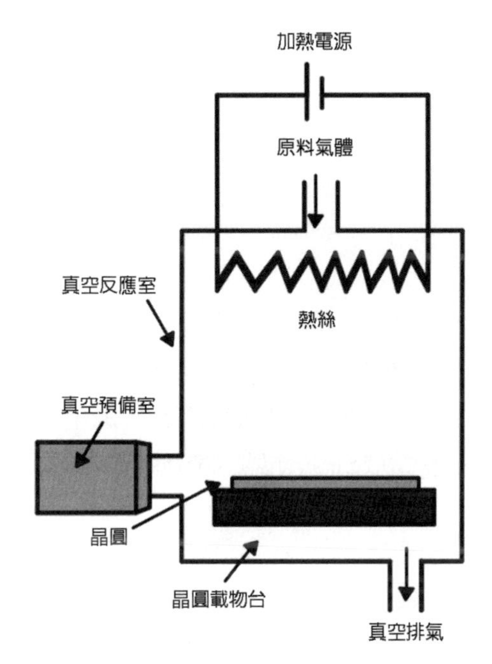

▲ 圖 2-121 熱絲化學氣相沉積示意圖

由於熱絲化學氣相沉積的氣體分解主要為高溫分解氣體，因此不存在電漿輔助化學氣相沉積中離子轟擊表面的現象，同時更容易產生更多的氫原子**鈍化（Passivation）**晶矽表面，膜層氫含量高，且對應的沉積速率也更高、成膜品質好，有助於提升光學性能、降低缺陷密度。

在這裡所使用的是以鎢金屬線等物質作為高熔點的金屬催化物，在催化物上直接透過電流，並加熱至 1500~2000°C 左右，再將原料氣體透過催化物，照射到已加熱至 300°C 左右的晶圓上，即可形成薄膜。採用這樣的方法，催化物的溫度、形狀等會對形成薄膜的品質有很大的影響。

使用矽烷（SiN_4）、氨氣（NH_3）與氫氣（H_2）作原料氣體可形成矽氮化層、**不定形結構（Amorphous：非晶質）**/ 多晶矽薄膜。此外，由於可針對大面積範圍進行低溫成膜作業，因此還可以應用到半導體之外，如液晶基板等的多晶矽與非結晶的成膜過程中。

但是由於熱絲化學氣相沉積工藝中的熱絲壽命較短需要經常更換，導致材料成本高。此外，更換過程中對於原有生產設備中的真空環境產生破壞，進而導致設備生產效率顯著降低，且設備可用時間受限。

熱絲化學氣相沉積技術比電漿輔助化學氣相沉積技術發展起步晚了約 20 年，它與其他技術相比最大的優勢是成膜速度快和可實現無損鍍膜。隨著熱絲化學氣相沉積技術的不斷成熟與發展，它在設備造價和運行成本上的優勢也越來越明顯，因此受到了越來越多行業的青睞。

目前，熱絲化學氣相沉積在光伏電池中主要應用於三個領域，分別是薄膜太陽能電池，熱絲化學氣相沉積的沉積速率快，氣體利用率比電漿輔助化學氣相沉積高一個量級、晶體矽太陽電池中的鈍化層和減反射層（用熱絲化學氣相沉積鍍的膜具有極低的表面符合速率，速率＜ 0.2cm/s）以及非晶矽 / 晶體矽異質結電池（無電漿損傷、氣體利用率高）。

2.8.3 原子層沉積（ALD）

原子層沉積（ALD：Atomic Layer Deposition，又叫原子層化學氣相沉積（ALCVD））透過每次只沉積幾個原子層從而形成薄膜。該方法的關鍵在於迴圈按一定順序進行的獨立步驟並保持良好的控制。在晶圓表面塗覆前驅體是第一步，之後引入不同的氣體與前驅體反應即可在晶圓表面形成所需的物質（如圖 2-122 所示）。

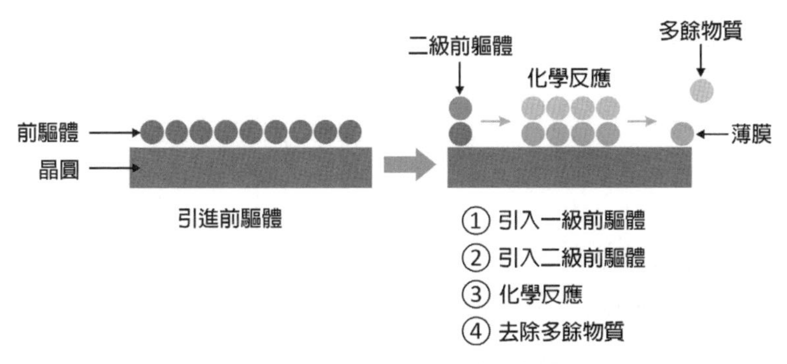

▲ 圖 2-122 原子層沉積示意圖

原子層沉積的自限制性和互補性致使該技術對薄膜的成份和厚度具有出色的控制能力，所製備的薄膜保形性好、純度高且均勻。

該工藝使用多種氣體，這些氣體交替導入工藝室。每種氣體的反應方式使得當前表面飽和，因此當反應停止時，替代氣體能夠以相同的方式與該表面發生反應。在這些氣體的反應之間，用惰性氣體（如氮氣或氬氣）吹掃清潔反應室。

原子層沉積與其他沉積技術相比具有顯著的優勢，因此它是製造薄膜的一個非常重要的工藝。透過原子層沉積，甚至可以非常均勻地沉積三維結構。絕緣薄膜和導電薄膜都是可能的，可以在不同的基底材料如半導體、聚合物等上沉積生長。透過原子層沉積的迴圈次數可以非常精確地控制薄膜厚度。由於反應氣體不同時被引入腔室，因此它們不能在實際沉積之前開始反應。因此，薄膜的品質非常高（見表 2-13、圖 2-123 所示）。

▶ 表 2-13 ALD 和 CVD 的工藝對比

ADL	CVD
前驅體在基材上單獨反應	前驅體同時在基底上反應，也可能在氣相中反應
前驅體具有高反應性	前驅體反應性較低
前驅體不可以分解	前驅體可以分解
無需精確控制前驅體劑量	必須仔細控制前驅體劑量
低沉積速率（高達幾 nm/min）	高沉積速率（高達幾 μm/min）
表面控制	工藝參數控制

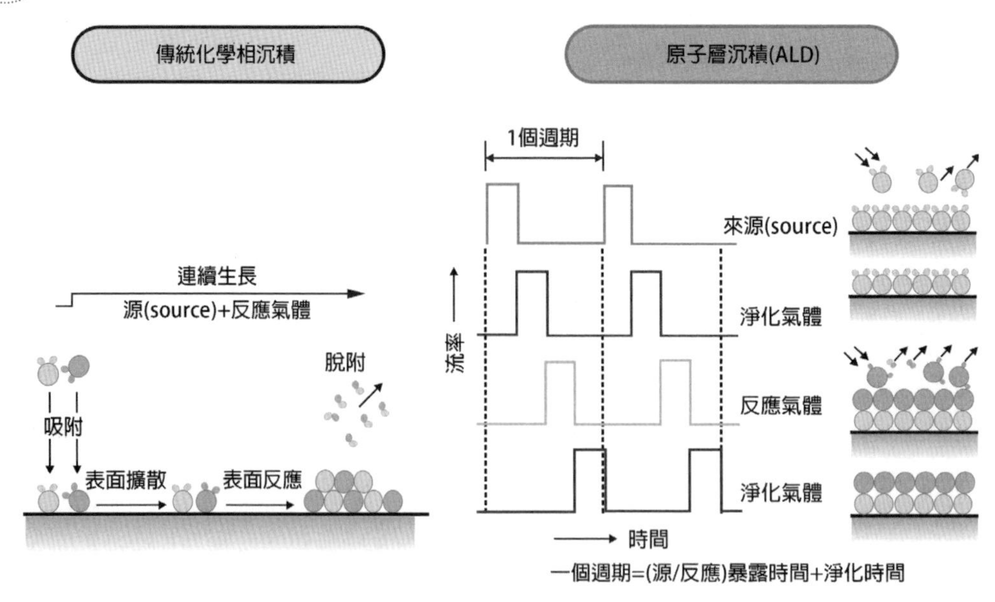

▲ 圖 2-123 傳統化學氣相沉積與原子層沉積的對比示意圖

作為一種高度精確且可控的薄膜製造工藝，原子層沉積正被用到越來越多的應用中：

1、原子層沉積在微電子領域的應用

半導體工業技術節點已經進入了奈米時代，與半導體工藝相相容的奈米薄膜與結構的製備技術稱為關鍵。原子層沉積技術憑藉其獨特的表面化學生長原理，優異的共形性、大面積均勻、適合複雜三維表面沉積以及深空洞填縫隙生長等特點，適合半導體工藝技術。

原子層沉積在微電子領域主要包括 MOS 邏輯元件中的高 k 柵電質 / 柵電極，動態隨機存取記憶體的高 k 電容材料 / 電容電極、金屬鍵合 / 鈍化層或擴散緩衝層，以及非揮發性記憶體中的閃蒸記憶體、相變記憶體、阻變記憶體和鐵記憶體等。

2、原子層沉積在光學領域的應用

原子層沉積可以在亞奈米尺寸（0.1nm）上嚴格調控膜厚，適合製備奈米疊層薄膜或多組元複合結構薄膜。原子層沉積具有獨特的三維共沉積和大面積均勻性特點，使得其在新型三維光學元件及其陣列製備，例如光子晶體、光學微腔、奈米光柵、表面增強拉滿散射基底、X 射線顯影技術用超高解析度的菲涅耳環板等方面極大的發展空間。

3、原子層沉積在新能源領域的應用

作為可以實現化學能、太陽能和電能相互轉化的能量記憶體件，例如鋰離子電池、太陽能電池、燃料電池、鈣鈦礦電池等，為開發新能源提供了有效途徑。原子層沉積技術其精確控制厚度至亞奈米和對三維結構完美包覆的特點，在新能源領域有著廣泛應用前景。鋰離子電池材料負極材料，例如金屬氧化物 SnO_2、TiO_2、MnO_2 和 Co_3O_4 等薄膜製備；三維全固態鋰電池的原子層沉積製備，電極材料表面修飾等。在鈣鈦礦電池中，原子層沉積主要用於電子傳輸層和空穴傳輸層薄膜製備，例如 NiO、Cu_2O、TiO_2、SnO_2 等，厚度在幾奈米到幾十奈米；此外，原子層沉積還製備的薄膜具有緻密、可精確控制、能大面積製造等優點，如常見的 Al_2O_3 薄膜，適用於鈣鈦礦電池的封裝。

四、使用化學氣相沉積法的製程

化學氣相沉積法主要是用於矽氧化層、矽氮化層等絕緣膜，以及多晶矽、鎢絲插頭的成膜。在碳金屬氧化物半導體製程中，所有使用化學氣相沉積法的流程順序如下所述：

1、淺溝槽隔離形成製程
- 矽氮化層．矽氧化層（埋設溝槽用）

2、多晶矽閘極形成製程
- 多晶矽生長

3、側壁形成製程
- 矽氧化層生長

4、層間膜形成製程
- 矽氧化層生長

5、接觸點形成製程
- 鎢金屬生長

6、佈線層間膜形成製程
- 氧化層生長

7、鈍化膜形成
- 矽氧氮化層生長

2.8.4 物理氣相沉積（PVD）

2.8.4.1 工藝原理

物理氣相沉積（PVD：Physical Vapor Deposition）利用熱蒸發或受到粒子轟擊時物質表面原子的濺射等物理過程，實現物質原子從源物質到襯底材料表面的轉移（如圖 2-124 所示）。

物理氣相沉積技術出現於二十世紀七十年代末，製備的薄膜具有高硬度、低摩擦係數、很好的耐磨性和化學穩定性等優點。最初在高速鋼刀具領域的成功應用引起了世界各國製造業的高度重視，人們在開發高性能、高可靠性塗層設備的同時，也在硬質合金、陶瓷類刀具中進行了更加深入的塗層應用研究。

物理氣相沉積技術基本原理可分三個工藝步驟：

1、鍍料的氣化：即使鍍料蒸發，昇華或被濺射，也就是透過鍍料的氣化源；
2、鍍料原子、分子或離子的遷移：由氣化源供出原子、分子或離子經過碰撞後，產生多種反應；
3、鍍料原子、分子或離子在基體上沉積。

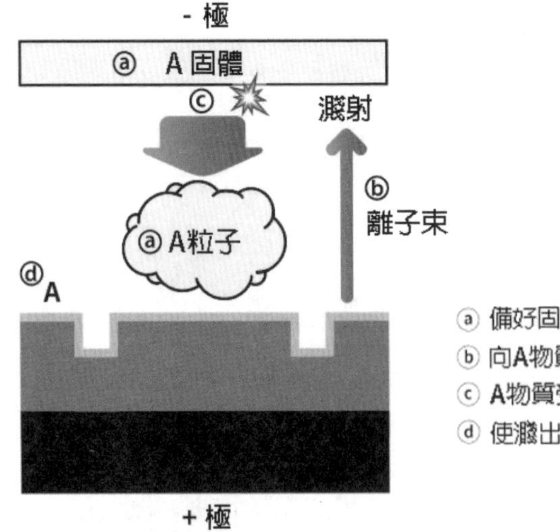

▲ 圖 2-124 物理氣相沉積原理示意圖

物理氣相沉積的主要方法有真空蒸鍍（Evaporation）、濺射（Sputtering）、**離子鍍（Ion Plating）**，**電弧離子鍍（AIP：Arc ion plating）**及**分子束外延（MBE：Molecular Beam Epitaxy）**等。

2.8.4.2 準直濺射與長拋濺射

為了讓細微孔洞與溝槽側面、底面的附著率變得更好，可採用準直濺射與長拋濺射法：

一、準直濺射（Collimate Sputtering）

準直濺射是在晶圓與靶材間設置**格子（Collimate）**，再以與晶圓垂直的方向，將彙整後的濺射原子附著於晶圓的方法。如此一來，能夠提高縱橫尺寸比的細微孔洞與溝槽等的附著率（如圖 2-125 所示）。

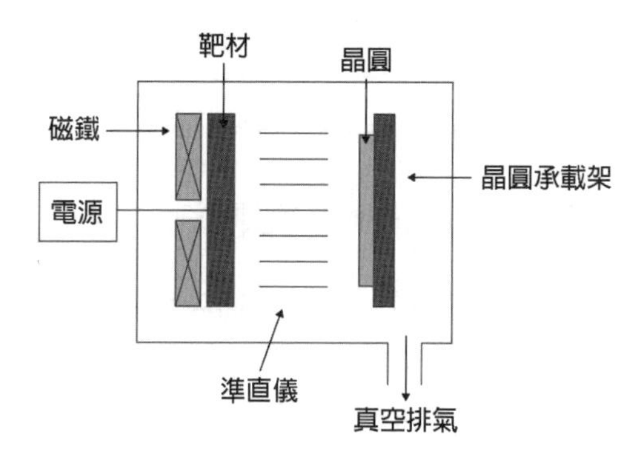

▲ 圖 2-125 準直濺射裝置

二、長拋濺射（Long Throw Sputtering）

長拋濺射是提高真空程度，並在與濺射原子平均自由徑同樣的程度下，拉長與靶材間的距離，再於與晶圓垂直的方向將彙整後的濺射原子附著於晶圓的方法。這種方法能夠提高縱深尺寸比的細微孔洞與溝槽等的附著率。

2.8.4.3 離子束濺射（Ion Beam Sputter）

離子束濺射是從離子產生裝置將加速的離子對靶材入射後，再將靶材濺射於晶圓的技術。可以個別設定離子來源的條件進行濺射，不需要激發電漿就能夠在高度真空中形成薄膜（如圖 2-126 所示）。然而，濺射的速度緩慢卻是其一大缺點。

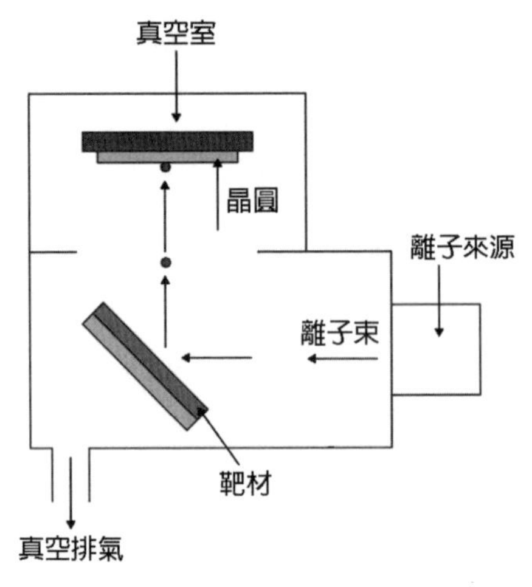

▲ 圖 2-126 離子束濺射裝置

2.8.4.4 真空蒸鍍（Evaporation）技術

真空蒸鍍技術主要方式是在真空中將目標靶材加熱為氣體蒸發或者汽化，通常加熱源位於目標靶材的下方，目標基體位於靶材的上方，靶材分子會在熱能的作用下上升，從而沉積在目標基體上，越來越多的靶材氣體分子在目標基體上聚集，便會生長成緻密的薄膜。

按加熱方式分，包括電子束蒸發鍍膜、電阻蒸發鍍膜（如圖 2-127 所示）、電弧蒸發鍍膜、雷射蒸發鍍膜等方式。

不同方式的蒸發鍍膜的區別僅僅在於加熱的不同。電阻蒸發鍍膜就是利用焦耳定律來給電阻提供熱能，電阻溫度變高後給靶材加熱，使其變為氣體分子。而電子束蒸發鍍膜方式略有不同，是利用電子束蒸發源發射電子束投射到靶材表面，靶材一般放在坩堝之中，受熱面積也較小，電子束可以加熱到 1000 K 以上，可以熔化所有常用材料。

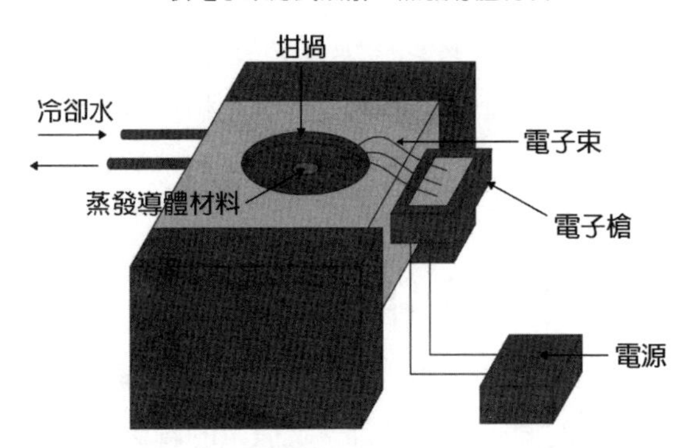

▲ 圖 2-127 真空蒸鍍裝置（電子束加熱）

2.8.4.5 電弧離子鍍（AIP）技術

電弧離子鍍（AIP：Arc ion plating）的基本原理為弧光放電，將爐內抽至一個較低的真空度，再透過對引弧針施加一定強度的電流，使其將電流引至靶材表面，最終強電流使靶材表面蒸發或汽化，靶材原子獲得動能並擴散至基體表面，發生吸附、成核並最終生長成膜（如圖 2-128 所示）。

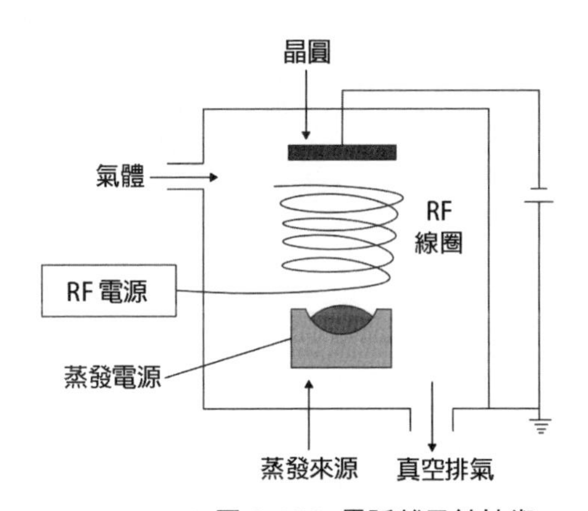

▲ 圖 2-128 電弧離子鍍技術

電弧離子鍍的主要特點有：工作真空度高，氣體雜質汙染小；沉積速率較快，製備出的薄膜較厚；沉積粒子離化率高，離子能量高；沉積裝置簡單，基體溫升較小。

基於電弧離子鍍的原理和特點，其也具備一定的缺點：由於電弧離子鍍電流強度高，提供能量較大，導致金屬靶材表面很容易產生金屬液滴，金屬液滴會直接沉積至基體表面，會降低塗層的性能，也會降低膜基結合力；因為引弧針要施加強電流，所以靶材必須選用導電的材料，選擇性較少。特徵是能夠讓附著於晶圓上薄膜成為擁有高黏接強度以及高機械強度的薄膜。

2.8.4.6 離子束輔助氣相沉積（IBED）技術

離子束輔助氣相沉積（IBAD：Ion Beam Enhanced Deposition）是將離子植入與鍍膜結合在一起，即在鍍膜的同時，使具有一定能量的轟擊（注入）離子不斷地射到膜與**基材（Substrate）**的介面，藉助於級聯碰撞導致介面原子混合，在初始介面附近形成原子混合過渡區，提高膜與基材之間的結合力，然後在原子混合區上，再在離子束參與下繼續生長出所要求厚度和特性的薄膜（如圖 2-129 所示）。這種技術又稱為離子束增強沉積技術、離子束輔助鍍膜（ICA）、動態離子混合（DIM）。

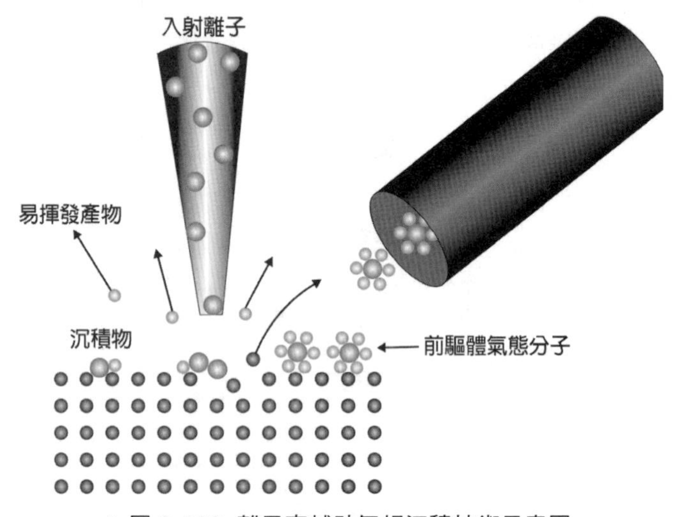

▲ 圖 2-129　離子束輔助氣相沉積技術示意圖

它除了保留離子植入的優點外，還可在較低的轟擊能量下連續生長任意厚度的膜層，並能在室溫或近室溫下合成具有理想化學配比的化合物膜層（包括常溫常壓無法獲得的新型膜層）。

該技術具有工藝溫度低（$<$ 200°C），對所有襯底結合力強，可在室溫得到高溫相、亞穩相及非晶態合金，化學組成易控制，生長過程易控制等優點。主要缺點是離子束具有直射性，因此處理形狀複雜的表面比較困難。

2.8.4.7 電火花沉積（ESD）技術

電火花沉積（ESD：Electra-Spark Deposition）是一種金屬表面強化處理技術，原理是把電極材料（陽極）作為沉積材料，透過脈衝電源放電在極短時間內（10^{-5}~10^{-6} s）擊穿氣體間隙將電極材料轉移到金屬工件（陰極）的表面形成強化層。電極與工件接觸表面溫度高達 8000~25000℃，由於放電瞬間在高溫下熔化並重新合金化，其殘餘應力小，經過強化後表面無需熱處理加工，可作為最終工序。

電火花沉積工藝是介於焊接與噴濺或元素滲入之間的工藝，經過電火花沉積技術處理的金屬沉積層具有較高硬度及較好的耐高溫性、耐腐蝕性和耐磨性，而且設備簡單、用途廣泛、沉積層不基體的結合非常牢固，一般不會發生脫落，處理後工件不會退火或變形，沉積層厚度容易控制，操作方法容易掌握。主要缺點是缺少理論支援，操作尚未實現機械化和自動化。

2.8.4.8 電子束物理氣相沉積（EB-PVD）技術

電子束物理氣相沉積（EB-PVD：Electron Beam-PVD）技術是以高能密度的電子束直接加熱蒸發材料，蒸發材料在較低溫度下沉積在基體表面的技術。

該技術具有沉積速率高（10 ～ 15kg/h 的蒸發速率）、塗層緻密、化學成分易於精確控制、可得到柱狀晶組織、無汙染以及熱效率高等優點。該技術的缺點是設備昂貴，加工成本高。目前，該技術已經成為各國研究的熱點。

2.8.4.9 多層噴射沉積（MLSD）技術

傳統的噴射沉積技術相比，多層噴射沉積的一個重要特點是可調節接收器系統和坩堝系統的運動，使沉積過程為勻速且軌跡不重複，從而得到平整的沉積表面。

其主要特點是：沉積過程中的冷卻速度比傳統噴射沉積要高，冷卻效果較好；可製備大尺寸工件，且冷卻速度不受影響；工藝操作簡單，易於製備尺寸精度較高、表面均勻平整的工件；液滴沉積率高；材料顯微組織均勻細小，無明顯介面反應，材料性能較好。

以下將真空蒸鍍、濺射、離子鍍這三種主要的物理氣相沉積方法進行比較（見表 2-14）：

▶ 表 2-14 三種主要的物理氣相沉積方法的比較

類別	優點	缺點	應用
真空蒸鍍（Evaporation）	1、原理簡單，操作方便 2、電沉積參數易於控制薄膜純度高，可用於薄膜性質研究 3、沉積速率快、效率高，可多塊同時蒸鍍 4、適用材料較多 5、是 PDD 工藝中成本最低	薄膜與襯底附著性相對較差，工藝重複性不太理想	真空蒸鍍用於高、低折射率材料的光學干涉鍍膜、鏡面鍍膜、裝飾鍍膜、軟包裝材料上的滲透阻隔膜、導電膜、防腐蝕塗層等。沉積金屬時，真空蒸鍍有時也稱為真空金屬化。
濺射（Sputtering）	1、薄膜與襯底附著性好 2、薄膜純度高 3、緻密性好、無氣孔 4、適用於大多數固體材料（特別是熔點高的材料），材料適用範圍大 5、濺射鍍工藝可控性和重複性好，便於工業化生產	1、設備複雜，沉積參數控制較難 2、沉積速率較低 3、沉積方向性不如真空蒸鍍 4、濺射靶材通常較為昂貴 5、濺射沉積過程中，需仔細控制氣體成分，防止靶材中毒	濺射沉積廣泛用於在半導體材料上沉積薄膜金屬化、建築玻璃上的塗層聚合物上的反射塗層、儲存介質的磁性薄膜、玻璃和柔性網上的透明導電薄膜、乾膜潤滑劑、耐磨塗層在工具和裝飾塗層上。
離子鍍（Ion Plating）	1、薄膜與襯底附著性好 2、緻密性高 3、耐磨耐腐蝕性好 4、材料適用範圍大	1、有許多加工變數需要控制 2、通常很難在襯底表面獲得均勻的離子轟擊，導致薄膜特性發生變化 3、襯底可能加熱過度 4、轟擊氣體可能會融入生長的薄膜中	離子鍍用於在複雜表面上沉積複合材料的硬質塗層、附著金屬塗層、高密度光學塗層和保形塗層。使用離子鍍在航空航天部件上沉積鋁膜稱為離子氣相沉積。

物理氣相沉積技術工藝過程簡單，對環境改善，無汙染，耗材少，成膜均勻緻密，與基體的結合力強。該技術廣泛應用於航空航太、電子、光學、機械、建築、輕工、冶金、材料等領域，可製備具有耐磨、耐腐蝕、裝飾、導電、絕緣、光導、壓電、磁性、潤滑、超導等特性的膜層。

隨著高科技及新興工業發展，物理氣相沉積技術出現了不少新的先進的亮點，如多弧離子鍍與磁控濺射（具體內容見下文）相容技術，大型矩形長弧靶和濺射靶，非平衡磁控濺射靶，帶狀泡沫多弧沉積捲繞鍍層技術，條狀纖維織物捲繞鍍層技術等，使用的鍍層成套設備，向電腦全自動，大型化工業規模方向發展。

2.8.5 外延工藝

外延（**Epitaxy**）或是**外延生長**（**Epitaxial Growth**），顧名思義，即在某物體的上面整齊排列。外延工藝就是在單晶襯底上沉積一層薄的單晶層。新單晶可以與襯底為同一材料，也可以是不同材料（**同質外延**（**Homoepitaxy**）或者是**異質外延**（**Heteroepitaxy**））。由於新生單晶層按襯底晶相延伸生長，從而被稱之為外延層（厚度通常為幾微米），而長了外延層的襯底稱為外延片（外延片 = 外延層 + 襯底），元件製作在外延層上為正外延，若元件製作在襯底上則稱為反外延，此時外延層只起支撐作用。目前碳化矽和氮化鎵這兩種晶片，如果想最大程度利用其材料本身的特性，較為理想的方案便是在碳化矽單晶襯底上生長外延層（如圖 2-130 所示）。

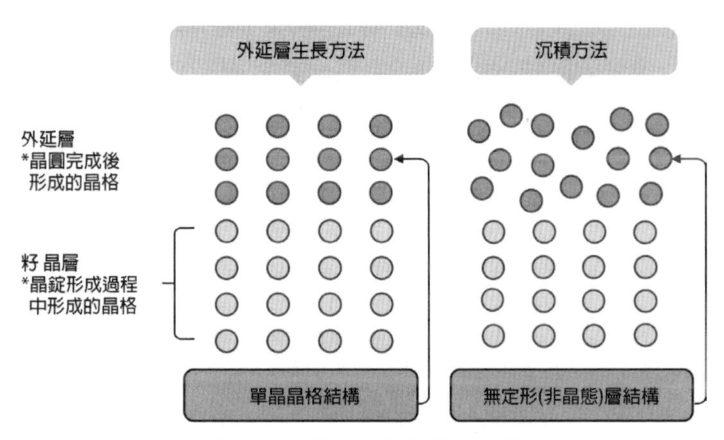

▲ 圖 2-130 外延層與籽晶層示意圖

一、外延的意義

外延技術作用主要體現在：

1、可以在低（高）阻襯底上外延生長高（低）阻外延層；

2、可以在 P（N）型襯底上外延生長 N（P）型外延層，直接形成 PN 接面，不存在用擴散法在單晶基片上製作 PN 接面時的補償的問題；

3、與掩膜技術結合，在指定的區域進行選擇外延生長，為積體電路和結構特殊的元件的製作創造了條件；

4、可以在外延生長過程中根據需要改變摻雜的種類及濃度，濃度的變化可以是陡變的，也可以是緩變的；

5、可以生長異質、多層、多組分化合物且組分可變的超薄層；

6、可在低於材料熔點溫度下進行外延生長，生長速率可控，可以實現原子級尺寸厚度的外延生長；

7、可以生長不能拉制單晶材料，如 GaN，三、四元系化合物的單晶層等。

二、外延的主要製備工藝

外延片製造商在襯底材料上透過這些方法設備進行晶體外延生長、製成外延片。外延片再透過微影、薄膜沉積、蝕刻等製造環節製成晶圓。晶圓再被進一步切割成為裸晶片，裸晶片經過於基板固定、加裝保護外殼、導線連接晶片電路引腳與外部基板等封裝環節，以及電路測試、性能測試等測試環節最終製成晶片。外延片作為半導體原材料，位於半導體產業鏈上游，是半導體製造產業的支撐性行業。

對於化合物半導體來說，外延是非常重要而又與眾不同的工藝，而對於不同的材料和應用，主要有**分子束外延（MBE：Molecular Beam Epitaxy）、金屬有機化學氣相沉積（MOCVD，又稱作金屬有機氣相外延）、氫化物氣相外延（HVPE：Hydride Vapor Phase Epitaxy）、液相外延（LPE）**等。

以分子束外延為例，這是一種化合物半導體多層薄膜的物理澱積技術。其基本原理是在超高真空條件下，將組成薄膜的各元素在各自的分子束爐中加熱成定向分子束入射到加熱的襯底上進行薄膜生長。由於每一台分子束爐的爐口裝有一個能快速開閉的快門，因而生長時能快速改變所生長材料的成分及摻雜種類（如圖 2-131 所示）。分子束外延技術是在 20 世紀 60 年代末由美國貝爾實驗室首先發展起來的。分子束外延技術具有生長速度較慢且可控、表面及介面平整、材料組成及摻雜種類變化迅速、生長襯底溫度低等特點，因而被廣泛用來生長組分及摻雜分佈陡峻的突變異質結和複雜的多層結構。

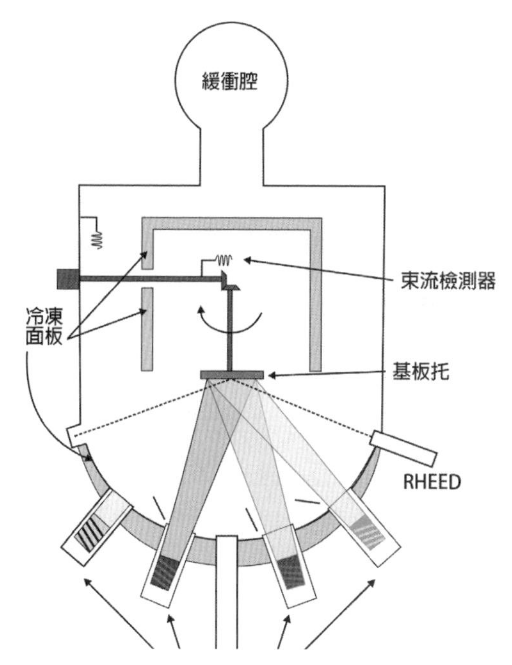

▲ 圖 2-131 分子束外延設備結構示意圖

分子束外延的典型特點如下所述：

1、從源爐噴出的分子（原子）以「分子束」流形式直線到達襯底表面。透過石英晶體膜厚儀監測，可嚴格控制生長速率；
2、分子束外延的生長速率較慢，大約 0.01-1nm/s。可實現單原子（分子）層外延，具有極好的膜厚可控性；
3、透過調節束源和襯底之間的擋板的開閉，可嚴格控制膜的成分和雜質濃度，也可實現選擇性外延生長；
4、非熱平衡生長，襯底溫度可低於平衡態溫度，實現低溫生長，可有效減少互擴散和自摻雜；
5、配合反射**高能電子繞射（RHEED）**等裝置，可實現原價觀察、即時監測。

相比之下，金屬有機化學氣相沉積技術生長速率更快，更適合產業化大規模生產；而分子束外延技術優點是材料的品質非常好，但是生長的速度比較慢，在部分情況如 **PHEMT（高電子遷移率電晶體）**結構、銻化合物半導體的生產中更適合採用；氫化物氣相外延技術在氮化鎵和氮化鋁材料外延上應用較多，目前大部分 HVPE 設備是自行搭建的，很少有商業化的設備，優點就是生長速率比較快；**LPE（液相沉積）**是比較早期的外延方法，主要用於矽晶圓，目前已基本被氣相沉積技術所取代。

目前業界的外延生長工藝主要包括金屬有機化學氣相沉積技術以及分子束外延技術兩種（見表 2-15）。例如，全新光電採用金屬有機化學氣相沉積，英特磊採用分子束外延技術。

▶ 表 2-15 分子束外延與金屬有機化學氣相沉積技術對比

	分子束外延（MBE）	金屬有機化學氣相沉積（MOCVD）
原料	單質元素	氣體 / 液體化合物
蒸發	熱蒸發、電子束蒸發	氣壓、載氣
原料控制	腔溫度	流量控制器
開關	機械開關	氣閥
外延環境	超真空	氫氣 / 氮氣氣氛，10-1000mbar 壓力
分子輸運	彈道	擴散
表面反應	物理化學吸附	化學反應

2.8.6 影響沉積的因素

從上述對沉積工藝的說明中不難看出，沉積工藝中也存在需權衡之處：要提高均勻度等精確度，只能犧牲沉積速率。在整個半導體製程中，精確度和速率似乎永遠位於蹺蹺板的兩端，需要不斷權衡。這對於沉積工藝來說也不例外。

2.8.6.1 壓力與溫度

和在蝕刻工藝中一樣，半導體製造商在沉積過程中也會透過控制溫度、壓力等不同條件來把控膜層沉積的品質。例如，降低壓力，沉積速率就會放慢，但可以提高垂直方向的沉積品質。因為，壓力低表明設備內反應氣體粒子的數量少，粒子之間發生衝撞的機率就少，不會妨礙粒子的直線運動。施加高溫則可以提高膜層的純度。當然，這樣一來就無法使用鋁（其熔點為 550°C）等熔點低的金屬材料（如圖 2-132 所示）。

因此，在不同需求下，沉積相同材料也可採用完全不同的沉積方式。例如，同樣是沉積二氧化矽，閘極絕緣層與淺溝槽隔離所需特性就不同，其沉積的方式也不同。閘極絕緣層是核心元件區域，要求較高的沉積品質，應採用高溫低壓的方式；淺溝槽隔離則不然，它只要起到兩個元件間的絕緣作用即可，透過低溫高壓的方式加快沉積速率才是關鍵。

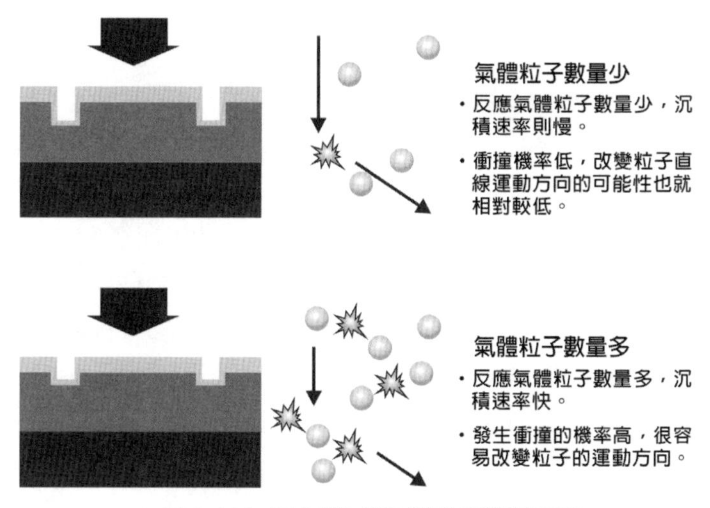

▲ 圖 2-132 壓力對沉積工藝的影響示意圖

2.8.6.2 材料

有時候我們會在網路上看到這樣的報導：「發現了性能高出 XX 倍的新材料」。只看新聞內容，會感覺一場翻天覆地的半導體革命似乎即將來臨。但在所謂的「新材料」中，真的能派上用場的卻寥寥無幾。因為，材料本身的特性好，並不代表它一定能製成高性能的半導體。對沉積材料的要求可不比沉積設備低。下面，我們來看一看材料的特性會對半導體製程產生什麼樣的影響。

物體遇熱體積會變大，這種現象被稱作熱膨脹。鐵軌之間留有縫隙就是為了防止鐵軌在炎熱的夏天因膨脹變形。半導體製程中也會出現這種熱膨脹現象。問題在於，每一種材料的熱膨脹程度不同，例如鋁的熱膨脹係數是氧化矽的 40 倍之多。舉個比較極端的例子：如果在氧化矽上沉積了鋁薄膜，即便鋁薄膜沉積很成功，一旦進入後續的高溫工藝，其內部結構就會完全被破損。換句話說，如果採用膨脹係數完全不同的材料替代之前的沉積材料，會嚴重影響高溫條件下的產品良率（如圖 2-133 所示）。

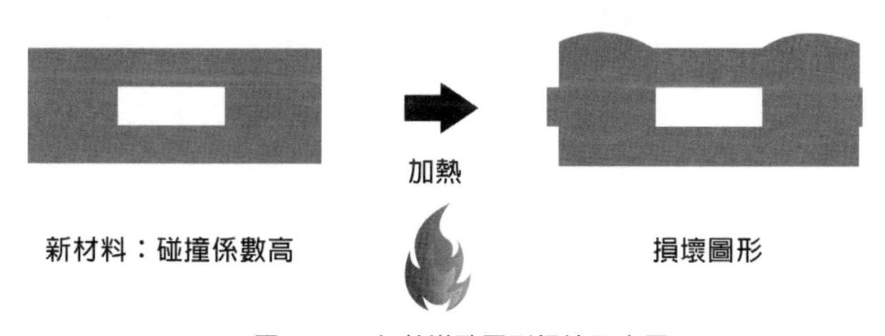

▲ 圖 2-133 加熱導致圖形損壞示意圖

2.8.6.3 電遷移（EM）

除此之外，還要考慮材料的**電遷移（EM：Electromigration）**現象。電遷移是指在金屬佈線上施加電流時，移動的電荷撞擊金屬原子，使其發生遷移的現象。鋁等輕金屬很容易發生這種電遷移現象（如圖 2-134 所示）。為防止鋁的電遷移現象，半導體製造商們開始用銅佈線替代鋁，結果是又多了一道防止銅擴散的阻擋層沉積工藝。隨著半導體不斷微細化發展，銅佈線也開始出現電遷移現象。為攻克這一難關，英特爾又用鈷佈線取代了銅。而既然核心金屬佈線層的材料發生了變化，上下層的工藝也肯定要跟著變。可見，想解決材料的電遷移現象，前後方的工藝也要隨之發生很大變化。

顯而易見，半導體製程是數百個工藝錯綜複雜緊密連接而成的，牽一髮而動全身。新材料是好是壞，不能單看材料本身的特性，還要看能不能與前後方工藝相連，畢竟沉積材料不能獨立存在。

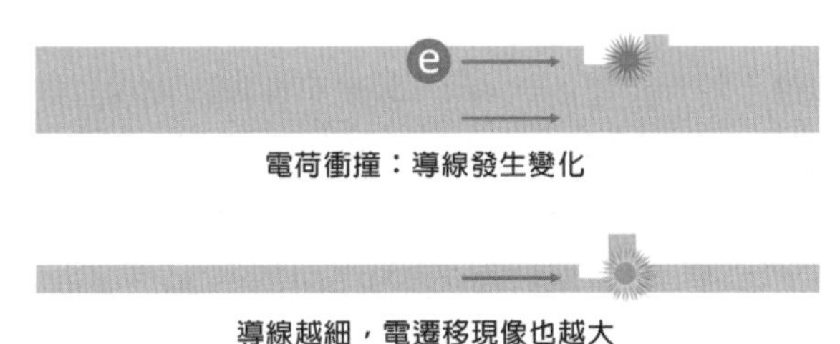

▲ 圖 2-134 電遷移現象示意圖

2.9 快速熱處理（RTP）

2.9.1 快速熱處理的工藝原理

在 IC 晶片製程中，將矽圓片在氮氣及氬氣等不活性氣體中進行高溫處理稱為「**快速熱處理（RTP：Rapid Thermal Process）**」，也有些情況下，在這些氣體中加入微量的氧氣。

快速熱處理時，晶圓會放置在一個特製的封閉的長管形爐膛（高溫石英爐）內。管爐的周圍包裹著電阻絲，可以透過電阻加熱將爐膛加熱，精確測量和控制爐膛內的溫度，確保溫度分佈均勻並達到所需的退火溫度（如圖 2-135 所示）。

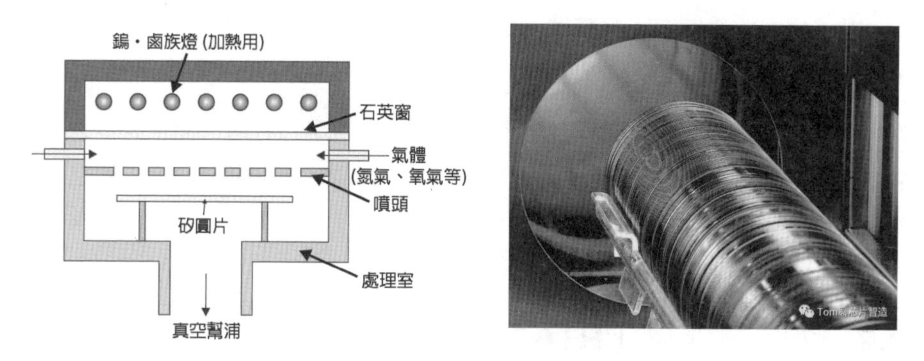

▲ 圖 2-135 熱處理裝置（截面圖爐管型）

雜質元素在矽中分別有各自的擴散係數，擴散層的剖面（輪廓）可由熱處理的時間和溫度來控制（如圖 2-136 所示）。

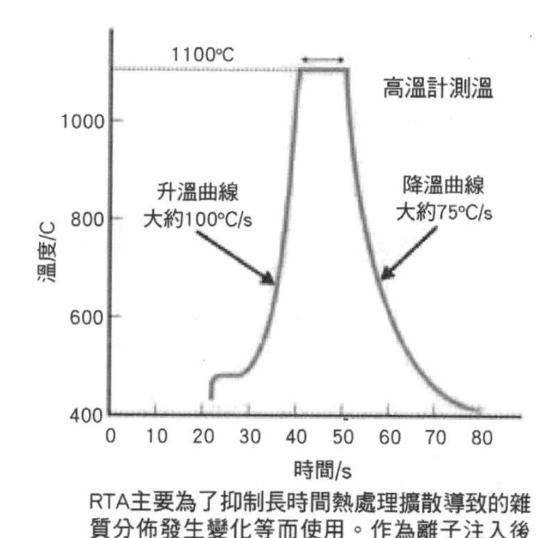

▲ 圖 2-136 熱處理溫度曲線示意圖

熱處理的目的依所使用的工序不同而異，但其中最重要的目的是，將矽中添加的導電型雜質，利用所謂擴散現象，向矽中推進獲得必要的剖面（輪廓），實現再分佈。這種情況的熱處理稱為「推進」。

熱處理的另一個目的，是透過使添加磷和硼的軟化點較低的矽酸鹽玻璃在高溫下變為液態，使之流動，用於回流平坦化工藝這種工藝一般用於金屬佈線前元件表面的平坦化。近年來，由於大馬士革佈線工藝的採用，玻璃回流平坦化工藝已較少使用。

另外，離子植入的雜質在不經處理的情況下是電氣非活性的需要活性化處理。這種活性化處理必須由熱處理來完成。

對於半導體行業的人來說，快速熱處理被認為是生產半導體的一個重要步驟。在這種製造工藝中，矽晶圓在幾秒鐘或更短的時間內被加熱到超過 1000°C 的溫度。這是透過使用高強度的雷射器或燈作為熱源來實現的。然後，矽晶圓的溫度被慢慢降低，以防止因熱衝擊而可能發生的任何變形或破裂。

2.9.2 快速熱退火（RTA）

半導體製程中的熱處理可分為兩類，除了前文所述的作為元件製作基礎的熱氧化工藝外，另一種是與氧化採用同一裝置中進行的各式各樣的熱處理。後者包括離子植入後的活性化退火（Anneal）、Al 的燒結，塗佈膜的燒結堅化等，一般匯總於退火名下。而且這些各類退火技術與其他的工藝相組合，構成工藝集成（複合工藝）的要素。積體電路工藝中所有在氮氣等不活潑氣氛中進行熱處理的過程都可稱為**快速熱退火（RTA：Rapid Thermal Anneal）**，其作用主要是消除晶格缺陷和消除矽結構的晶格損傷。如此，所謂「退火」現象便得以有效利用（如圖 2-137 所示）。

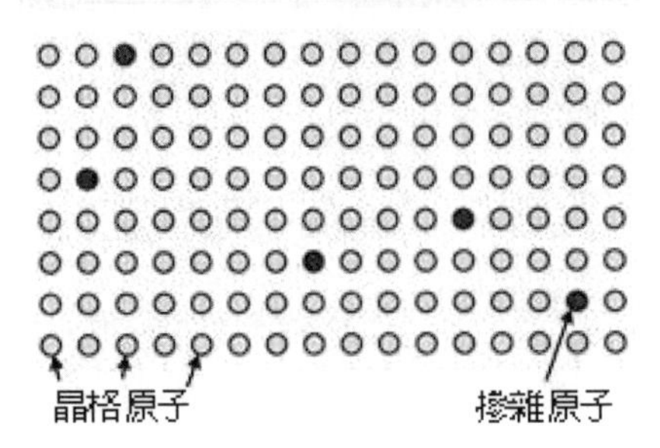

▲ 圖 2-137 退火原理示意圖

快速熱退火過程包括將單個晶圓從環境溫度快速加熱到 1000~1500K 的某個值：

1、**溫度設定**：退火溫度的選擇通常與材料的特性有關。溫度必須足夠高，以便允許原子重新排列，但又不能過高，以免造成不可逆的損傷。
2、**保溫時間**：在達到退火溫度後，通常會在該溫度下保持一段時間，允許材料中的原子移動和重新排列。這有助於消除晶格缺陷、增加晶片大小等。
3、**冷卻過程**：退火過程的冷卻階段也非常關鍵。冷卻速率可以影響最終的晶體結構和性能。有時候，慢速冷卻有助於維持所需的結構；而在其他情況下，快速冷卻可能更為理想，這要根據具體的情形來設定。

為使快速熱退火過程有效，需要考慮以下因素：首先，該步驟必須迅速發生，否則，摻雜物可能會擴散得太多。防止過熱和不均勻的溫度分佈對該步驟的成功也很重要。這有利於在快速熱處理期間對晶圓的溫度進行準確測量，這是透過熱電耦或紅外感測器來實現。

快速熱退火技術在半導體製造中具有廣泛的應用，主要應用於以下幾個方面：

1、**矽片的退火**：在半導體製造過程中，矽片需要經過一系列的加工和處理，包括切割、研磨、化學蝕刻等。這些處理過程導致矽片內部產生缺陷和應力，進而影響半導體元件的性能。透過使用快速熱退火技術，可以在短時間內將矽片加熱到高溫，並迅速冷卻，從而消除缺陷和應力，提高矽片的品質。
2、**金屬化合物的退火**：在半導體製造中，金屬化合物通常被用於製造接觸電極、鍵合線和焊點等。這些金屬化合物在製造過程中產生缺陷和應力，從而影響半導體元件的性能。應用快速熱退火技術，快速地將金屬化合物從常溫加熱到高溫，消除金屬化合物的缺陷和應力，提高金屬化合物的性能。
3、**半導體的熱處理**：在半導體製造中，熱處理是必不可少的步驟之一，可以改變半導體的晶體結構和性質。透過快速熱退火技術，半導體材料在極短的時間內升溫到所需的溫度，並緩慢冷卻，從而獲得所需的晶體結構和性質，提高半導體元件的性能。
4、**半導體外延生長和摻雜等過程**：在半導體製造中，外延生長是一種重要的技術，它是指在單晶襯底上生長另一層單晶半導體，傳統的外延生長方法需要長時間的高溫和低壓處理，而快速熱退火技術可以在短時間內升溫，迅速實現外延層的生長，提高了生產效率。同時，快速熱退火技術也可以用於摻雜過程，透過控制摻雜劑的擴散速度和分佈，可以提高半導體元件的性能。

總之，快速熱退火技術在矽片退火、金屬化合物退火、半導體外延生長、摻雜等過程中發揮著關鍵作用，可以消除缺陷和應力、改善金屬化合物的性能、改變半導體的晶體結構和性質等。這些應用對於提高半導體元件的性能和可靠性具有至關重要的作用。

2.9.2.1 燈管式退火（Lamp Anneal）

退火裝置方面，為了降低晶圓的熱流程，會使用燈管方式進行快速熱退火，和爐管（高溫石英爐）式的熱處理裝置比較起來，使用燈管式加熱的熱處理裝置能夠急速讓晶圓溫度上升、下降（急升溫、急降溫），一般來說在短時間內即可完成退火（如圖 2-138 所示）。

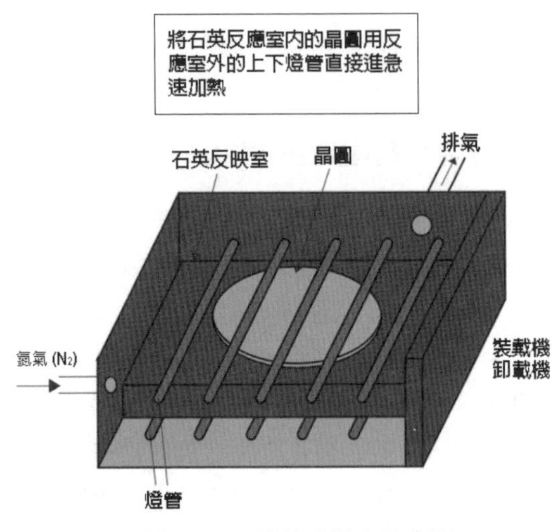

▲ 圖 2-138 燈管式退火示意圖

為了與前瞻性的產品進行淺鍵合，必須盡可能在短時間完成熱處理的工作。因此，離子植入後的活化退火處理，大多會使用燈式退火裝置。

2.9.2.2 閃光退火、雷射退火與電子束退火

對於一些前瞻性的產品，行業要求能夠縮短其處理時間，因此透過不斷的研究開發出了**瞬間退火（Spike Anneal，尖峰式退火）**、**閃光退火（FLA：Flash Lamp Annealing）**等技術。根據加熱方式種類不同，還有**雷射退火（Laser Anneal）**、**電子束退火（Electron Beam Anneal）**等技術。在此對閃光退火、雷射退火和電子束退火進行介紹：

一、閃光退火

是一種非常快速的光退火技術，使用高強度的閃光燈來快速加熱與冷卻材料。一組鹵素燈可以從背面預熱晶圓，而閃光燈本身由一組正面的氙氣閃光燈提供。閃光燈上方的反射器將光線引導至晶圓上，確保更好的照射均勻性。為了保護預熱燈和閃光燈，透過石英窗使燈與晶圓分開。這種退火方法與傳統的雷射退火略有不同，因為它使用的是寬波段的光源，而不是單一波長的雷射。

二、雷射退火

雷射退火的原理是用雷射光束照射半導體表面，在照射區內產生極高的溫度，使晶體的損傷得到修復，並消除錯位的方法。它能有效地消除離子植入所產生的晶格缺陷，同時由於加熱時間極短（約為普通熱退火的百萬分之一），可避免破壞積體電路的淺結電導率和其他結特性。

雷射退火由於能夠對矽片背面進行局域加熱，在矽片背面局部形成極高溫，大幅提高背面注入離子的啟動率，同時保持矽片正面在較低溫度。

雷射退火工藝可以有效修復離子植入破壞的晶格結構，獲得比傳統退火方式更好的離子啟動效率和啟動深度，且不損傷矽片的正面元件，從而在**絕緣柵雙極型電晶體（IGBT：Insulated Gate Bipolar Transistor）**製造過程中得到業界的廣泛關注和應用。

雷射退火一個顯著的特徵是，在超短的時間內（數十到數百奈秒量級）將高能量密度的雷射輻照投射在退火樣品一個小區域內，使得樣品表面的材料熔化並在隨後的降溫過程中自然地在熔化層液相外延生長出晶體薄膜，重構熔化層的晶體結構。在重構晶體的過程中，離子注人導致的晶格損傷被消除，摻雜雜質在高溫下擴散並重新分佈，雜質原子溶解於晶體，被啟動釋放出空穴或者電子。

三、電子束退火

電子束退火是一種使用高能離子束加熱晶圓表面的技術。離子束退火先將離子加速到所需的能量水準，再將離子束聚焦並掃描至樣品表面，透過離子與原子的相互作用將能量傳遞給材料，實現加熱。

2.9.2.3 準分子雷射技術

準分子雷射（Excimer laser）是指受到電子束激發的惰性氣體和鹵素氣體結合的混合氣體形成的分子向其基態躍遷時發射所產生的雷射。最常見的波長有 157 nm、193 nm、248 nm、308 nm、351-353 nm。其特點有：波長短、功率高、單脈衝輸出能量大、短脈衝、光斑面積大、光斑分佈較均勻等。

準分子雷射技術是將雷射脈衝以每秒數奈米的速度照射後使矽表面熔化，再透過活化與注入離子的方式使矽結晶受損部位恢復（再結晶化）的技術（如圖 2-139 所示）。不用再將整個晶圓加熱，只要稍微讓最表層的部分熔解，就可以將熔解部分的不純物質擴散，也可以形成非常陡峭的鍵合圖形，並且擁有高度的活性。

準分子雷射的泵浦方式也有很多種，目前應用最廣泛的是採用放電激勵的稀有氣體鹵化物準分子雷射，如氟化氙（XeF，波長 351nm）、氯化氙（XeCl，波長 308nm）、氟化氪（KrF，波長 248nm）、氟化氬（ArF，波長 193nm）等。由於只能在表面最外層進行處理，雷射熔解層下方就無法再進行結晶化，因此缺點是容易產生鍵合漏電的情形。為了克服這樣的缺點，有些時候也會並用低溫快速熱退火在 800°C 左右進行熱處理。

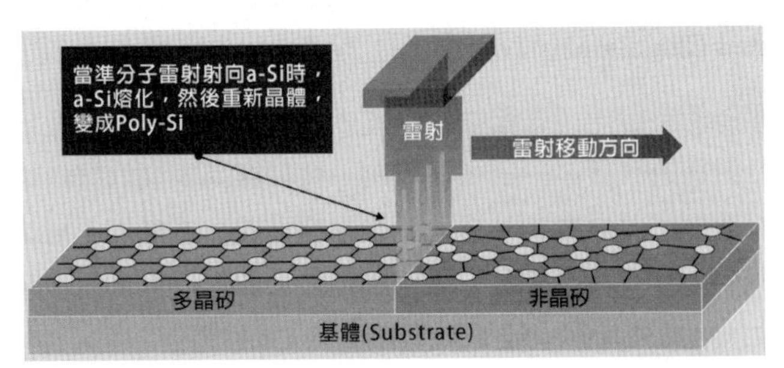

▲ 圖 2-139 準分子雷射退火方法的結晶化示意圖

2.9.3 幾種主要的退火方式的比較

如下表所示，是幾種主要的退火方式的比較（見表 2-16）：

▶ 表 2-16 種主要的退火方式比較

類別	特點
爐管退火	速度：加熱和冷卻速度相對較慢。
	均勻性：溫度分佈較均勻。
	成本：設備和操作相對便宜。
快速熱退火	速度：加熱和冷卻速度快。
	均勻性：可能需要精確的控制來確保溫度均勻。
	成本：中等範圍的設備成本。
雷射退火	速度：非常快的局部加熱。
	均勻性：局部化加熱，對位置和強度的控制非常精確。
	成本：設備可能較昂貴。
離子束退火	速度：可透過離子能量和束流密度精確控制加熱速度。
	均勻性：可能涉及精確的束聚焦和掃描控制。
	成本：設備和操作可能相對昂貴。

2.10 前段製程中的重要製程實操

2.10.1 絕緣區形成閘極氧化層

以 100℃ 的溫度將光阻劑燒至定型，再用碳氟化物等物質的電漿，進行乾式蝕刻後，將光阻劑做為掩膜版，並依次除去矽氮化層與氧化層（如圖 2-140（半導體製程（5）））。

接著將矽基板上的矽晶用氯等氣體進行乾式蝕刻，並挖出淺溝槽隔離用的溝槽（如圖 2-140（半導體製程（6）））。如上文所述，淺溝槽隔離的作用是在相鄰的元件之間形成陡峭的溝渠，在溝渠中填入氧化物形成元件隔離結構，以防止漏電。

乾式蝕刻後，再用氧氣電漿進行**灰化**後的清洗處理（如圖 2-140（半導體製程（7））所示）。另外，還可以用其他溶劑去除光阻劑（通稱光阻劑剝離技術）。接著讓晶圓在高溫蒸氣氧化中進行熱氧化，使其在有矽晶露出的淺溝槽隔離溝槽內壁上形成矽氧化層薄膜（如圖 2-140（半導體製程（8））所示）。透過矽甲烷與氧氣的化學氣相沉積反應在晶圓表面堆積用以填滿溝槽的厚矽氧化薄膜，以形成矽氧化層（如圖 2-140（半導體製程（9））所示）。

接著使用化學機械拋光法對矽氧化層進行研磨，使其平坦，並將矽氧化層填入淺溝槽隔離溝槽內（如圖 2-140（半導體製程（10））所示）。

然後再使用熱磷酸以濕式蝕刻的方式去除表面殘餘的矽氮化層後，需要進行微影製程，隨後將 N 通道金屬氧化物半導體電晶體部分以光阻劑覆蓋。

在晶圓上注入磷（P）離子，並在 P 通道金屬氧化物半導體電晶體的部分形成 **N-well（N-well：N 型導電層的槽底）**（如圖 2-140（半導體製程（11））所示）。離子雖然已經完全被注入至晶圓上，但是由於有部分離子被光阻劑所覆蓋，因此此一動作只有將光阻劑注入上去，離子部分並沒有辦法達到晶圓面板。如此一來，光阻劑就會成為注入離子時的掩膜版。

去除殘留的光阻劑後，晶圓表面的氧化層（氧化膜）薄膜可以用「氟」以濕式蝕刻的方式去除，這時就會露出矽晶表面（如圖 2-140（半導體製程（12））所示）。

讓晶圓在高溫狀態下進行熱氧化，使矽表面產生氧化層薄膜（如圖 2-140（半導體製程（13））所示），因而形成閘極氧化層。閘極氧化層可以說是金屬氧化物半導體電晶體的「生命」，可以用來決定其性能，由於無法使用已注入離子的氧化層，因此全程必須是在完全乾淨的狀態下進行熱氧化的。

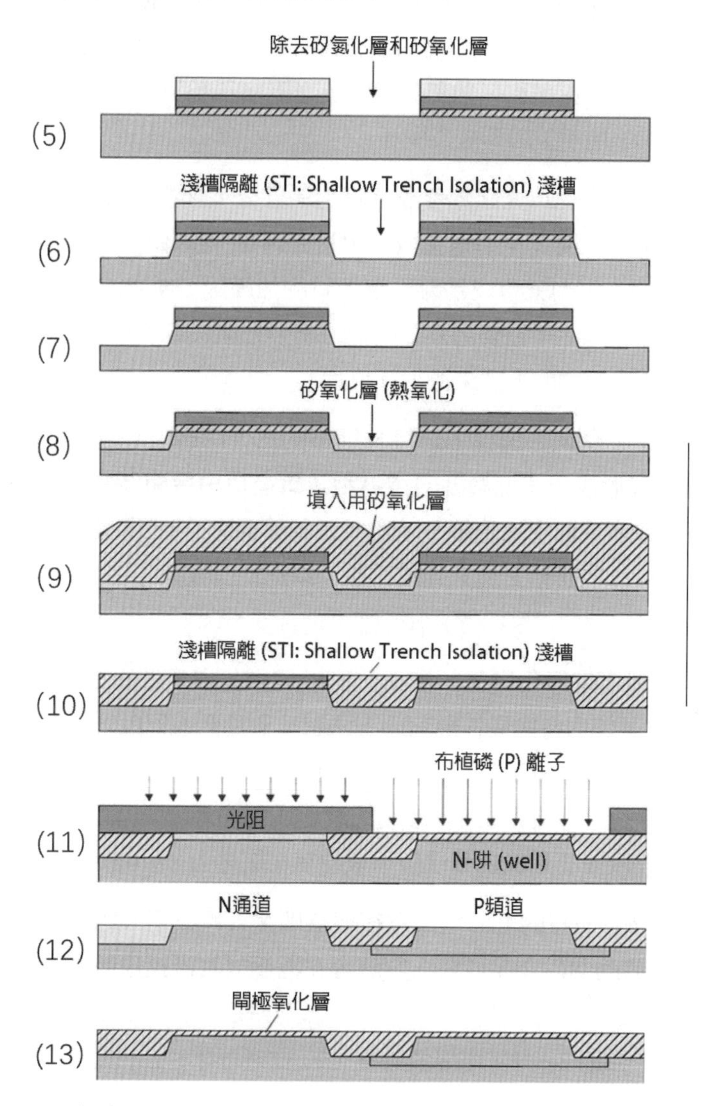

▲ 圖 2-140 絕緣區域蝕刻（形成閘極氧化層）示意圖（LSI 製程（5）-（13））

2.10.2 在 N 通道注入源極與汲極來形成閘極多晶矽

透過化學氣相沉積法將矽甲烷置入氮氣中進行熱分解，以形成多晶矽（如圖 2-141（半導體製程（14））所示）。在形成化學氣相沉積過程中，會用磷或砷等 N 型（**單晶矽中摻磷是 N 型（Negative），摻磷越多則自由電子越多（電子為多數載流子），導電能力越強，電阻率就越低**）導電雜質對多晶矽摻雜，或是在形成之後才會被注入離子。多晶矽會經由微影製程、蝕刻製程以及光阻劑剝離製程後才成形（如圖 2-141（半導體製程（15））所示）因而成為閘極。

在微影製程過程中，會先以光阻劑覆蓋 P 通道的部分，之後再將磷離子植入到 N 通道以形成一個低濃度的淺 N 型導電區域（如圖 2-141（半導體製程（16））所示）。此時，覆蓋 P 通道的光阻劑就會成為離子植入時的掩膜版。N 通道的電極也能夠產生離子的掩膜版效果，因此不需要另外在閘極的正下方注入離子。相對於通道閘極，N 型導電區域可以用自校準的方式來決定其位置。

光阻劑剝離後的下一個微影製程，是將 N 通道的部分用光阻劑覆蓋後注入硼離子，以便在 P 通道部分形成一個低濃度的淺 **P 型（單晶矽中摻硼為 P 型（Positive），摻硼越多則能置換矽產生的空穴也越多（空穴為多數載流子），導電能力越強，電阻率就越低）**導電區域，並且相對於 P 通道閘極，以進行自校準（如圖 2-141（半導體製程（17））所示）。

光阻劑剝離後，即可使用化學氣相沉積法形成矽氧化層（如圖 2-141（半導體製程（18））所示）。接著使用各向異性蝕刻的方法對整個晶圓進行蝕刻，並且僅殘留極側壁的矽氧氧化層（如圖 2-141（半導體製程（19））所示）。這就是所謂閘極的側壁氧化層（Side Well）。將整個晶圓進行蝕刻的製程（逆向蝕刻），也可以利用落差等因素所形成的厚度差異，應用於部分殘留下來的氧化層之上。

將光阻劑覆蓋於微影製程的 P 通道部位後要立即注入氟離子。如此一來，導入雜質進入 N 通道電晶體的閘極多晶矽時，同時會在源極以及汲極區域中形成高濃度的 N 型導電區域（N^+ 區域）。在這個區域中，即可以自校準的方式來決定 N 通道電晶體的閘極側壁位置（如圖 2-141（半導體製程（20））所示）。

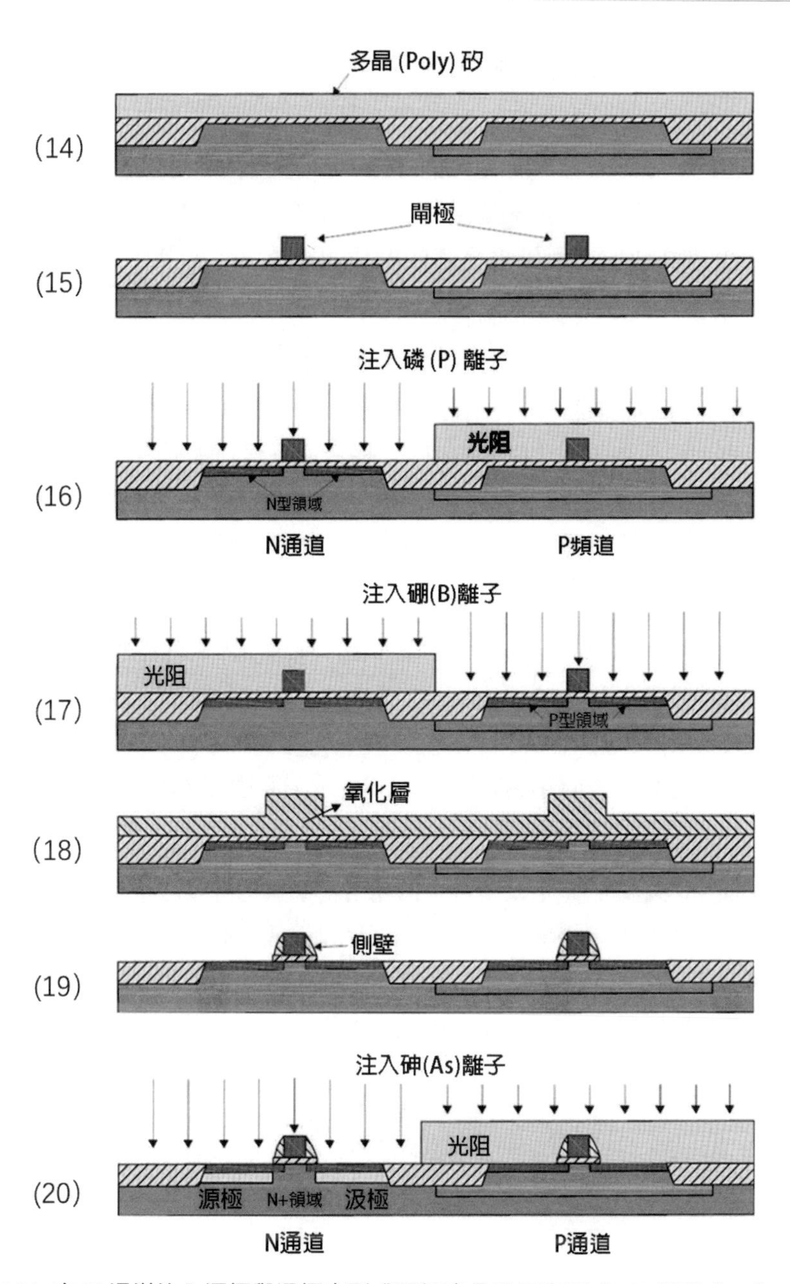

▲ 圖 2-141 在 N 通道注入源極與汲極來形成閘極多晶矽示意圖（LSI 製程（14）-（20））

2.10.3 在 P 通道注入硼離子並埋設接觸孔

剝離光阻劑後即會開始微影製程，在用光阻劑對 N 通道部分覆蓋後，會在 P 通道注入硼離子。因此，在導入雜質進入 P 通道電晶體的閘極多晶矽時，同時會在 P 通道區域的源極及汲極區域中形成高濃度的 P 型導電區域（P^+ 區域）。在這個區域內，可以用自校準方式決定 P 通道電晶體的閘極側壁位置（如圖 2-142（半導體製程（21））所示）。

在剝離光阻劑後，即可以用濺射方法產生鈷層（如圖 2-142（半導體製程（22））所示）。晶圓進行加熱處理後，由於鈷會有與矽接觸的部分（源極、汲極閘極），因此鈷會與矽反應，而產生二矽化鈷（$CoSi_2$）。接著進行濕式蝕刻處理去除沒有反應的鈷。經過這樣的蝕刻處理後，矽表面與閘極多晶矽部分的二矽化鈷便會因完全沒有受到蝕刻而殘留下來（如圖 2-142（半導體製程（23））所示）。上述這種二矽化鈷形成方法也是一種所謂的自校準方式。

還可以透過矽甲烷與氧氣的化學氣相沉積作用，產生可做為較厚絕緣膜的矽氧化層（如圖 2-142（半導體製程（24））所示）。接著使用化學機械拋光法，在形成矽氧化層的途中進行研磨，使其平坦化（如圖 2-142（半導體製程（25））所示）。再透過微影製程、蝕刻製程以及光阻劑剝離製程，開啟可以導引出矽氧化層的電極用的接觸孔（如圖 2-142（半導體製程（26））所示）。

透過濺射法產生隔離膜的氮化鈦層後，再利用化學氣相沉積法產生鎢金屬層（如圖 2-142（半導體製程（27））所示），用化學機械拋光法研磨鎢金屬層使其平坦化過程中會在接觸孔中殘留鎢金屬。接著持續使用化學機械拋光法研磨表面的氮化層。這個操作稱為**鎢金屬線埋設（Tungsten Plug）**（如圖 2-142（半導體製程（28））所示）。

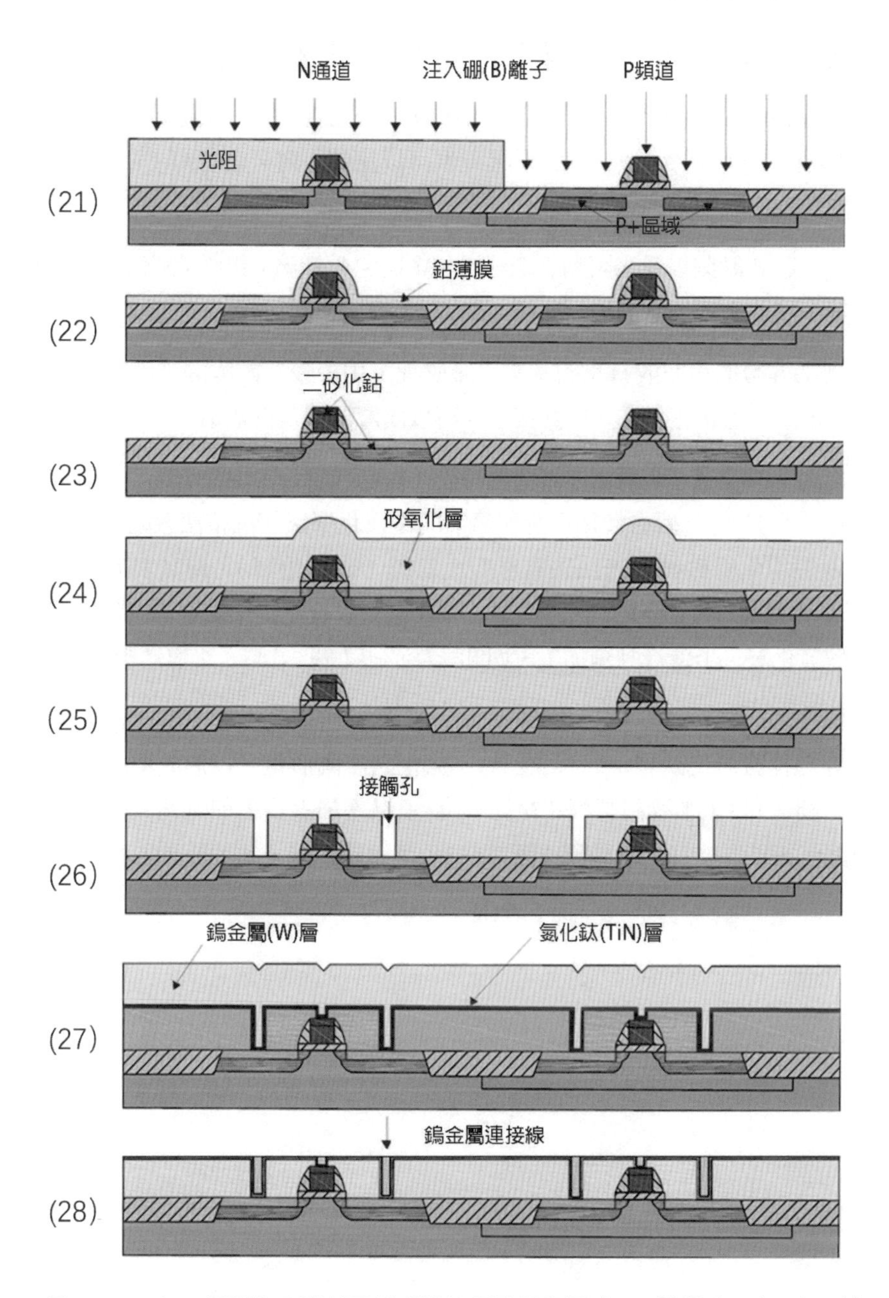

▲ 圖 2-142 在 P 通道注入硼離子並埋設接觸孔示意圖（LSI 製程（21）-（28））

2.10.4 在第 1 層金屬層形成電極焊線墊（佈線）

首先，在晶圓上依濺射順序可形成氮化鈦層 —— 鋁層 —— 氮化鈦層（如圖 2-143（半導體製程（29））所示）。一般來說，也可以用**鋁・銅合金（Al-Cu）**來代替鋁，下面先以鋁為例說明。

透過微影、乾式蝕刻以及光阻劑剝離等過程會將氮化鈦層 - 鋁層 - 氮化鈦層圖形化，以形成第一層的金屬佈線圖形（如圖 2-143（半導體製程（30））所示）。

以上是到半導體迴路完成為止的基本工廠製程，由於較為前瞻的半導體是以複數佈線交疊而成的多層佈線構造，因此接下來再以兩層佈線為例繼續說明。

為了隔絕上下佈線層，必須增厚**層間絕緣膜（Inter Layer Dielectrics）**（圖 2-143（半導體製程（31）））。一般會使用甲烷與氧氣的電漿化學氣相沉積法形成矽氧化層。在製程中會使用化學機械拋光法研磨層間絕緣膜（矽氧化層），使其表面平坦化（圖 2-143（半導體製程（32）））。透過微影、乾式蝕刻以及光阻劑剝離等過程，在層間絕緣膜（矽氧化層）上進行蝕刻加工，並開啟導通孔（圖 2-143（半導體製程（33）））。

依濺射順序形成氮化鈦層 —— 鋁層 —— 氮化鈦。再透過微影、乾式蝕刻以及光阻劑剝離等過程將氮化鈦層 —— 鋁層 —— 氮化鈦層圖形化，以形成第二層的金屬佈線圖形（圖 2-143（半導體製程（34）））。為了保護佈線金屬與迴路元件，必須透過化學氣相沉積法形成鈍化絕緣膜（圖 2-143（半導體製程（35）））。

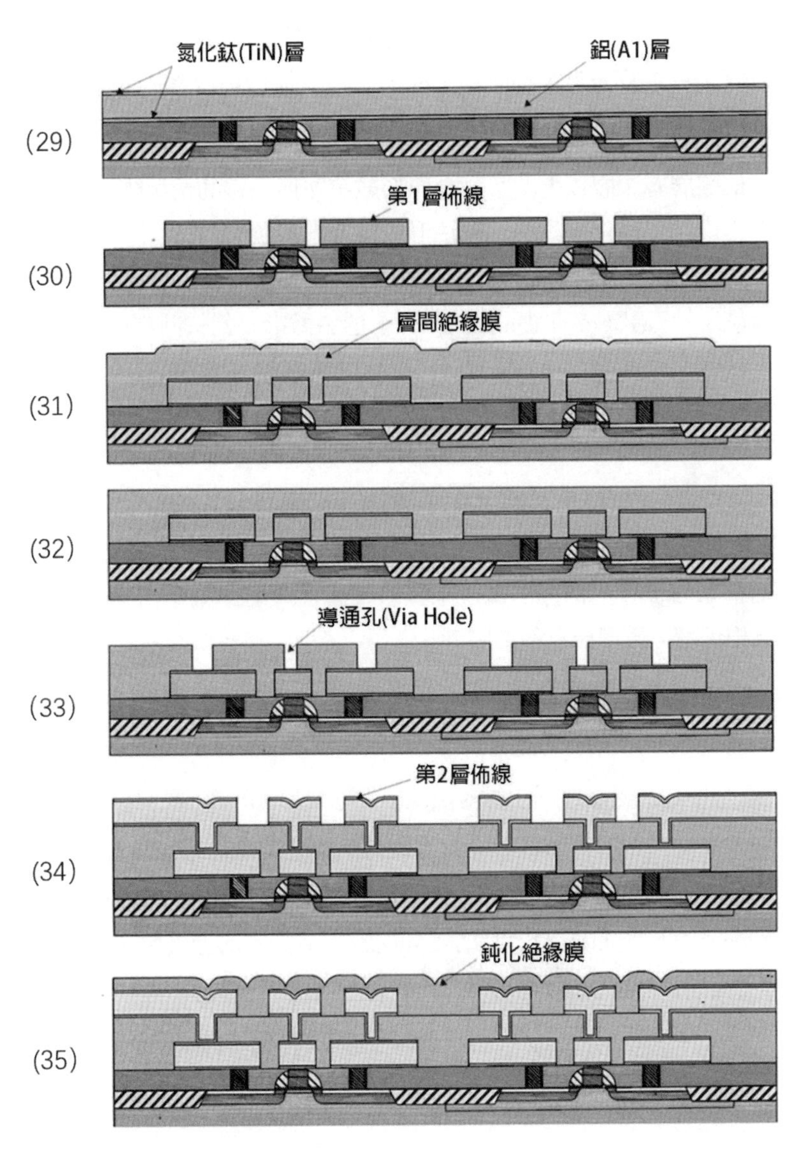

▲ 圖 2-143 在第 1 層金屬層形成電極焊線墊（佈線）示意圖（LSI 製程（29）-（35））

一般來說，會透過使用矽甲烷與氧氣．氮氣的化學氣相沉積法產生矽氧氮化層。並透過微影、乾式蝕刻以及光阻劑剝離等過程，去除 Al 電極上的鈍化絕緣膜，以形成電極焊墊（後段製程中，引線鍵合的部分）。

如果形成的佈線層有 3 層以上（其實會與形成第 2 層佈線的情況相同），此時應反覆進行以下過程數次：以化學氣相沉積法形成層間絕緣膜 —— 以化學機械拋光法研磨至平坦 —— 透過微影、乾式蝕刻以及光阻劑剝離等過程開啟導通孔 —— 以濺射法形成氮化鈦層 —— 鋁層 —— 氮化鈦層 —— 透過微影、乾式蝕刻以及光阻劑剝離等過程將氮化鈦層 —— 鋁層 —— 氮化層圖形化的製程。

2.10.5 銅金屬鍍膜

真空鍍膜是指在真空環境下，將某種金屬或非金屬以氣相的形式沉積到材料表面（金屬鑲嵌），形成一層緻密的薄膜，鍍膜品質對半導體元件的功能形成至關重要。鍍膜工藝的種類有很多，例如：電子束蒸發、磁控濺射、低壓化學氣相沉積、電漿輔助化學氣相沉積、原子層沉積鍍膜等。

從大類上進行分，鍍膜可分為有**電鍍**（**Electro Plating**）與**無電鍍**（**Electroless Plating**）兩種：

1、**電鍍**：利用電解原理在某些金屬表面上鍍上一薄層其它金屬或合金的過程，是利用電解作用使金屬或其它材料製件的表面附著一層金屬膜的工藝。

2、**無電鍍**：無電鍍又稱為**化學鍍**（**Chemical Plating**）或**自身催化電鍍**（**Autocatalyti Cplating**）。無電鍍是指於水溶液中的金屬離子被在控制的環境下，予以化學還原，而不需電力鍍在基材上。

金屬鑲嵌製程會用於較厚的薄膜鍍膜作業，因此會選擇使用電鍍的方式。進行銅鍍膜時，會將晶圓表面浸置於含有硫酸銅等銅金屬鍍膜液（將銅金屬液化的電解質溶液）之中，將晶圓作為陰極、鍍膜液作為陽極後讓電流透過即可於晶圓上解析（形成）出銅膜（如圖 2-144 所示）。

金屬鑲嵌製程的鍍膜為了形成佈線，必須要在細微且具有高縱橫尺寸比率的溝槽及孔洞中製造出沒有接縫或**空隙（Voids）**的佈線，還必須要在與凹下部位同樣高度的水平狀態下才能夠形成銅膜。裝置是在晶圓表面下方放置鍍膜凹槽，再將從鍍膜凹槽下方噴出鍍膜液與晶圓表面接觸後進行鍍膜的噴流式鍍膜裝置(如圖 2-145 所示)。

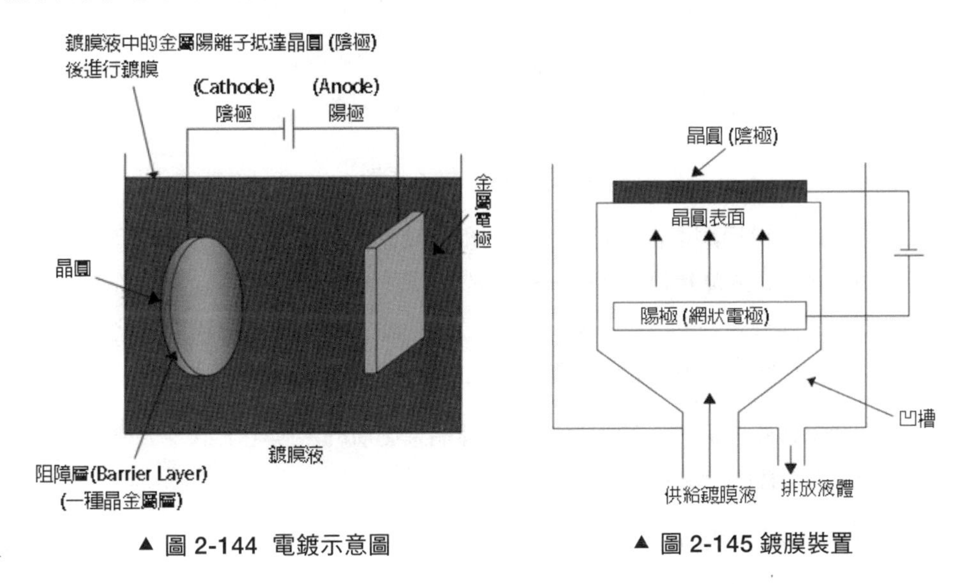

▲ 圖 2-144 電鍍示意圖

▲ 圖 2-145 鍍膜裝置

鍍膜速度是由鍍膜液的種類、通電電流、鍍膜溫度來決定的，因此鍍膜的薄膜厚度可以透過控制鍍膜的處理時間來進行控制。

鍍膜裝置的主要構成內容是裝載機．卸載機、鍍膜處理、清洗．乾燥處理、鍍膜液供給．溫度控制．液體管理系統、液體排放處理（如圖 2-146 所示）。

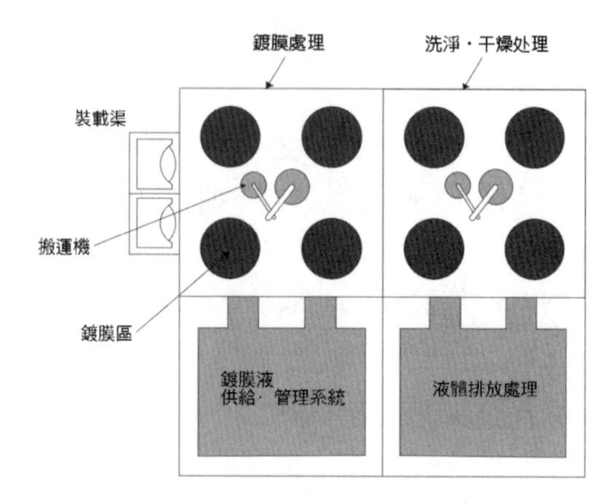

▲ 圖 2-146 鍍膜裝置

半導體之所以會採用銅佈線，是因為銅的電阻較低，且電遷移的耐性較高。此外，為了使銅金屬鍍膜的**晶片尺寸（Grain Size）**必須一致、不能有不純物質混入其中、薄膜內部也不能產生空隙，必須在沒有空隙的狀態下埋入細微的洞與溝槽內部，表面必須平滑且根據佈線圖形的粗密程度狀態來降低鍍膜混亂的情形。

今後，銅金屬鍍膜方面，必須面對的還有種晶金屬層的薄膜化，以及去除晶種層直接對隔離膜進行鍍膜等課題。

種晶金屬層的薄膜化是指在電鍍的情況下，以晶圓上所附著的晶種層為主，環繞在整個晶圓周圍形成導電層。晶種層薄膜化會提高電阻能力，因此在與晶圓接續的端子附近以及與晶圓分離的部分會產生鍍膜厚度上的差異，想要薄膜化反而會產生更多的問題。

再來講無電鍍。此方法是不需要使用電能於金屬水溶液中的金屬離子，而是透過置換反應或是氧化還原反應對金屬進行鍍膜的方法。由於鍍膜的速度很慢，因此不適用於較厚的成膜作業。

此外，銅金屬是相當容易在矽中擴散的金屬，如果銅金屬在矽中擴散恐會造成迴路短路的情形。因此，在製造生產線中的鍍膜裝置，以及欲處理已完成銅金屬鍍膜晶圓時必須特別注意，銅金屬的化學機械拋光製程也必須與其他的製程進行隔離。

2.10.6 絕緣膜塗佈方法

大多會使用化學氣相沉積、物理氣相沉積等方法形成薄膜，但是如想形成氧化膜及 Low-k 層（低介電常數）等絕緣膜就必須使用塗佈溶液成膜的方法，並使用**旋塗絕緣介質（SOD：Spin-On Dielectric，也被稱為「自旋電介質」，由於主要絕緣膜是矽氧化膜，所以 SOG（G 是 Glass 的縮寫，意為剝離）**的稱呼也比較普遍)。旋塗絕緣介質（SOD）是將氧化膜與有機聚合物（高分子）等容易進行旋轉塗佈，在形成一致的薄膜之後再以熱處理方式進行固化而成的方法。

旋轉塗佈裝置是使用與光阻劑塗佈基本構造相同的裝置。旋轉塗佈裝置是將一片晶圓放置於水平的晶圓載物臺上，從晶圓中央以噴嘴滴下一定量的液體狀塗佈液後，再將晶圓進行高速旋轉使其形成均一的薄膜（例如像是氧化膜等）。

塗佈裝置的主要構造有：裝載機 · 卸載機、旋轉台、塗佈液供給、浸洗噴嘴、塗佈凹槽、排氣（如圖 2-147 所示）。塗佈膜的薄膜厚度主要是由塗佈液的種類、晶圓旋轉數來控制。

在旋轉塗佈裝置方面，由於從噴嘴滴下的塗佈材料中，真正會在晶圓上作為絕緣膜的使用量其實相當少，而且大部分都會因為旋轉而飛散出去，材料的使用效率並不佳。

除了採用旋塗絕緣介質的塗佈絕緣膜方法外，還有一種是掃描塗佈。掃描塗佈的方法並不需要將溶液以旋轉方式塗佈，只要數 10~100um 左右的劑量，用非常細的噴嘴尖端同樣在整個晶圓上做材料溶液的塗佈即可。由於不會對晶圓進行旋轉，因此不會使其飛散至材料溶液的周邊。

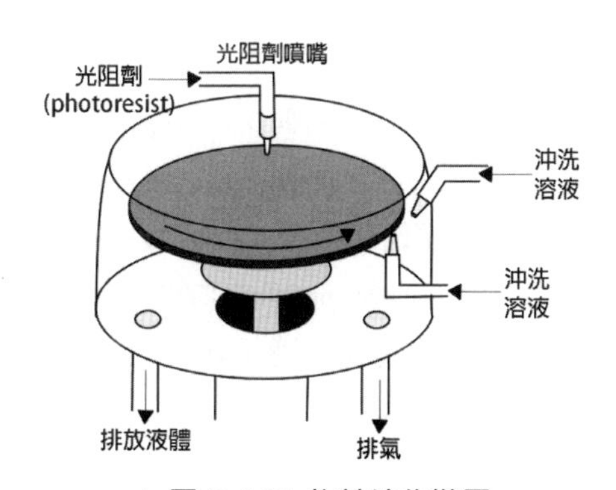

▲ 圖 2-147 旋轉塗佈裝置

這個方法的優點是材料使用效率較高，裝置的維護也相當容易。可以從一個噴嘴的前端開始以平移方式進行全面性的塗佈，或者用多個噴嘴以線狀方式進行塗佈（如圖 2-148 所示）。

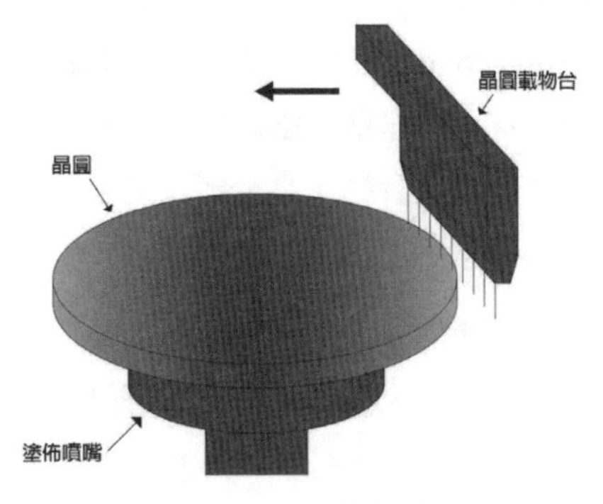

▲ 圖 2-148 掃描塗佈

2.10.7 銅金屬鑲嵌法（佈線）

接下來對適用於前瞻半導體佈線 —— 銅佈線金屬鑲嵌法製程進行講解。

銅比鋁的阻抗性弱，電遷移的耐性強，因此必須提升半導體的性能與可信賴度。由於透過乾式蝕刻的細微加工較為困難，因此會採用金屬鑲嵌法製程，以擴大佈線平坦化技術的適用廣度。銅佈線的金屬鑲嵌法製程是透過個別形成孔洞（Bare）與佈線的單金屬鑲嵌法製程，在孔洞與佈線進行一次銅鍍時，以化學機械拋光方式埋入銅金屬以形成佈線的雙層金屬鑲嵌法製程（如圖 2-149 所示）。

1、以化學氣相沉積法形成**制動器（Stopper）**絕緣膜、層間絕緣膜與佈線間絕緣膜；
2、重複兩次使用微影技術以形成電路圖形，經過蝕刻、光阻劑剝離後再在佈線間絕緣膜、層間絕緣膜以及制動器絕緣膜上建立孔洞以及在佈線部分形成佈線溝槽圖形。制動器絕緣膜是在佈線間絕緣膜、層間絕緣膜蝕刻、進行圖形加工時發揮蝕刻制動（Etching Stopper）的功能；
3、以**制動（Stopper）法**形成**金屬緩衝層（Metal Buffer Layer）**（防止銅金屬擴散膜：TiN、TaN 等）以及**銅籽晶金（Seed Metal）薄膜（以電鍍的方式覆蓋上銅金屬的薄膜）**；
4、和埋設導通孔與佈線溝槽的方法一樣，對銅金屬進行電鍍；
5、以化學機械拋光法研磨銅金屬，此時會在導通孔與佈線溝槽內殘留一些銅金屬。接著再研磨金屬緩衝層，以形成銅金屬的佈線圖形。

此外，在面對多層佈線的情況時，需要反覆進行 1~5 的步驟。

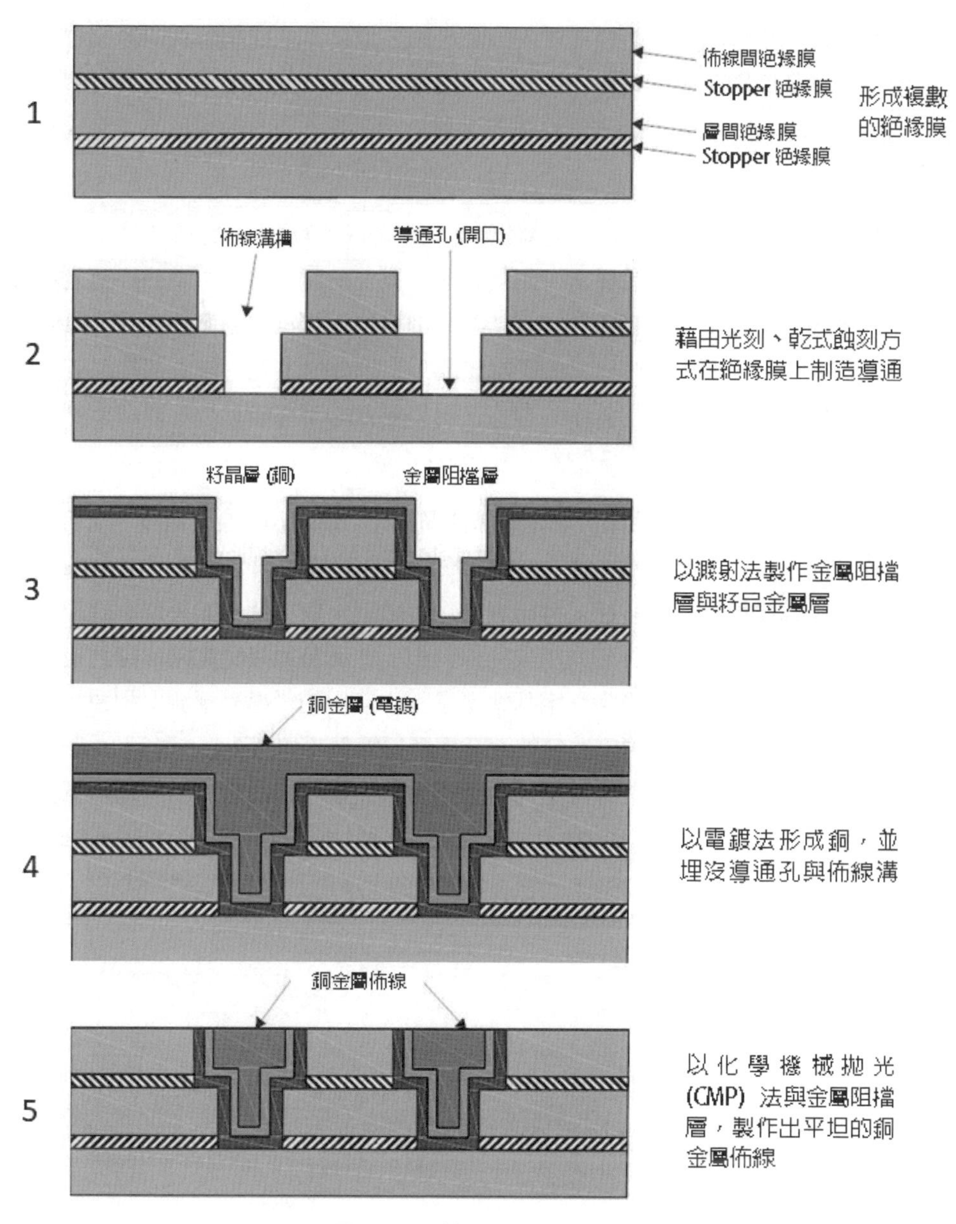

▲ 圖 2-149 雙層金屬鑲嵌法製程

2.10.8 晶圓電路檢查

很多的半導體晶片是如圍棋盤般被置入晶圓上的，但是正如前面所說明的製程中，往往會因為許多原因而產生雜質、傷痕、汙漬等。這些雜質、汙漬等如果附著在晶圓上，就會被埋入光阻劑、氧化層 Al 層等薄膜之中，造成部分的圖形不正常或有所缺陷。

此外，在離子植入等情況下，由於有雜質、傷痕、汙漬等混入會造成無法正常注入不純物質的情形，稱的為擴散異常。如果許多被置入晶圓上的半導體晶片有上述圖形缺陷、擴散異常或是製造裝置異常等情形，則無法進行正常的迴路動作。晶圓電路檢查製程就是為了取出這些異常的半導體晶片，因此必須逐一檢查每片晶圓上的電路狀況，以判定是否為正常運作的製程。對於異常的半導體晶片，要貼上不合格標籤，以便區分成品的品質是否合格。

晶圓電路檢查製程，首先要將晶圓設定在**晶圓測試（Chip Probing）**階段，配合已確定的晶圓方向，並正確配合半導體內部所形成的電極焊線墊與金屬探針（Probe）前端的位置。半導體種類有很多種，電極焊墊也有數百至數千個，如果想準確配合電極位置，必須使用由許多探針並列組成的探針板，並切實連接好電路。探針板會與整合量測專案、量測順序、優劣判定基準等過程中使用的半導體感測器相連接，這樣半導體感測器會經由探針將電力信號送至電極焊線墊（如圖 2-150 所示）。該信號經由晶片內的迴路後，會再從焊線墊將電力信號傳送至半導體感測器，即可量測出電路的狀況。

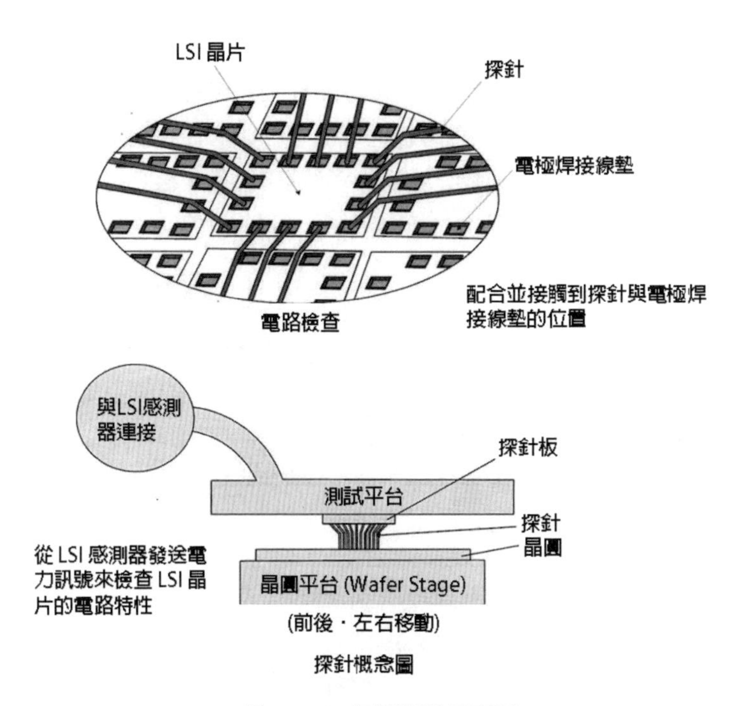

▲ 圖 2-150 探針測試示意圖

每一晶片都必須經過各式各樣的迴路檢測，綜合性地判斷其品質的優劣情形，其中的劣質品會被打標。等到一片晶圓上的所有晶片都被檢測過後，才會對下一片晶圓繼續檢查。

在前段製程中，半導體元件會先在晶圓基板上燒出一個迴路，再把數百個半導體元件（晶片）嵌至一張晶圓上。再由晶圓檢查過程判定出每一片晶片的良莠後將每一片晶片分離，再重新組合成讓客戶可以輕鬆處理的半導體封裝形狀。之後，便將其作為一個半導體封裝產品進行電路功能檢查並選出優品，再完成最後的電路特性檢查以及外觀檢查後才得以將成品交付給客戶（如圖 2-151 所示）。

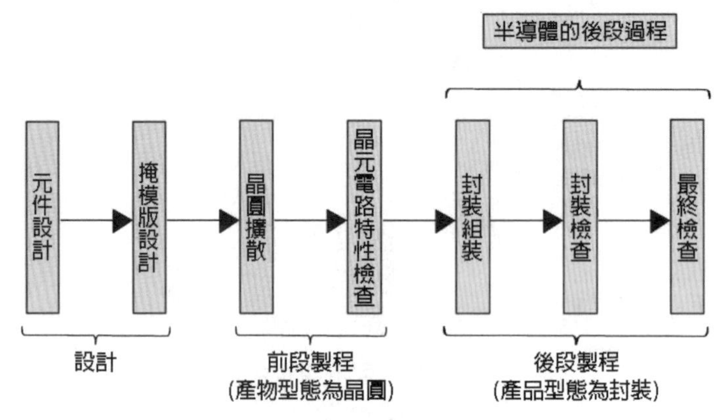

▲ 圖 2-151 半導體製程簡圖

3
CHAPTER
後段製程

作為半導體製造的後段製程，封裝工藝包含**背面研磨（Back Grinding，也叫「減薄」）**、**切割／劃片（Dicing）**、**晶片鍵合**、**引線鍵合（Wire Bonding）**及**模塑成型（Molding）**、打標（Marking）、互連以及**切單（Singulaton）**等步驟。這些工藝的順序可根據封裝技術的變化進行調整、相互結合或合併（如圖 3-0 所示）。

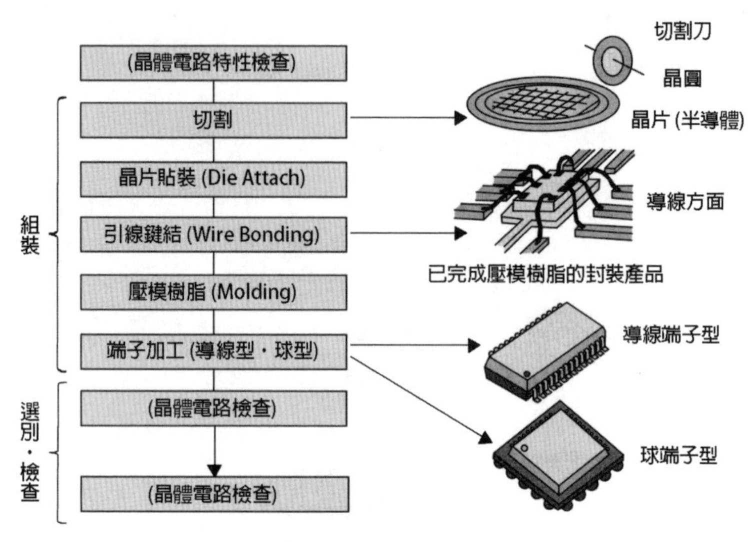

▲ 圖 3-0 半導體製造的後段製程示意圖

3.1 測試

半導體測試的主要目的之一就是防止不良產品出廠。一旦向客戶提供不良產品，客戶對我們的信任就會大打折扣，進而導致公司銷售業績的下降，還會引發賠償等資金上的損失。因此，我們必須在產品出廠前對其進行細緻的全面檢測。半導體測試驗根據產品的各種特性，對其各參數進行測試，以確保產品的品質和可靠度。當然，這需要時間、設備和勞動力上的投入，產品的製造成本也會隨之增加。因此，眾多測試工程師正致力於減少測試時間和測試參數。如圖 3-1 所示，封裝和測試工藝的第一步就是晶圓測試。

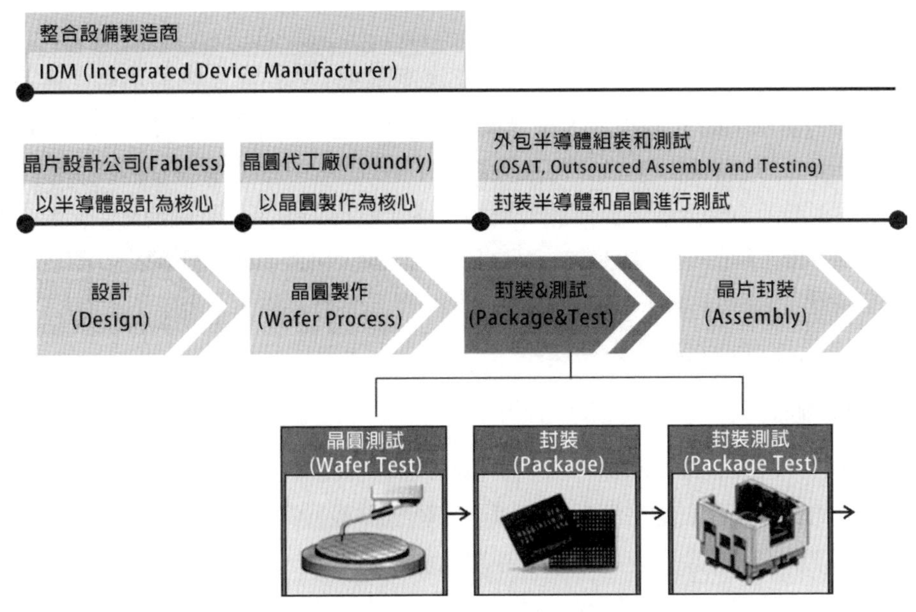

▲ 圖 3-1 封裝和測試工藝的第一步就是晶圓測試

3.1.1 測試種類

測試工藝可依據不同的測試物件，分為晶圓測試和封裝測試；也可根據不同的測試參數，分為溫度、速度和運作模式測試等三種類型（見表 3-1）。

▸ 表 3-1 檢測步驟說明表格

溫度測試	高溫測試	檢驗晶片能否在超出最高溫度 10% 或更高的溫度下運作
	低溫測試	檢驗晶片能否在低於最低溫度 10% 或更低的溫度下運作
	室溫測試	檢驗晶片能否在室溫（25°C）下運作
* 儲存半導體的高溫和低溫測試要求分別是 85-90°C 和 -5-40°C		
速度測試	核心測試	檢查核心功能是否有效
	速度測試	測試運動速度
運動測試	直流測試	施加直流電，檢查電流和電壓是否正常
	交流測試	施加交流電以檢驗運動特性（產品輸入 / 輸出切換時間等）
	功能測試	檢查所有功能是否正常

一、溫度測試

以施加在試驗樣品上的溫度為標準：在高溫測試中，對產品施加的溫度比**產品規格（Spec：specification 的縮寫，指產品配置，即製造產品時在設計、製作方法上或對所需特性的各種規定）**所示溫度範圍的上限高出 10%；在低溫測試中，施加溫度比規格下限低 10%；而恆溫測試的施加溫度一般為 25℃。在實際使用中，半導體產品要在各種不同的環境中運作，因此必須測試產品在不同溫度下的運作情況以及其**溫度裕度（Temperature Margin）**。以半導體記憶體為例，高溫測試範圍通常為 85~90℃，低溫測試範圍為 -5~-40℃。

二、速度測試

又分為**核心（Core）**測試和速率測試。核心測試主要測試試驗樣品的核心運作，即是否能順利實現原計劃的目標功能。以半導體記憶體為例，由於其主要功能是資訊的儲存，測試的重點便是有關資訊儲存單元的各項參數。速率測試則是測量樣品的運作速率，驗證產品是否能按照目標速度運作。隨著對高速運轉半導體產品需求的增加，速率測試目前正變得越來越重要。

三、運作模式測試

細分為**直流測試（DC Test）**、**交流測試（AC Test）**和**功能測試（Function Test）**：直流測試驗證直流電流和電壓參數；交流測試驗證交流電流的規格，包括產品的輸入和輸出轉換時間等運作特性；功能測試則驗證其邏輯功能是否正確運作。以半導體記憶體為例，功能測試就是指測試**儲存單元（Memory Cell）**與記憶體周圍電路邏輯功能是否能正常運作。

3.1.2 晶圓測試內容

晶圓測試的物件是晶圓，而晶圓由許多晶片組成，測試的目的便是檢驗這些晶片的特性和品質。為此，晶圓測試需要連接測試機和晶片，並向晶片施加電流和信號。

完成封裝的產品會形成像**錫球（Solder Ball）**一樣的**引腳（Pin，又叫管腳，就是從積體電路（晶片）內部電路引出與週邊電路的接線，所有的引腳就構成了這塊晶片的介面。引線末端的一段，透過軟釺焊使這一段與印製板上的焊盤共同形成焊點）**，利用這些引腳可以輕而易舉完成與測試機的電氣連接。但在晶圓狀態下，連接兩者就需要採取一些特殊的方法，比如**探針卡（Probe Card）**。

如圖 3-2 所示，探針卡是被測晶圓和測試機的介面，卡上有很多探針（與**晶圓焊盤（Pad）**進行電氣連接和直接接觸的針狀物）可以將測試機通訊介面和晶圓的焊盤直接連接起來，卡內還佈置了很多連接探針與測試機的連接線材。探針卡固定在測試頭上，晶圓探針台透過使探針卡與晶圓焊盤點精準接觸，完成測試。

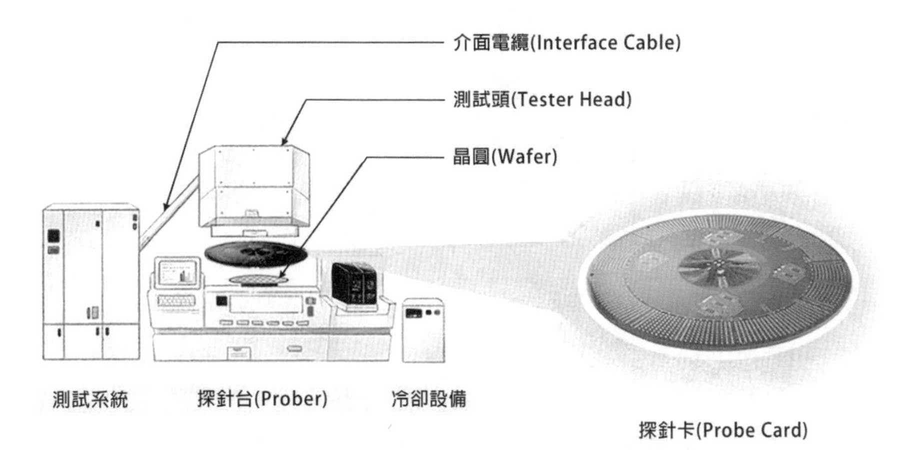

▲ 圖 3-2 晶圓測試系統模式圖

將晶圓正面朝上裝載後，再把上右側的探針卡反過來使針尖朝下，實現與晶圓焊盤的準確對位。這時，溫度調節設備根據測試所需溫度條件，施加相應溫度。測試系統透過探針卡傳送電流和信號，並匯出晶片訊號，從而讀取測試結果。

探針卡要根據被測晶片的焊盤佈局和晶圓晶片排布製作，即探針與被測晶圓焊盤佈局要一致。而且，要按照晶片排列，反覆排布探針。其實，在實際操作中，僅憑一次接觸是無法測試晶圓的所有晶片的。因此，在實際量產過程中要反覆接觸 2~3 次。

電子管芯分選（EDS：Electrical Die Sorting）就是一種檢驗晶圓狀態中各晶片的電氣特性並由此提升半導體**良率（Yield）**的工藝。一般來講，依次按照「**電氣參數監控（EPM：Electrical Parameter Monitoring）**→ 晶圓老化（Wafer Burn-in）→ 測試 → **維修（Repair）**→ 封裝測試、老化測試、運作測試→**外觀（Visual）**檢測」順序進行（如圖 3-3 所示）。下面，我們來詳細講解一下晶圓測試的具體工序。

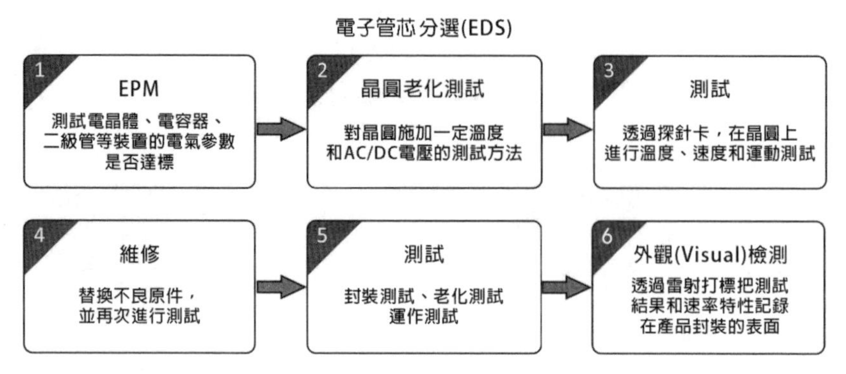

▲ 圖 3-3 電子管芯分選（EDS）測試示意圖

3.1.2.1 電氣參數監控（EPM）

測試可以篩選出不良產品，又可以回饋正在研發或量產中的產品缺陷，從而進行改善。相比而言，電氣參數監控的主要目的是後者，即透過評價分析產品單位元件的電氣特性，對晶圓的製作工序提供回饋。具體來說，就是在進入正式晶圓測試前，採用電學方法測量電晶體的特性和接觸電阻，驗證被測產品是否滿足設計和元件部門提出的基本特性。從測試的角度來看，就是利用元件的電學性能提取**直流參數（Parameter）**，並監控各單位元件的特性。

3.1.2.2 晶圓老化（Wafer Burn-in）測試

以時間函數揭示了產品生命週期中的不良率（曲線呈現出如同浴缸的形狀，故被稱作**浴盆曲線（Bath-Tub Curve）**（如圖 3-4 所示）。**早期失效（Early failure）**期，產品因製作過程中的缺陷所導致的失效率較高；製造上的缺陷消失後，產品進入**偶然失效（Random failure）**期，在此期間，產品的失效率降低；產品老化磨損後進入**耗損（Wear out）**失效期，失效率明顯再次上升。可見，如果完成產品後立即提供給客戶，早期失效會增加客戶的不滿，造成退貨等產品問題的可能性也很大。

「老化」的目的就是為識別產品的潛在缺陷，提前發現產品的早期失效狀況。晶圓老化是在晶圓產品上施加溫度、電壓等外界刺激，剔除可能發生早期失效的產品的過程。

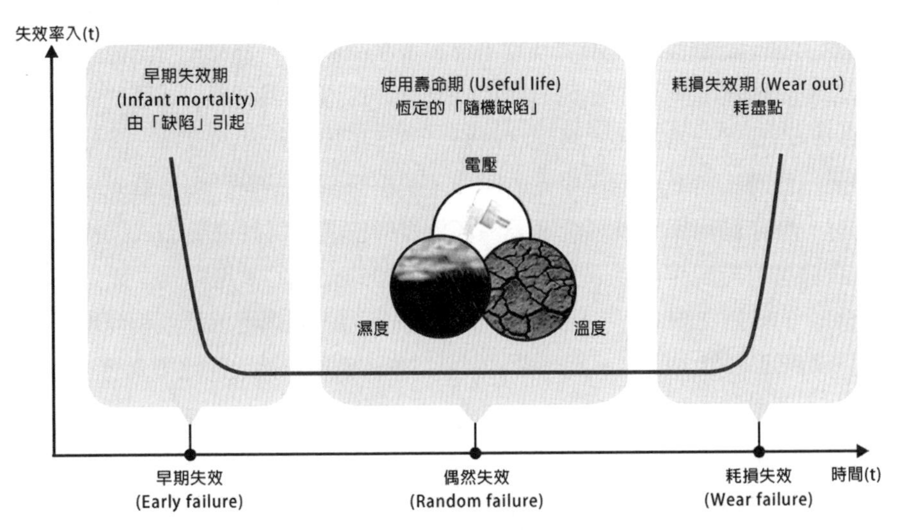

▲ 圖 3-4　產品使用時間與不良率關係浴盆曲線示意圖

3.1.2.3 晶圓測試

在**晶圓老化**測試剔除早期失效產品後使用探針卡進行晶圓測試。晶圓測試是在晶圓上測試晶片電學性能的工序。其主要目的包括：提前篩選出不良晶片、事先剔除封裝 / 組裝（與基板或系統實現電氣或直接連接、組裝的工序）過程中可能產生的不良產品並分析其原因、提供工序回饋資訊，以及透過**晶圓級驗證（Wafer Level Verification）**提供元件與設計上的回饋等。

在晶圓測試中篩選出的部分不良**單元（Cell：為在記憶元件儲存資訊所需的最小單位的單元陣列，例如 DRAM 儲存單元由一個電晶體和一個電容器組成）**，將會在我們下面要講到的維修過程中被**備用單元（Redundancy Cell）**替換。為測試這些備用單元是否能正常工作，以及晶片能否成為符合規格的產品，在維修工序後，必須重新進行一次晶圓測試。

3.1.2.4 維修（Repair）

維修作為記憶體半導體測試中的一道工序，是透過**維修演算法（Repair Algorithm）**，以備用單元取代不良單元的過程。假設在晶圓測試中發現動態隨機存取記憶體 256bit 記憶體的其中 1bit 為不良，該產品就成了 255bit 的記憶體。但如果經維修工序，用備用單元替換不良單元，255bit 的記憶體就又重新成了 256bit 的記憶體，可以向消費者正常銷售。可見，維修工序可以提高產品的良率，因此，在設計半導體記憶體時，會考慮備用單元的製作，並根據測試結果以備用單元取代不良單元。當然，製作備用單元就意謂著要消耗更多的空間，這就需要加大晶片的面積。因此，我們不可能製作可以取代所有不良記憶體的充足的備用單元（比如可以取代所有 256bit 的備用 256bit 等）。要綜合考慮工藝能力，選擇可以最大程度地提升良率的數量。如果工藝能力強，不良率少，便可以少做備用單元，反之則需要多做。

維修可分為**列（Column）**單位和**行（Row）**單位：備用列取代不良單元所在的列；備用行取代不良單元所在的行。

動態隨機存取記憶體的維修要先切斷不良單元的列或行，再連接備用列或行。維修可分為雷射維修和**電子保險絲（e-Fuse）**維修。雷射維修，顧名思義，就是用雷射燒斷與不良單元的連接。這要求先脫去晶圓焊盤周圍連線的**保護層（Passivation layer）**，使連接線裸露出來。由於完成封裝後的晶片表面會被各種封裝材料所包裹，雷射維修方法只能用於晶圓測試。電子保險絲維修則採用在連接線施加高電壓或電流的方式斷開不良單元。這種方法與雷射維修不同，它透過內部電路來完成維修，不需要脫去晶片的保護膜。因此，除晶圓測試外，該方法在封裝測試中也可使用。

3.1.2.5 封裝測試（Package Test）

在晶圓測試中被判定為良品的晶片，經封裝工序後需要再進行封裝測試，因為這些晶片在封裝工序中有可能發生問題。而且，晶圓測試同時測試多個晶片，測試設備性能上的限制可能導致其無法充分測試目標參數。與此相反，封裝測試以封裝為單位進行測試，對測試設備的負荷相對較小，可以充分測試目標參數，從而選出符合規格的良品。

封裝測試方法如圖 3-5 所示：先把封裝引腳（圖中為錫球）朝下裝入封裝測試插座內，使引腳與插座內的引腳對齊，然後再將封裝測試插座固定到**封裝測試板**（**Package Test Board**）上進行測試。

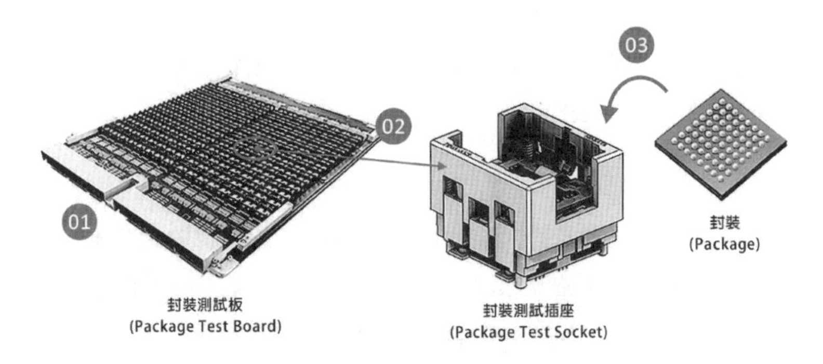

▲ 圖 3-5 封裝測試系統示意圖

3.1.2.6 老化測試（TDBI：Test During Burn-In）

前文也提到過，「老化」是為了提前發現產品的早期失效，向晶圓產品施加溫度、電壓等外界刺激的工序。這一工序既可在晶圓測試中進行，也可在封裝測試階段進行。封裝後實施的「老化」被稱為老化測試。大部分半導體產品在晶圓和封裝測試均進行老化測試，以便更加全面地把握產品的特性，尋找縮減老化時間和工序數量的條件。可見，老化對於量產來說是一道最有效的工序。

3.1.2.7 運作測試

這是驗證**資料手冊**（**Data Sheet：定義半導體產品基本配置與特性等具體資訊的檔**）中定義的運作模式在使用者環境中能否正常工作的流程。透過溫度測試，檢驗產品交流 / 直流參數的缺陷，以及**單元 & 週邊電路**（**Cell & Peri**）區域的運作是否滿足客戶要求的規格。此時，需要在比資料手冊中規定的條件更為惡劣的條件下，甚至是最糟糕的條件下進行測試。

3.1.2.8 外觀（Visual）檢測

完成所有測試後，需透過**雷射打標**（**Laser Marking**）把測試結果和速率特性（尤其是需要區分速率時）記錄在產品封裝的表面。經封裝測試和雷射打標後，將良品裝入封裝**託盤**（**Tray**），產品即可出廠了。當然，在出廠前，還要進行最後一道測試 —— 外觀檢測，以剔除外觀上的缺陷。外觀檢測主要檢視是否有龜裂、打標錯誤、裝入錯誤的託盤等問題；錫球方面主要檢查球是否被壓扁，或球是否脫落等問題。

3.1.2.9 打標 / 標記（Marking）

未能透過**電氣測試**（**ET：Electrical test**）的晶片已經在之前幾個步驟中被分揀出來，但還需要打標才能區分它們。

為了便於在積體電路封裝表面辨識商標（製造商）、原產地、產品名稱、批次編號等，會以印刷字或是文字刻印等方式來進行打標（如圖 3-6 所示）。

標記裝置

一般來說，打標作業會在半導體封裝的最後才進行。然而對於儲存卡等產品，會依據產品的電力特性進行等級區分標示，因此有時也會在電力特性測試後才進行打標作業。打標方式可大致區分為：墨水印刷以及雷射印字方式。

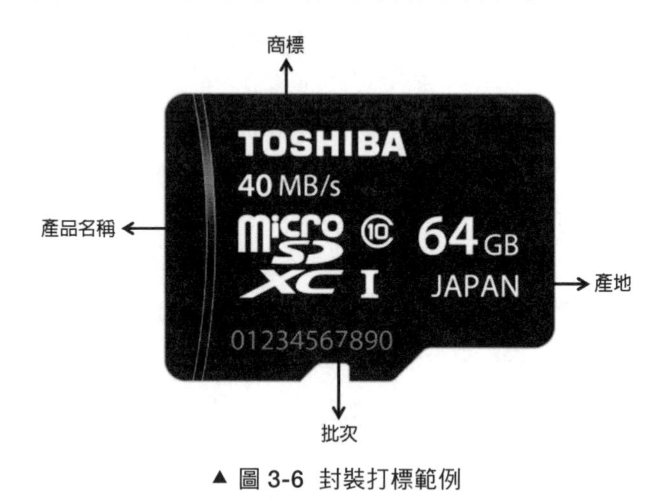

▲ 圖 3-6 封裝打標範例

一、墨水印刷（打標）裝置

在封裝的黑底上使用白色加熱硬化型或紫外線硬化型墨水將預定標示的文字以孔版印刷方式進行標記。樹脂表面附著有助焊劑類的金屬離型劑（包含塑膜封裝樹脂）

過去都是採用有機溶劑來去除該助焊劑類的藥劑。近年來根據環保等相關法律法規，已經採用**氬炬**（**Torch**）的方法代替有機溶劑來去除封裝樹脂表面的助焊劑。裝置方面一般是一體成型的，是由在封裝表面燒卻、清洗的氬炬部位，以及將墨水供給至轉寫滾輪後再將墨水樹脂塗佈於標打打標刷版讓樹脂標打打標刷版成為封裝表面的印刷轉寫部位，以及墨水硬化部位所組成，特別是紫外線硬化型在避免進行熱處理方面特別厲害。

墨水印刷方式是在黑底上標示白字，雖然具有容易辨識的優點，然而在印刷時卻難以看到文字缺陷或是在後續的作業中可能會使文字變色，因而難以辨識。此外，由於在作業裝置中會使用到氧氣，因此必須特別注意到安全的問題，再者，墨水的汙染以及有機溶劑等清潔也很費時費力，因此雷射標記法逐漸成為主流。

二、雷射標記方式裝置

將碳酸瓦斯雷射及**釔鋁石榴石（YAG：Yttrium AluminumGarnet）**雷射光線，照射至積體電路封裝表面使樹脂部分溶融後，即可印上想要顯示的文字。雷射標記是將雷射聚焦為一個光點，以一筆劃連續掃描的方式描繪文字，或是將雷射光整個照射於積體電路封裝表面，透過描繪有顯示文字需求的金屬板或玻璃掩膜版進行整體式印字的方式。

一筆劃方式的光源只要使用小型雷射即可，此外由於不需要事先燒好欲標記的文字，因此可適用於量少、種類多的生產。另一方面，由於整體掩膜版方式已經將想要標示的文字事先整體燒出，因此可以縮短作業時間，適用於量大、種類少的生產。

雷射方式雖然比墨水印刷方式的辨識度困難，但是由於較能夠抵抗機械、化學的變化，並且不易消失，因此可以維持半永久的品質，可以說是用來改善包括設備清洗等作業較環保的一種標記方式。

隨著科學技術的快速發展，如今則實現了由系統根據測試資料值自動進行分揀。

3.2 封裝 —— 概念、工藝等級

3.2.1 半導體封裝的概念及作用

如圖 3-7 所示，展示了針對新晶片的封裝技術開發流程。通常，在製造半導體產品時，晶片設計和封裝設計開發會同時進行，以便對它們的特性進行整體優化。鑒於此，封裝部門會在晶片設計之前首先考慮晶片是否可封裝。在可行性研究期間，首先對封裝設計進行粗略測試，以對電氣評估、熱評估和結構評估進行分析，從而避免在實際量產階段出現問題。在這種情況下，半導體封裝設計是指基板或引線框架的佈線設計，因為這是將晶片安裝到主機板的媒介。

封裝部門會根據封裝的臨時設計和分析結果，向晶片設計人員提供有關封裝可行性的回饋。只有完成了封裝可行性研究，晶片設計才算完成。接下來是晶圓製造。在晶圓製造過程中，封裝部門會同步設計封裝生產所需的基板或引線框架，並由後段製造公司繼續完成生產。與此同時，封裝工藝會提前準備到位，在完成晶圓測試並將其交付到封裝部門時，立即開始封裝生產。

半導體產品必須進行封裝，以檢測和驗證其物理特性。同時，可透過可靠性測試（Reliability Tester）等評估方法對設計和流程進行檢驗。如果特性和可靠性不理想，則需要確定原因，並在解決問題之後，再次重複封裝流程。最終，直到達成預期特性和可靠性標準時，封裝開發工作才算完成。

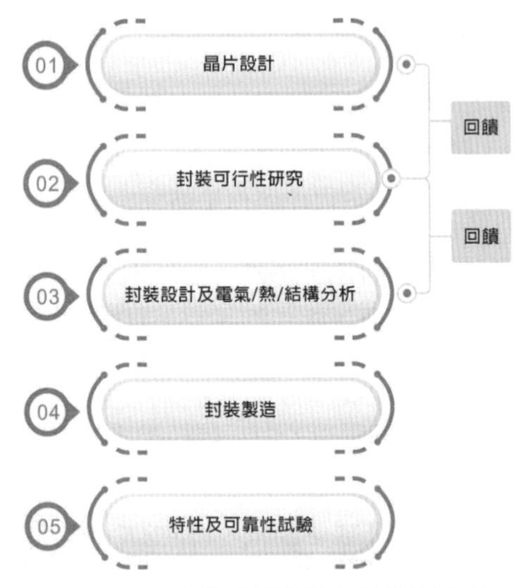

▲ 圖 3-7 半導體封裝技術的開發流程

半導體封裝主要有機械保護、電氣連接、機械連接和**散熱（Heat Dissipation）**四個主要作用：

（1）保護半導體晶片免受外部衝擊或損壞；

（2）將外部電源傳輸至晶片，以確保晶片的正常運行；

（3）為晶片提供線路連接，以便執行信號輸入和輸出操作；

（4）合理分配晶片產生的熱量，以確保其穩定運行。近來，散熱或熱分配功能的重要性與日俱增。

其中，半導體封裝的主要作用是透過將晶片和元件密封在**環氧樹脂模塑膠（EMC：一種熱固性塑膠，具有優異的機械、電絕緣和耐溫特性，能夠在固化劑或催化劑的作用下進行三維固化）**等封裝材料中，保護它們免受物理性和化學性損壞。儘管半導體晶片由數百個晶圓工藝製成，用於實現各種功能（如圖 3-8 所示），但主要材質是矽。矽像玻璃一樣，非常易碎。而透過眾多晶圓工藝形成的結構同樣容易受到物理性和化學性損壞。因此，封裝材料對於保護晶片至關重要。

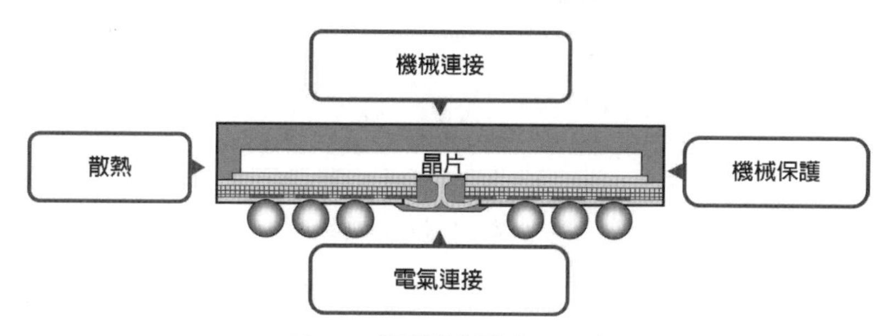

▲ 圖 3-8 半導體封裝作用示意圖

半導體封裝是指將透過測試的晶圓按照產品型號及功能需求加工得到獨立晶片的過程。首先為來自晶圓前道工藝的晶圓透過切割工藝後被切割為小的晶圓，然後將切割好的晶圓用膠水貼裝到相應的基板架的小島上，再利用超細的金屬（金、錫、銅、鋁）導線或者導電性樹脂將晶圓的鍵合焊盤連接到基板的相應引腳並構成所要求的電路；然後再對獨立的晶圓用塑膠外殼加以封裝保護，塑封之後還要進行一系列操作，封裝完成後進行成品測試，通常經過**入檢（Incoming）**、**測試（Test）和包裝（Packing）**等工序，最後入庫出貨。

具體而言，首先將切割好的優質晶片放置於導線架中央的台座（晶片架）上，並黏著使其固定（用晶片鍵合或**支架（Mount）**固定（如圖 3-9 所示）。再將晶片上的金屬電極焊墊與導線架上的金導線以金導線（直徑約 3um）連接（引線鍵合）（如圖 3-10 所示）。只有透過該金導線才能夠連接上外部的電力信號。

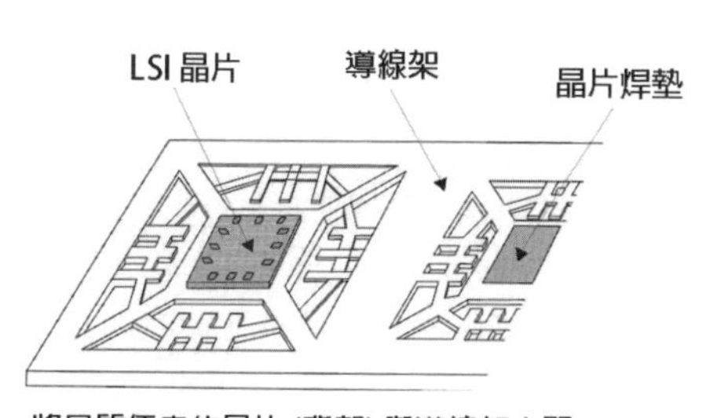

▲ 圖 3-9 晶片貼裝

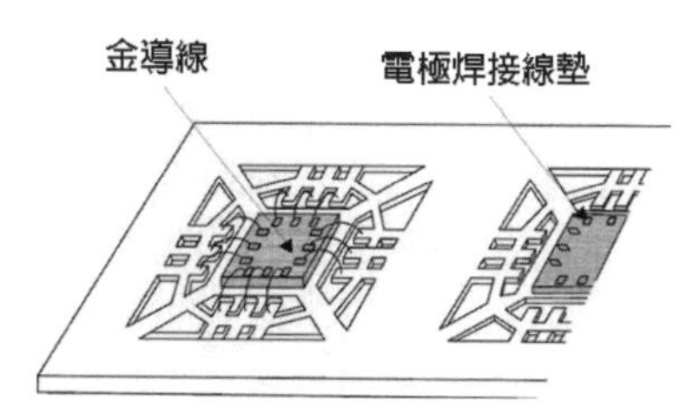

▲ 圖 3-10 引線鍵合

搭載晶片的導線架是用金屬搭建的，使原本就具有熱硬化特性的壓模樹脂透過加熱使其變成流體後，再將其壓入金屬內部（模塑封裝）（如圖 3-11 所示）。當壓模樹脂覆蓋住晶片與金導線後，即可保護晶片與金導線不會受到傷痕雜質、汙漬、濕氣等影響。接著，必須去除在前述的模塑製程中，導線架周邊的樹脂殘渣（**Deflasher：模塑溢料殘渣去除裝置**），並在導線架表面上進行錫鉛合金電鍍（導線架電鍍）。

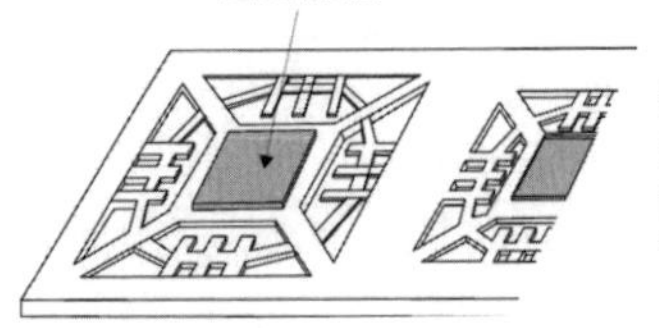

▲ 圖 3-11 模塑封裝

在模塑周邊的導線等地方進行加工（導線加工）（如圖 3-12 所示）後，繼續在導線加工製程中進行一連串的過程：

1、打開並去除導線及與其所連接的**連接杆（Tie Bar/ Dam Bar，也稱阻杆）**；
2、切斷半導體周邊的導線，使其與導線架分離（導線切斷），
3、形成半導體導線所被決定的最終外型（導線成型）。

最後，再在壓模樹脂表面用雷射的方法印上製造廠商名稱、品名等（打標）（如圖 3-13 所示）。

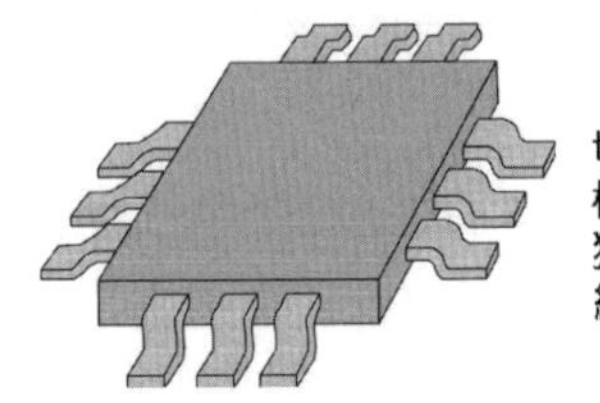

▲ 圖 3-12 導線加工

▲ 圖 3-13 打標

經過之前幾個工藝處理的晶圓上會形成大小相等的方形晶片。下面要做的就是透過切割獲得單獨的晶片。剛切割下來的晶片很脆弱且不能交換電信號，需要單獨進行處理。這一處理過程就是封裝，包括在半導體晶片外部形成保護殼和讓它們能夠與外部交換電信號。

總體而言，整個封裝製程大致可分為背面研磨、晶圓切割、鍵合、堆疊、互連、模塑成型、檢查和封裝測試等工藝步驟。

3.2.2 半導體封裝工藝等級發展

封裝技術主要包括了：**內部結構（Internal Structure）**技術；**外部結構（External Structure）**技術；**表面安裝技術（SMT：Surface Mounting Technology）**。對於「怎麼裝」，**晶圓級封裝（WLP）**（後文有詳細講述）提出了新的方式。在**傳統（Conventional）**封裝中，是「先切割，再封裝」，即將）切割成獨立的晶圓後，對每個晶圓進行封裝（如圖 3-14 所示）。而晶圓級封裝是「先封裝，再切割」，這使得前後道工藝融合，大幅縮短了生產步驟及成本，並使得封裝後的晶片尺寸與晶圓一致（如圖 3-15 所示）。

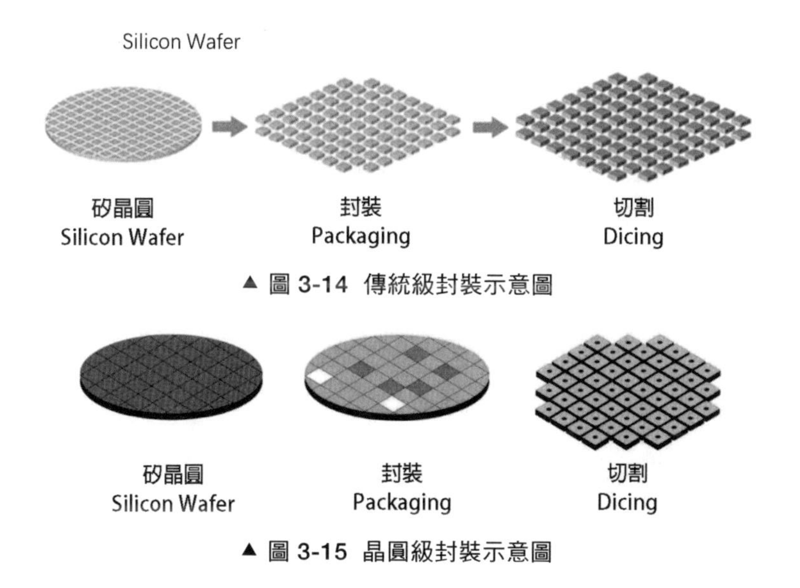

▲ 圖 3-14 傳統級封裝示意圖

▲ 圖 3-15 晶圓級封裝示意圖

相比於傳統封裝，晶圓級封裝具有以下優點：

1、**封裝尺寸小**：由於沒有引線、鍵合和塑膠工藝，封裝無需向晶片外擴展，使得晶圓級封裝的封裝尺寸幾乎等於晶片尺寸。

2、**高傳送速率**：與傳統金屬引線產品相比，晶圓級封裝一般有較短的連接線路，在高效能要求如高頻下，會有較好的表現。

3、**高密度連接**：晶圓級封裝可運用陣列式連接，晶片和電路板之間連接不限制於晶片四周，提高單位面積的連接密度。

4、**生產週期短**：晶圓級封裝從晶片製造到、封裝到成品的整個過程中，中間環節大幅減少，生產效率高，週期縮短很多。

5、**工藝成本低**：晶圓級封裝是在矽片層面上完成封裝測試的，以批量化的生產方式達到成本最小化的目標。晶圓級封裝的成本取決於每個矽片上合格晶片的數量，晶片設計尺寸減小和矽片尺寸增大的發展趨勢使得單個元件封裝的成本相應地減少。晶圓級封裝可充分利用晶圓製造設備，生產設施費用低。

3.2.3 傳統封裝

傳統封裝首先將晶圓切割成晶片，然後對晶片進行封裝，目的是將切割好的晶片進行固定、引線和塑封保護。

其特點可總結如下（見表 3-2）：

▶ 表 3-2 傳統封裝特點

傳統封裝特點	
技術上	To~DIPLCC~QFP~BGA~CSP
引腳形狀	長引線直插 ~ 短引線或無引線貼裝 ~ 球狀凸點（**Bump**）焊接
裝配方式	通孔封裝 ~ 表面安裝 ~ 直接安裝
鍵合方式	引線連接 ~ 焊錫球連接

傳統封裝技術發展又可細分為三階段（**見表 3-3**）：

▶ 表 3-3 傳統封裝發展的三個階段

階段	說明
階段一 1980 以前	**通孔插裝（TH：Through Hole）**時代，其特點是插孔安裝到電路板上，引腳數小於 64，節距固定，最大安裝密度 10 引腳 /cm^2，以金屬電晶體外形封裝（**TO：Transistor-Outline Package**）和雙列直插封裝（後文有詳細講述）為代表
階段二 1980-1990	**表面貼裝（SMT）**時代，其特點是引線代替針腳，引線為翼形或丁形，兩邊或四邊引出，節距 1.27-0.44mm，適合 3-300 條引線，安裝密度 10-50 引腳 /cm^2，以小外形封裝和四側引腳扁平封裝為代表
階段三 1990-2000	面積陣列封裝時代，在單一晶片工藝上，以球柵網格陣列封裝式封裝和晶片封裝為代表，採用「焊球」代替「引腳」，且晶片與系統之間連接距離大幅縮短。在模式演變上，以多晶片模組為代表，實現將多晶片在高密度多層互連基板上用表面貼裝技術組裝成多樣電子元件、子系統

根據封裝材料的不同，傳統封裝方法可進一步細分為**塑膠球柵網格陣列封裝（PBGA：Plasric BGA）**和**陶瓷柵陣列封裝（CBGA：Ceramic BGA）**。根據封裝媒介的不同，塑膠封裝又可進一步分為**引線框架封裝（Leadframe）**和基板封裝（如圖 3-16 所示）。

▲ 圖 3-16 傳統封裝方式分類

如圖 3-17 所示，顯示了塑膠封裝兩種類型引線框架封裝和基板封裝的組裝工藝特點，這兩種封裝工藝的前半部分流程相同，而後半部分流程則在引腳連接方式上存在差異。

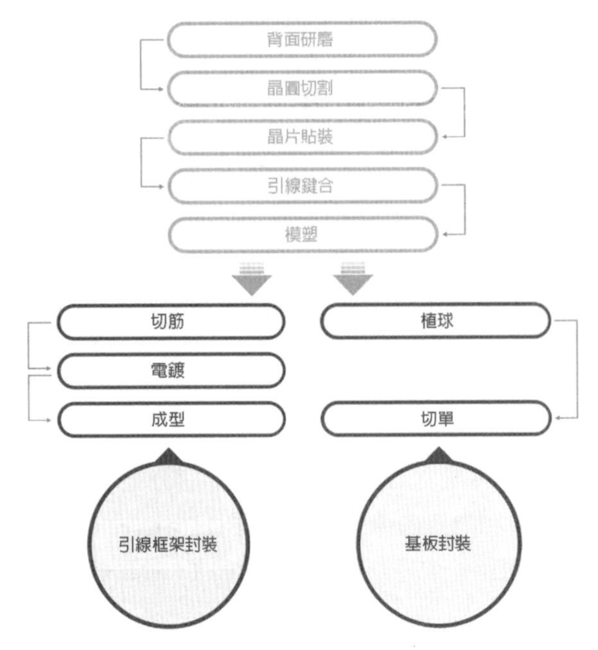

▲ 圖 3-17 引線框架封裝和基板封裝組裝步驟的區別與聯繫

晶圓經過測試後，首先要經過背面研磨，以達到所需厚度；然後進行晶圓切割，將晶圓切割成晶片；選擇品質良好的晶片，透過晶片鍵合工藝將晶片連接到引線框架或基板上；之後透過引線鍵合的方式實現晶片與基板之間的電氣連接；最後使用環氧樹脂模塑膠進行密封保護。引線框架封裝和基板封裝在前半部分流程中均採用上述步驟。

在後段製程中，引線框架封裝採用如下步驟：透過**切筋（Trimming：一種應用於引線框架封裝的工藝，使用剪切衝床去除引線之間的阻尼條）**的方式將引線分離；透過電鍍將錫球置放至引線末端；最後是成型工藝，成型工藝將封裝分離為獨立單元，並彎曲引線，以便將它們連接到系統板上。而對於基板封裝，則是在進行互連，即錫球被焊接在基板焊盤上之前，先完成模塑，之後進行切割，成為獨立封裝。

3.2.3.1 塑膠封裝之引線框架封裝（Leadframe Package）

在塑膠封裝方法中，晶片被環氧樹脂模塑膠等塑膠材料覆蓋。引線框架封裝是一種塑膠封裝方法，採用一種被稱為引線框架的金屬引線作為基板。引線框架採用蝕刻工藝在薄金屬板上形成佈線（如圖 3-18 所示）。

QFP/TQFP ((Thin)Quad Flat Package)	TSOP (Thin Small Outline Package)	SOJ (Small Outline J-leaded Package)
(薄型)四側腳位 扁平封裝： 四側引線型 	薄小外形封裝： 兩側海鷗翼狀引線 表面貼裝型 	J形引腳小外形封裝： J形引線 表面貼裝型 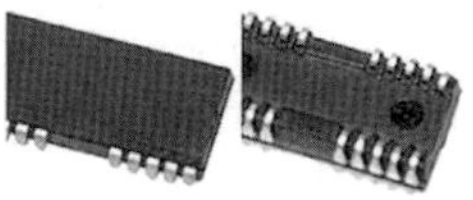

表面貼裝型：引線貼裝在表面

▲ 圖 3-18 表面貼裝型：引線貼裝在表面

如圖 3-19 所示，呈現了引線框架封裝方法的各種分類。20 世紀 70 年代，人們通常採用雙列直插封裝或**鋸齒型單列式封裝（ZIP：Zig-zag In-line Package，一種引腳排列成鋸齒型的封裝技術，是雙列直插式封裝的替代技術，可用於增加安裝密度）**等通孔型技術，即將引線插入到印刷電路板的安裝孔中。後來，隨著引腳數量的不斷增加，以及印刷電路板設計的日趨複雜，引線插孔技術的局限性也日益凸顯。在此背景下，薄型小尺寸封裝（TSOP，後文有具體講解）、四方扁平封裝（QFP）和 J 形引線小外形封裝（SOJ）等表面貼裝型技術陸續問世。對於需要大量**輸入 / 輸出（I/O：Input/Output，是在主記憶體和外部設備（磁碟機、網路、終端）之間複製資料的過程。輸入是從外部設備複製到主記憶體，輸出是從主記憶體複製到外部設備）**引腳（如邏輯晶片）的產品而言，可採用四方扁平封裝（QFP）等封裝技術，將引線固定在四個邊上。為了滿足系統環境對薄型化封裝的需求，薄型四方扁平封裝（TQFP）和薄型小尺寸封裝也應運而生。

DIP (Dual In-line Package)	ZIP (Zig-zag In-line Package)
雙列直插式封裝 腳位插入型 (通孔) 	鋸齒型單列式封裝 單側引線型 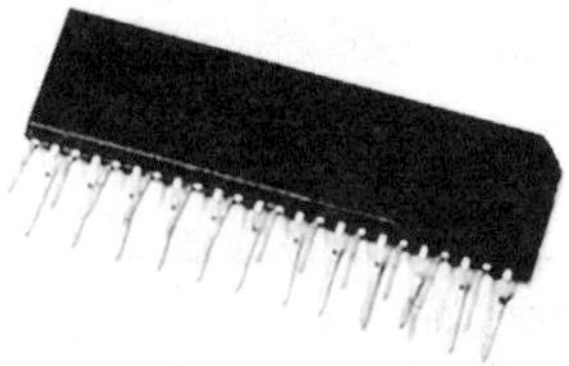

通孔型：將引線插入印刷電路板 (PCB) 安裝孔內

▲ 圖 3-19 通孔型：將引線插入印刷電路板安裝孔中

隨著半導體產品向更高速度邁進，支援多層佈線的基板封裝方法成為主流封裝技術。但是，T 薄型小尺寸封裝封裝等引線框架封裝方法因其製造成本較低，仍然得到廣泛使用。引線框架透過在金屬板上衝壓或蝕刻佈線形狀製成，而基板的製造工藝則相對複雜，因此，引線框架的製造成本比基板的製造成本更低。綜上，在生產不追求高速電氣特性的半導體產品時，引線框架封裝方法仍然是一種理想選擇。

3.2.3.2 塑膠封裝之基板封裝（Substrate Package）

顧名思義，基板封裝方法使用基板作為媒介。由於基板使用多層薄膜製成，因而基板封裝有時也被稱為壓層式封裝。不同於引線框架封裝只有一個金屬佈線層（因為引線框架這種金屬板無法形成兩個以上金屬層），基板封裝可以形成若干佈線層，因此電氣特性更加優越且封裝尺寸更小。引線框架封裝和基板封裝的另一個主要區別是佈線連接工藝。連接晶片和系統的佈線必須分別在引線框架和基板上實現。當需要交叉佈線時，基板封裝可將導線交叉部署至另一個金屬層；引線框架封裝由於只有一個金屬層，因而無法進行交叉佈線。

如圖 3-20 所示，基板封裝可以將錫球全部排列在一個面作為引腳，由此獲得大量引腳。相比之下，引線框架封裝採用引線作為引腳，而引線只能在一側的邊緣形成。這樣的部署也改善了基板封裝的電氣特性。在封裝尺寸方面，引線框架封裝由主框架和側面引線所占空間構成，因而尺寸通常較大。而基板封裝的引腳位於封裝底部，可有效節省空間，因而尺寸通常較小。

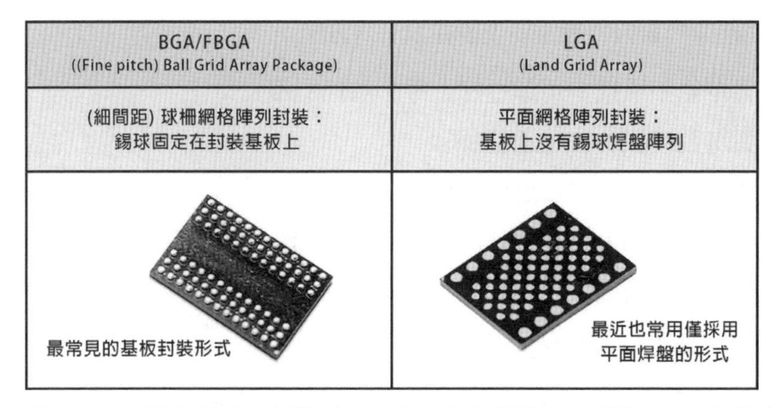

▲ 圖 3-20 球柵網格陣列封裝（BGA）和平面網格陣列封裝（LGA）對比

鑒於上述優勢，如今大多數半導體封裝都採用基板封裝。最常見的基板封裝類型是球柵網格陣列封裝。但近年來，平面網格陣列封裝日益盛行，這種封裝方法採用由扁平觸點構成的網格平面結構替代錫球。

3.2.3.3 陶瓷球柵網格陣列封裝

陶瓷球柵網格陣列封裝（CBGA：Ceramic BGA）是將裸晶片安裝在陶瓷多層基板載體頂部表面形成的，金屬蓋板用密封焊料焊接在基板上，用以保護晶片、引線及焊盤，連接好的封裝體經過氣密性處理，可提高其可靠性和物理保護性能（如圖 3-21 所示）。（奔騰）Pentium I、II、（奔騰）Pentium Pro 處理器均採用過這種封裝形式。

陶瓷球柵網格陣列封裝採用的是多層陶瓷佈線基板，焊球材料為高熔點 90Pb10Sn 共晶焊料，焊球和封裝體的連接使用低溫共晶焊料 63Sn37Pb，採用封蓋 + 玻璃氣封，屬於氣密封裝範疇。

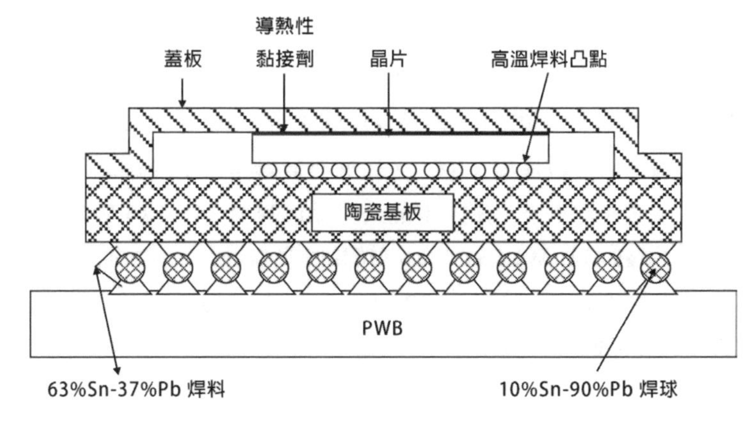

▲ 圖 3-21 陶瓷球柵網格陣列封裝（CBGA）示意圖

陶瓷球柵網格陣列封裝特點主要表現在以下六方面：

（1）對濕氣不敏感，可靠性好，電、熱性能優良；

（2）與陶瓷基板 CTE 匹配性好；

（3）連接晶片和元件可返修性較好；

（4）裸晶片採用 FCB 技術，鍵合密度更高；

（5）封裝成本較高；

（6）與環氧樹脂等基板 CTE 匹配性差。

陶瓷封裝採用陶瓷體，具有良好的散熱性和可靠性。然而，由於陶瓷製造工藝成本高昂，導致這種封裝類型的總製造成本也相對較高。因此，陶瓷封裝主要用於對可靠性有著極高要求的邏輯半導體，以及用於驗證**互補金屬氧化物半導體圖像感測器（CIS：互補金屬氧化物半導體圖像感測器（CMOS Image Sensor）的簡稱，一種光學感測器，其功能是將光信號轉換為電信號（指隨著時間而變化的電壓或電流），並透過讀出電路轉為數位化信號）**的封裝。

3.2.4 晶圓級封裝（WLP）類型

隨著半導體技術的發展，越來越多前道工藝需要完成的步驟被引入後道工藝當中，兩者的界限變得越來越模糊。隨之而來的是，越來越多超越傳統封裝理念的先進封裝技術被提出。具體特徵表現為：

1、封裝元件概念演變為封裝系統；

2、單晶片向多晶片發展；

3、平面封裝向立體封裝（3D）發展；

4、倒裝晶片（Flip Chip）連接、**矽通孔（TSV：Through-Silicon Via：一種可完全穿過矽裸片或晶圓實現矽片堆疊的垂直鍵合通道）**連接成為主要鍵合方式。

隨著便攜型電子產品的空間不斷縮小、工作頻率日益升高及功能需求的多樣化，**晶片輸 I/O** 信號介面的數目大幅增加，**凸點及焊球間距（Bump Pitch & Ball Pitch）**的精密程度要求漸趨嚴格，**重佈線（RDL，後文有詳細講解）**技術的量產良率也因此越來越受重視。在這種背景下，**扇入型晶圓級晶片封裝（Fan-In WLCSP）、扇出型晶圓級晶片封裝（Fan-Out WLCSP）**等高端晶圓級封裝技術應運而生。這兩種封裝形式與重佈線封裝、倒裝晶片封裝（FCP：Flip Chip Package，後文有詳細講解）及矽通孔封裝都被歸類為**晶圓級封裝（WLP：Wafer-Level Package）**（如圖 3-22 所示）：

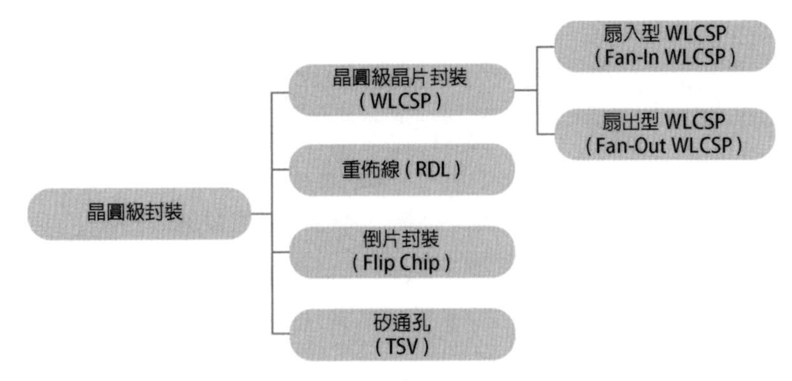

▲ 圖 3-22 晶圓級封裝方法分類

晶圓級封裝是先在晶圓上進行部分或全部封裝，之後再將其切割成單件。流程如下所述：

1、塗覆第一層聚合物薄膜，以加強晶片的鈍化層，起到應力緩衝的作用。聚合物種類有**光敏聚醯亞胺（PSPI：Photosensitive Polyimide）**、**苯並環丁烯（BCB：Benzocyclobutene）**、**聚苯並惡唑（PBO：Polybenzoxazole）**。

2、重佈線是對晶片的鋁 / 銅焊區位置重新佈局，使新焊區滿足對焊料球最小間距的要求，並使新焊區按照陣列排布。光阻劑作為選擇性電鍍的範本以規劃重佈線的線路圖形，最後濕式蝕刻去除光阻劑和濺射層。

3、塗覆第二層聚合物薄膜，是圓片表面平坦化並保護重佈線層。在第二層聚合物薄膜微影出新焊區位置。

4、**凸點下金屬層（UBM：Under Bump Metallurgy）**採用和重佈線一樣的工藝流程製作。

5、互連。焊膏和焊料球透過光罩進行準確定位，將焊料球放置於 UBM 上，放入回流爐中，焊料經回流融化與 UBM 形成良好的浸潤結合，達到良好的焊接效果。

3.2.4.1 2.5D 封裝：重佈線（RDL）

重佈線（RDL：ReDistribution Layer）技術是實現晶片水平方向電氣延伸和互連，面向 3D/2.5D 封裝集成以及扇出型晶圓級晶片封裝的關鍵技術。它將原來設計的 IC 線路**接點位置（I/O pad）**，透過晶圓級金屬佈線工藝和凸點工藝改變其接點位置，使 IC 能適用於不同封裝形式。重新佈線優點：可改變線路 I/O 原有設計，增加原有設計附加價值；可加大 I/O 間距，提供較大凸點面積，降低基板與元件間應力，增加元件可靠性；取代部分 IC 線路設計，加速了 IC 開發時間，解決了「怎麼連」的問題。這項技術使得晶片間的鍵合更薄、工藝更簡單，有助於設計人員能夠以緊湊且高效的方式放置晶片從而減少元件的整體占地面積（如圖 3-23 所示）。

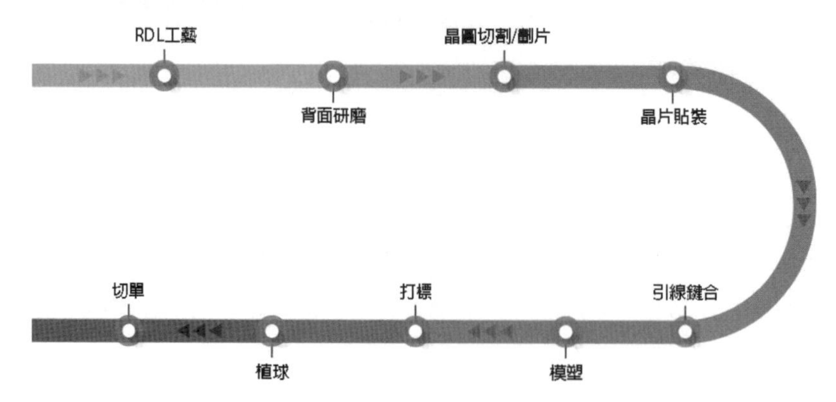

▲ 圖 3-23 重佈線封裝所在的工藝流程位置示意圖

重佈線技術是一個複雜的過程，通常涉及半加成工藝，包括電介質沉積、濕式或乾式蝕刻、緩衝層和籽晶層沉積以及鍍銅。需要掩膜設備、塗膠機、濺射台、曝光機、蝕刻機以及其他配套工藝。經過重佈線技術處理的晶圓需採用傳統封裝工藝完成封裝。

重佈線工藝需要用到曝光、物理氣相沉積等前道設備，需要經過：

（1）再鈍化形成絕緣層並開口；

（2）利用旋塗膜技術塗覆烘烤後形成種子層；

（3）上光阻劑，曝光顯影後形成線路圖再電鍍銅墊；

（4）去膠、蝕刻；

（5）反覆前述步驟形成多層佈線。

由於重新分配工藝本身就是重建焊盤的工藝，因此確保引線鍵合強度是十分重要的。這也正是被廣泛用於引線鍵合的材料一金，被用於電鍍的原因。下圖顯示了使用重佈線技術將焊盤重新分配到邊緣的中心焊盤晶片示意圖和剖面圖（如圖 3-24 所示）。

採用 RDL 技術的晶片

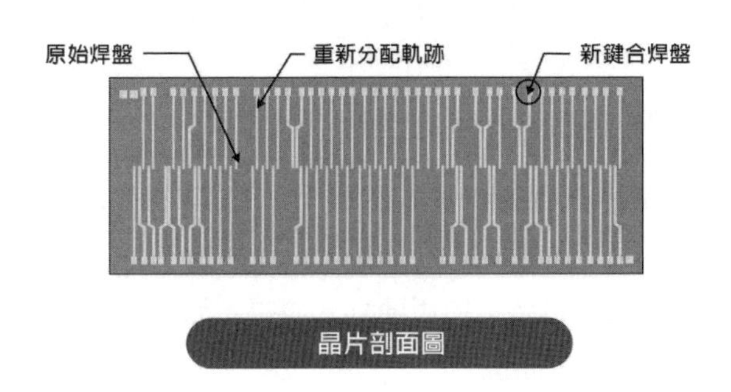

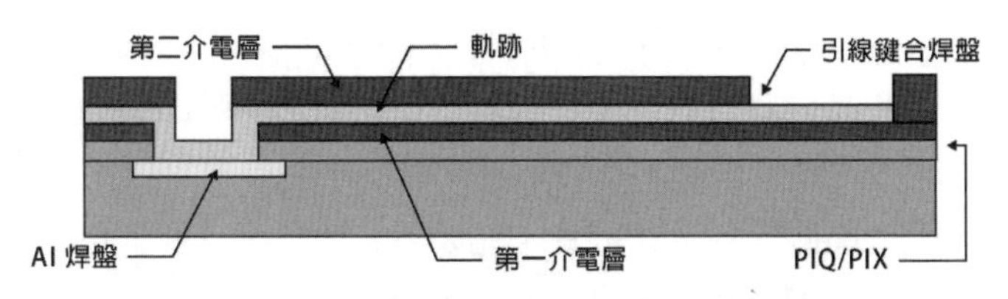

▲ 圖 3-24 採用 RDL 技術的晶片與剖面圖

相對於**封裝重佈線層（PKG RDL）**，**內聯重佈線（IRDL）**層是一種先進的 FAB 技術，能夠降低流程成本，可以在不損害現有晶片架構的前提下，將 IO 焊盤重新放置到封裝所需的位置。這項技術可以縮減成品厚度，有力地推動 SK 海力士成為移動市場技術領導者（如圖 3-25 所示）。

專案	封裝重佈線層 (PKGRDL)	內聯重佈線層 (IRDL)
結構	第二介電層 RDL 金 第二介電層 RDL 焊盤 原焊盤 頂部金屬	RDL 焊盤 RDL氧化物(介電層) 原焊盤 5 頂部金屬
RDL線材料	金	鋁
優點	製程更加成熟，副作用減少	在成本和淨晶片方面具備優勢
缺點	由於使用金導線， 成本方面不佔優勢	無 (未在新製程發現任何副作用)

▲ 圖 3-25 封裝重佈線層與內聯重佈線層的區別

在重佈線的基礎上，晶圓級封裝的實現成為可能。重佈線透過前道工藝（微影等）在晶圓對應的晶片上先完成了電路連接，再塗覆用於保護的聚合物薄膜，植入金屬球。待封裝工藝完成後，將晶圓切割成成品。

重佈線技術及流程逆轉使得晶圓級封裝具有如下優勢：

1、高傳送速率：與傳統金屬引線產品相比，晶圓級封裝一般有較短的連接線路，在高效能要求下會有較好的表現；
2、高密度連接：晶圓級封裝可運用陣列式連接，晶片和電路板之間連接不限制於晶片四周，提高單位面積的連接密度；
3、封裝尺寸小：由於沒有引線、鍵合和塑膠工藝，封裝無需向晶片外擴展，使得晶圓級封裝的封裝尺寸幾乎等於晶片尺寸；
4、生產週期短：晶圓級封裝從晶片製造到、封裝到成品的整個過程中，中間環節大幅減少，生產效率高，週期縮短很多；
5、工藝成本低：晶圓級封裝在矽片上完成封裝測試，以批量化的生產方式達到成本最小化的目標。晶圓級封裝的成本取決於每個矽片上合格晶片的數量，晶片設計尺寸減小和矽片尺寸增大的發展趨勢使得單個元件封裝的成本相應地減少。晶圓級封裝可充分利用晶圓製造設備，生產設施費用低。

3.2.4.2 扇入型晶圓級晶片封裝（Fan-In WLCSP）

在扇入型晶圓級晶片封裝中，合格晶圓首先將進入封裝生產線。透過濺射工藝在晶圓表面製備一層金屬膜，並在金屬膜上塗覆一層較厚的光阻劑，光阻劑厚度需超過用於封裝的金屬引線。透過微影製程在光阻劑上繪製電路圖案，再利用銅電鍍工藝在曝光區域形成金屬引線。隨後去除光阻劑，並利用化學蝕刻工藝去除多餘的薄金屬膜，然後在晶圓表面製備絕緣層，並利用微影製程去除錫球放置區域的絕緣層。因此，絕緣層也被稱為**「阻焊層」（Solder Resist）**，它是晶圓級封裝中的鈍化層，即最後的保護層，用於區分錫球放置區域。如沒有鈍化層，採用**回流焊（Mass Reflow：將多個元件按陣列連接到基板上，然後在烤箱等中一起加熱，以熔化焊料使之形成互連的工藝）**等工藝時，附著在金屬層上的錫球會持續融化，無法保持球狀。

利用微影製程在絕緣層上繪製電路圖案後，再透過互連工藝使錫球附著於絕緣層。互連安裝完成後，封裝流程也隨之結束。對封裝完成的整片晶圓進行切割後，即可獲得多個獨立的扇入型晶圓級晶片封裝體。

在互連過程中，需要將錫球附著到晶圓級封裝體上。傳統封裝工藝與晶圓級封裝工藝的關鍵區別在於，前者將錫球放置在基板上，而後者將錫球放置在晶圓頂部。因此，除了用於塗敷助焊劑和互連的範本需在尺寸上與晶圓保持一致之外，助焊劑塗敷、互連工藝、回流焊工藝都遵循相同步驟。此外，回流焊設備採用基於發熱板的回流焊方式，如圖 3-26 所示，而不是涉及運送器的對**流熱風回流焊方式**（**Convection Reflow**）。晶圓級回流焊設備在不同的加工階段會對晶圓施加不同溫度，以便保持回流焊操作所需溫度條件，確保封裝工藝流程能夠順利進行。

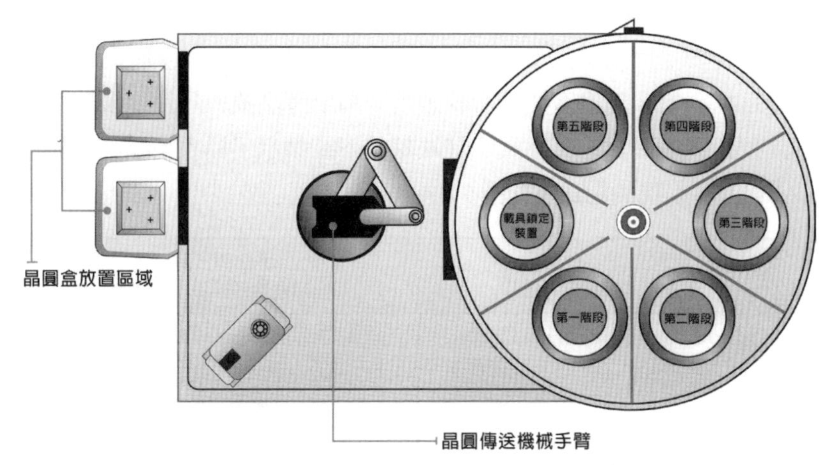

▲ 圖 3-26 晶圓級回流焊設備平面圖

在扇入型晶圓級晶片封裝中，封裝尺寸與晶片尺寸相同，都可以將尺寸縮至最小。此外，扇入型晶圓級晶片封裝的錫球直接固定在晶片上，無需基板等媒介，電氣傳輸路徑相對較短，因而電氣特性得到改善。而且，扇入型晶圓級晶片封裝無需基板和導線等封裝材料，工藝成本較低。這種封裝工藝在晶圓上一次性完成，因而在晶圓晶片數量多且生產效率高的情況下，可進一步節約成本。

扇入型晶圓級晶片封裝的缺點在於，因其採用矽晶片作為封裝外殼，物理和化學防護性能較弱。正是由於這個原因，這些封裝的熱膨脹係數與其待固定的印刷電路板基板的**熱膨脹係數**（**Coefficient of Thermal Expansion：在壓力恆定的情況下，物體的體積隨著溫度升高而增大的比率。膨脹或收縮的程度與溫度的升高或降低呈線性關係**）存在很大差異。受此影響，連接封裝與印刷電路板基板的錫球會承受更大的應力，進而削弱**焊點可靠性**（**Solder joint reliability：透過焊接方式將封裝與印刷電路板連接時，確保焊點的品質足以在封裝生命週期內完成預期的機械和電氣連接目的**）。

記憶體半導體採用新技術推出同一容量的晶片時，晶片尺寸會產生變化，扇入型晶圓級晶片封裝的另一個缺點就無法使用現有基礎設施進行封裝測試。此外，如果封裝錫球的陳列尺寸大於晶片尺寸，封裝將無法滿足錫球的佈局要求，也就無法進行封裝。而且，如果晶圓上的晶片數量較少且生產良率較低，則扇入型晶圓級晶片封裝的封裝成本要高於傳統封裝。

3.2.4.3 扇出型晶圓級晶片封裝（Fan-Out WLCSP）

可以認為它是真正意義上的晶片級封裝，因為它做到了與晶片尺寸基本一致的大小。它的出現主要是因為扇入型在處理細間距時以及多 I/O 數量時遇見了更大的難度，為突破這種限制，扇出型開始嶄露頭角。扇出型晶圓級晶片封裝既保留了扇入型晶圓級晶片封裝的優點，又克服了其缺點。下圖顯示了扇入型晶圓級晶片封裝和扇出型晶圓級晶片封裝的對比（如圖 3-27 所示）。

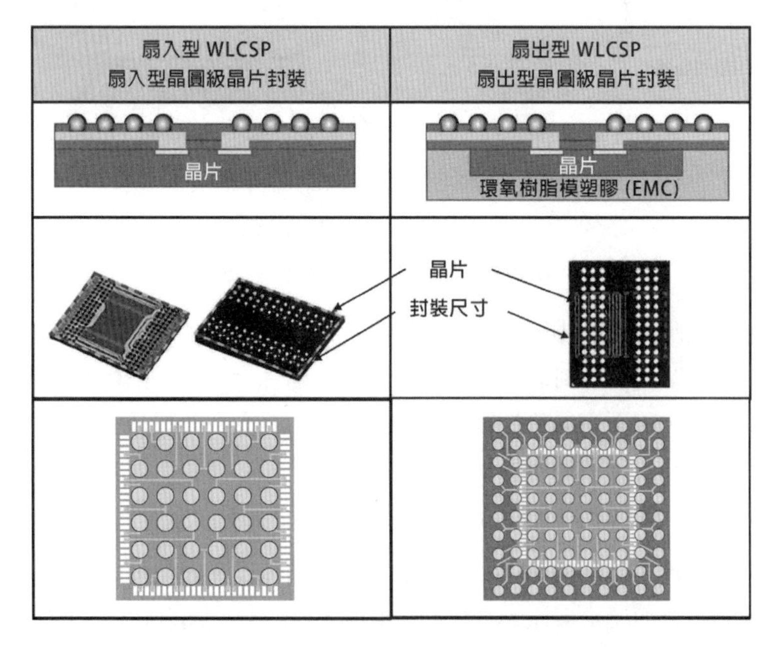

▲ 圖 3-27 扇入型晶圓級晶片封裝和扇出型晶圓級晶片封裝的對比（綠色為晶片）

扇入型晶圓級晶片封裝的所有封裝錫球都位於晶片表面，而扇出型晶圓級晶片封裝的封裝錫球可以延伸至晶片以外。在扇入型晶圓級晶片封裝中，晶圓切割要等到封裝工序完成後進行。因此，晶片尺寸必須與封裝尺寸相同，且錫球必須位於晶片尺寸範圍內。在扇出型晶圓級晶片封裝中，晶片先切割再封裝，切割好的晶片排列在載體上，重塑成晶圓。在此過程中，晶片與晶片之間的空間將被填充環氧樹脂模塑膠，以形成晶圓。然後，這些晶圓將從載體中取出，進行晶圓級處理，並被切割成扇出型晶圓級晶片封裝單元。

除了具備扇入型晶圓級晶片封裝的良好電氣特性外，扇出型晶圓級晶片封裝還克服了扇入型晶圓級晶片封裝的一些缺點。這其中包括：無法使用現有基礎設施進行封裝測試；封裝錫球陳列尺寸大於晶片尺寸導致無法進行封裝；以及因封裝不良晶片導致加工成本增加等問題。得益於上述優勢，扇出型晶圓級晶片封裝在近年來的應用範圍越來越廣泛。

3.2.4.4 倒裝球柵網格陣列封裝（FCBGA）

倒裝晶片封裝（FCP：Flip Chip Package），倒裝並不是一種特定的封裝工藝，而是一種晶片與基板的連接技術。倒裝封裝工藝由 IBM 於上世紀 60 年代研發出來，近年來隨著消費電子產品的迅速發展與產品性能需求的迅速提升而應用廣泛。傳統的引線鍵合方式中，晶片透過金屬線鍵合與基板連接，此種封裝工藝封裝出的晶片面積較大，逐漸不能滿足智慧設備的小型化需求。

倒裝晶片工藝指在晶片的 I/O 焊盤上直接沉積，或透過重佈線後沉積凸點，然後將晶片翻轉進行加熱，使熔融的焊料與基板或框架相結合，晶片電氣面朝下（如圖 3-28 所示）。

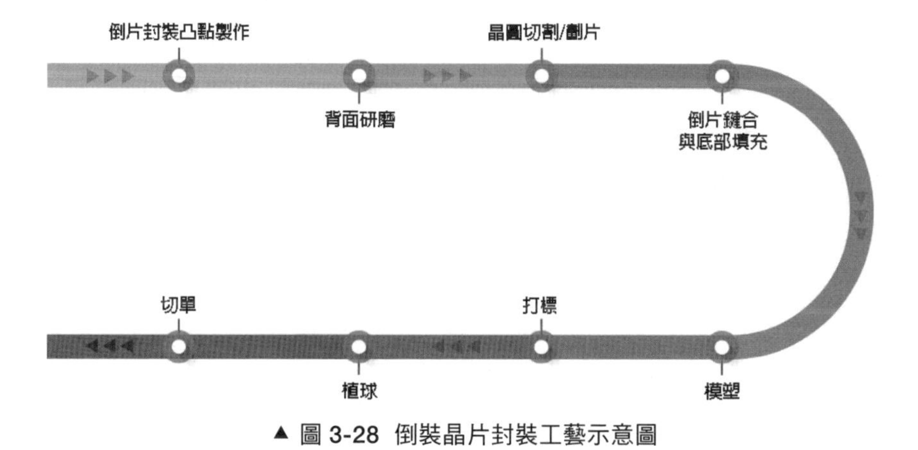

▲ 圖 3-28 倒裝晶片封裝工藝示意圖

倒裝晶片封裝特點主要表現在以下三方面：

（1）優異的電性效能，同時可以減少元件鍵合間的損耗及電感，降低電磁干擾的問題，並承受較高的頻率；

（2）提高 I/O 的密度，提高使用效率，有效縮小基板面積縮小 30% 至 60%；

（3）散熱性好，可提高晶片在高速運行時的穩定性。

倒裝晶片封裝技術因其將晶片上的凸點翻轉並安裝於基板等封裝體上而得名。與**傳統細間距球柵網格陣列封裝（FBGA：Fine-Pitch Ball Grid Array，是一種在底部有焊球的面陣引腳結構，使封裝所需的安裝面積接近於晶片尺寸。作為新一代的晶片封裝技術，在球柵陣列封裝、薄小外形封裝的基礎上，間距球柵網格陣列封裝的性能又有了革命性的提升）**引線鍵合一樣，倒裝晶片封裝是一種實現晶片與板（如基板）電氣連接的鍵合技術。

然而，倒裝晶片封裝技術憑藉其優越的電氣性能，已經在很大程度上取代了引線鍵合。這其中有兩方面的原因：一是引線鍵合對於可進行電氣連接的 I/O 引腳的數量和位置有限制，而倒裝晶片封裝不存在這方面的限制；二是倒裝晶片封裝的電信號傳輸路徑短於引線鍵合。

在引線鍵合方法中，金屬焊盤在晶片表面採用一維方式排列，因此無法出現在晶片邊緣或中心位置。而倒裝晶片封裝鍵合方法在鍵合至基板或形成焊接凸點的過程中不存在任何工藝方面的限制。因此，在倒裝晶片封裝方法中，金屬焊盤可以採用二維方式全部排列在晶片的一個側面，將金屬焊盤的數量增加了 2 的次方。此外，用於形成凸點的焊盤可以佈置在晶片頂部的任何位置。同時，用於供電的焊盤可以佈置在靠近需要供電的區域，以進一步提升電氣性能。如圖 3-29 所示，在將資訊從晶片匯出至同一封裝球時，倒裝晶片封裝鍵合的信號路徑要比引線鍵合短得多，電氣性能也由此得到進一步改善。

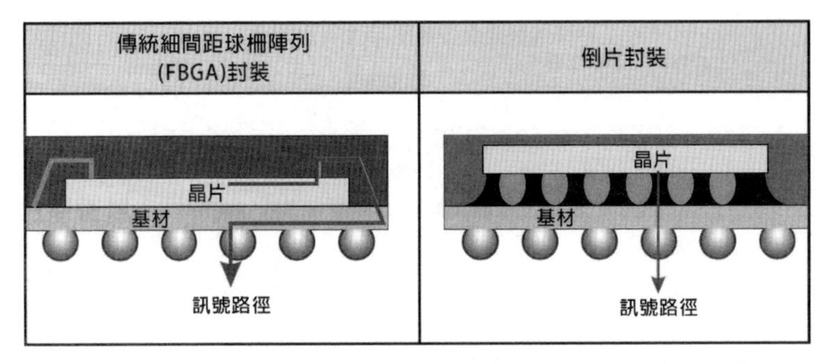

▲ 圖 3-29 FBGA 封裝與倒裝晶片封裝信號傳輸路徑對比示意圖

如前所述，晶圓級晶片封裝和倒裝晶片封裝均可以在晶圓頂部形成錫球。儘管兩種技術都可以直接安裝在印刷電路板上，但兩者之間在錫球大小方面卻存在根本區別。

晶圓級晶片封裝封裝中的錫球直徑通常為幾百微米（μm），而倒裝晶片封裝技術形成的錫球直徑僅為幾十微米（μm）。由於尺寸較小，我們通常將倒裝晶片封裝技術形成的錫球稱為「焊接凸點」，而僅僅依靠這些凸點很難保障焊點可靠性。晶圓級晶片封裝技術形成的錫球能夠處理基板和晶片之間熱膨脹係數差異所產生的應力，但倒裝晶片封裝技術形成的焊接凸點卻無法做到這一點。因此，為了確保焊點可靠性，必須使用聚合物型底部填充材料填充倒裝晶片凸點之間的空間。底部填充材料可以分散凸點所承擔的應力，由此確保焊點可靠性。

倒裝封裝工藝可細分為**倒裝球柵網格陣列封裝**（**FCBGA：Flip Chip Ball Grid Array**）和**倒裝晶片尺寸封裝**（**FCCSP：Flip Chip Chip Scale Package**）兩種：

一、倒裝球柵網格陣列封裝（FCBGA）

倒裝球柵網格陣列封裝使用小球代替原先採用的針來連接處理器，將晶片倒裝在有機基板上，在晶片輸出端的電極上製作金屬凸點，再將金屬凸點焊接在有機基板上的。依據產品應用的不同，目前金屬凸點分別有金屬釘頭、金凸點、錫球及銅桂凸點等。依據不同凸點的種類與應用：晶片輸出端的凸點間距也會有所不同。倒裝球柵網格陣列封裝透過倒裝晶片鍵合技術（FCB，後文有詳細講解）與基板實現互連，與塑膠焊球陣列封裝的區別就在於裸晶片面朝下（如圖 3-30 所示）。

倒裝球柵網格陣列封裝結合了倒裝（Flip-Chip）和球柵陣列封裝（BGA）兩種技術的封裝形式。倒裝球柵網格陣列封裝既有倒裝的高面積比，也有倒裝球柵網格陣列封裝的高引腳密度，是 CPU/GPU/AI 等種類晶片的常見封裝形式。從封裝工序上來說，倒裝球柵網格陣列封裝主要分為兩大部分**晶圓級凸點**（**Wafer Bumping**）和**倒裝晶片封裝**。

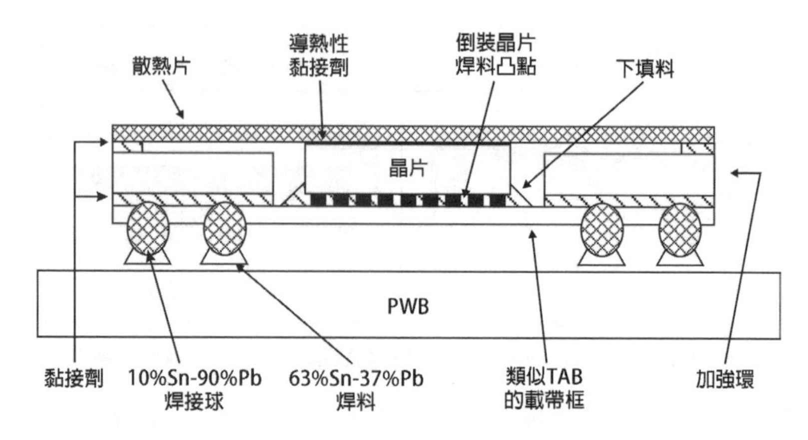

▲ 圖 3-30　倒裝球柵網格陣列封裝（FCBGA）示意圖

倒裝球柵網格陣列封裝是目前圖形加速晶片主要的封裝格式，這種封裝技術始於 1960 年代，當時 IBM 為了大型電腦的組裝，而開發出了所謂的**可控折疊晶片連接**（**C4：Controlled Collapse Chip Connection**）技術，隨後進一步發展成可以利用熔融凸點的表面張力來支撐晶片的重量及控制凸點的高度，並成為倒裝晶片技術的發展方向。

二、倒裝晶片級封裝（FCCSP：Flip Chip Chip Scale Package）

採用有芯板或無芯板的基板，搭配上各種可用的凸點選項：**無鉛合金**（**Lead-Free Alloy**）及**銅支柱合金**（**Copper-Pillar Alloy**）凸點技術等，在面陣中實現倒裝晶片互連技術，取代傳統的焊線互連工藝。

這種互連技術提高了生產效率，最大程度降低成本，實現了裸晶、包覆成型結構；此外藉助銅柱凸點晶片，能夠利用小節距基板佈線和凸點節距的優勢，減少層數的同時提供優於標準焊線技術的電氣性能。

3.2.4.5 矽通孔（TSV）封裝（堆疊工藝）

根據堆疊方式的不同，堆疊工藝可分為**晶片與晶片**（**Chip-to-Chip**）堆疊、**晶片與晶圓**（**Chip-to-Wafer**）堆疊、**晶圓與晶圓**（**Wafer-to-Wafer**）堆疊（如圖 3-31 所示）。基於不同的開發技術，堆疊封裝（Stacked Packages）則分為三大類：

（1）透過垂直堆疊封裝體而形成的封裝堆疊；

（2）使用引線鍵合技術將不同晶片堆疊在單個封裝體內的晶片疊層封裝；

（3）使用矽通孔技術替代傳統引線鍵合技術實現內部電氣互連的晶片疊層封裝技術。

每種堆疊封裝技術都具有不同的特點、優勢和局限性，這將決定它們在未來的應用。

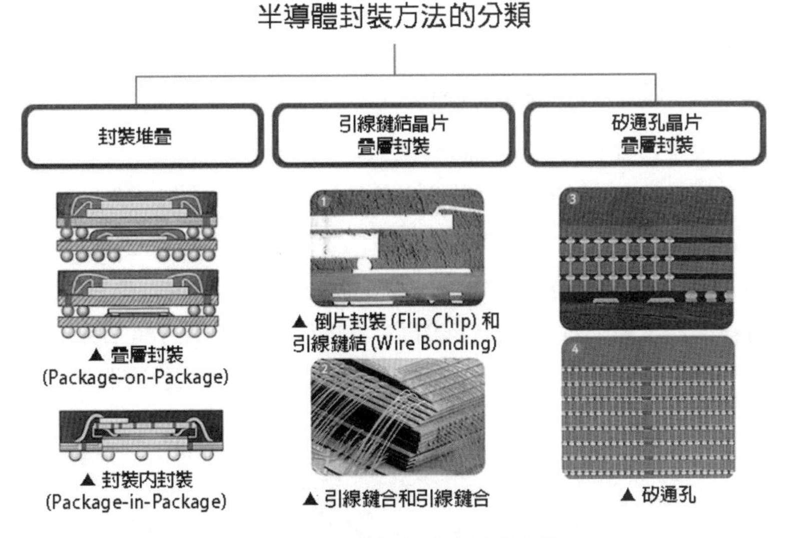

▲ 圖 3-31 堆疊封裝方法的分類

一、封裝堆疊（Package Stacks）

封裝堆疊透過垂直堆疊封裝體來實現。因此，其優缺點與晶片疊層封裝正好相反。封裝堆疊方法將完成測試的封裝體相堆疊，在某個封裝體測試不合格時，可輕鬆地將其替換為功能正常的封裝體。因而，其測試良率相比晶片疊層封裝更高。然而，封裝堆疊尺寸較大且信號路徑較長，這導致其電氣特性可能要劣於晶片疊層封裝。

最常見的一種封裝堆疊技術便是**疊層封裝（PoP）**，它被廣泛應用於行動裝置中。對於針對行動裝置的疊層封裝，用於上下層封裝的晶片類型和功能可能不同，同時可能來自不同晶片製造商。

通常，上層封裝體主要包括由半導體記憶體公司生產的記憶體晶片，而下層封裝體則包含帶有移動處理器的晶片，這些晶片由無晶圓廠的設計公司設計，並由晶圓代工廠及外包半導體組裝和測試（OSAT）設施生產。由於封裝體由不同廠家生產，因此在堆疊前需進行品質檢測。即使在堆疊後出現缺陷，只需將有缺陷的封裝體替換成新的封裝體即可。因此封裝堆疊在商業層面具有更大益處。

二、晶片堆疊（Chip Stacks）

主要是指**引線鍵合晶片疊層封裝（Chip Stacks With Wire Bonding）**。將多個晶片封裝在同一個封裝體內時，既可以將晶片垂直堆疊，也可以將晶片水平連接至電路板

（如圖 3-32 所示）。考慮到水平佈局可能導致封裝尺寸過大，因而垂直堆疊成為了首選方法。相比封裝堆疊，晶片堆疊封裝尺寸更小，且電信號傳輸路徑相對更短，因而電氣特性更優。然而，若在測試中發現某個晶片存在缺陷，則整個封裝體就會報廢。鑒於此，晶片堆疊封裝的測試良率較低。

在晶片堆疊封裝中，要想提高記憶體容量，就需要在單一封裝中堆疊更多的晶片。因而，可將多個晶片整合在同一封裝體內的技術應運而生。但與此同時，人們不希望封裝厚度隨著堆疊晶片數量的增加而變厚，因此致力於開發能夠限制封裝厚度的技術。要做到這一點，就需要減少晶片和基板等可能影響封裝厚度的所有元件的厚度，同時縮小最上層晶片和封裝上表面之間的間隙。這給封裝工藝帶來了諸多挑戰，因為晶片越薄越易於損壞。因此，目前的封裝工藝正致力於克服這些挑戰。

▲ 圖 3-32 引線鍵合晶片疊層封裝示意圖

三、矽通孔

此前階段的封裝主要是單一晶片的封裝，但隨著高性能計算需求的提升，需要更多的解決晶片與晶片間的連接，實現不同類型、不同尺寸、多個晶片之間的連接，即異構體系。在傳統晶片下，不同功能晶片需要透過主機板進行配合運行，信號傳輸路徑長、密度低、效率慢，但異構體系下可以實現多項功能在單一晶片內的高效協同、計算，大幅提升傳輸效率。這就引出了 2.5D/3D 封裝。

2.5D 封裝是將晶片堆疊或並排放置在具有矽通孔**仲介層（Interposer）**頂部，由矽仲介層提供晶片之間的連接，以及基板與晶片之間的連接。這要求矽仲介層內部有極其複雜的通道，實現類似地下交通樞紐的作用（如圖 3-33 所示）。

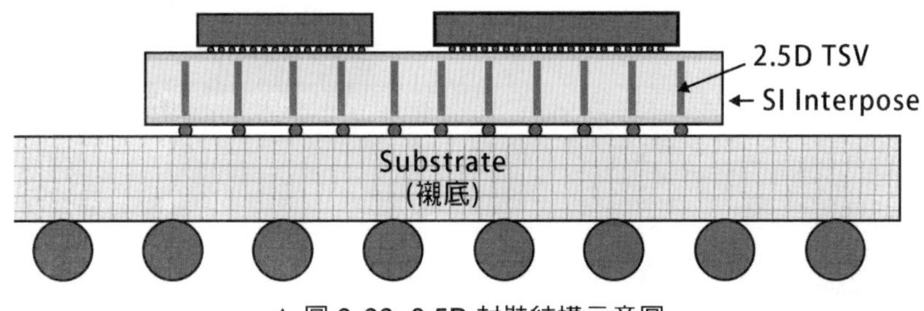

▲ 圖 3-33 2.5D 封裝結構示意圖

2.5D 封裝優勢如下所述：

1、提高傳輸速率：把記憶體，圖形處理器（GPU）和 I/O 整合在一塊基板上，縮短它們與處理器的距離，提升傳輸頻寬；
2、提高連接密度：提供較覆晶封裝 7-8 倍以上的 I/O 數增量，以更高密度整合更多晶片／模組，有助晶片提升效能、改善功耗等；
3、提高積體密度：封裝的應用處理器和記憶體晶片將減少約 30%或 40%的面積；
4、降低功耗：矽中間層可以提供較好的散熱性能，節省高達 40%或更多的功耗。

2.5D 與 3D 最大的區別即是否需要仲介層，3D 封裝不使用矽仲介層，直接將晶片堆疊在一起，並在晶片上製作電晶體結構，利用 TSV 連接上下不同晶片的電信號，這帶來了積體密度、傳輸速率的極大提升，在高性能計算領域運用逐步增加。但 3D 堆疊對矽通孔的難度提出了極高的要求，因為沒有矽仲介層，需要直接在晶片內穿孔。在實際運用中，2.5D 與 3D 封裝亦會交叉使用。

2.5D/3D 封裝的核心技術就是矽通孔。透過在上下晶片及仲介層之間的垂直通孔中填充銅、鎢、矽等物質，實現垂直電氣互連。為實現三維立體堆疊和系統整合，通常需要數百個孔使上下晶片與基板相連（如下圖 3-34 所示）。

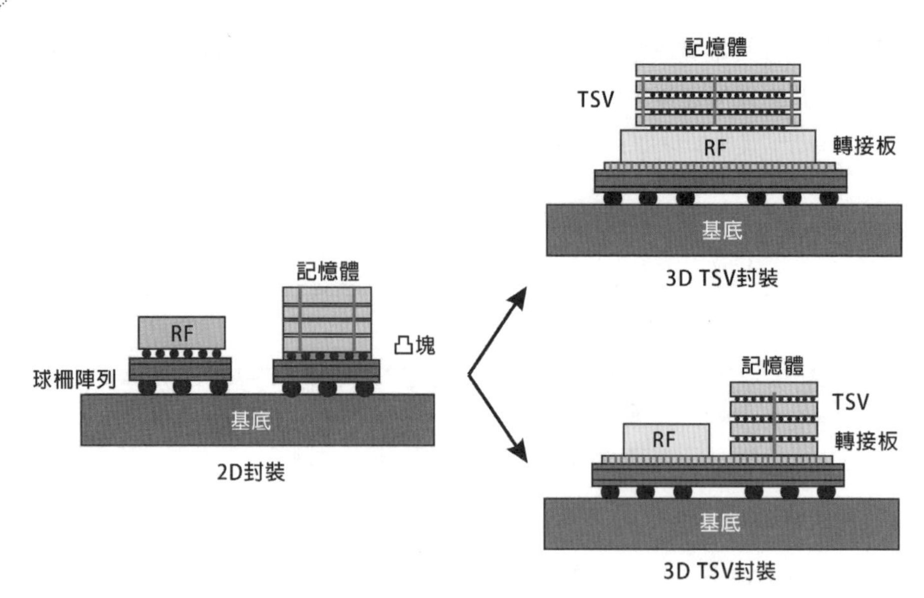

▲ 圖 3-34 2D、2.5D 向 3D 矽通孔封裝技術的發展

使用矽通孔工藝堆疊晶片時，需要使用微型凸點。因此，凸點之間的間距很小，堆疊晶片之間的間距也很小，這就是以可靠性著稱的**熱壓鍵合工藝（TCB，後文有詳細講解）**因被廣泛使用的原因。然而，熱壓鍵合工藝也存在缺點，那就是耗時長，生產率底，因為在鍵合過程中必然會耗時去加熱加壓。因此熱壓鍵合工藝逐漸被批量回流焊工藝（因一次性處理多個元件，所以在這個術語中使用了「批量」這一詞）取代的趨勢日益明顯。

TSV 的工藝流程需要用到大量前道設備及工藝，設備上需要**深反應離子蝕刻（DRIE：Deep Reactive Ion Etching，是一種主要用於微機電系統的乾式腐蝕工藝）**、化學氣相沉積、物理氣相沉積、化學機械拋光等，工藝涉及通孔蝕刻、矽孔內絕緣層形成、物理氣相沉積形成緩衝層及種子層、電鍍工藝在通孔填充導電材料、化學機械拋光拋光減薄、多層堆疊及鍵合等。期間將面臨通孔形成、晶圓減薄、通孔金屬化、TSV 鍵合 4 個難點，但其技術優勢顯而易見：

1、高積體密度：可以把不同功能的晶片（如射頻、記憶體、邏輯、數位、MEMS 等）整合在一起實現電子元件的多功能，減小封裝的幾何尺寸和封裝重量，滿足多功能和小型化的需求；
2、提高電性能：透過垂直互連減小互連長度，減小信號延遲，解決 **SOC（二維系統級晶片）**技術中的信號延遲等問題，降低電容、電感，實現晶片間的低功耗；

3、降低製造成本：雖然目前 TSV 三維多功能整合技術在工藝上的成本較高，但是可以在元件的總體水平上降低製造成本。

尤其與處理單個晶片的二維封裝技術相比，矽通孔表現出三維封裝技術的優勢：如果用導線連接多層晶片，則形成階梯堆疊結構，面積會增加約兩倍。但矽通孔可以像公寓樓一樣形成垂直堆疊結構，只需要大約 1.2 倍的晶片面積。由於矽通孔技術具有更高的空間使用效率，應用範圍正逐漸擴大（如圖 3-35 所示）。

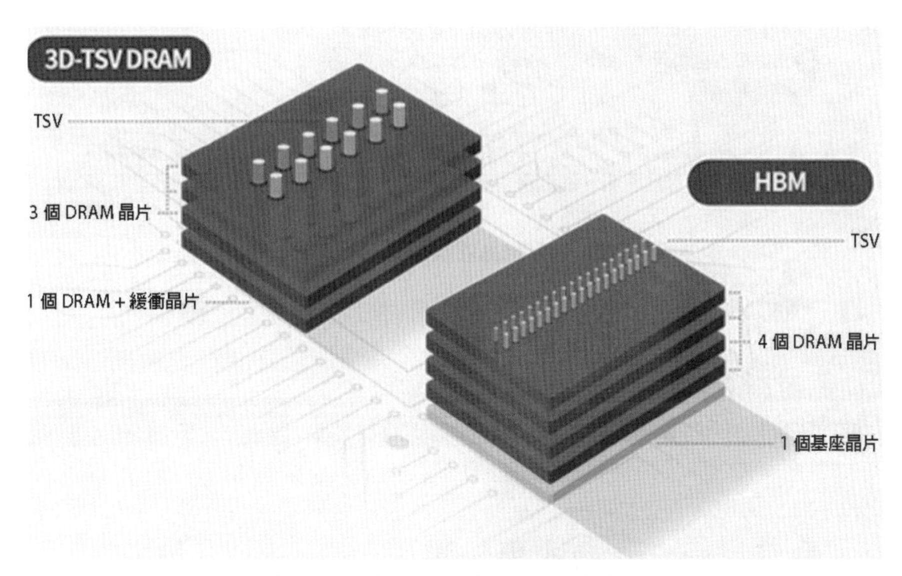

▲ 圖 3-35 使用 TSV 技術的記憶體產品

3.2.4.6 晶圓級（Wafer-Level）封裝工序匯總

儘管上述這些封裝方法在晶圓切割前僅完成了部分工序。不同封裝方法所使用的金屬及電鍍繪製圖案也均不相同。不過，在封裝過程中，這幾種方法基本都遵循如下順序：

完成晶圓測試後，根據需求在晶圓上製作絕緣層。初次曝光後，絕緣層透過微影技術再次對晶片焊盤進行曝光。然後，透過濺射工藝在晶圓表面塗覆金屬層。此金屬層可增強在後續步驟中形成的電鍍金屬層的黏附力，同時還可作為擴散緩衝層以防止金屬內部發生化學反應。此外，金屬層還可在電鍍過程中充當電子通道。之後塗覆光阻劑以形成電鍍層，並透過微影製程繪製圖案，再利用電鍍形成一層厚的金屬層。電鍍完成後，進行光阻劑去膠工藝，採用蝕刻工藝去除剩餘的薄金屬層。最後，電鍍金屬層就在晶圓表面製作完成了所需圖案。這些圖案可充當扇入型晶圓級晶片封裝的引線、重佈線封裝中的焊盤再分佈，以及倒裝晶片封裝中的凸點。（如圖 3-36~ 圖 3-40 所示）為晶圓級封裝各類型封裝的每道工序：

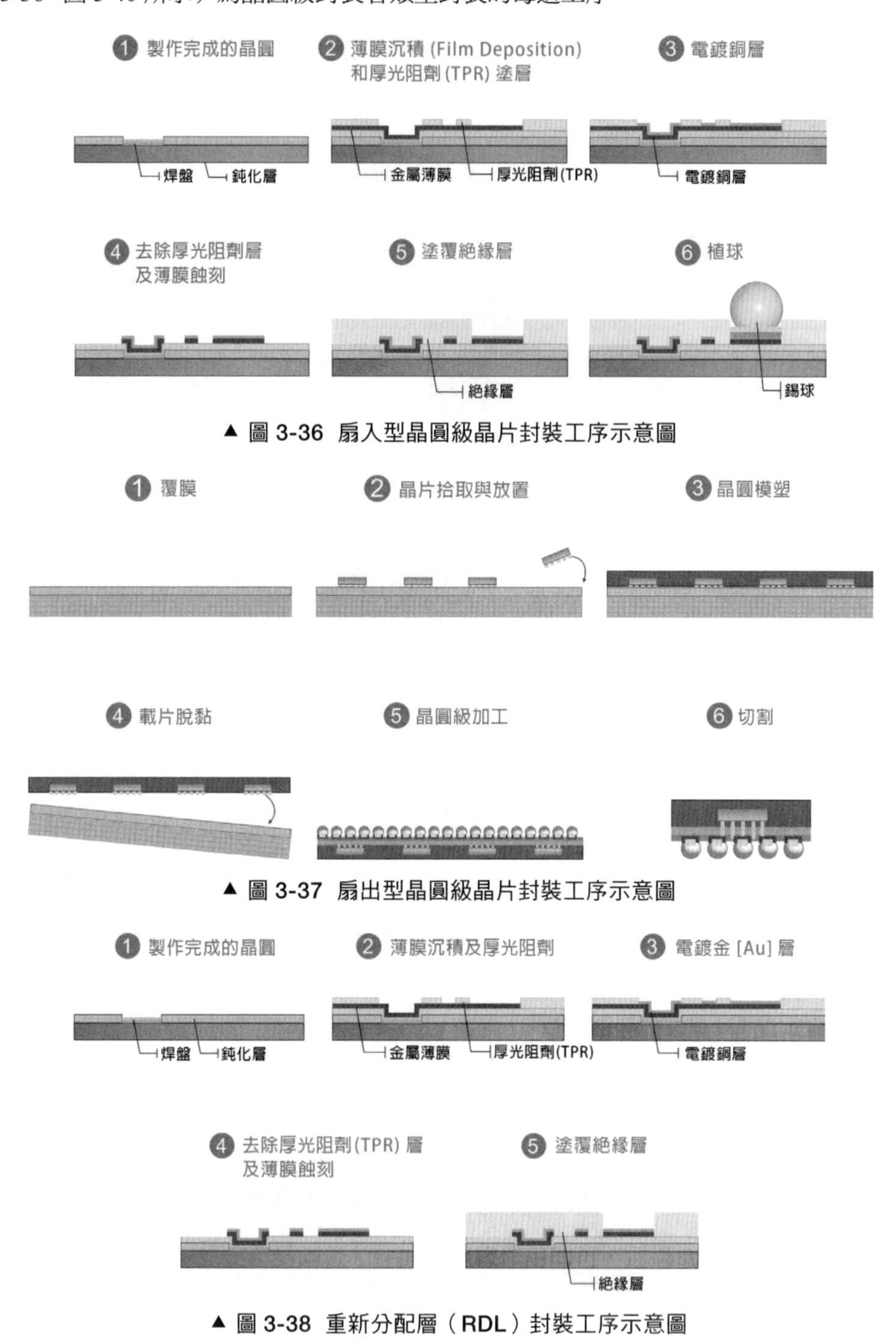

▲ 圖 3-36　扇入型晶圓級晶片封裝工序示意圖

▲ 圖 3-37　扇出型晶圓級晶片封裝工序示意圖

▲ 圖 3-38　重新分配層（RDL）封裝工序示意圖

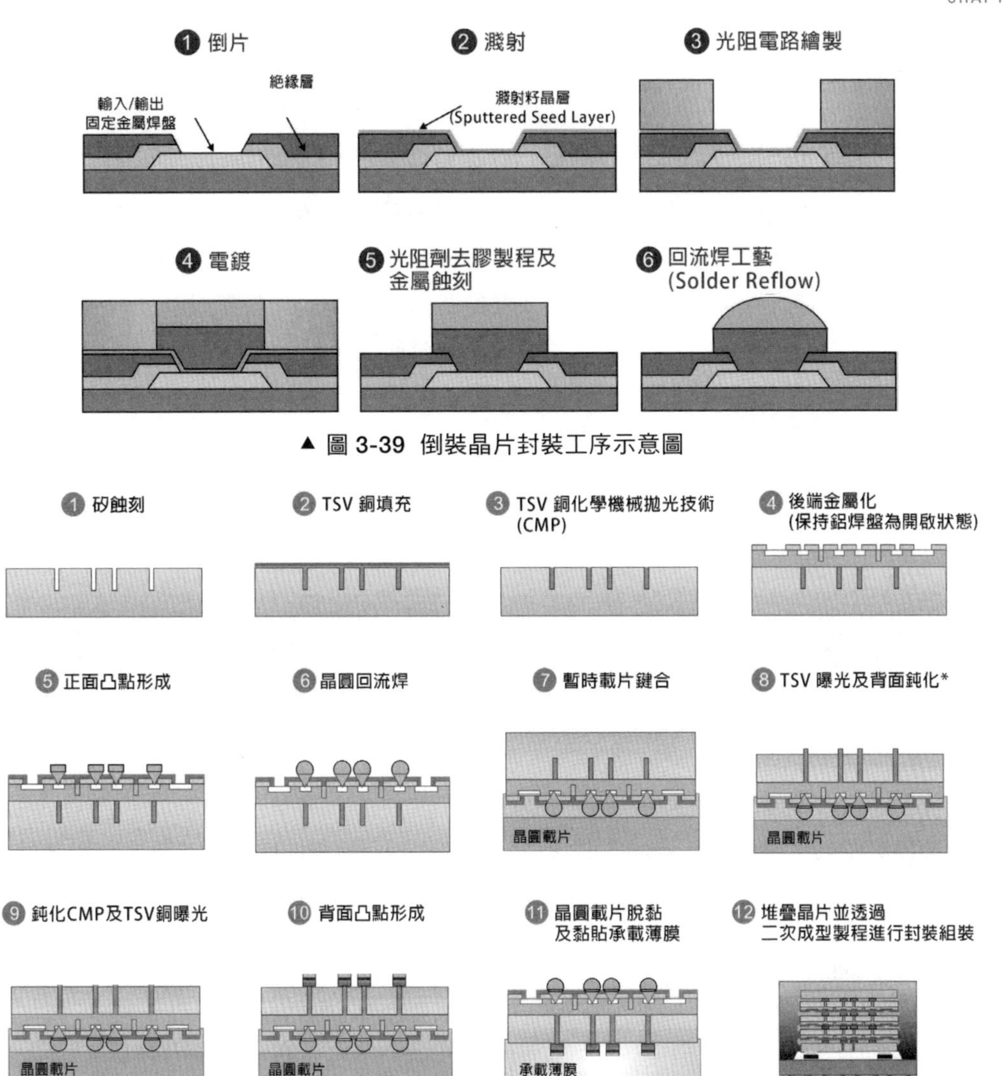

▲ 圖 3-39 倒裝晶片封裝工序示意圖

*一項透過在半導體表面進行塗層處理使其惰性化，並去除一切影響半導體性能的雜質的製程。

▲ 圖 3-40 矽通孔封裝工序示意圖

3.3 封裝 —— 背面研磨與晶圓貼膜

3.3.1 背面研磨（Back Grinding）

研磨是一種微量加工的工藝方法，研磨藉助於研具與研磨劑（一種游離的磨料），在工件的被加工表面和研具之間上產生相對運動，並施以一定的壓力，從工件上去除微小的表面凸起層，以獲得很低的表面粗糙度和很高的尺寸精度、幾何形狀精度等（如圖 3-41 所示）。在模具製造中，特別是產品外觀品質要求較高的精密壓鑄模、塑膠模、汽車覆蓋件模具應用廣泛。

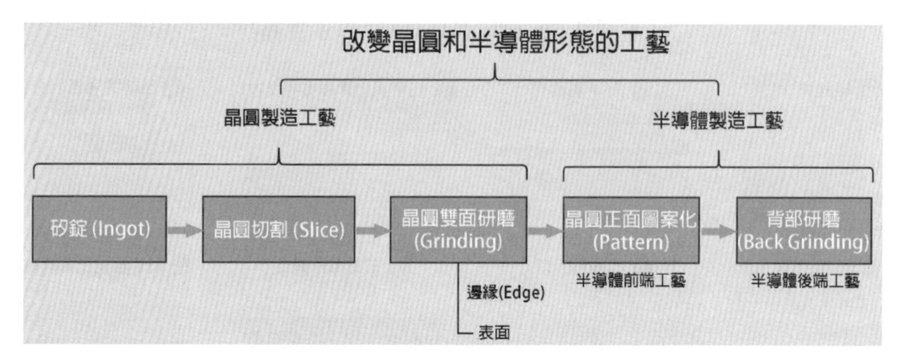

▲ 圖 3-41 背面研磨的目的

背面研磨工藝可確保將晶圓加工成適合其封裝特性的最佳厚度。該工藝包括對晶圓背面進行研磨處理並將其安裝在環形框架內（如圖 3-42 所示）：

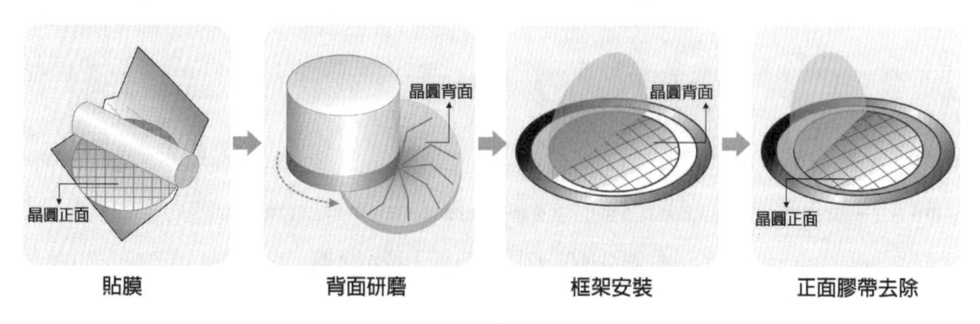

▲ 圖 3-42 晶圓背面研磨工藝的四個步驟

3.3.1.1 研磨的基本原理

一、物理作用

研磨時，研具的研磨面上均勻地塗有研磨劑，若研具材料的硬度低於工件，當研具和工件在壓力作用下做相對運動時，研磨劑中具有尖銳稜角和高硬度的微粒，有些會被壓嵌入研具表面上產生切削作用（塑性變形），有些則在研具和工件表面間滾動或滑動產生滑擦（彈性變形）。這些微粒如同無數的切削刀刃，對工件表面產生微量的切削作用，並均勻地從工件表面切去一層極薄的金屬。如圖 3-43 所示，為研磨加工模型。同時，鈍化了的磨粒在研磨壓力的作用下，透過擠壓被加工表面的峰點，使被加工表面產生微擠壓塑性變形，從而使工件逐漸得到高的尺寸精度和低的表面粗糙度。

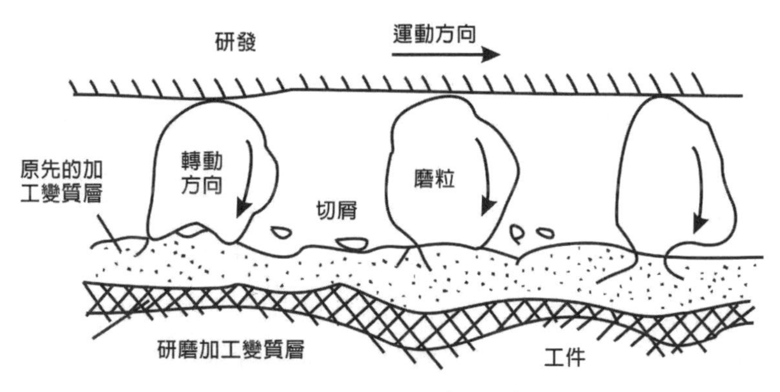

▲ 圖 3-43 研磨加工模型示意圖

二、化學作用

而當採用氧化鉻、硬脂酸等研磨劑時，在研磨過程中研磨劑和工件的被加工表面上產生化學作用，生成一層極薄的氧化膜，氧化膜很容易被磨掉。研磨的過程就是氧化膜的不斷生成和擦除的過程，如此多次迴圈反覆，使被加工表面的粗糙度降低。

在對晶圓背面進行研磨之前，首先需要在晶圓正面覆蓋一層保護膠帶，稱之為背面研磨保護膠帶。這是為了防止用於繪製電路的晶圓正面遭受物理性損害。之後使用**研磨輪（Grinding Wheel）**對晶圓背面進行研磨，使其變得更薄。在這個過程中，需要先用高速旋轉的粗磨輪去除大部分多餘材料；再用細磨輪對表面進行精磨，以達到理想厚度；最後使用精**拋光墊（Fine Pad）**對晶圓進行拋光，使其表面變得光滑。如果晶圓表面粗糙，那麼在後續工藝中施加應力時，會使其更易產生裂痕，導致晶片斷裂。因此，透過拋光來防止裂痕形成，對於減少晶片破損具有重要意義。

對於單晶片封裝而言，通常需要將晶圓研磨到約 200-250 微米（μm）的厚度。而對於堆疊封裝而言，因將多個晶片堆疊在同一封裝體中，所以晶片（晶圓）需要研磨至更薄。然而，研磨晶圓背面所產生的殘餘應力會導致晶圓正面收縮，這樣可能會引發晶圓彎曲成弧形；此外隨著晶圓變薄，其彎曲度也會增加。因此為了保持晶圓平整，首先需要在晶圓背面貼上**承載薄膜（Mounting Tape）**，然後將其固定在環形框架內。最後，去除用於保護晶圓正面元件的背面研磨保護膠帶，露出半導體元件，背面研磨工藝即視為完成。

3.3.1.2 研磨的應用特點

研磨的應用特點主要體現在如下一些方面：

1、表面粗糙度低：研磨屬於微量進給磨削，切削深度小，有利於降低工件表面粗糙度值。加工表面粗糙度可達 Ra0.01μm。

2、尺寸精度高：研磨採用極細的微粉磨料，機床、研具和工件處於彈性浮動工作狀態，在低速、低壓作用下，逐次磨去被加工表面的凸峰點，加工精度可達 0.1μm ～ 0.01μm。

3、形狀精度高：研磨時，工件基本處於自由狀態，受力均勻，運動平穩，且運動精度不影響形位精度。加工圓柱體的圓柱度可達 0.1μm。

4、改善工件表面力學性能：研磨的切削熱量小、工件變形小、變質層薄、表面不會出現微裂紋。同時能降低表面磨擦係數，提高耐磨和耐腐蝕性。研磨零件表層存在殘餘壓應力，這種應力有利於提高工件表面的疲勞強度。

5、研具的要求不高：研磨所用研具與設備一般比較簡單，不要求具有極高的精度；但研具材料一般比工件軟，研磨中會受到磨損，應注意及時修整與更換。

3.3.1.3 研磨拋光用的產品

研磨拋光產品包括研磨液、研磨墊等，這些產品在半導體材料的加工中發揮著不同的作用。

一、研磨液

研磨液是一種特殊的化學溶液，用於在研磨過程中對半導體材料進行潤滑和冷卻。透過選擇合適的研磨液，可以控制研磨過程的溫度和摩擦力，從而避免材料表面的損傷和熱損傷。

二、研磨墊

研磨墊是一種用於承載半導體材料的軟質墊子，它具有較好的柔韌性和吸水性，可以有效地減少研磨過程中產生的熱量和摩擦力，從而保護材料表面。同時，研磨墊還可以透過調整其硬度來控制研磨效果。

如圖 3-44 所示，是帶有研磨襯墊且固定在旋轉研磨臺上或平臺上的常用研磨系統。將具有研磨粒子和化學添加物的研磨液用在化學機械研磨工藝中。研磨漿被輸送到研磨墊表面，晶圓的前表面向下緊壓並接觸研磨墊。平臺與晶圓載體以相同的方向旋轉。機械研磨與化學蝕刻的組合作用將材料從晶圓表面移除。表面有增添物的區域將承受較多的機械摩擦，而且該區域會比凹陷區更快被移除，這樣就能使晶圓表面平坦化。

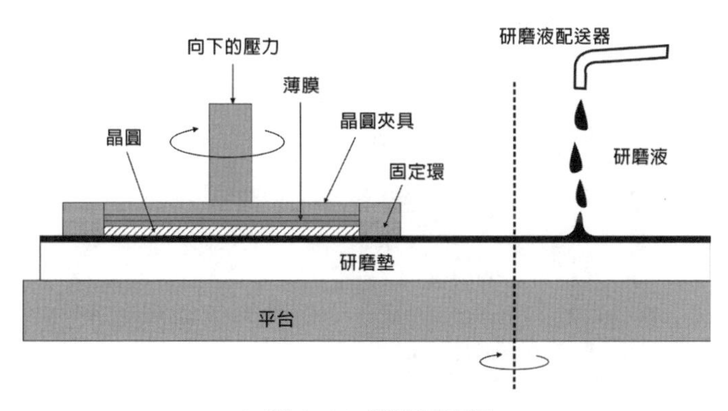

▲ 圖 3-44 研磨示意圖

總體而言，半導體研磨技術發展非常迅速，加工精度得以大幅提升。隨著新材料和新工藝的不斷湧現，半導體研磨技術將會更加重要和具有挑戰性。

3.3.1.4 背面研磨裝置

將晶圓表面保護用膠片所貼附的面固定在真空切割**吸盤**（**Chuck Table**）上，再將真空切割吸盤進行旋轉（如圖 3-45 所示）。隨後將晶放置於承載數個切割吸盤的主要研磨旋轉台裝置上，並進行類似行星的環繞運動，讓每分鐘約 5000 轉的高速旋轉鉆石砥石透過平面砥石的輪軸部位，以進行晶圓背部的研磨（如圖 3-46 所示）。

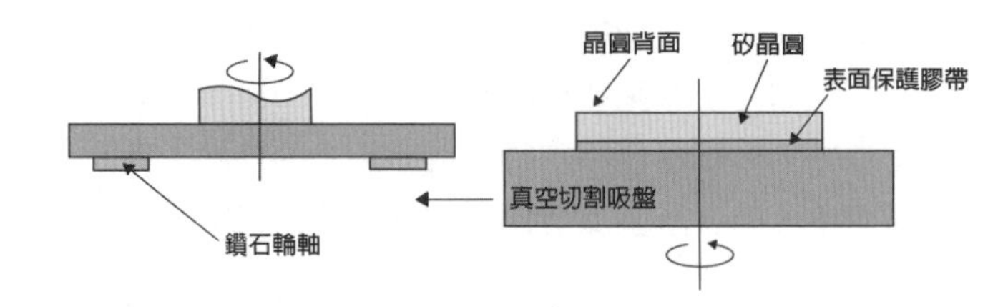

▲ 圖 3-45 背面研磨部的詳細構造

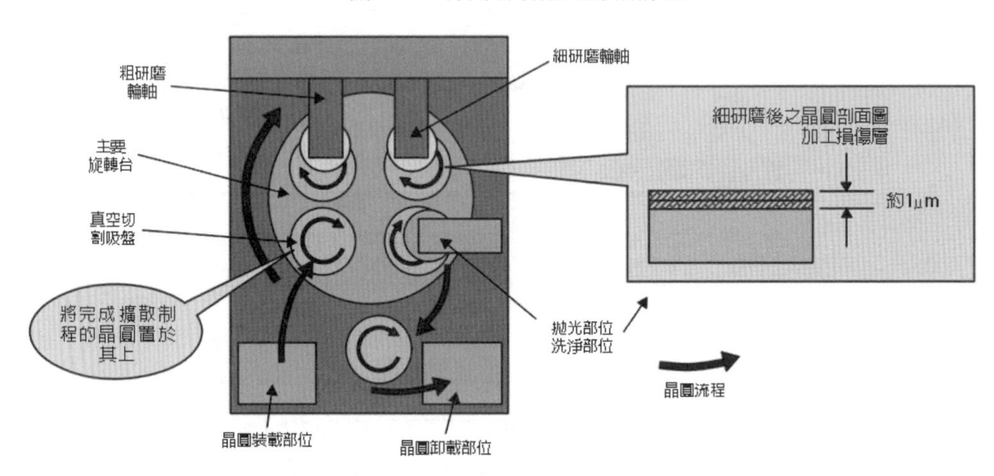

▲ 圖 3-46 背面研磨裝置概念圖

經過背面研磨的晶圓厚度一般會從 800-700 μm 減少到 80-70 μm。減薄到十分之一的晶圓能堆疊四到六層。近來，透過兩次研磨的工藝，晶圓甚至可以減薄到大約 20 μm，從而堆疊到 16 到 32 層，這種多層半導體結構被稱為**多晶片封裝**（**MCP：Multi Chip Package**）。在這種情況下，儘管使用了多層結構，成品封裝的總高度不得超過一定厚度，這也是為何始終追求磨得更薄的晶圓。晶圓越薄，缺陷就會越多，下一道工序也越難進行。因此，需要先進的技術改進這一問題。

透過將晶圓切割得盡可能薄以克服加工技術的局限性，背面研磨技術不斷發展。對於常見的厚度大於等於 50 μm 的晶圓，背面研磨有三個步驟：先是**粗磨**（**Rough Grinding**），再是**精磨**（**Fine Grinding**），兩次研磨後切割並拋光晶圓。

其中粗磨主要是提高加工效率，使用較大的磨粒。該工藝可以有效的去除線割產生的損傷層，修復面型，降低**總厚度變化（TTV：Total Thickness Variation，是矽片的最大厚度和最小厚度之間的差異，是用來衡量矽片厚度均勻性的一個重要指標）、彎曲度（BOW：指的是矽片的彎曲。這個詞可能來源於物體彎曲時形態的描述，就像弓的彎曲形狀一樣。Bow 的值是透過測量矽片的中心和邊緣之間的最大偏差來定義的。這個值通常用微米（μm）表示。4inch 矽片的 SEMI 標準是，Bow<40um），翹曲度（WARP：晶片中心面與基準平面之間最大和最小距離的差值，是晶片的一種性質而不是表面特性）**，去除速率穩定，一般能達到 0.8-1.2um/min 的去除率。但該工藝加工後的晶片表面是亞光面，粗糙度較大，一般在 50nm 左右，對後工序的去除要求較高。

此時，類似化學機械拋光一樣，一般會在拋光墊和晶圓之間投入**漿料（Slurry）**和**去離子水（Deionized Water）**。這種拋光工作能減少晶圓和拋光墊之間的摩擦，使表面光亮。當晶圓較厚時，可以採用**超精細研磨（Super Fine Grinding）**，但晶圓越薄，就越需要進行拋光。如圖 3-47 所示，是根據晶圓厚度而採用的不同的研磨方法：

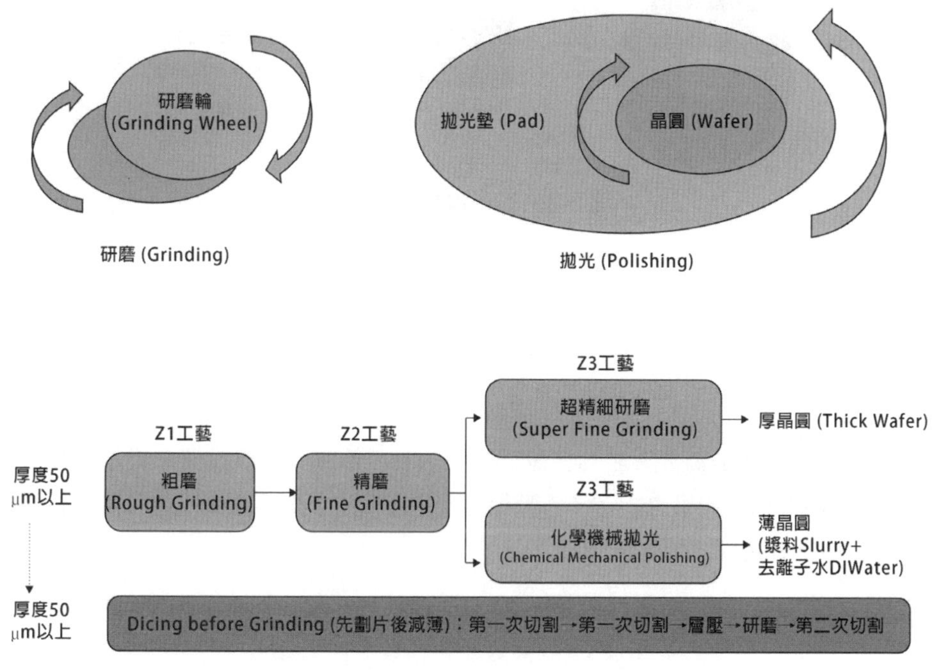

▲ 圖 3-47 根據晶圓厚度而採用的不同的研磨方法

3.3.2 保護晶圓的貼膜（Tape Lamination）工藝

剝離保護膠帶是在半導體 / 半導體積體電路生產製造，組裝工藝或玻璃、陶瓷切割精密加工中廣泛使用的特殊黏著膠帶（如圖 3-48 所示）。

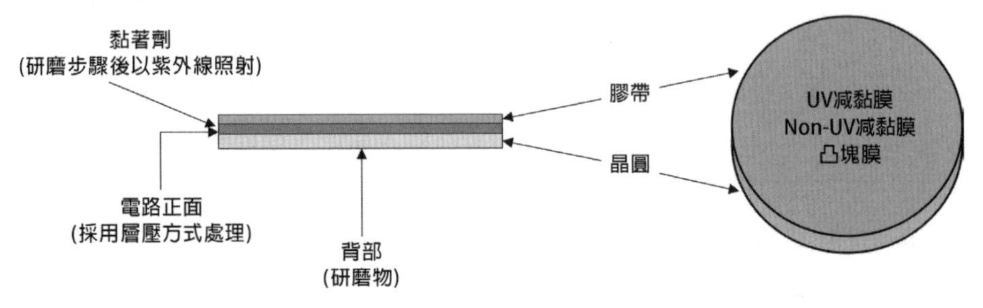

▲ 圖 3-48 貼膜工藝和晶圓表面示意圖

3.3.2.1 紫外線（UV）解黏膜

膠帶上面塗有紫外線硬化型黏著劑，貼在晶圓背面切割用的膠帶（如圖 3-49 所示）。

▲ 圖 3-49 紫外線解黏膜結構圖

在加工製程過程中，紫外線減黏膜具有很強黏性（最高黏力達 1000g 以上）貼在物品表面上，在紫外線工序中，透過紫外線光照射紫外線減黏膜的黏性迅速下降至低黏（黏力最低 10g 以下），紫外線光照射後可以輕易從玻璃上撕掉，不會有任何殘留痕跡在被黏物表面。

這一連串的操作都是為了讓晶圓變薄且容易切割，希望能夠讓設備都盡量在**同一製程線上（In-Line）**，如果也能在同一製程線上進行搬運，則晶圓較不會脫落，對晶圓的負擔也會顯著減輕（如圖 3-50 示）。

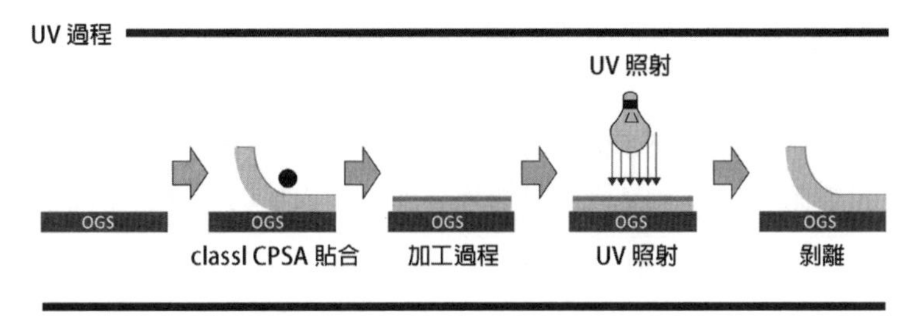

▲ 圖 3-50 紫外線（UV）解黏過程圖

3.3.2.2 熱解黏膜

在加工製程過程中，熱減黏膜具有很強黏性（最高黏力達 1000g 以上）貼在物品表面上。在高溫工序中，透過匹配的高溫和時間減黏膜的黏性迅速下降至低黏（黏力最低 0g），經高溫後熱解黏膜可以輕易從玻璃上撕掉，不會有任何殘留痕跡在被黏物表面（如圖 3-51 所示）。

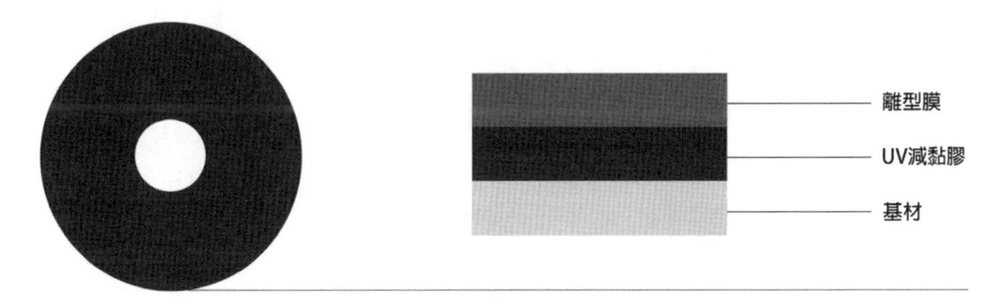

▲ 圖 3-51 熱解黏膜結構示意圖

紫外線 / 熱解黏膠帶（膜）適用於精密元件的臨時固定：

1、半導體、晶片的臨時固定、切割、檢測用；
2、**OLED（Organic Light-Emitting Diode，即有機發光二極體，也稱有機發光半導體，是目前主流螢幕顯示技術之一）**產品的臨時固定、切割；
3、印刷電路板、**柔性電路板（FPCB：Flexible Printed Circuit Board，一種利用柔性基材製成的具有圖形的印刷電路板，由絕緣基材和導電層構成，絕緣基材和導電層之間可以有黏結劑）**產品或表面蝕刻等的臨時固定。

3.4 封裝 —— 晶圓切割

晶圓切割（**Wafer Dicing**）是指沿著晶圓上的**切割槽**（**Scribe Lane：從晶圓上切割晶片時，既不影響附近元件，又可滿足切片分佈所需的足夠寬度的空間**）進行切割，直到分離出晶片的工藝（如圖 3-52 所示）。

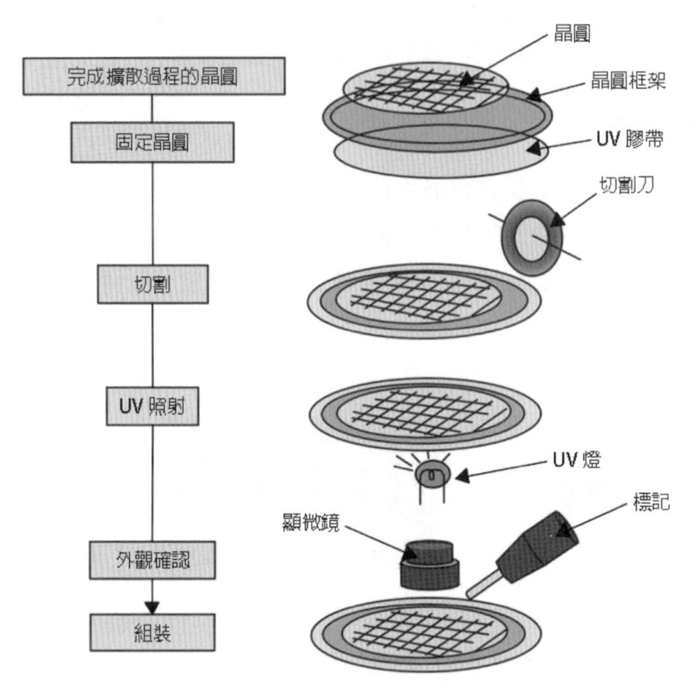

▲ 圖 3-52 切割製程

3.4.1 晶圓切割過程

晶圓切割首先要進行磨砂工序，去除在前端工藝中受化學汙染的部分，減少晶圓厚度，在進行磨砂處理之前，需將 UV 膠帶覆蓋在晶圓正面，這樣可以避免晶圓在切割過程中受到損傷，UV 膠帶黏著性高，可以防止晶圓脫落，之後用真空卡盤桌吸住，研磨晶圓的背面使其變薄。

在磨砂處理後，繼續在晶圓背面貼上 UV 膠帶，將其固定於輪狀的架子後，用表面貼有金剛石的超薄圓形刀片，沿著晶圓上的劃線縱橫切割。由於切割是透過研磨進行的，會產生大量的細小粉塵，因此在切割過程中必須不斷用**去離子**（**DI：Deionized water**）水沖洗，以免汙染晶粒。然後在 UV 膠帶背面照射紫外線由於光化學反應，其黏著性會降低，從而很容易將晶片從膠帶上取下來。

最後，在顯微鏡下對一個一個晶片進行外觀檢測，把有缺陷、損傷、汙染的晶片淘汰，篩選出達到標準的晶片就可以進行下一個工序了。

如圖 3-53 所示，給出了使用刀片切割法將晶圓分割為晶片的示例。在這種晶圓切割方法中，使用輪狀鋸片來切割和分離晶圓。這種鋸片採用高硬度的金剛石刀頭沿著晶圓切割線切割，晶圓格狀切割線如圖左側所示。由於鋸片旋轉時會產生**容差**（**Tolerance：性能差異導致的空間或數字上的誤差範圍**），因此切割線寬度必須超過砂輪厚度。

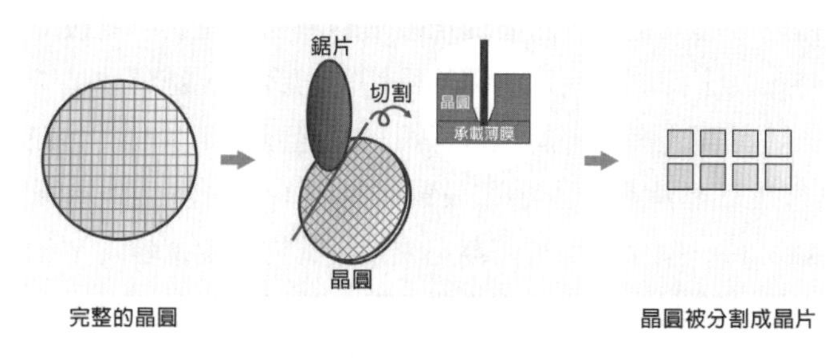

▲ 圖 3-53 透過刀片切割工藝將晶圓切割成晶片

一個晶圓要經歷三次的變化過程，才能成為一個真正的半導體晶片：首先，是將塊狀的鑄錠切成晶圓；在第二道工序中，透過前道工序要在晶圓的正面雕刻電晶體；最後，再進行封裝，即透過切割過程，使晶圓成為一個完整的半導體晶片。可見，封裝工序屬於後道工序，在這道工序中，會把晶圓切割成若干六面體形狀的單個晶片，這種得到獨立晶片的過程被稱作「**切單**」。

刀片切割存在一個問題：由於切割過程中刀片直接接觸晶圓，因此當晶圓變得越來越薄時，發生斷裂的可能性也隨之增加。而另一種晶圓切割方法 —— **雷射切割**（**Laser Dicing**），在切割過程中則無需直接接觸晶圓，而是在晶圓背面利用雷射來完成切割，可非常有效地解決斷裂問題。因為雷射切割工藝能儘量避免對晶圓表面造成損害，可以保持晶片的堅固性，所以它更適用於切割較薄的晶圓。

3.4.2 晶圓切割機

晶圓切割機是一種用於將半導體晶圓切割成小尺寸晶片的設備。它在半導體製造過程中起著關鍵的作用。晶圓切割機使用切割盤和切割刀，透過旋轉切削和加工晶圓上的晶片，將大尺寸的晶圓切割成小尺寸的晶片。這些晶片經過切割後，可以用於製造各種電子產品，如手機、電腦晶片等。

晶圓切割機的基本架構是由以下部分所組成：將每一片貼有切割膠帶的晶圓背部研磨完成後，各自安裝於框架上：用來搬運每片晶圓框架的裝載部位；可將晶圓切割刀以數萬次 / 分鐘高速旋轉的凸緣部位；將晶圓左右移動以配合晶片的尺寸 X-Y 座標數值控制平臺裝置的本體部位，以及將每一個切割完成的晶圓分別收納於晶框架的卸載部位。

切割的方法是在晶圓背部黏牢膠帶，再將與膠帶黏著的那一面晶圓以真空方式吸附固定在晶圓裝載臺上。用晶圓切割機深入晶圓背面膠帶溝槽後，將晶片分割成單片。將高速旋轉的軸心固定後，隨著真空吸附的載物台左右移動後即可進行晶圓切割。切割晶圓時，為了抑制因高速旋轉使得切割刀發熱、避免矽晶切削時產生的碎屑，以及為了去除晶圓表面的碎屑，會採用有經過靜電測試的高壓純水。晶圓會透過 X-Y 坐標軸來定義晶片尺寸大小和設置切割線：首先是沿著晶圓定位平麵線劃出 X 軸的切割線。待一個生產線被切割完成後，載物台就會朝向 Y 軸（更深入的方向）以 1 片晶片尺寸的大小移動並持續進行下一個切削製程。待 X 軸所有生產線都切削完畢後，再把載物台轉 90°C，晶圓 Y 軸的所有生產線切削方式都和 X 軸的動作一樣，將晶片各自分離（如圖 3-54 所示）。

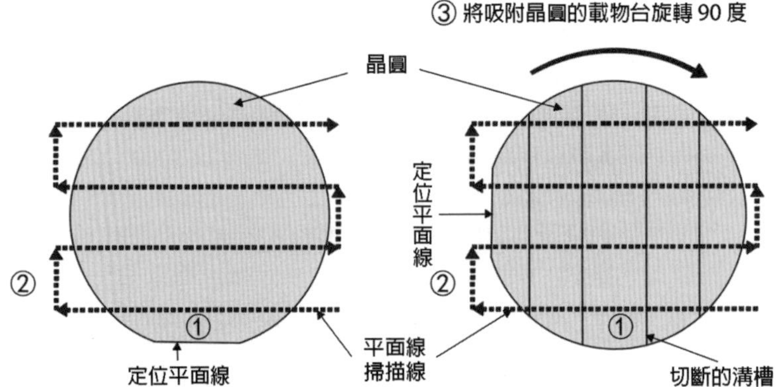

❶ 用切割刀軸 (Spindle) 掃描 (將旋轉的刀刃在 X 軸上左右移動) 的方式進入晶圓上的溝槽
❷ 只有晶圓的尺寸定義，朝向更深入 (Y 軸) 的移動
❸ 用將晶圓吸附用的載物台旋轉 90 度後，繼續❶❷的操作

▲ 圖 3-54 切割的原理

從晶圓切入的量來看，可分為**半厚度切割（Half CutDicing）**以及**全切割（Full CutDicing）**兩種（見表 3-4），但是製程數少、品質上也較為有利的全切割則成為近年來的主流。之後，再依外觀選擇晶片的優劣後進入下一個製程。

▶ 表 3-4 切割方式比較

方式	方 法	優 點	缺 點
全切割	可深入薄膜 矽晶 薄膜	◎由於完全切割，因此矽晶殘留的碎屑較少 ◎不會依照矽晶方向	◎由於所需切斷的量較多，因此加工速度較慢 ◎切割前必須要進行行上鍊(晶圓固定)作業 ◎由於將薄膜完全切斷，因此切割刀的壽命較短 ◎鋁金屬的研磨線會產生鋁須線，因此並不適用
半厚度切割	A B A = 截縫距 (Kerf) B = 觸刻孔距 (Pitting) 切割槽口 矽晶	◎加工速度快 ◎不會依照矽晶方向 ◎不需金屬工具即可進行切割 ◎由於沒有切斷薄膜，因此切割刀的壽命較長	◎由於是不完全切斷，因此必須要有晶圓劈(Wafer Breaking)製程，然而晶圓劈開製程會殘留有矽晶的碎屑 ◎鋁金屬的研磨線會產生鋁須線因此並不適用

晶圓切割機通常具備高度自動化和高效率的特點。它可以在短時間內切割成百上千個晶片，並且能夠保持較高的切割精度和表面品質。此外，晶圓切割機也能夠適應不同尺寸和材料的晶圓進行切割。

晶圓切割機在半導體行業中被廣泛應用，是半導體製造中不可或缺的設備之一。隨著半導體技術的快速發展，對切割精度和效率的要求越來越高，晶圓切割機也在不斷的進行技術革新和改進。

隨著減薄工藝技術的發展以及疊層封裝技術的成熟，晶片厚度越來越薄。同時晶圓直徑逐漸變大，單位面積上積體電路更多，留給分割的劃切道空間變得更小，技術的更新對設備提出了更高的性能要求，作為積體電路後封裝生產過程中關鍵設備之一的切割機，也隨之由 6 英寸、8 英寸發展到 12 英寸。

3.4.3 晶圓切割分類

前道與後道工序透過各種不同方式的互動而進一步發展：後道工序的進化可以決定晶圓上晶粒（die）分離出的六面體小晶片的結構和位置，以及晶圓上焊盤（電連接路徑）的結構和位置；與之相反，前端工藝的進化則改變了後端工藝中的晶圓背面減薄和晶圓切割的流程和方法。

因此，封裝的外觀日益變得精巧，會對後端工藝帶來很大的影響。而且，根據包裝外觀的變化，切割次數、程式和類型也會發生相應的變化。下面，就讓我們一起透過晶片「切單」方法的演化過程。

3.4.3.1 劃片切割（Scribe Dicing）

早期，透過施加外力切割的「**劈開（Breaking）**」是唯一可以把晶圓分割成六面形晶圓的切割法。

然而，這種方法卻存在晶片邊緣**剝落**或產生裂紋等弊端。而且，由於沒有完全去除金屬層表面的**毛刺（Burr：切割時產生的一些殘渣）**，所以切割表面也非常粗糙。

為了解決這一問題，「**切割（Scribing）**」切割法應運而生，即在「劈開」前，將晶圓表面切割至大約一半的深度。「切割」，顧名思義，是指使用葉輪在晶圓的正面事先鋸切（半切）。早期，6 英寸以下的晶圓大部分都使用了這種在晶片之間先「切割」，再「劈開」的切割法（如圖 3-55 所示）。

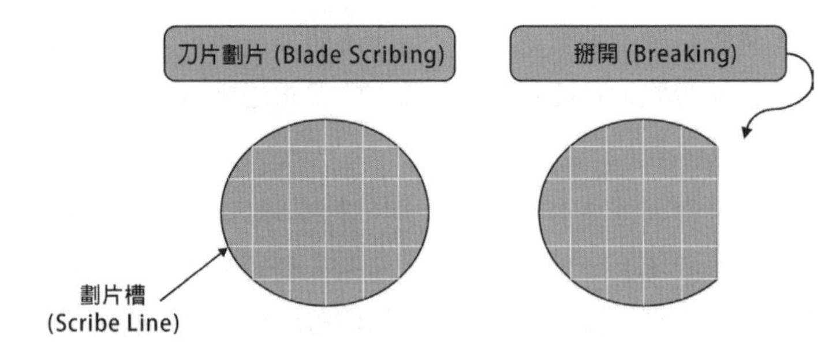

▲ 圖 3-55 早期的劃片切割法：切割後進行物理上的分割（Breaking）

3.4.3.2 刀片切割（Blade Dicing）

「切割」切割法逐漸發展成為「**刀片**切割（**Blade Dicing**）（或鋸切）法」，即連續使用刀片兩到三次進行切割的方法（如圖 3-56 所示）。

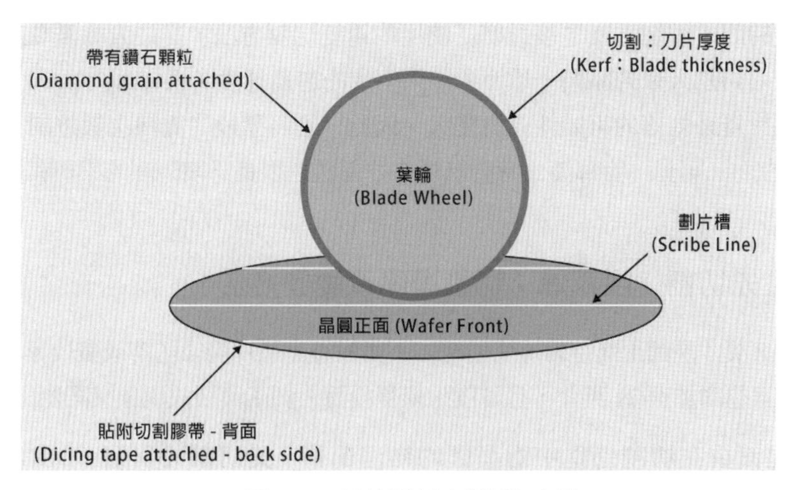

▲ 圖 3-56 刀片切割（鋸切）方法

「刀片」切割與之前的「切割」切割有所不同，即進行完一次「刀片」切割後，不是「劈開」，而是再次用刀片切割。所以，也把它稱為「**分步切割（Step Dicing）**」法。「刀片」切割法可以彌補「切割」後「劈開」時，晶片剝落的現象，可在「切單」過程中起到保護晶片的作用（如圖 3-57 所示）。

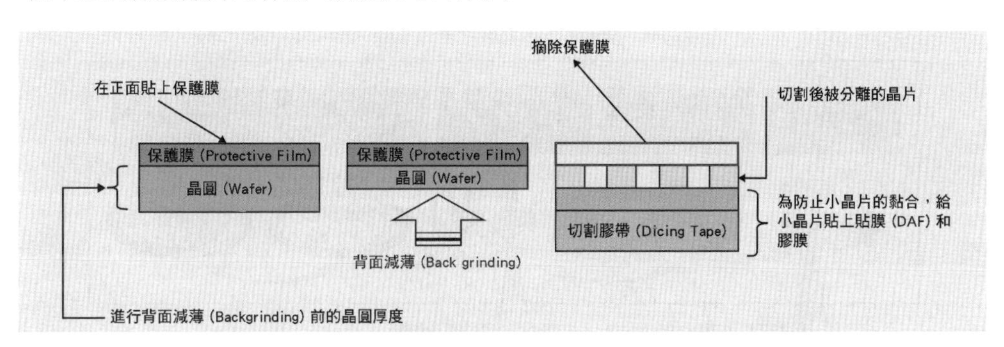

▲ 圖 3-57 刀片切割（鋸切）過程中，保護膜的附著與摘除

為了保護晶圓在切割過程中免受外部損傷，事先會在晶圓上貼敷膠膜，以便保證更安全的「切單」。

「背面減薄」過程中，膠膜會貼在晶圓的正面。但與此相反，在「刀片」切割中，膠膜要貼在晶圓的背面。而在共晶晶片鍵合過程中，貼在背面的這一膠膜會自動脫落。切割時由於摩擦很大，所以要從各個方向連續噴灑去離子水。而且，葉輪要附有金剛石顆粒，這樣才可以更好地切片。此時，切口（刀片厚度：凹槽的寬度）必須均勻，不得超過切割槽的寬度。

很長一段時間，鋸切一直是被最廣泛使用的傳統切割方法，其最大的優點就是可以在短時間內切割大量的晶圓。然而，如果切片的**進給速度（Feeding Speed）**大幅提高，小晶片邊緣剝落的可能性就會變大。因此，應將葉輪的旋轉次數控制在每分鐘30000次左右。可見，半導體工藝的技術往往是透過很長一段時間的累積和試錯來慢慢成熟。

3.4.3.3 先切割、後減薄（切割順序改變了方法）

在直徑為8英寸晶圓上進行刀片切割時，不用擔心小晶片邊緣剝落或裂紋等現象。但隨著晶圓直徑增加至21英寸，且厚度也變得極薄，剝落與裂紋現象又開始出現了。

為了大幅減少在切割過程中對晶圓的物理衝擊，**先切割後研磨（DBG：Dicing Before Grinding）**這一方法從而被提出。先切割後研磨在晶圓切割過程中採取了相反的順序，以減少晶片損壞。傳統工藝先對晶圓背面進行研磨，再對晶圓進行切割；而先切割後研磨則先對晶圓進行部分切割，再對晶圓背面進行研磨，最後透過**承載薄膜擴張法（MTE：利用雷射進行隱形切割並在晶圓上形成凹槽後，使貼在晶圓上的承載薄膜出現擴張。然後，在相應區域施加作用力，使晶圓分割成晶片）**使其被徹底切割（如圖3-58所示）。

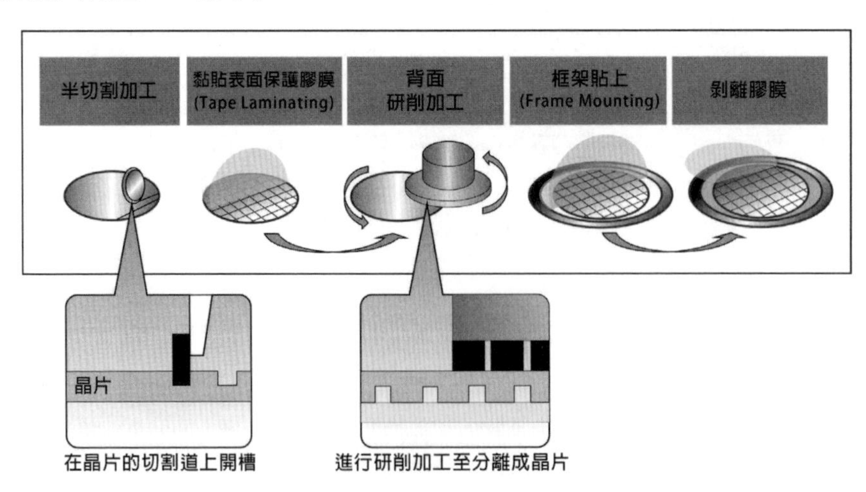

▲ 圖 3-58 先切割後研磨工藝示意圖

可以說，先切割後研磨是以往「刀片」切割法的升級版，因為它可以減少第二次切割帶來的衝擊，所以，先切割後研磨方法在「晶圓級封裝」上得到了迅速的普及（如圖 3-59 所示）。

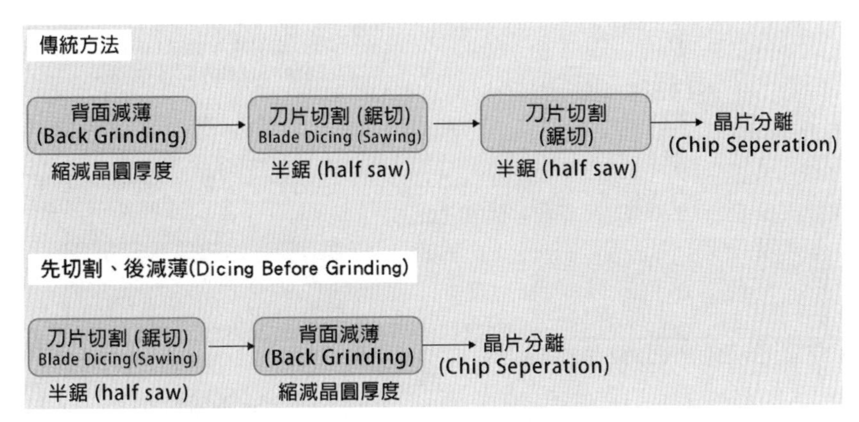

▲ 圖 3-59 刀片切割對比「先切割後研磨」方法

3.4.3.4 雷射切割（Laser Dicing）

晶圓級晶片封裝（WLCSP：Wafer Level Chip Scale Package）工藝主要採用雷射切割法。

採用雷射切割可以減少剝落和裂紋等現象，從而獲得更優質的晶片，但晶圓厚度為 100 μm 以上時，生產率將大打折扣。所以，多用在厚度不到 100 μm（相對較薄）的晶圓上。

雷射切割是透過在晶圓的切割槽上施加高能量的雷射來切割矽。但使用**傳統雷射切割法（Conventional Laser）**，要在晶圓表面上事先塗層保護膜。因為，在晶圓表面加熱或照射雷射等，這些物理上的接觸會在晶圓表面產生凹槽，而且切割的矽碎片也會黏附在表面上。

可見，傳統的雷射切割法也是直接切割晶圓表面，在這一點上，它與「刀片」切割法有相似之處（如圖 3-60 所示）。

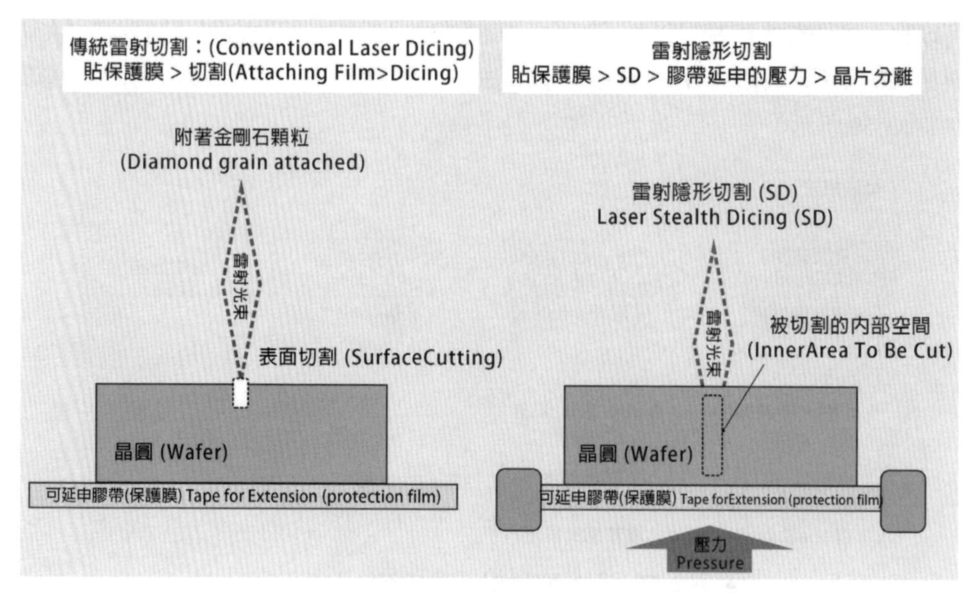

▲ 圖 3-60 傳統雷射切割與雷射隱形切割方法的比較

雷射隱形切割（SD：Stealth Dicing）則是先用雷射能量切割晶圓的內部，再向貼附在背面的膠帶施加外部壓力，使其斷裂，從而分離晶片的方法。當向背面的膠帶施加壓力時，由於膠帶的拉伸，晶圓將被瞬間向上隆起，從而使晶片分離。

相對傳統的雷射切割法，雷射隱形切割的優點為：

1、沒有矽的碎屑；

2、**切口（Kerf：切割槽的寬度）**窄，所以可以獲得更多的晶片。

此外，使用雷射隱形切割方法剝落和裂紋現象也將大幅減少，這決定了切割的整體品質。因此，雷射隱形切割方法非常有望成為未來最受青睞的一項技術。

3.4.3.5 電漿切割（Plasma Dicing）

電漿切割是最近發展起來的一項技術，即在製造過程中使用電漿蝕刻的方法進行切割。

電漿切割時，由一股電漿射束分割工件，該射束可以極高的溫度和極快的速度接觸到切割點。因此我們把電漿稱為一種帶電的高溫氣體。

首先，在鎢電極與切割噴嘴之間點燃一個引導光，受此光弧引導的切割氣體穿過光弧，同時因高溫進入電漿狀態。而在電極與工件之間所施加的電壓使該電漿束加速沖向工件。一旦電漿射束接觸到工件，光弧立即跳到工件上，引導光弧也立即關斷。這個最高可達 30000℃ 並充滿能量的電漿射束燒熔接觸點的材料，同時把它吹出切割縫（如圖 3-61 所示）。

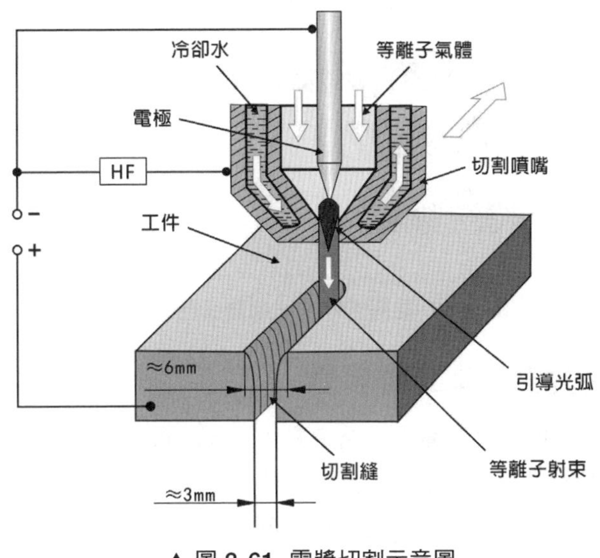

▲ 圖 3-61 電漿切割示意圖

電漿切割法用半氣體材料代替了液體，所以對環境影響相對較小。而且採用了對整個晶圓一次性切割的方法，所以「切單」速度也相對較快。

然而，電漿要以化學反應氣體為原料，且蝕刻過程非常複雜，因此其工藝流程相對較繁瑣。但與「刀片」切割、雷射切割相比，電漿切割不會給晶圓表面造成損傷，從而可以降低不良率，獲得更多的晶片。

近年來，由於晶圓厚度已減小至 30 μm，且使用了很多銅或低**介電常數**（**Permittivity**）等材料。因此，為了防止毛刺，電漿切割方法也將受到青睞。

3.4.4 晶圓切割工藝的選擇

不同厚度晶圓選擇的晶圓切割工藝也不同：厚度 100um 以上的晶圓一般使用刀片切割；厚度不到 100um 的晶圓一般使用雷射切割，雷射切割雖然可以減少剝落和裂紋的問題，但是在 100um 以上時，生產效率將大幅降低；厚度不到 30um 的晶圓使用電漿切割，電漿切割速度快，不會對晶圓表面造成損傷，從而提高良率，但是其工藝過程更為複雜。如圖 3-62 所示，為晶圓切割方法的發展歷程：

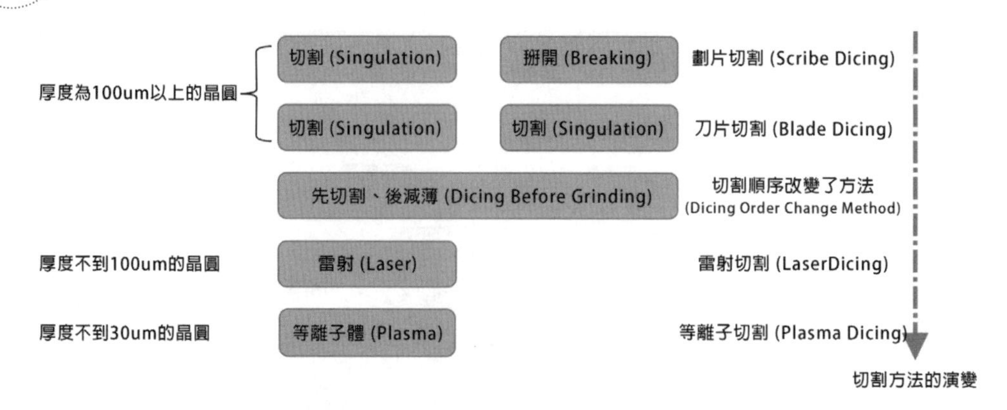

▲ 圖 3-62 晶圓切割方法的發展歷程示意圖

3.4.5 晶圓切割關鍵工藝參數

矽圓片切割應用的目的是將產量和合格率最大，同時資產擁有的成本最小。可是，挑戰是增加的產量經常減少合格率，反之亦然。晶圓基板進給到切割刀片的速度決定產出。隨著進給速度增加，切割品質變得更加難以維持在可接受的工藝視窗內。進給速度也影響刀片壽命。

在許多晶圓的切割期間經常遇到的較窄**跡道**（**Sreet**）寬度，要求將每一次切割放在跡道中心幾微米範圍內的能力。這就要求使用具有高分度軸精度、高光學放大和先進對準運算的設備。

當用窄跡道切割晶圓時的一個常見的推薦是，選擇盡可能最薄的刀片。可是，很薄的刀片（20 μm）是非常脆弱的，更容易過早破裂和磨損。結果，其壽命期望和工藝穩定性都比較厚的刀片差。對於 50~76 μm 跡道的刀片推薦厚度應該是 20~30 μm。

3.4.5.1 碎片（Chipping）

頂面碎片（**TSC：Top-side Chipping**），它發生晶圓的頂面，變成一個合格率問題，當切片接近晶片的有源區域時，主要依靠刀片磨砂細微性、冷卻劑流量和進給速度。

背面碎片（**BSC：Back-side Chipping**）發生在晶圓的底面，當大的、不規則微小裂紋從切割的底面擴散開並匯合到一起的時候。當這些微小裂紋足夠長而引起不可接受的大顆粒從切口除掉的時候，背面碎片變成一個合格率問題。

通常，切割的矽晶圓的品質標準是：如果背面碎片的尺寸在 10 μm 以下，忽略不計。另一方面，當尺寸大於 25 μm 時，可以看作是潛在的受損。可是，50 μm 的平均大小可以接受，示晶圓的厚度而定。

現在可用來控制背面碎片的工具和技術是刀片的優化，接著工藝參數的優化。

3.4.5.2 刀片優化（Blade Optimization）

為了接收今天新的切片挑戰，切片系統與刀片之間的協作是必要的。對於**高端（high-end）**應用特別如此。刀片在工藝優化中起主要的作用。為了接納所有來自於迅速的技術發展的新的切片要求，今天可以買到各式各樣的刀片。這使得為正確的工藝選擇正確的刀片成為一個比以前更加複雜的任務。

除了尺寸，三個關鍵參數決定刀片特性：金剛石（磨料）尺寸、金剛石含量和黏結劑的類型。結合物是各種金屬和 / 或其中分佈有金剛石磨料的基體。

這些元素的結合效果決定刀片的壽命和切削品質。改變任何一個這些參數都將直接影響刀片特性與性能。為一個給定的切片工藝選擇最佳的刀片可能要求在刀片壽命與切削品質之間作出平衡。

其它因素，諸如進給率和心軸速度，也可能影響刀片選擇。切割參數對材料清除率有直接關係，它反過來影響刀片的性能和工藝效率。對於一個工藝為了優化刀片，**設計實驗（DoE：Designed of Experiment）**方法可減少所需試驗的次數，並提供刀片特性與工藝參數的結合效果。另外，設計試驗方法的統計分析使得可以對有用資訊的推斷，以建議達到甚至更高產出和 / 或更低資產擁有成本的進一步工藝優化。

三個關鍵的刀片元素（金剛石尺寸、濃度和結合物硬度）的相對重要性取決於刀片磨料尺寸和工藝參數。為了給一個特定應用選擇最適合的刀片，對這些關係的理解是必要的。

3.4.5.3 刀片負載監測（Blade Load Monitering）

在切片或任何其它磨削過程中，在不超出可接受的切削品質參數時，新一代的切片系統可以自動監測施加在刀片上的負載，或扭矩。對於每一套工藝參數，都有一個切片品質下降和 BSC 出現的極限扭矩值。切削品質與刀片基板相互作用力的相互關係，和其變數的測量使得可以決定工藝偏差和損傷的形成。工藝參數可以即時調整，使得不超過扭矩極限和獲得最大的進給速度。

切片工序的關鍵部分是切割刀片的**修整**（**Dessing**）。在非監測的切片系統中，修整工序是透過一套反覆試驗來建立的。在刀片負載受監測的系統中，修整的終點是透過測量的力量資料來發現的，它建立最佳的修整程式。這個方法有兩個優點：不需要限時來保證最佳的刀片性能，和沒有合格率損失，該損失是由於用部分修整的刀片切片所造成的品質差。

3.4.5.4 冷卻劑流量穩定（Coolant Flow Stabilization）

以穩定的扭矩運轉的系統要求進給率、心軸速度和冷卻劑流量的穩定。冷卻劑在刀片上施加阻力，它造成扭力。最新一代的切片系統透過控制冷卻劑流量來保持穩定的流速和阻力，從而保持冷卻劑扭矩影響穩定。

當切片機有穩定的冷卻劑流量和所有其它參數都受控制時，維持一個穩定的扭矩。如果記錄，從穩定扭矩的任何偏離都是由於不受控的因素。這些包括由於噴嘴堵塞的冷卻劑流量變化、噴嘴調整的變化、刀片對刀片的變化、刀片情況和操作員錯誤。

3.5 封裝——互連和植球

半導體的導電性處於導體與絕緣體之間，這種特性使我們能完全掌控電流。透過基於晶圓的微影、蝕刻和沉積工藝可以建構出電晶體等元件，但還需要將它們連接起來才能實現電力與信號的發送與接收。在將晶片附著到基底上之後，我們連接二者的接觸點才實現電信號交換，這個操作叫做「**互連**（**Interconnect，是指晶片之間、晶片與基板之間，以及封裝體內其它組合間的電氣連接，側重指電氣互連是晶片的焊區和基板焊區的互連**）」。

3.5.1 凸點互連

凸點是定向生長於晶片表面，與晶片焊盤直接或間接相連的具有金屬導電特性的突起物，在切割晶圓之前，要在晶圓的預設位置上形成或安裝焊球（如圖 3-63、圖 3-64 所示）。凸點製造是實現晶片與印刷電路板或基板互連的關鍵技術，介於產業鏈前道積體電路製造和後道封裝測試之間，是晶片倒裝必備工藝，是先進封裝的核心技術之一。

▲ 圖 3-63 凸點示意圖

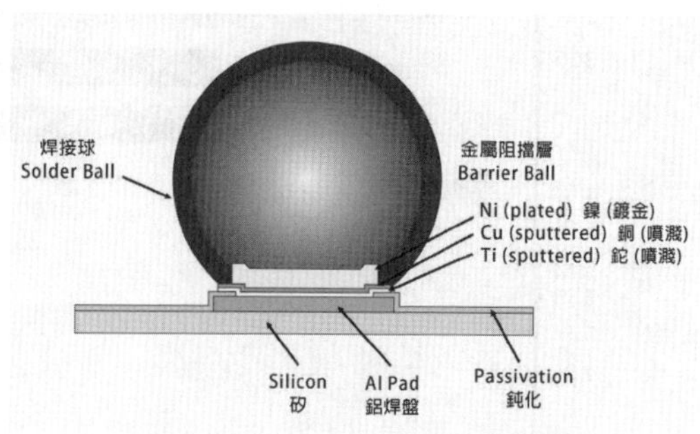

▲ 圖 3-64 焊料凸點的橫截面

凸點製造過程一般是基於客製化的掩膜版，透過真空濺射、電鍍、蝕刻等環節而成，該技術是晶圓製造環節的延伸，也是實施倒裝封裝工藝的基礎及前提。相比以引線作為鍵合方式傳統的封裝，凸點代替了原有的引線，實現了「以點代線」的突破。該技術可允許晶片擁有更高的埠密度，縮短了信號傳輸路徑，減少了信號延遲，具備了更優良的熱傳導性及可靠性。

凸點製造技術起源於 IBM 在 20 世紀 60 年代開發的 C4 工藝，即**可控坍塌晶片連接技術（Controlled Collapse Chip Connection）**，該技術使用金屬共熔凸點將晶片直接焊在基片的焊盤上，焊點提供了與基片的電路和物理連接，該技術是積體電路凸點製造技術的雛形，也是實現倒裝封裝技術的基礎，但是由於在當時這種封裝方式成本極高，僅被用於高端積體電路的封裝，因而限制了該技術的廣泛使用。

C4 工藝在後續演化過程中逐漸被優化，如採用在晶片底部添加樹脂的方法，增強了封裝的可靠性。這種創新使得低成本的有機基板得到了發展，促進了倒裝晶片技術在積體電路以及消費品電子元件中以較低成本使用。此外，無鉛材料得到了廣泛的研究及應用，凸點製造的材料種類不斷擴充。

在 20 世紀 80 年代到 21 世紀初，積體電路產業由日本轉移至韓國、中國與臺灣，積體電路細分領域的國際分工不斷深化，凸點製造技術也逐漸由蒸鍍工藝轉變為濺射與電鍍相結合的凸點工藝，該工藝大幅縮小了凸點間距，提高了產品良率（如圖 3-65 所示）。

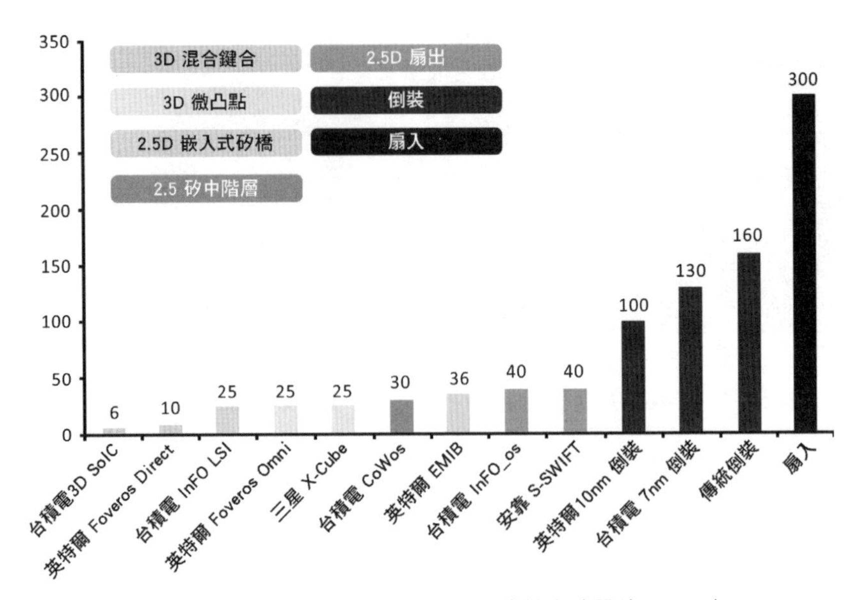

▲ 圖 3-65 各廠商封裝技術中的凸點對比（單位：μm）

近年來，隨著晶片積體密度的提高，**細節距（Fine Pitch）**和**極細節距（Ultra Fine Pitch）**晶片的出現，促使凸點製造技術朝向高密度、微間距方向不斷發展。

凸點製造技術是各類先進封裝技術得以進一步發展演化的基礎，在積體電路封裝中具有重要意義。倒裝、扇出型封裝、扇入型封裝、晶片級封裝、三維立體封裝、**系統級封裝（SiP：System in Package，一種將多個元件整合在單個封裝體內構成一個系統的封裝技術）**等先進封裝結構與工藝實現的關鍵技術均涉及凸點製造技術。矽通孔技術、晶圓級封裝、**微電子機械系統封裝（MEMS：Micro Electromechanical System，即微機電系統，一種結合了機械和電子技術的微小裝置）**等先進封裝結構與工藝均是凸點製造技術的演化和延伸。其中，將晶圓重佈線技術和凸點製造技術相結合，可對原來設計的積體電路**線路接點位置（I/O Pad）**進行優化和調整，使積體電路能適用於不同的封裝形式，封裝後晶片的電性能可以明顯提高。

3.5.1.1 凸點間距發展趨勢

電子元件向更輕薄、更微型和更高性能進步，促使凸點尺寸減小，精細間距越來越重要（如圖 3-66 所示）。**凸點間距（Bump Pitch）**越小，意謂著凸點密度增大，封裝積體密度越高，難度越來越大。行業內凸點間距正在朝著 20μm 推進，而實際上巨頭已經實現了小於 10μm 的凸點間距。如果凸點間距超過 20μm，在內部互連的技術上採用基於熱壓鍵合的微凸點連接技術。面向未來，**混合銅鍵合（HCB：**

Hybrid Copper Bonding，使用銅導體和氧化膜絕緣體代替傳統焊料，以最大限度地減少 DRAM 元件之間的距離）技術可以實現更小的凸點間距（10μm 以下）和更高的凸點密度（10000/m㎡），並帶動頻寬和功耗雙提升。

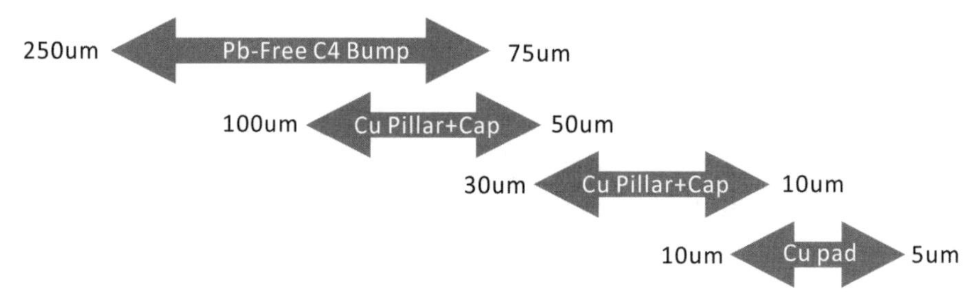

▲ 圖 3-66 倒裝晶片凸點間距示意圖

3.5.1.2 不同金屬的凸點互連技術

凸點可分為金凸點、銅鎳金凸點、銅柱凸點、焊球凸點。金凸點主要應用於顯示驅動晶片、感測器、電子標籤等產品封裝；銅鎳金凸點主要應用於電源管理等大電流、需低**阻抗（Impedance）**的晶片封裝；銅柱凸點主要應用於通用處理器、影像處理器、記憶體晶片、碳化矽、現場可程式設計閘陣列（FPGA：Field-Programmable Gate Array，是作為專用積體電路領域中的一種半客製化電路而出現的，既解決了客製化電路的不足，又克服了原有可程式設計元件門電路數有限的缺點）、電源管理晶片、射頻前端晶片、基帶晶片、功率放大器、汽車電子等產品或領域；錫球主要應用於圖像感測器、電源管理晶片、高速元件、光電元件等領域。

凸點製造技術是諸多先進封裝技術得以實現和進一步發展演化的基礎，經過多年的發展，凸點製作的材質主要有金、銅、銅鎳金、錫等，不同金屬材質適用於不同晶片的封裝，且不同凸點的特點、涉及的核心技術、上下游應用等方面差異較大，具體情況見下表 3-5：

▸ 表 3-5 凸點種類、特點及應用領域

凸點種類	主要特點	應用領域
金凸點	由於金具有良好的導電性、機械加工性（較為柔軟）及抗腐蝕性，因此金凸點具有密度大、低感應、散熱能力佳、材質穩定性高等特點，但金凸點原材料成本相對較高	主要應用於顯示驅動晶片、感測器、電子標籤等產品封裝

凸點種類	主要特點	應用領域
銅鎳金凸點	銅鎳金凸點可適用於不同的封裝形式，提高鍵合的導電性、散熱性、減少阻抗，大幅提高了引線鍵合的靈活性。雖原材料成本較金凸點低，但工藝複雜製造成本相對較高	目前主要用於電源管理等大電流、需低阻抗的晶片封裝
銅柱凸點	銅柱凸點具有良好的電性能和熱性能，具備窄節距的優點。同時可透過增加介電層或 RDL 提升晶片可靠性	應用領域較廣，主要應用於通用處理器、影像處理器、記憶體晶片、A 碳化矽、FPGA、電源管理晶片、射頻前端晶片、基帶晶片、功率放大器、汽車電子等產品
錫球	凸點結構主要由銅焊盤和錫帽構成，一般是銅柱凸點尺寸的 3~5 倍球體較大，可焊性更強	應用領域較廣，主要應用於圖像感測器、電源管理晶片、高速元件、光電元件等領域

隨著晶片製程發展超出摩爾定律，晶片密度越來越高，晶片之間的間距不斷減少。得益於銅材料優越的導電性、導熱性能和可靠性，帶有錫金屬帽的**銅柱凸點（Cu Pillar）**技術因其優異的互連能力逐漸取代**錫鉛凸點（Solder Bump）**，成為倒裝封裝主流技術。

一、鋁凸點（Al Pillar）互連技術

鋁互連工藝始於鋁沉積，光阻劑應用以及曝光與顯影，隨後透過蝕刻有些選擇的去除多餘的鋁和光阻劑，然後才能進入氧化過程。前述步驟完成後在不斷的重複微影，蝕刻和沉積過程直到完成互連。這一步的互連採用的是前道工序中的薄膜沉積（如圖 3-67 所示）。

除了具有出色的導電性，鋁還具有容易微影、蝕刻和沉積的特點。此外，它的成本較低，與氧化膜黏附的效果也比較好。其缺點是容易腐蝕且熔點較低。另外，為防止鋁與矽反應導致連接問題，還需要添加金屬沉積物將鋁與晶圓隔開，這種沉積物被稱為「阻擋金屬」。

鋁電路是透過前道工序中的薄膜沉積形成的。晶圓進入真空腔後，鋁顆粒形成的薄膜會附著在晶圓上。這一過程被稱為「氣相沉積」，包括前文中所述的化學氣相沉積和物理氣相沉積。金屬一般採用物理氣相沉積來附著在晶圓表面。

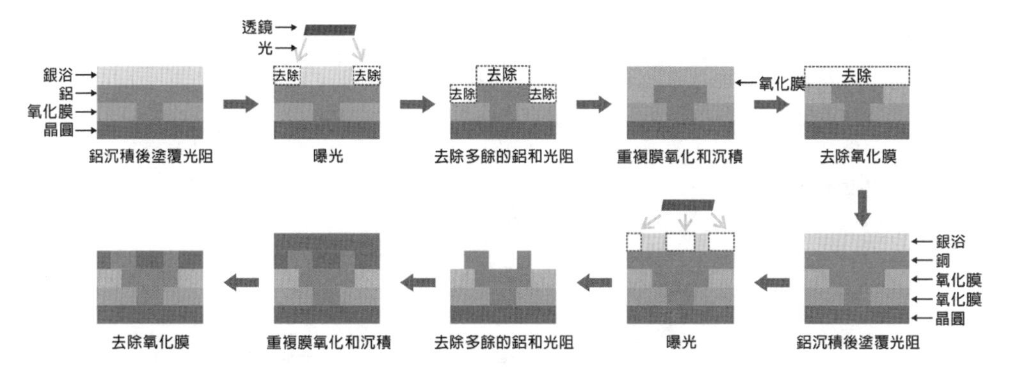

▲ 圖 3-67 鋁互連工藝示意圖

二、銅凸點（Cu Pillar）互連技術

銅凸點技術是新一代晶片互連技術，基於積體電路封裝工藝過程晶片和基板的連接（如圖 3-68 所示）。

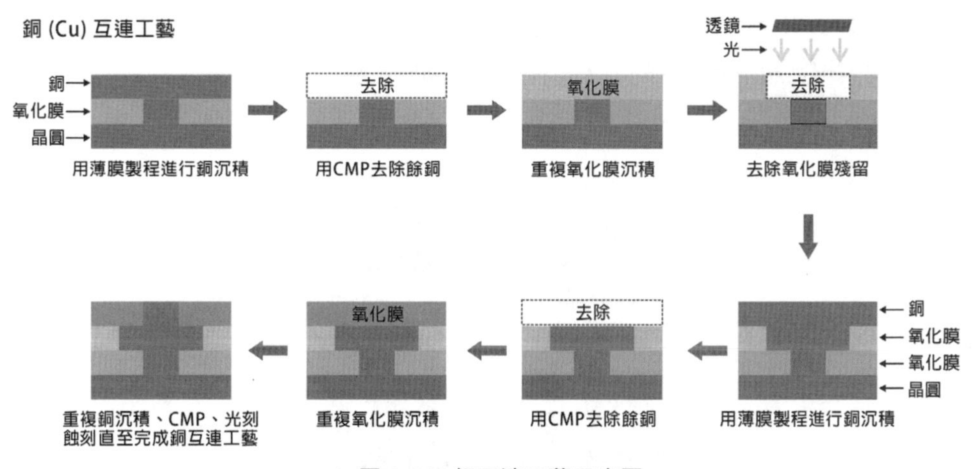

▲ 圖 3-68 銅互連工藝示意圖

隨著先進封裝對凸點間距要求越來越小，為了避免橋接現象的發生，實現更高 I/O 密度，基於尺寸和成本兩方面要求的考慮，IBM 公司於 21 世紀初首次提出了銅柱凸點，申請了銅柱凸點結構的相關專利。最早由 Intel 於 2006 年應用於其 65nm 製程的微處理器晶片中。銅之所以能取代鋁的第一個原因就是其電阻更低，因此能實現更快的元件連線速度。其次銅的可靠性更高，因為它比鋁更能抵抗電遷移，也就是電流流過金屬時發生的金屬離子運動，既能提供眾多設計優勢，又滿足了當前和未來的 RoHS 要求。同時，採用銅柱凸點技術在基板設計時可以減少基板層數的使用，

實現整體封裝成本的降低，與引線鍵合相比，其整體封裝成本可節省約 20%（如圖 3-69 所示）。

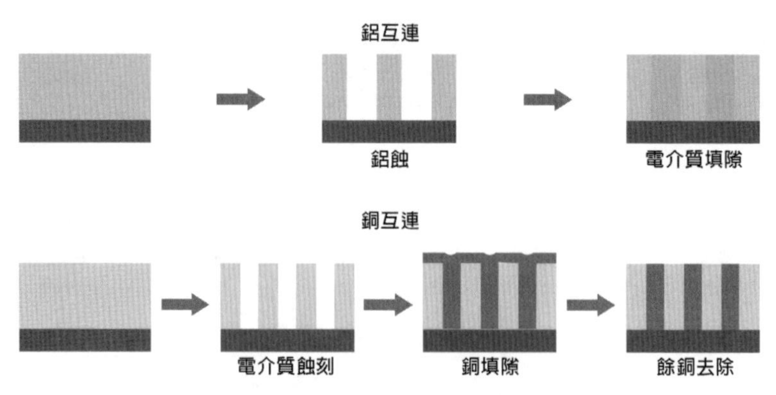

▲ 圖 3-69 銅互連與鋁互連的工藝比較示意圖

但是，銅不容易形成化合物，因此很難將其氣化並從晶圓表面去除（如圖 3-70 所示）。針對這個問題，我們不再去蝕刻銅，而是沉積和蝕刻介電材料，這樣就可以在需要的地方形成由溝道和通路孔組成的金屬線路圖形，之後再將銅填入前述「圖形」即可實現互連，而最後的填入過程就是「鑲嵌工藝」。

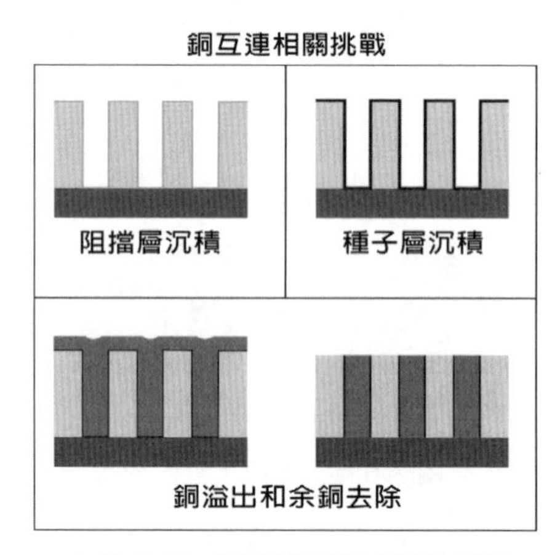

▲ 圖 3-70 銅互連工藝面對的挑戰

隨著銅原子不斷擴散至電介質，後者的絕緣性會降低並產生阻擋銅原子繼續擴散的緩衝層。之後緩衝層上會形成很薄的銅種子層。到這一步之後就可以進行電鍍，也就是用銅填充高深寬比的圖形。填充後多餘的銅可以用金屬化學機械拋光方法去除，完成後即可沉積氧化膜，多餘的膜則用微影和蝕刻工藝去除即可。前述整個過程需要不斷重複直至完成銅互連為止。

透過上述對比可以看出，銅互連和鋁互連的區別在於，多餘的銅是透過金屬化學機械拋光而非蝕刻去除的。

總而言之，在焊料互連過程中，銅柱凸點能夠保持一定的高度，既可以防止焊料的橋接現象發生，又可以掌控堆疊層晶片的間距高度，銅柱凸點的高徑比不再受到陣列間距的限制，在相同的凸點間距下，可以提供更大的支撐高度，大幅改善了底部填充膠的流動性。另外，銅柱凸點具有高電遷移性能，適用於高電流承載能力的應用，它完美適用於積體電路以及一些符合細間距、RoHS 綠色要求、低成本和良好電性能的晶片互連方式。被廣泛運用於多種類型的高端倒裝晶片互連，例如，收發器、嵌入式處理器、應用處理器、功率管理、基帶晶片、專用積體電路和系統級晶片等。銅柱凸點將成為高密度、窄節距積體電路封裝市場主流方式。

三、金凸點（Gold Pillar）互連技術

這是一種利用金凸點接合替代引線鍵合實現晶片與基板之間電氣互連的製造技術，主要用於顯示驅動晶片封裝（如圖 3-71 所示）。金凸點製造技術主要用於顯示驅動晶片的封裝，少部分用感測器、電子標籤類產品。目前，**液晶顯示器（LCD：LiquidCrystalDisplay）**、**有源矩陣有機發光二極體（AMOLED：Active-matrix organic light emitting diode，也稱主動矩陣有機發光體，是一種顯示技術）**等主流顯示面板的驅動晶片都離不開金凸點製造工藝，後續可透過倒裝工藝將晶片倒扣在**玻璃基板（Glass）**、**柔性螢幕（Plastic）**或**卷帶（Film）**上，利用熱壓合或者透過導電膠材使凸點與線路上的引腳結合起來。

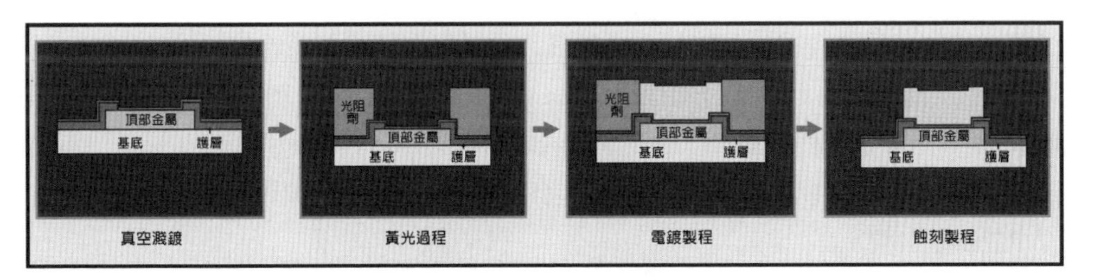

▲ 圖 3-71　金凸點工藝流程

四、銅鎳金凸點（CuNiAu Bumping）互連技術

是一種可優化 I/O 設計、大幅降低了導通電阻的凸點製造技術，凸點主要由銅、鎳、金三種金屬組成，可在較低成本下解決傳統引線鍵合工藝的缺點（如圖 3-72 所示）。

在積體電路封測領域，銅鎳金凸點屬於新興先進封裝技術，近年來發展較為迅速，是對傳統引線鍵合封裝方式的優化方案。具體而言，銅鎳金凸點可以透過大幅增加晶片表面凸點的面積，在不改變晶片內部原有線路結構的基礎之上，對原有晶片進行重新佈線，大幅提高了引線鍵合的靈活性。此外，銅鎳金凸點中銅的占比相對較高，因而具有天然的成本優勢。

由於電源管理晶片需要具備高可靠、高電流等特性，且常常需要在高溫的環境下使用，而銅鎳金凸點可以滿足上述要求並大幅降低導通電阻，因此銅鎳金凸點目前主要應用於電源管理類晶片。

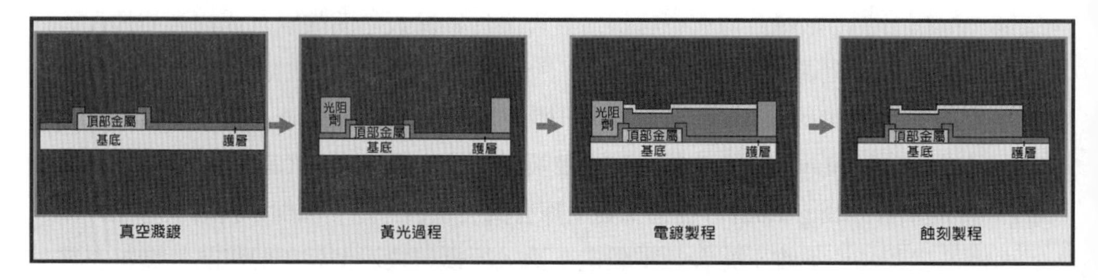

▲ 圖 3-72 銅鎳金凸點工藝流程

五、錫球（Sn Bumping）互連技術

這是一種利用錫接合替代引線鍵合實現晶片與基板之間電氣互聯的製造技術。錫球結構主要由**銅焊盤（Cu Pad）**和**錫帽（SnAg Cap）**構成（一般配合再鈍化和重佈線層），錫球一般是銅柱凸點尺寸的 3~5 倍，球體較大，可焊性更強（也可以透過電鍍工藝，即電鍍高錫柱並回流後形成大直徑錫球），並可配合再鈍化和重佈線結構，主要用於倒裝製程。

錫球技術可以為電鍍焊錫（如圖 3-73 所示）或互連焊錫（如圖 3-74 所示），一般情況下，電鍍焊錫尺寸可控制的更小。錫球多應用於晶圓級晶片尺寸封裝，可以達到小尺寸封裝，滿足封裝輕、薄、短、小的要求。

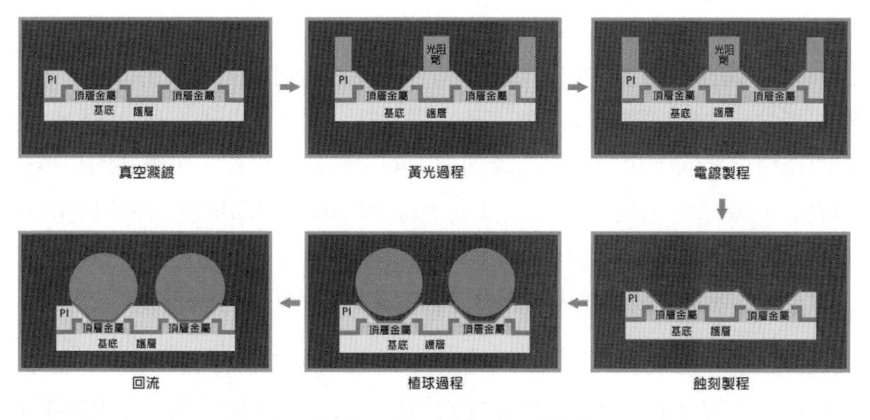

▲ 圖 3-73 電鍍焊錫球工藝流程

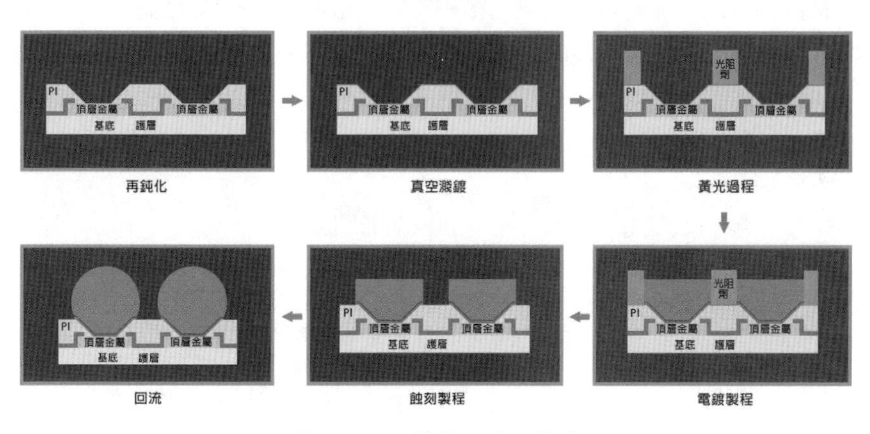

▲ 圖 3-74 互連焊錫球工藝流程

凸點互連製程可以使用細金屬線的引線鍵合和使用球形金塊或錫塊的倒裝晶片鍵合（如圖 3-75 所示）。引線鍵合屬於傳統方法，倒裝晶片鍵合技術可以加快半導體製造的速度（後文會對這兩種方法進行詳細講解）。

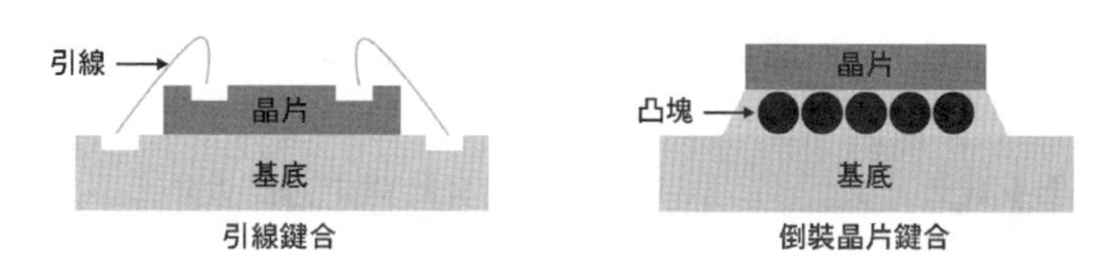

▲ 圖 3-75 互連方法示意圖

3.5.2 植球

在實際操作中基板封裝中的錫球不僅可以作為封裝體和外部電路之間的電氣通路，還可提供機械連接。將錫球黏合至基板焊盤的過程就是「**植球（Solder Ball**

Mounting，焊好的錫球即為晶片的 I/O 介面）」工藝。在該工藝的第一步，將**助焊劑（Flux：一種有助錫球附著在銅表面的水溶性和油溶性溶劑）**塗抹在焊盤上，並將錫球放置在焊盤上。然後透過回流焊工藝熔化並黏合錫球，之後清洗並去除助焊劑。助焊劑的作用是在回流焊過程中清除錫球表面雜質和氧化物，使錫球均勻熔化，形成潔淨表面。錫球熔化後便會流入基板上覆蓋的網板，即可填充網板上的每個孔隙。最後，將基板和網板分離，但因助焊劑具有黏附力，錫球仍然會留在基板上。由於焊盤上預先塗抹了助焊劑，因此錫球會暫時黏合並附著在焊盤上。

透過回流焊工藝，在助焊劑的作用下附著於基板焊盤上錫球會熔化。下圖 3-76 顯示了回流焊工藝的溫度曲線。在錫球達到熔化溫度之前，助焊劑會在**吸熱區（Soak Zone）**被啟動，以清除錫球表面氧化物和雜質。當溫度高於熔化溫度時，錫球會熔化並黏合在焊盤上，但熔化後的錫球不會完全流走。相反，它們會在表面張力的作用下，在除了其與焊盤黏合在一起的金屬部分以外的所有區域，形成一個球形。隨著溫度逐漸下降，錫球會保持其形狀並再次凝固。

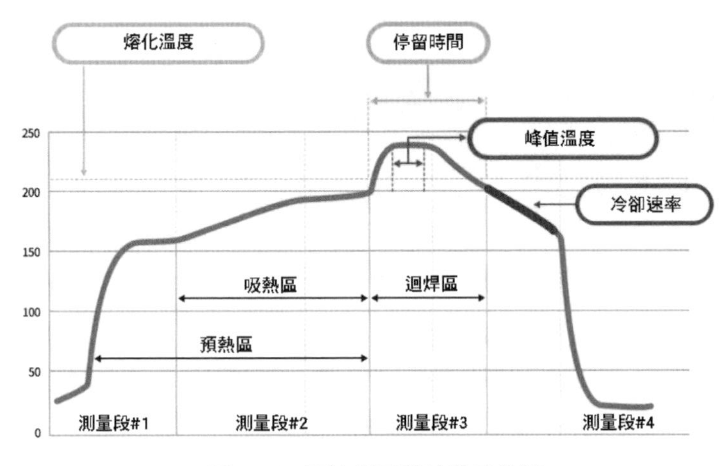

▲ 圖 3-76 回流焊工藝的溫度曲線

3.6 封裝 —— 內部封裝與外部封裝

3.6.1 半導體內部封裝類型（鍵合）

鍵合是指晶片之間、晶片與基板之間，以及封裝體內其它組合間的電氣連接。鍵合工藝可分為傳統方法和先進方法兩種類型。傳統方法採用晶片鍵合和引線鍵合，而先進方法則採用 IBM 於 60 年代後期開發的倒裝晶片鍵合技術。倒裝晶片鍵合技術將晶片鍵合與引線鍵合相結合，並透過在晶片焊盤上形成凸點的方式將晶片和基板連接起來（如圖 3-77 所示）。

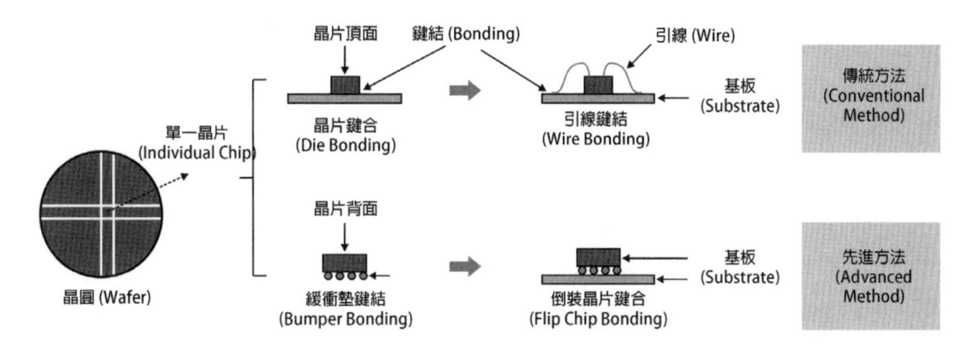

▲ 圖 3-77　鍵合類型示意圖

3.6.1.1 晶片鍵合（將晶片固定於封裝基板上的工藝）

就像發動機用於為汽車提供動力一樣，晶片鍵合技術透過將半導體晶片附著到引線框架或印刷電路板上，來實現晶片與外部之間的電連接。完成晶片鍵合之後，應確保晶片能夠承受封裝後產生的物理壓力，並能夠消散晶片工作期間產生的熱量。必要時，必須保持恆定導電性或實現高水準的絕緣性。因此，隨著晶片尺寸變得越來越小，鍵合技術變得越來越重要。

3.6.1.1.1 晶片鍵合與倒裝晶片鍵合的比較

在晶片鍵合過程中，首先需在封裝基板上點上黏合劑。接著，將晶片頂面朝上放置在基板上。與此相反，倒裝晶片鍵合則是一種更加先進的技術，首先，將稱為「焊球（Solder Ball）」的小凸點附著在晶片焊盤上。其次，將晶片頂面朝下放置在基板上。在這兩種方法中，組裝好的單元將經過一個被稱為**溫度回流（Temperature Reflow）**的通道，該通道可隨著時間的推移調節溫度，以熔化黏合劑或焊球。然後，在其冷卻後將晶片（或凸點）固定到基板上（如圖 3-78 所示）。

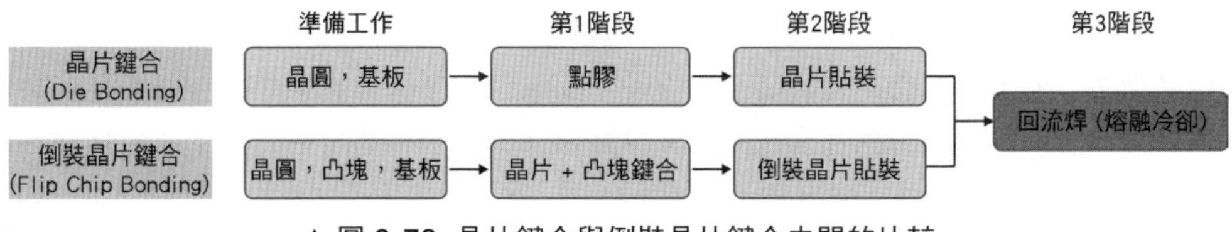

▲ 圖 3-78　晶片鍵合與倒裝晶片鍵合之間的比較

3.6.1.1.2 晶片鍵合機

基本的晶片鍵合機會裝載於已經將封裝基板與導線架收納於內的卡匣上，並且會由以下裝置所構成：

1、搬運基板與導線架的裝載部位；
2、將樹脂膠塗佈於基板與導線架的樹脂供給部位；
3、將切割完成的晶圓分別送至框架上的晶圓承載部位；
4、晶片受到來自下方晶圓的壓力，並被**筒夾（Collet）**以真空吸著方式搬運至晶片鍵合裝置的部位，再將晶片承載於已塗佈樹脂的封裝基板晶片**焊墊（Die Pad）**上，進行加壓、摩擦後與本體部位黏接；
5、將已黏接的樹脂進行硬化的熱處理階段部位；
6、將晶片收納於用來搬運晶片鍵合後基板的卸載機。

3.6.1.1.3 晶片鍵合步驟

首先，將裝載於點膠溶液中的銀膠以必要的量塗佈於導線架的晶片焊墊部位。切割工程中，會將搬運帶上各個分離的晶片放置於拾取臺上，並以探針方式於搬運帶下方向上施加壓力。晶片會透過筒夾以真空方式吸著，並移動至晶片鍵合裝置。將其放置於已經事先塗佈好銀膠的導線架與封裝基板的晶片焊墊上，再透過筒夾的加壓與摩擦予以黏接。在已晶片鍵合完成的導線架或基板上，以加熱台或加熱爐的方式加熱至約 250°C 後，即可將晶片固定住（如圖 3-79 所示）。

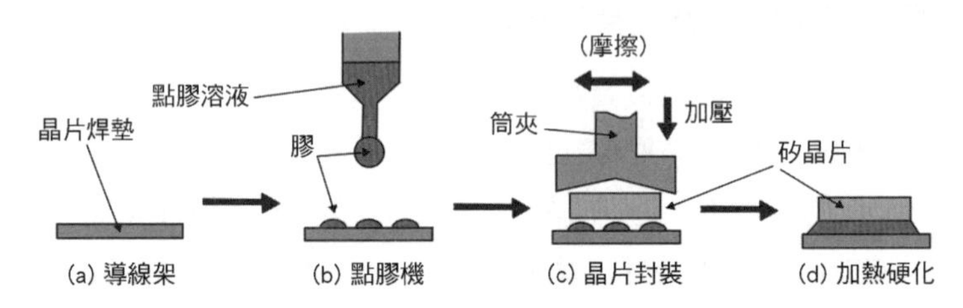

▲ 圖 3-79 晶片鍵合 / 晶片貼裝（樹脂黏接法）

晶圓切割的過程中，需防止已切割的晶片從承載薄膜上脫落；而貼裝的過程，則須將晶片從承載薄膜上順利剝離。如果承載薄膜的黏附力太強，在剝離過程中可能會對晶片造成損壞。因此在晶圓切割過程中需確保黏合劑具有較強的黏合力；而在貼片之前，需用紫外線對晶圓進行照射，以減弱其黏合力，此時，只需從承載薄膜上剝離透過晶圓測試的晶片即可。

剝離出來的晶片必須使用黏合劑重新貼裝到基板上，由於黏合劑的類型不同，所需的貼裝工藝也有所不同。如果使用液體黏合劑，則必須使用類似於注射器的點液器或透過**網板印刷（Stencil Printing：一種使用鏤空範本將糊狀材料塗抹到諸如基板等元件的印刷方法）**提前將黏合劑塗在基板上。而固體黏合劑通常做成膠帶的形式，也被稱為**晶圓黏結薄膜（(DAF：Die Attach Film）或晶圓背面迭片覆膜（WBL：wafer backside lamination)）**，則更適用於堆疊封裝。在完成背面研磨後，在承載薄膜和晶圓背面之間黏貼晶圓黏結薄膜；切割晶圓時，晶圓黏結薄膜也會同時被切割；由於晶圓黏結薄膜會連同其黏接的晶片一起脫落，因此可將晶圓黏結薄膜黏接到基板上或其他晶片上。

二、晶片拾取與放置（Pick & Place）

逐個移除附著在切割膠帶上數百個晶片的過程稱為「拾取」。使用柱塞從晶圓上拾取合格晶片並將其放置在封裝基板表面的過程稱為「放置」。這兩項任務合稱為「拾取與放置」（如圖 3-80 所示），都是在**固晶機（Die bonder：用於晶片鍵合的裝置）**上完成。完成對所有合格晶片的晶片鍵合之後，未移除的不合格晶片將留在切割膠帶上，並在框架回收時全部丟棄。在這個過程中，將透過在**對映表（Mapping Table：用於設定合格和不合格晶片標準的軟體）**中輸入晶圓測試結果（合格 / 不合格）的方式對合格晶片進行分類（晶圓的電性測試）。

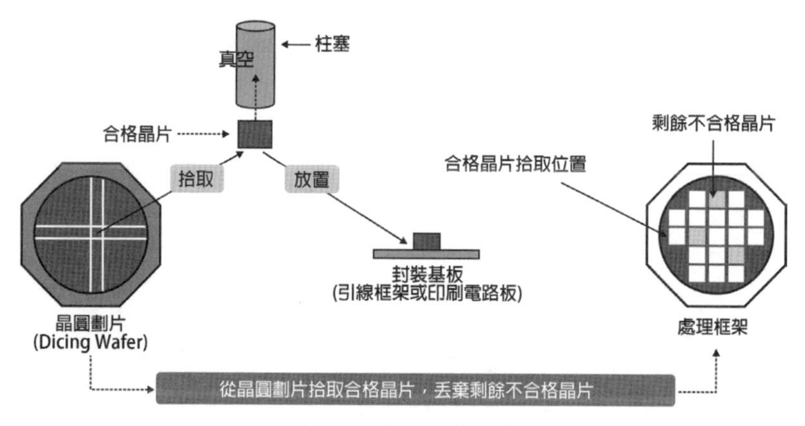

▲ 圖 3-80 晶片拾取和放置

三、晶片頂出工藝

完成切割工藝之後，晶片將被分割成獨立模組並輕輕附著在**切割膠帶（Dicing Tape）**上。此時，逐個拾取水平放置在切割膠帶上的晶片並不容易。因為即使使用真空也很難輕易拾取晶片，如果強行拉出，則會對晶片造成物理損壞（如圖 3-81 所示）。

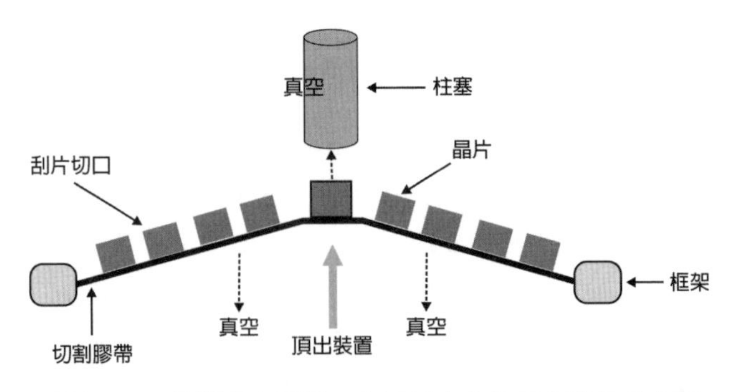

▲ 圖 3-81　晶片頂出工藝：在三個方向施加力時的放大圖

為此，可採用「**頂出（Ejection）**工藝」，透過**頂出裝置（Ejector：用於從切割膠帶下方頂起晶片的頂針）**對目標晶片施加物理力，使其與其他晶片形成輕微步差，從而輕鬆拾取晶片。頂出晶片底部之後，可使用帶有柱塞的真空吸拾器從上方拉出晶片。與此同時，使用真空吸拾器將切割膠帶底部拉起，以使晶圓保持平整。

四、共晶合金鍵合法

用於當晶片黏著固定於封裝的金屬導線架與陶瓷基板時。在加熱約 400℃ 的平板上，將晶背面的矽與遵線架的金鍍膜面直接或將 Au-Si 合金片介於其中進行壓接、摩擦後與矽形成並固定成為 Au-Si 共晶合（如圖 3-82 所示）。也可透過使用焊料或含有金屬的**糊劑（Power Tr）**進行連接，或使用**聚合物 - 聚醯亞胺（Polymer-Polyimide）**進行晶片鍵合。為了防止氧化，通常會在氮氣狀態下作業。

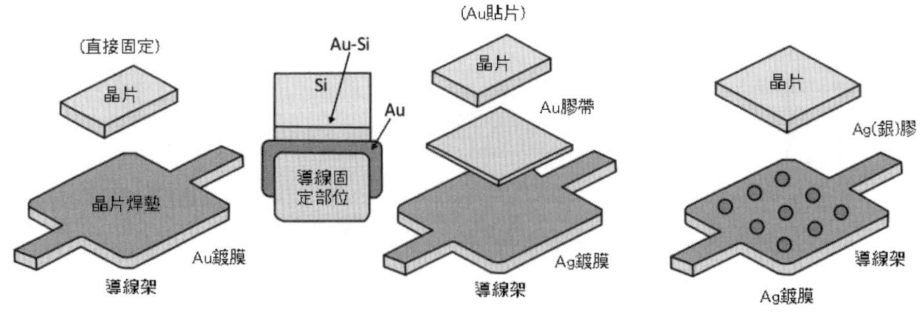

▲ 圖 3-82　晶片鍵合方式比較

五、使用環氧樹脂實現黏合的樹脂黏接法

在高分子材料中，含銀糊狀或液體型**環氧樹脂（Epoxy：泛指含有兩個或兩個以上環氧基，以脂肪族、脂環族或芳香族等有機化合物為骨架並能透過環氧基團反應形成有用的熱固化產物的高分子低聚體（Oligomer））**相對易於使用且使用頻率較高，可以應用於各種類型的封裝基板，流程如圖 3-83 所示。使用環氧樹脂銀漿作為黏合劑，從室溫開始將其加熱到約 250℃，用**真空吸嘴（Collet）**真空吸住管芯，然後透過摩擦和加壓將晶片黏合。

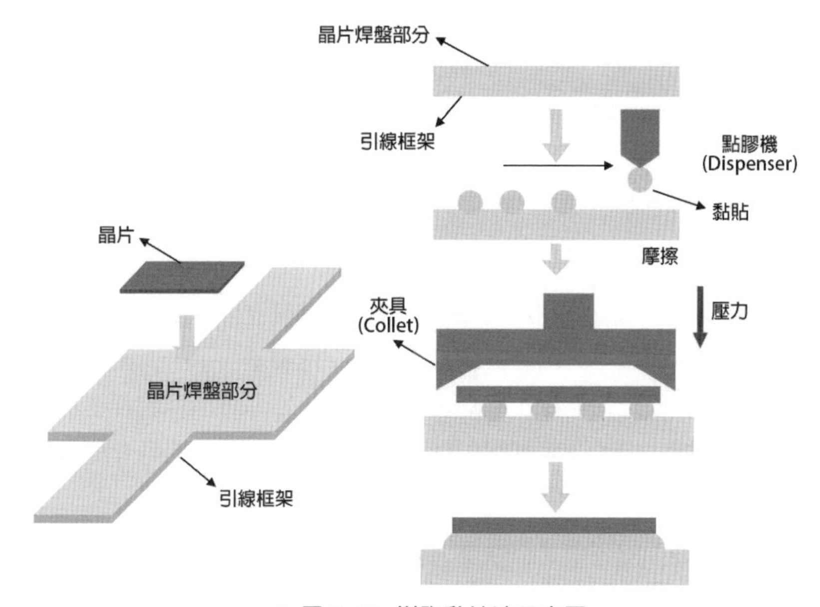

▲ 圖 3-83　樹脂黏接法示意圖

使用環氧樹脂進行晶片鍵合時，可將極少量環氧樹脂精確地點在基板上。將晶片放置在基板上之後，透過**回流**或**固化**，在 150℃ 至 250℃ 的溫度條件下使環氧樹脂硬化，以將晶片和基板黏合在一起。此時，若所使用環氧樹脂的厚度不恆定，則會因膨脹係數差異而導致**翹曲（Warpage）**，從而引起彎曲或變形。因此，儘管使用少量環氧樹脂較為有利，但只要使用環氧樹脂就會發生不同形式的翹曲。

正因為如此，一種使用**晶圓黏結薄膜（DAF：Die Attach Film）**的先進鍵合方法成為近年來的首選方法。儘管晶圓黏結薄膜具有價格昂貴且難以處理的缺點，但卻易於掌握使用量，簡化了工藝，因此使用率正在逐漸增加。

六、使用晶圓黏結薄膜的晶片鍵合工藝

晶圓黏結薄膜是一種附著在晶片底部的薄膜。相比高分子材料，採用晶圓黏結薄膜可將厚度調整至非常小且恆定的程度。晶圓黏結薄膜不僅應用於晶片和基板之間的鍵合，還廣泛應用於晶片與晶片之間的鍵合，從而形成多晶片封裝。換句話說，緊密黏合在晶片上的晶圓黏結薄膜等待切割工藝完成，然後在晶片鍵合過程中發揮自身的作用（如圖 3-84 所示）。

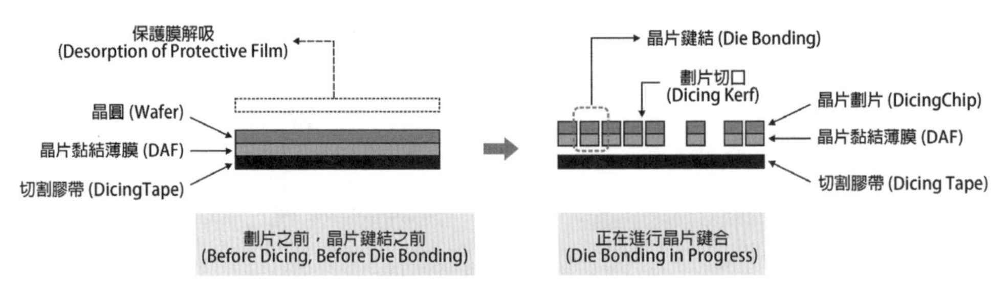

▲ 圖 3-84 使用晶圓黏結薄膜的晶片鍵合工藝

從切割晶片的結構來看，位於晶片底部的晶圓黏結薄膜支撐著晶片，而切割膠帶則以弱黏合力牽拉著位於其下方的晶圓黏結薄膜。在這種結構中，要進行晶片鍵合，就需要在移除切割膠帶上的晶片和晶圓黏結薄膜之後立即將晶片放置在基板上，並且不得使用環氧樹脂。由於在此過程中可跳過點膠工序，因此環氧樹脂的利弊被忽略，取而代之的是晶圓黏結薄膜的利弊。

使用晶圓黏結薄膜時，部分空氣會穿透薄膜，引起薄膜變形等問題。因此，對處理晶圓黏結薄膜的設備的精度要求格外高。儘管如此，晶圓黏結薄膜仍然是首選方法，因為它能夠簡化工藝並提高厚度均勻性，從而降低缺陷率並提高生產率。

用於放置晶片的基板類型（引線框架或印刷電路板）不同，執行晶片鍵合的方向也存在很大差異。很久以前，基於印刷電路板的基板已經因其可應用於小尺寸批量生產封裝而得到廣泛使用。相應地，隨著鍵合技術的日益多樣化，用於烘乾黏合劑的**溫度曲線（Temperature Profile）**也在不斷變化。其中一些具有代表性的鍵合方法包括加熱黏接和超音波黏接。隨著整合技術的不斷提高，封裝工藝繼續朝著超薄方向發展，封裝技術也變得多樣化。

3.6.1.2 引線鍵合

晶片鍵合作為切割工藝的後道工序，是將晶片固定到基板上的一道工藝。引線鍵合則作為晶片鍵合的下道工序，是確保電信號傳輸的一個過程。

除了引線鍵合法，還有一種無接線鍵合法。無接線鍵合法又可分成不使用金線回圈進行鍵合，而是透過以**金手指（Bond Finger）**形成內部引線膠帶的**載帶自動鍵合（TAB，後文有詳細講解）**方法以及形成晶片金屬凸點的倒裝晶片鍵合技術（如圖 3-85 所示）。

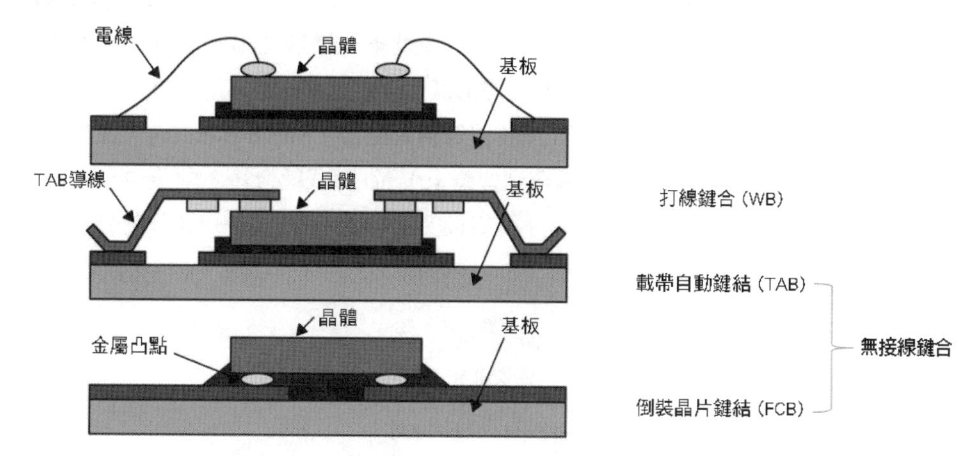

▲ 圖 3-85 引線鍵合、載帶自動鍵合、倒裝晶片鍵合

具體來說，引線鍵合是使用金屬線，利用熱、壓力和振動實現晶片與基板間的電氣連接的工藝。從結構上看，金屬引線在晶片的焊盤（一次鍵合）和載體焊盤（二次鍵合）之間充當著橋梁的作用（如圖 3-86 所示）。早期，引線框架被用作載體基板，但隨著技術的日新月異，現在則越來越多地使用印刷電路板作基板。連接兩個獨立焊盤的引線鍵合，其引線的材質、鍵合條件、鍵合位置（除連接晶片和基板外，還連接兩個晶片，或兩個基板）等都有很大的不同。

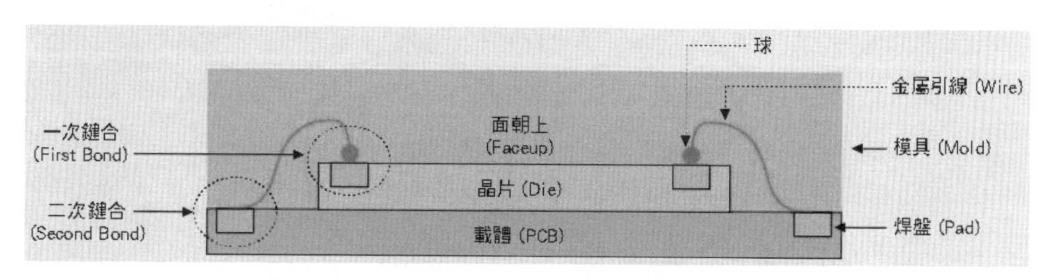

▲ 圖 3-86 引線鍵合的結構（載體為印刷電路板時）

金屬引線的材質通常為金，因為金具有良好的導電性和延展性。引線鍵合類似於縫紉，金屬引線充當縫線，**毛細管劈刀（Capillary：引線鍵合設備中輔助引線連接晶片電極與引線端子的工具）**充當縫針。引線宛如紗線纏繞線上軸並安裝到設備上，之後將引線拉出，穿過毛細管劈刀正中央的小孔，在毛細管劈刀末端形成尾線。當採用**電子火焰熄滅工藝（EFO：用電火花熔化引線形成無空氣球的工藝）**在引線末端製造出強烈的電火花時，尾線部分將熔化並凝固，在表面張力作用下形成**無空氣球（FAB：Free Air Ball）**。

無空氣球製作完成後需對其施壓，使其黏合至焊盤，即完成一次**球形鍵合（Ball Bonding）**。毛細管劈刀在基板移動時，引線會像縫線一樣被拉出，形成一個**引線環（Loop：從一次鍵合到二次鍵合金絲形成的形狀）**。向引線施加力量，將其按壓到基板上的電氣連接插腳（金手指），以此來實現**針腳式鍵合（Stitch Bonding：在半導體封裝過程中，透過按壓方式將引線鍵合到焊盤上）**。針腳式鍵合後，向後拉緊引線，形成尾線，最後斷開尾線，以完成晶片與基板間連接過程的最後一步。在引線鍵合過程中，其它晶片焊盤和基板金手指之間同樣重複以上過程（如圖 3-87 所示）。

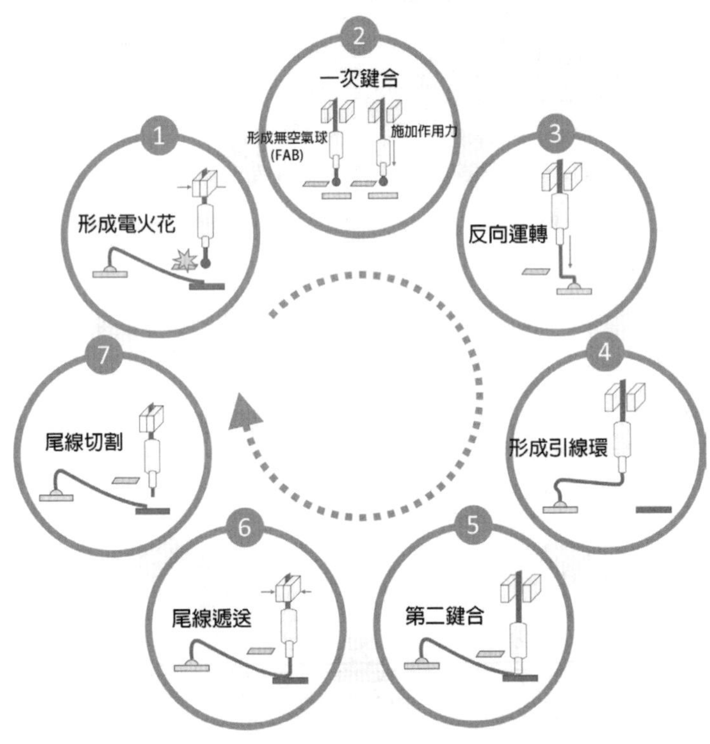

▲ 圖 3-87 引線鍵合工藝的七個步驟

3.6.1.2.1 引線鍵合工藝裝置

是一種可自動用金屬細線將晶片與封裝基板進行電路連接作業的裝置，稱的為打線機。引線鍵合方式可分為球形鍵合與**楔形鍵合（Wedge Bonding）**兩種方式：

一、球形鍵合

球形鍵合工藝是將鍵合引線垂直插入毛細管劈刀的工具中，引線在電火花作用下受熱熔成液態，由於表面張力的作用而形成球狀，在視覺系統和精密控制下，劈刀下降使球接觸晶圓的鍵合區，對球加壓，使球和焊盤金屬形成冶金結合完成焊接過程，然後劈刀提起，沿著預定的軌道移動，稱做弧形走線，到達第二個鍵合點時，利用壓力和超音波能量形成月牙式焊點，劈刀垂直運動截斷金屬絲的尾部，這樣完成兩次焊接和一個弧線迴圈。

球形鍵合的特點如下所述：

1、一般弧度高度是 150 um；
2、弧度長度要小於 100 倍的絲線直徑；
3、鍵合頭尺寸不要超過焊盤尺寸的 3/4。一般是絲線直徑的 2.5 到 5 倍，取決於劈刀幾何現狀和運動方向；
4、球尺寸一般是絲線直徑的 2 到 3 倍，細間距約 1.5 倍，大間距為 3 到 4 倍。

二、楔形鍵合

楔形鍵合工藝是將金屬絲穿入楔形劈刀背面的一個小孔，絲與晶圓鍵合區平面呈 30° ～ 60° 角。當楔形劈刀下降到焊盤鍵合區時，劈刀將金屬絲壓在焊區表面，採用超音波或熱聲焊實現第一點的鍵合焊，隨後劈刀抬起並沿著劈刀背面的孔對應的方向按預定的軌道移動，到達第二個鍵合點（焊盤）時，利用壓力和超音波能量形成第二個鍵合焊點，劈刀垂直運動截斷金屬絲的尾部，這樣完成兩次焊接和一個弧線迴圈。

楔形鍵合的特點如下所述：

1、即使鍵合點隻大於絲線 2-3 mm 也可形成牢固的鍵合；
2、焊盤尺寸必須支援長的鍵合點和尾端；
3、焊盤長軸必須在絲線的走向方向；
4、焊盤間距應該適合於固定的鍵合間距。

3.6.1.2.2 引線鍵合方式分類

將金屬引線連接到焊盤的方法主要有三種（如圖 3-88 所示）：

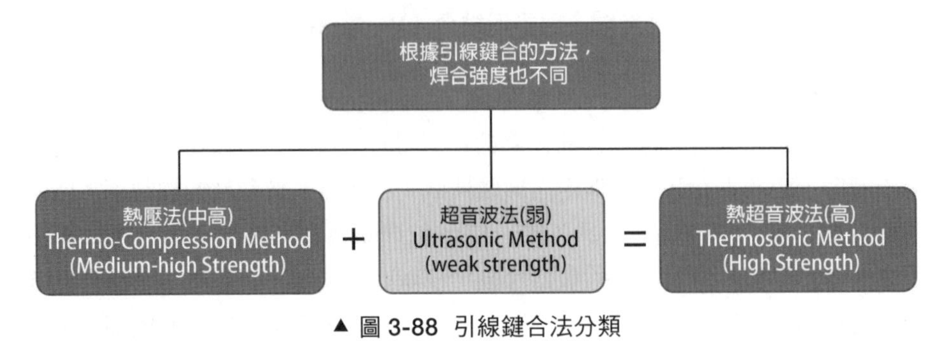

▲ 圖 3-88 引線鍵合法分類

一、熱壓法（Thermo-compression Method）

提前將晶片焊盤的溫度加熱到 200℃ 左右，再提高毛細管劈刀尖端的溫度，使其變成球狀，透過毛細管劈刀向焊盤施加壓力，從而將金屬引線連接到焊盤上。

二、超音波法（Ultrasonic）

在楔形劈刀（Wedge，與毛細管劈刀類似，是移動金屬引線的工具，但不形成球狀）上施加超音波，實現金屬引線與焊盤連接的方法。這種方法的優點是工藝和材料成本低；但由於超音波法用易操作的超音波代替了加熱和加壓的過程，因此鍵合拉伸強度（bonded tensile strength，連線後拽拉引線時的承受能力）則相對較弱。

三、熱超音波法（Thermosonic）

同時使用加熱和超音波的綜合式方法，是半導體工藝中最常用的方法。它結合了熱壓法和超音波法的優點。熱超音波法將熱、壓力和超音波施加於毛細管劈刀，使其在最佳狀態下進行連接。在半導體的後端工藝中，相比成本，鍵合的強度更加重要，因此儘管這一方法的成本相對較高，但金絲熱超音波法是最經常採用的鍵合方法。

3.6.1.2.3 鍵合金屬引線的材質：金 / 鋁 / 銅

金屬引線的材質是根據綜合考慮各種焊接參數，並組合成最妥當的方法來決定的。這裡指的參數所涉及的事項繁多，包括半導體的產品類型、封裝種類、焊盤大小、金屬引線直徑、焊接方法，以及金屬引線的抗拉強度和伸長率等有關信賴度的指標。典型的金屬引線材質有金、鋁和銅。其中，金絲多用於半導體的封裝。

一、金絲（Gold Wire）

的導電性好，且化學性很穩定，耐腐蝕能力也很強。然而，早期多使用的鋁絲的最大缺點就是易腐蝕。而且金絲的硬度強，因此，在一次鍵合中可以很好地形成球狀，並能在二次鍵合中恰到好處地形成半圓形引線環。

二、鋁絲（Aluminum Wire）

比金絲直徑更大，間距也更大。因此，即使使用高純度的金絲形成引線環也不會斷裂，但純鋁絲則很容易斷裂，所以會摻和一些矽或鎂等製成合金後使用。鋁絲主要用於高溫封裝或超音波法等無法使用金絲的地方。

三、銅絲（Copper Wire）

雖價格便宜，但硬度太高。如果硬度過高，不容易形成球狀，且形成引線環時也有很多限制。而且，在球形鍵合過程中要向晶片焊盤施加壓力，如果硬度過高，此時，焊盤底部的薄膜會出現裂紋。此外，還會出現牢固連接的焊盤層脫落的「剝落」現象。儘管如此，由於晶片的金屬佈線都是由銅製成的，所以如今越來越傾向於使用銅絲。當然，為了克服銅絲的缺點，通常會摻和少量的其他材質形成合金後使用。

引線鍵合中毛細管劈刀可以說是最核心的工具。毛細管劈刀，一般使用金絲，楔形鍵合則使用鋁絲。毛細管劈刀是透過形成球狀來實現鍵合的，而楔形鍵合則無需形成球狀。楔形劈刀從形狀上就與晶圓末端的毛細管劈刀不同，且連接和切斷引線的方法也不同。

如果說金絲採用的是「熱超音波 - 毛細管劈刀 - 球」的引線鍵合法，鋁絲採用的則是鋁絲楔形引線鍵合法，即「超音波 - 楔形鍵合」的方法。鋁絲—超音波法由於抗拉強度低，只能在特殊情況下使用，而 90% 以上的情況採用的都是熱超音波金絲球形鍵合法（Thermosonic Gold Ball Wire Bonding）。當然，熱超音波法也存在缺點，即球頸（ball neck）脆弱。所以要非常謹慎地管理**熱影響區域（HAZ：Heat Affected Zone，在金屬引線材質被毛細管的高溫稍熔化後，在凝固過程中再結晶的金屬引線區域）**。

3.6.1.2.4 利用金絲（Gold Wire）球形鍵合（Ball Bonding）

這就是上文剛剛提到的熱超音波金絲球形鍵合法，也是最常用的，分為兩個鍵合階段：

一、一次鍵合過程

一次鍵合過程如下：金絲穿過毛細管劈刀正中央的小孔，提高金絲末端的溫度，金絲融化後形成金絲球，打開夾持金屬絲的夾鉗（用於收放金屬引線），施加熱、壓力和超音波振動，當毛細管劈刀接觸焊盤時，形成的金絲球會黏合到加熱的焊盤上（如圖 3-89 所示）。完成一次球形鍵合後，將毛細管劈刀提升到比預先測量的環路高度略高的位置，並移動到二次鍵合的焊盤上，則會形成一個引線環。

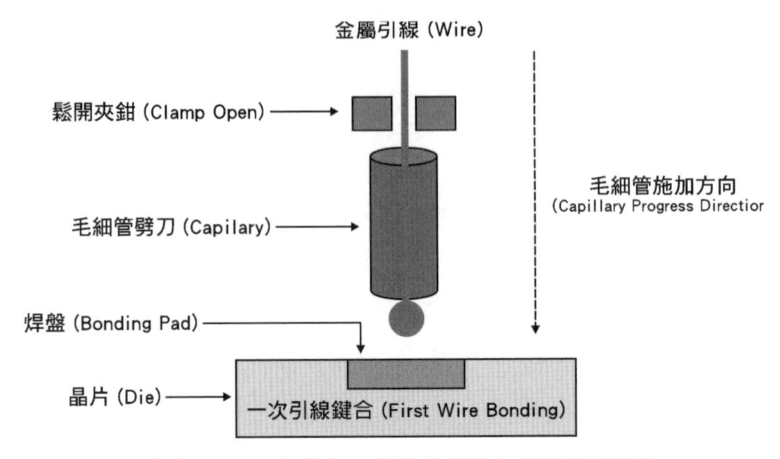

▲ 圖 3-89　一次鍵合：在晶片焊盤上的球引線鍵合

二、二次鍵合

二次鍵合過程如下：向毛細管劈刀施加熱、壓力和超音波振動，並將第二次形成的金絲球碾壓在印刷電路板焊盤上，完成針腳式鍵合。針腳式鍵合後，當引線連續斷裂時，進行**拉尾線（Tail Bonding）**，以形成一**尾線（Wire Tail）**。之後，收緊毛細管劈刀的夾鉗（即夾住引線）、斷開金屬引線，結束二次金絲球形鍵合（如圖 3-90 所示）。

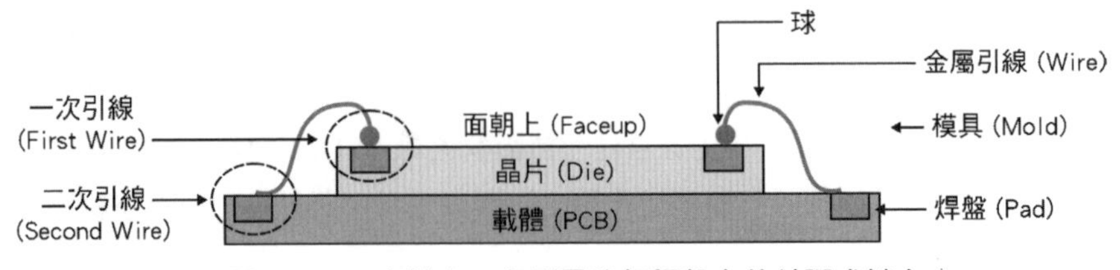

▲ 圖 3-90　二次鍵合：印刷電路板焊盤上的針腳式鍵合

球型鍵合是接線方法的主流，為了滿足今後所期待的**窄孔化（Narrower Pitch Designs）**需求，球型鍵合技術也是未來技術開發的主流。

3.6.1.2.5 進行超音波壓接（USB）的楔形鍵合（常溫下）

由於楔形鍵合方式是使用同一金屬，因此可以穩定地鍵合鋁金屬細線與晶片電極鋁，並且在常溫下於鋁線上加入超音波以進行壓接（**USB：超音波壓接**）（如圖 3-91 所示），因此即使在封裝側面也不會因為高溫而產生異種的金屬化合物，具有優良的可信賴度。然而，引線鍵合具有方向性且為了防止鋁被腐蝕必須使用價格昂貴的氣密封裝，因此僅限用於需要高信賴度陶瓷材料封裝的特殊用途（見表 3-6）。

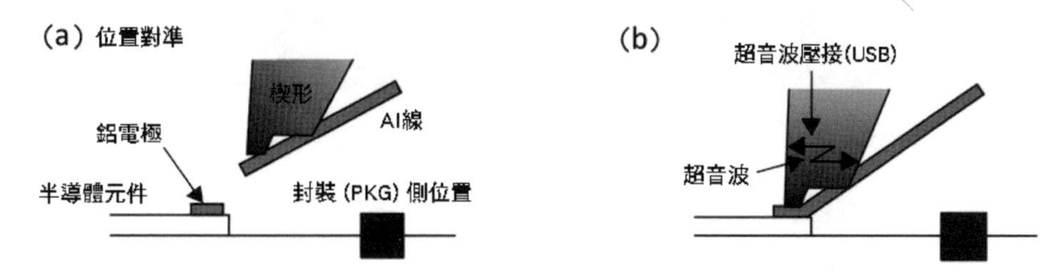

▲ 圖 3-91 楔形鍵合方式

▶ 表 3-6 球型鍵合方式與楔形鍵合方式的比較

方式	球型鍵合方式	楔形鍵合結合方式
電線材料	Au：99.99%~50 微米	Au~1% Si~50 微米
電極	晶片部分：Al.1mt 導線部分：Au 或 Ag 1~3mt	晶片部分：Al.1mt PKG 部分：Au 或 Ag 1~3mt
鍵合種類	晶片部分：球型鍵合方式 導線部分：楔形鍵合方式	楔形鍵合方式
鍵合能源	熱壓接（熟版）or 超音波並用的熟壓接 （NTC） （UNTC）	超音波震動（US）
鍵合溫度	280~350°C	常溫

3.6.1.3 載帶自動鍵合（TAB）法

載帶自動鍵合（TAB：Tape Automatic Bonding）法是使用已於樹脂膠帶上開孔的金手指，並與半導體晶片電極上形成的金屬凸點（Bump）鍵合的內部引線鍵合技術，以及與封裝基板或導線架鍵合的**外部腳端鍵合機（OutLead Bonder）**所構成（如圖 3-92 所示）。

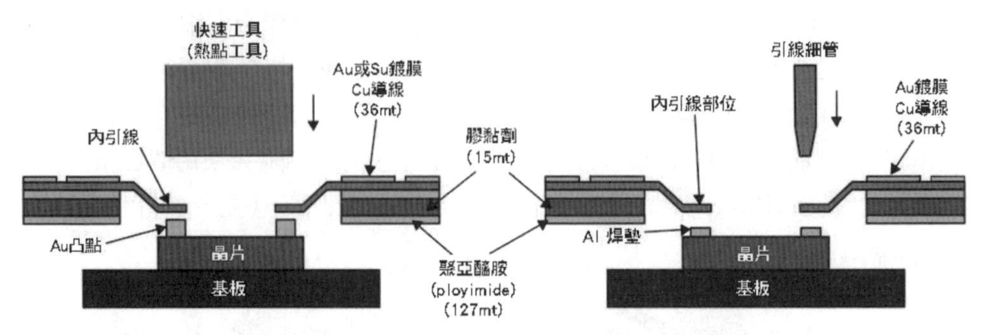

▲ 圖 3-92 載帶自動鍵合的鍵合方法（整體式鍵合方式與單點鍵合方式）

一般來說，凸點會透過電鍍形成 10um~30um 高度的金 18um~36um 厚的銅金手指則是由錫或金鍍膜而成。最大特徵是會透過加熱壓著工具一次將所有金手指與電極的接點以金 - 錫共晶合金或是金 - 金熱壓著鍵合方式做整體式的鍵合。該裝置的鍵合部位，是由被稱的為**快捷工具（Hotbar Tools）**的加熱工具以油壓與反覆旋轉使其運作的部分，以及為了提出與工具鍵合部位角度平行的研磨工具等兩個部分所構成。

近年來，隨著連接的端子數量增加，整體鍵合方式使得加熱工具的鍵合面積變大，因此鍵合面與各鍵合凸點的平行角度會使得工具研磨精確度的維持變得較為困難。為了解決這樣的困難點，會使用與引線鍵合加熱加壓工具幾乎相同的打線細管，並以與引線鍵合同樣的方式與各點進行鍵合，因而開發出單點鍵合的方式，會使用與引線鍵合技術同樣的裝置，進行同樣的鍵合方式。會用已被金鍍膜的銅內部導線取代金線，為一種以超音波熱壓著方式鍵合的無接線鍵合方式。

TAB 鍵合機是由以下所構成：將已與金手指鍵合的膠帶以卷狀方式搬運的裝載部位、將已切割完成的晶圓分別搬運至框架的晶圓裝載部位、將晶片與金手指加熱加壓的本體部位、將晶片與金手指鍵合的膠帶以卷狀方式收納的卸載部位；其搬運型態雖然是透過膠帶卷狀，以**卷對卷（Reel To Reel）**式（類似盤式磁帶答錄機的運轉方式）的搬運構造為主，有時也會與鍵合機**卡匣（Magazine）**進行搬運架構組合。

3.6.1.4 倒裝晶片鍵合（FCB）法

倒裝晶片鍵合（FCB：Flip Chip Bonder）是透過在晶片頂部形成的凸點來實現晶片與基板間的電氣和機械連接（如圖 3-93 所示）。因此，倒裝晶片鍵合的電氣性能優於引線鍵合。倒裝晶片鍵合分為兩種類型：批量回流焊工藝和熱壓鍵合工藝。批量回流焊工藝透過在高溫下熔化鍵合處的錫球，將晶片與基板連接在一起。而如前文所述，熱壓鍵合工藝則是透過向鍵合處施加熱量和壓力，實現晶片與基板間的連接。

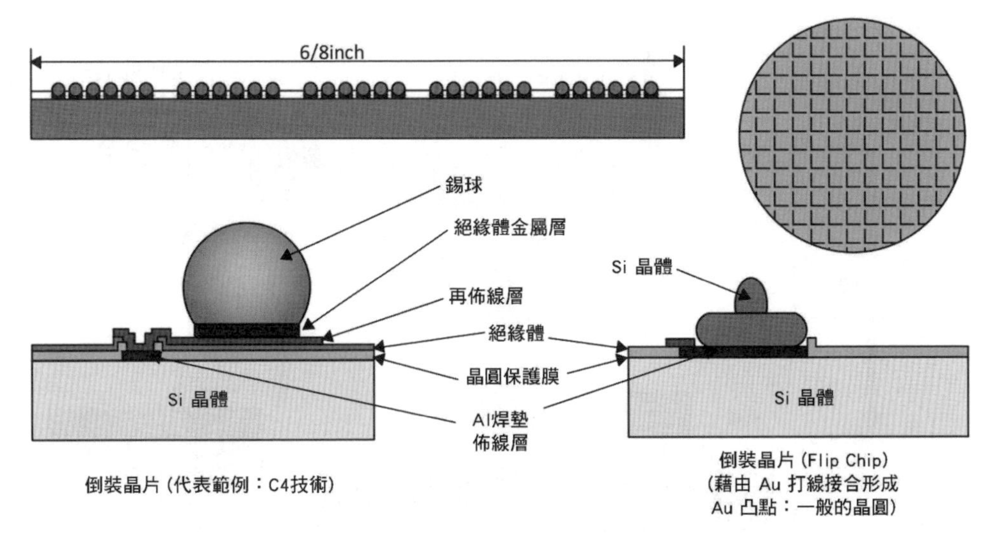

▲ 圖 3-93 倒裝晶片鍵合法的凸點形成方法（焊錫球與金絲球型凸點）

用倒裝晶片鍵合法（FCB）形成的凸點形成方法有一種是於半導體晶片電極上設置鉛（Pb）- 錫（Sn）的共晶焊錫法，其中以 1960 年代由 IBM 所開發的可控折疊晶片連接（C4：Controlled Collapse Chip Connection）法最為有名。

由於當初倒裝晶片鍵合法所開發的目的是為了滿足大型電腦所需要的高信賴度，因此為了避免與晶片電極部分鍵合時所產生的損傷，必須在距離電極部位較遠的地方再將凸點與所形成的鋁進行再一次的佈線。

另一方面，為了避免依鋁佈線與凸點的金屬成分不同，使得機械與已形成異種金屬的化合物鍵合後的強度變弱，因此必須設計鈦、白金（Pt）的絕緣金屬層。上述這些為了提高可靠度的解決方法反而增加了成本。但是在一般需求的情況下，如果使用常常採用無接線鍵合方法來製造的積體電路，則用低成本就可以透過金引線鍵合方式的金絲球型凸點成形方法來形成凸點。

將以金線鍵合用的打線細管所形成的金絲球與晶片電極鍵合，再用球根切斷金線。用工具將金切斷部位再度敲擊使其呈現一定高度的平坦化，並對高度進行合理調節，這是使金凸點形成高度均一的方法。

將這些方法用於在晶片上所形成的金屬凸點，其中透過封裝基板的佈線與熱壓著或是樹脂黏合劑方式直接進行鍵合的倒裝晶片鍵合法，是一種不使用金線的無引線鍵合方法（如圖 3-94 所示）。

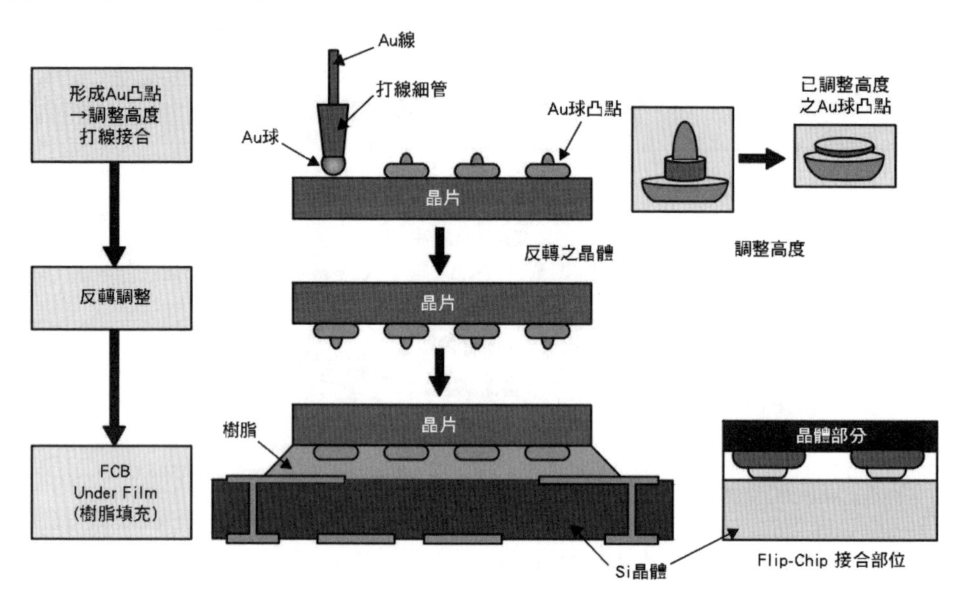

▲ 圖 3-94 以倒裝晶片鍵合法方式鍵合形成鋁凸點調整高度引線鍵合

一般來說，倒裝晶片鍵合法鍵合機是將晶圓上的半導體晶片拾取、反轉，將已被反轉的半導體晶片電極與鍵合機卡匣或膠帶卷軸所搬運的基板鍵合端子進行光學位置的調整後再進行加熱、加壓鍵合或加入超音波的鍵合，或者採用以黏合劑進行整體處理的整體式鍵合方式倒裝晶片鍵合法技術與引線鍵合技術及載帶自動焊技術相比，其鍵合佈線長度雖然最短，但是電路特性卻最佳，因此普遍認為可以擴大其在高性能元件方面的應用。此外，在凸點端子的配置方面，雖然可分為配置於晶片周邊部位的**周邊型（Peripheral）**，以及在晶片表面以面矩陣狀配置的面陣列（Area Array），但是隨著晶片尺寸縮小、多支化、以及倒裝**錫球跨距（Bump Pitch）**的限制，將會逐漸增加採用面矩陣式的配置方式。

將焊墊以面矩陣式方式配置於晶片表面部位，就不會使得倒裝錫球跨距狹窄，也可以達到多支化的目的，特別是可應用於多支元件的需求。

主要注意的是，僅僅依靠凸點無法處理晶片和基板之間因**熱膨脹係數（CTE：一種材料性能，用於表示材料在受熱情況下膨脹的程度）**差異所產生的應力，因此需要採用底部填充工藝，使用聚合物填充凸點間隙，以確保**焊點可靠性（Solder**

joint reliability）。填充凸點間隙的底部填充工藝主要有兩種：一是**後填充**（**Post-Filling**），即在倒裝晶片鍵合之後填充材料；二是**預填充**（**Pre-Applied Underfill**），即在倒裝晶片鍵合之前填充材料。此外，根據底部填充方法的不同，可將後填充分為**毛細管底部填充**（**CUF：Capillary Underfill**）和**模塑底部填充**（**MUF：Molded Underfill**）。毛細管底部填充是在倒裝晶片鍵合後，使用毛細管劈刀沿著晶片的側面注入底部填充材料以填補凸點間隙；而模塑底部填充則是在倒裝晶片鍵合後，將環氧樹脂模塑膠作為底部充填材料來發揮填充作用。

3.6.2 半導體外部封裝類型和貼裝方法

見下表 3-7，為封裝技術的匯總：

▸ 表 3-7 封裝技術匯總表

封裝類型	全稱	中文名稱	時間
DIP	Dual In-line Package	雙列直插封裝	20 世紀 80 年代以前
SOP	Small Out-line Package	小外形封裝	20 世紀 80 年代
QFP	Quad Flat Package	四側引腳扁平封裝	1995-1997
TAB	Tape Automated Bonding	載帶自動鍵合	1995-1997
COB	Chip on Board	板上晶片封裝	1996-1998
CSP	Chip Scale Package	晶片封裝	1998-2000
FC	Flip Chip	倒裝晶片	1999-2001
MCM/CSP/SIP...	Multi-Chip Model	多晶片模組	2000- 現在
WLP/TSV...	Wafer Level Chip Scale Packaging	晶圓級封裝	2000- 現在

封裝類型可謂種類多樣。可將封裝製程依形態類別進行分類，如果是依一般所使用的印刷佈線板封裝方法，則可大致區分為插入式封裝型與表面封裝型（圖 3-95）。再者，如果依外部端子排列情形進行分類，則有外部端子排列於封裝本體周邊的周邊型（Peripheral）封裝方式與外部端子排列於封裝本體表面的面陣列（Area Array）封裝方式。隨著技術的發展，目前主機板、顯示卡等的電路板採用直插式封裝方式的越來越少，更多地選用了表面貼裝（SMT）式封裝方式。

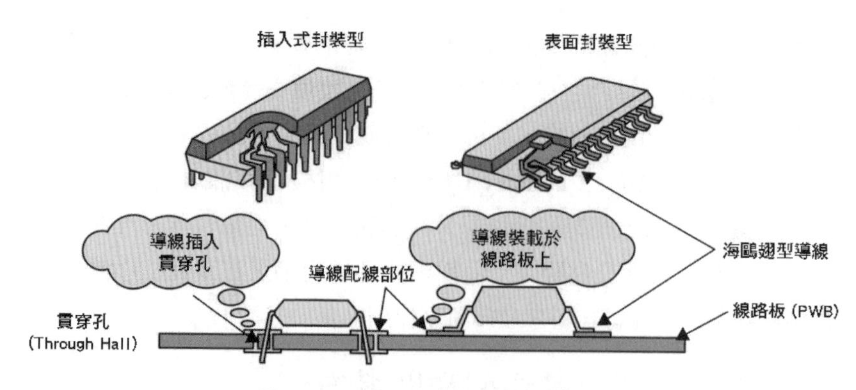

▲ 圖 3-95 插入式封裝型與表面封裝型

3.6.2.1 外部封裝類型

3.6.2.1.1 插入式封裝型

插入式（Through Hole Package）就是 MOS 的引腳穿過印刷電路板的安裝孔並焊接在上面。常見的插入式封裝有：雙列直插封裝（DIP）、電晶體外形封裝（TO）、直針網格陣列封裝（PGA）三種樣式。

一、雙列直插封裝（DIP：DualIn - linePackage）

雙列直插封裝一種電氣連接引腳排列成兩行的封裝技術。採用雙列直插形式封裝的積體電路晶片，絕大多數中小規模積體電路均採用這種封裝形式，其引腳數一般不超過 100 個。採用雙列直插封裝的 CPU 晶片有兩排引腳，需要插入到具有雙列直插封裝結構的晶片插座上。當然，也可以直接插在有相同焊孔數和幾何排列的電路板上進行焊接。雙列直插封裝的晶片在從晶片插座上插拔時應特別小心，以免損壞引腳（如圖 3-96 所示）。

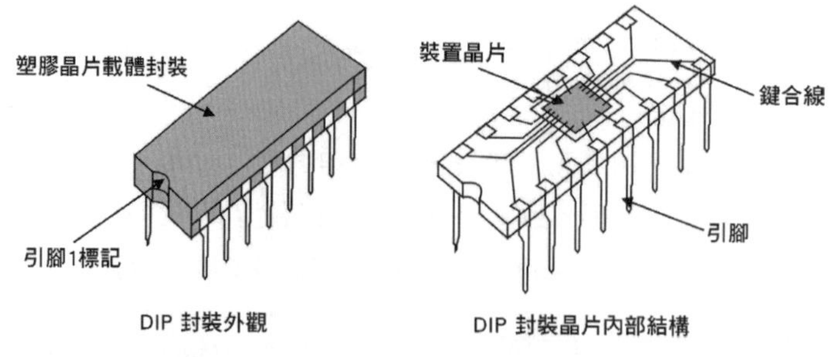

▲ 圖 3-96 雙列直插式封裝外觀及晶片內部結構

雙列直插封裝具有以下特點：

1、適合在印刷電路板上穿孔焊接，操作方便；

2、晶片面積與封裝面積之間的比值較大，故體積也較大。

Intel 系列 CPU 中 8088 就採用這種封裝形式，早期的記憶體晶片也是這種封裝形式。

二、電晶體外形（TO：Transistor Out-line）封裝

透過引線鍵合，把這 60 個電晶體的閘極和汲極，統一連接到閘極墊和汲極墊上，這兩個墊再分別和左右兩邊的引腳相連，源極的部分和中間一整片引腳相連，最後封裝好後對外界體現出來的，就是一個三端子的 HEMT 黑盒，這種長著三個引腳的封裝形式稱為電晶體外形封裝。

電晶體外形封裝屬於早期的封裝規格，例如 TO-3P、TO-247、TO-92、TO-92L、TO-220、TO-220F、TO-251 等都是插入式封裝設計（如圖 3-97 所示）：

1、TO-3P/247：是中高壓、大電流金屬氧化物半導體管常用的封裝形式，產品具有耐壓高、抗擊穿能力強等特點。

2、TO-220/220F：TO-220F 是全塑封裝，裝到散熱器上時不必加絕緣墊；TO-220 帶金屬片與中間腳相連，裝散熱器時要加絕緣墊。這兩種封裝樣式的 MOS 管外觀差不多，可以互換使用。

3、TO-251：該封裝產品主要是為了降低成本和縮小產品體積，主要應用於中壓大電流 60A 以下、高壓 7N 以下環境中。

4、TO-92：該封裝只有低壓 MOS 管（電流 10A 以下、耐壓值 60V 以下）和高壓 1N60/65 在採用，目的是降低成本。

近年來，由於插入式封裝工藝焊接成本高、散熱性能也不如晶片鍵合式產品，使得表面貼裝（SMT）市場需求量不斷增大，也使得電晶體外形封裝發展到表面貼裝式封裝。TO-252（又稱之為 D-PAK）和 TO-263（D2PAK）就是表面貼裝（SMT）封裝。其中 TO-252/D-PAK 是一種塑封晶片鍵合封裝，常用於功率電晶體、穩壓晶片的封裝，是目前主流封裝之一。

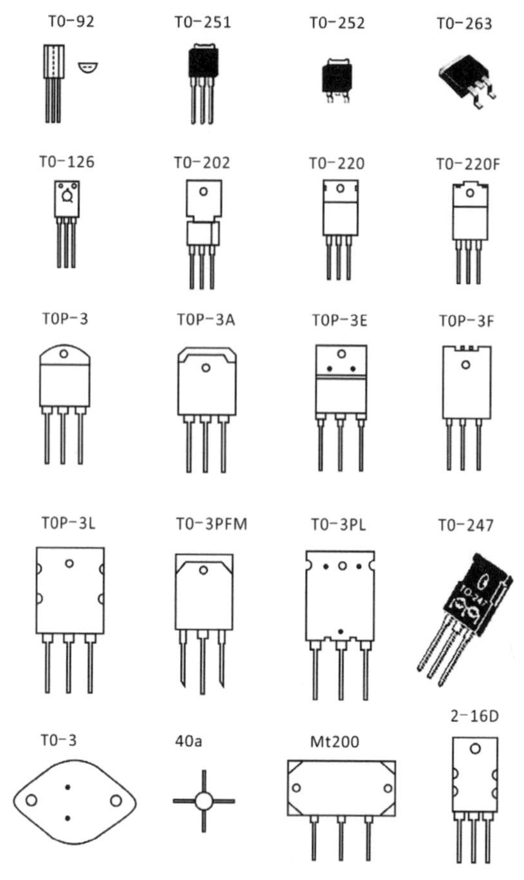

▲ 圖 3-97 電晶體外形（TO）封裝元件

三、插針網格陣列（PGA：Pin Grid Array Package）封裝

插針網格陣列封裝，晶片內外有多個方陣形的插針，每個方陣形插針沿晶片的四周間隔一定距離排列，根據引腳數目的多少，可以圍成 2 ～ 5 圈（如圖 3-98 所示）。安裝時，將晶片插入專門的插針網格陣列封裝插座即可，具有插拔方便且可靠性高的優勢，能適應更高的頻率。

▲ 圖 3-98 插針網格陣列封裝元件

其晶片基板多數為陶瓷材質，也有部分採用特製的塑膠樹脂來做基板，在工藝上，引腳中心距通常為 2.54mm，引腳數從 64 到 447 不等。

這種封裝的特點是，封裝面積（體積）越小，能夠承受的功耗（性能）就越低，反之則越高。這種封裝形式晶片在早期比較多見，且多用於 CPU 等大功耗產品的封裝，如英特爾的 80486、Pentium 均採用此封裝樣式；不大為金屬氧化物半導體管廠家所採納。

3.6.2.1.2 表面貼裝（SMT）式封裝型

表面貼裝（SMT：Surface Mount）式封裝型是將 MOS 邏輯元件的引腳及散熱法蘭焊接在 PCB 板表面的焊盤上（如圖 3-99 所示）。典型表面貼裝式封裝有：小外形封裝（SOP）、方形扁平封裝（QFP）、塑封有引線晶片載體（PLCC）以及小外形電晶體（SOT）等。

一、小外形封裝（SOP：Small Outline Package）

引腳從封裝兩側引出呈海鷗翼狀（L 字形），材料有塑膠和陶瓷兩種。

▲ 圖 3-99 小外形封裝（SOP）元件

後來，由小外形封裝（SOP）衍生出了 **J 型引腳小外形封裝（SOJ）、薄小外形封裝（TSOP）、甚小外形封裝（VSOP）、縮小型 SOP（SSOP）、薄的縮小型 SOP（TSSOP）及小外形電晶體（SOT）、小外形積體電路（SOIC）**等（見表 3-8）。

▸ 表 3-8 常用縮寫代碼含義

代碼	英文全稱	中文全稱
SOP	Small Outline Package	小外形封裝。在 EIAJ 標準中，針腳間距為 1.27mm（50mil）的此類封裝被稱為「SOP」。請注意，JEDEC 標準中所稱的「SOP」具有不同的寬度
DSO	Dual Small Out-lint	雙側引腳小外形封裝（SOP 的別稱）
SO	Small Outline	（SOP 的別稱）

代碼	英文全稱	中文全稱
SOL	Small Out-Line L-leaded package	按照 JEDEC 標準對 SOP 所採用的名稱
SOIC	Small Outline Integrated Circuit	小外形積體電路。有時也稱為「SO」或「SOL」，在 JEDEC 標準中，針腳間距為 1.27mm（50mil）的此類封裝被稱為「SOIC」。請注意，EIAJ 標準中所稱的「SOIC」封裝具有不同的寬度
SOW	Small Outline Package（Wide-Type）	寬體 SOP，是部分半導體廠家採用的名稱
SSOP	Shrink Small Outline Package	縮小外形封裝
VSOP	Very Small Outline Package	甚小外形封裝
VSSOP	Very Shrink Small Outline Package	甚縮小外形封裝
TSOP	Small Outline Package	薄小外形封裝
TSSOP	Thin Shrink Small Outline Package	薄的縮小外形封裝
MSOP	Mini Small Outline Package	迷你小外形封裝。Analog Devices 公司將其稱為「microSOIC」，Maxim 公司稱其為「SO/uMAX」，而國家半導體（National Semiconductor）公司則稱之為「MiniSO」
SOJ	Small Out-Line J-Leaded Package	J 形引腳小外型封裝
SOT	Small Outline Transistor	小外形電晶體

該類型的封裝的典型特點就是在封裝晶片的周圍做出很多引腳，封裝操作方便，可靠性比較高，是目前的主流封裝方式之一，屬於真正的系統單封裝。目前比較常見的是應用於一些記憶體類型的積體電路。

二、方形扁平（QFP：Quad Flat Package）封裝

方形扁平封裝，它的引腳從封裝四側引出，呈 L 形。同時擁有更細密的引腳間距，可以做到 0.3mm，引腳數量一般都在 100 個以上（如圖 3-100 所示）。從 QFP 衍生出了**薄型的方形扁平（LQFP）封裝、方形扁平無引腳（QFN）**封裝。這種封裝適用於

高頻、極大型積體電路。比如這顆 LQFP 封裝的 STM32F429IGT6、方形扁平無引腳（QFN）封裝的 MPU6050 六軸感測器晶片。

▲ 圖 3-100 方形扁平（QFP）封裝元件

三、帶引線塑封晶片（PLCC：Plastic Leaded Chip Carrier）封裝

帶引線塑封晶片封裝，是一種帶引線的塑膠的晶片的表面貼裝型封裝形式，引腳從封裝的四個側面引出，呈「丁」字形，外形尺寸比雙列直插封裝小得多（如圖 3-101 所示）。帶引線塑封晶片封裝適合用表面封裝技術在印刷電路板上安裝佈線，具有外形尺寸小、可靠性高的優點。

▲ 圖 3-101 帶引線塑封晶片封裝（PLCC）圖

帶引線塑封晶片封裝是一種特殊引腳晶片封裝，它是晶片鍵合封裝的一種，這種封裝的引腳在晶片底部向內彎曲，因此在晶片的俯視圖中是看不見晶片引腳的。這種晶片的焊接採用回流焊工藝，需要專用的焊接設備，在調試時要取下晶片也很麻煩，現在已經很少用了。

四、小外形電晶體（SOT：Small Outline Transistor）

一種表面貼裝的封裝形式，一般引腳小於等於 5 個的小外形電晶體。根據表面寬度的不同分為兩種，一種寬度為 1.3mm，一種寬度為 1.6mm。

3.6.2.2 外部貼裝方法

封裝組裝方法主要分為印刷電路板通孔插裝技術和表面貼裝技術。顧名思義，印刷電路板通孔插裝技術是將晶片引腳插入主機板相應的安裝孔，然後與主機板的焊盤焊接固定。而表面貼裝技術就是透過焊接將晶片固定在主機板表面上（如圖 3-102 所示）。

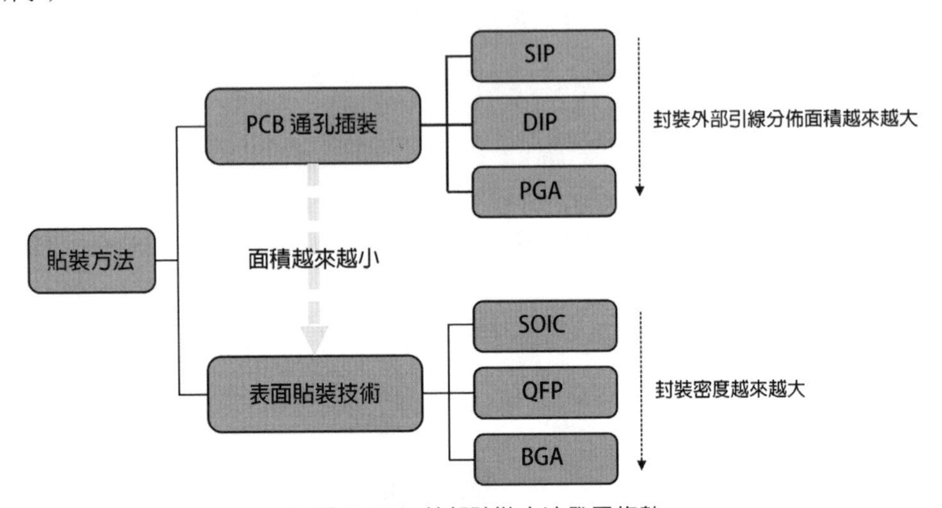

▲ 圖 3-102 外部貼裝方法發展趨勢

然而，由於主機板上的安裝孔所占面積太大，為實現「輕薄短小」的封裝，貼裝方法已發展成為無孔表面貼裝技術。在引線框架方法中，從一開始就開發了 SO 型（SOIC 和 SOJ）和 TSOP 用於表面安裝。球柵網格陣列封裝類型的球本身就是用於安裝在主機板上的，因此也適用表面貼裝方法。

3.6.2.2.1 小外形積體電路封裝（SOIC）

小外形積體電路封裝（SOIC：Small Outline Integrated Circuit Package），是由小外形封裝衍生出來的，兩種封裝的具體尺寸，包括晶片的長、寬、引腳寬度、引腳間距等基本一樣，所以在印刷電路板設計的時候，小外形封裝和小外形積體電路封裝可以混用。

這是表面貼裝積體電路封裝形式中的一種，它比同等的雙列直插封裝減少約 30-50% 的空間，厚度方面減少約 70%。與對應的雙列直插封裝有相同的插腳引線。對這類封裝的命名約定是在小外形積體電路封裝或小外形封裝後面加引腳數。例如，14pin 的 4011 的封裝會被命名為 SOIC-14 或 SO-14。

3.6.2.2.2 四邊引腳扁平封裝（QFP）

四邊引腳扁平封裝（QFP：Quad Flat Pack），引腳從四個側面引出呈海鷗翼（L）型（如圖 3-103 所示）。基材有陶瓷、金屬和塑膠三種。從數量上看，塑膠封裝占絕大部分。當沒有特別表示出材料時，多數情況為塑膠四邊引腳扁平封裝。塑膠四邊引腳扁平封裝是最普及的多引腳半導體封裝。不僅用於微處理器，門陳列等數位邏輯大型積體電路，而且也用於**磁帶錄影機（VTR：Video Tape Recorder，是利用電磁感應原理，將視訊訊號和音訊信號以剩磁的形式記錄在磁帶上，並可進行重放電視節目製作與播出的設備）**信號處理、音響信號處理等類比大型積體電路。引腳中心距有 1.0mm、0.8mm、0.65mm、0.5mm、0.4mm、0.3mm 等多種規格。0.65mm 中心距規格中最多引腳數為 304 個。

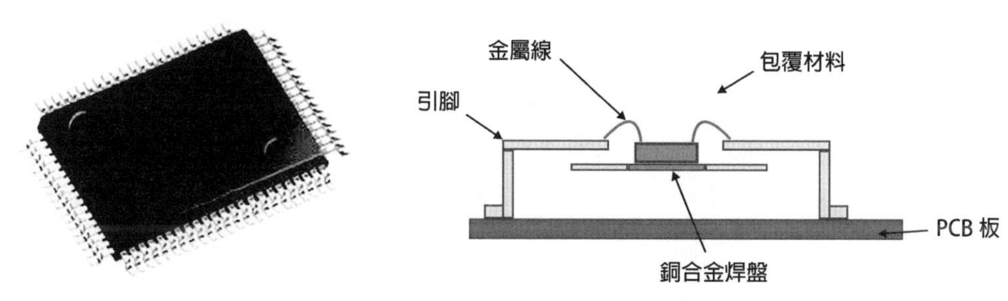

▲ 圖 3-103 四邊引腳扁平封裝示意圖

從熱特性角度分析，四邊引腳扁平封裝封裝的元件有如下特徵：

1、熱阻高，引腳成為傳熱的重要途徑（一般仍 <15%）；
2、多數四邊引腳扁平封裝晶片底部不與單板接觸，底部加熱過孔收效甚微。特殊情況下可以在底部施加介面材料，連通晶片底殼和單板，降低結板熱阻；
3、頂部由於大多採用塑膠封裝，結殼熱阻也比較大；
4、內部銅合金焊盤有助於在包覆材料內部均熱；
5、塑膠包覆材料導熱係數，當晶圓相對封裝尺寸較小時，晶片正頂部溫度較高，金屬散熱片均熱效果好，可能導致熱量回流，致使引腳溫度變高。當引腳溫度是晶片熱可靠性控制參數時，應當注意熱量的引流方向（如應加高而不是加長、加寬散熱器）。

3.6.2.2.3 球柵網格陣列封裝（BGA）

球柵網格陣列封裝（BGA：Ball Grid Array Package），它的 I/O 端子以圓形或柱狀焊點的形式按陣列分佈在封裝下面，適合引腳數超過 200pin 的高頻、高速場合（如

圖 3-104 所示)。與小外形封裝封裝相比，BGA 體積更小、但引腳間距更大，這增加了它的組裝成品率。

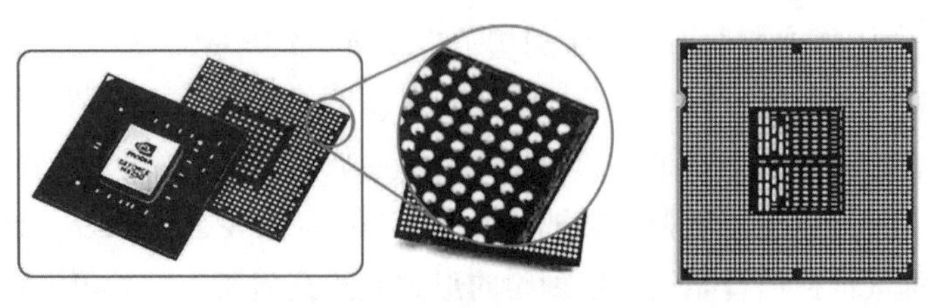

▲ 圖 3-104 球柵網格陣列封示意圖

而根據基板的不同主要分為**塑膠球柵網格陣列封裝(Plastic BGA)**、**載帶球柵網格陣列封裝(Tape BGA)**、**陶瓷球柵網格陣列封裝(Ceramic BGA)**及**倒裝晶片球柵網格陣列封裝(FCBGA：Filp Chip BGA)**。

一、塑膠球柵網格陣列封裝(Plastic BGA)

塑膠球柵網格陣列封裝是常用的球柵網格陣列封裝封裝形式，採用塑膠材料和塑膠工藝製作(如圖 3-105 所示)。其採用的基板類型為印刷電路板基板材料(BT 樹脂 / 玻璃層壓板)，裸晶片經過黏接和引線鍵合技術連接到基板頂部及引腳框架後，採用注塑成型(環氧膜塑混合物)方法實現整體模塑。Intel 系列 CPU 中，Pentium II、III、IV 處理器均採用這種封裝形式。

焊球材料為低熔點共晶焊料合金 63Sn37Pb，直徑約為 1mm，間距範圍 1.27-2.54mm，焊球與封裝體底部的連接不需要另外使用焊料。組裝時焊球熔融，與印刷電路板表面焊板鍵合在一起，呈現桶狀。

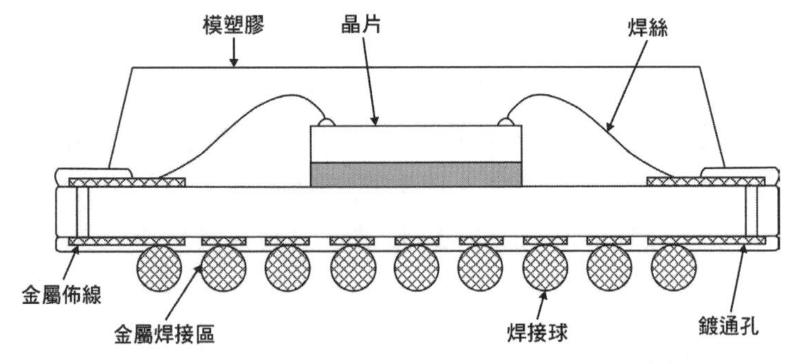

▲ 圖 3-105 塑膠球柵網格陣列封裝(PBGA)示意圖

塑膠球柵網格陣列封裝特點主要表現在以下四個方面：

(1) 製作成本低，性價比高；

（2）焊球參與再流焊點形成，共面度要求寬鬆；

（3）與環氧樹脂基板熱匹配性好，裝配至 PCB 時品質高，性能好；

（4）對潮氣敏感，**爆米花效應（PoPCorn Effect：特指因封裝產生裂紋而導致晶片報廢的現象，這種現象發生時，常伴有爆米花般的聲響，故而得名）**嚴重，可靠性存在隱患，且封裝高度之四邊引腳扁平封裝（QFP）高也是一技術挑戰（如圖 3-106 所示）。

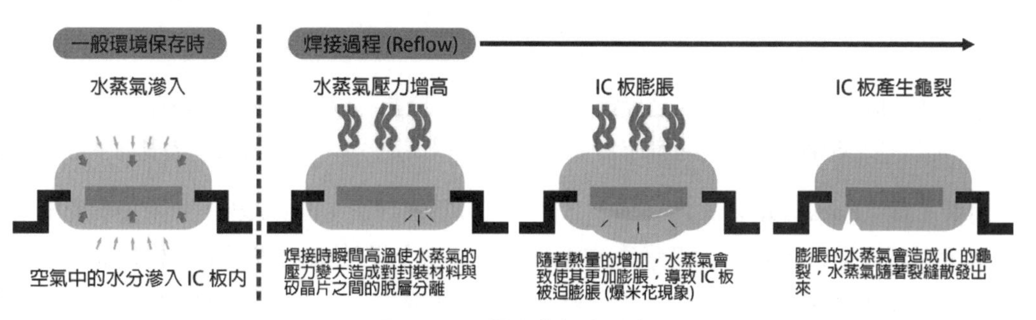

▲ 圖 3-106 爆米花效應示意圖

二、載帶球柵網格陣列封裝（Tape BGA）

載帶球柵網格陣列封裝又稱陣列載帶自動鍵合，是一種相對較新穎的球柵網格陣列封裝形式（如圖 3-107 所示）。其採用的基板類型是**聚醯亞胺（PI：Polyimide，指主鏈上含有醯亞胺環（-CO-NR-CO-）的一類聚合物，是綜合性能最佳的有機高分子材料之一。其耐高溫達 400℃ 以上，長期使用溫度範圍 -200 ～ 300℃，部分無明顯熔點，高絕緣性能，103 赫茲下介電常數 4.0，介電損耗僅 0.004 ～ 0.007，屬 F 至 H 級絕緣）**多層佈線基板，焊料球材料為高熔點焊料合金，焊接時採用低熔點焊料合金。

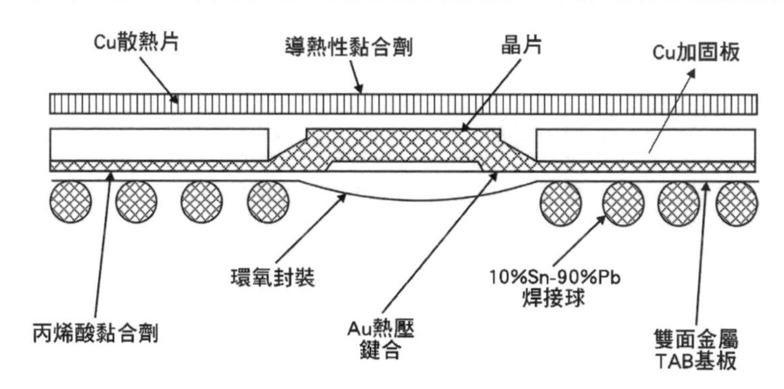

▲ 圖 3-107 載帶球柵網格陣列封裝示意圖

載帶球柵網格陣列封裝特點主要表現在以下五方面：

（1）與環氧樹脂印刷電路板基板熱匹配性好；

（2）薄型 BGA 封裝形式，有利於晶片薄型化；

（3）相比於陶瓷球柵網格陣列封裝，成本較低；

（4）對熱度和濕度，較為敏感；

（5）晶片輕且小，相比其他球柵陣列封裝類型，自校準偏差大。

3.7 封裝 —— 模塑

晶片在完成引線鍵合或倒裝晶片鍵合後，需進行封裝，以保護晶片結構免受外部衝擊，這一步驟同時也是為保護物件所具有的「輕、薄、短、小」特徵而設計。

封裝工藝（Encapsulation Process）大體上可分為**密封法（Hermetic：指附接陶瓷板或金屬蓋板進行密封）**和**模塑法（Molding：指先熔化再固化塑膠環氧材料進行密封，只適用於塑膠封裝）**。在這兩種方法中，目前很少使用密封法，而多採用使用環氧樹脂模塑膠的模塑法。就用樹脂填充半導體的方法而言，模塑工藝可以再分為傳遞模塑和壓縮模塑（如圖 3-108 所示）。

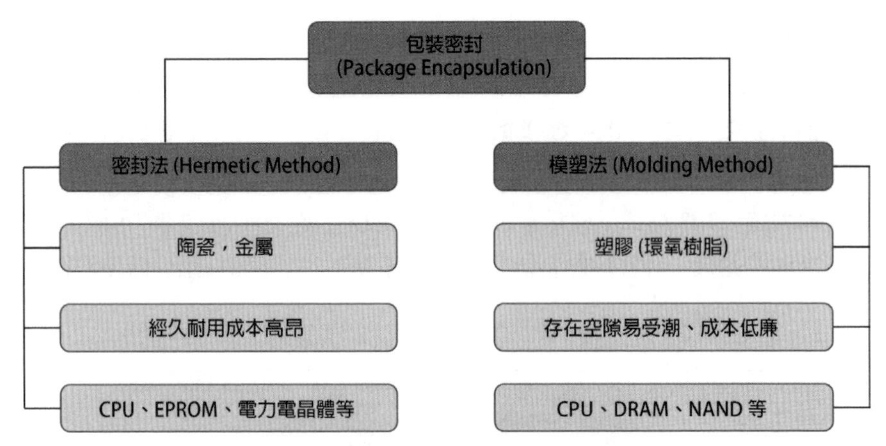

▲ 圖 3-108 密封法和模塑法比較示意圖

3.7.1 密封法（Hermetic）

採用陶瓷或金屬來密封包裝具有經久耐用的優點。因此，這種方法主要應用於特殊領域的設備，如國防和醫療保健等。典型的產品類型包括 CPU、**可擦除可程式設計唯讀記憶體（EPROM：Erasable Programmable Read Only Memory，非易失半導體儲存晶片，它的特點是具有可擦除功能，擦除後即可進行再程式設計，但是缺點是擦除需要使用紫外線照射一定的時間）**和電力電晶體（用於電力行業的大功率輸出電晶體）。

密封法可靠性極高，但價格昂貴。因而大多採用使用環氧樹脂模塑膠的模塑法。隨著塑膠原料中水分和內部空隙等缺陷的不斷改善，塑膠的應用範圍正在迅速擴大。就 EPROM 而言，幾乎在所有情況下都採用塑膠材料進行密封，並且大多數的包裝都採用塑膠材料，包括（DRAM、中央處理器和 NAND 快閃記憶體。

為了便於理解，此處簡單解釋一下，密封法類似於將在工廠預先生產的混凝土板貼到建築物外牆的方法，而模塑法類似於在施工現場製作範本並澆築混凝土的方法。雖然模塑法靈活性提高了，但是相比於密封法，其造成混凝土中出現孔隙的可能性更高。

3.7.2 模塑法（Molding）

環氧樹脂模塑膠主要原料為樹脂基材料，其餘成份為填料（Filler）和硬化劑，環氧樹脂模塑膠作為一種塑膠，是半導體後端工藝所需的基本功能材料之一。粉末狀環氧樹脂熔化後，在 175℃ 溶解成凝膠狀態時，黏度會變小。當溫度降低後，環氧樹脂固化，黏度與溫度成反比增加。當溫度進一步降低時，環氧樹脂與周圍的印刷電路板、引線框（Lead Frame）、導線、晶圓等牢固黏結，成為硬度非常高的材料。這種材料叫做熱固性環氧樹脂。重要的一點是，材料固化後，當半導體投入使用時，若溫度波動，環氧樹脂模塑膠能夠隨著晶片一同膨脹和收縮。另外，此類材料便於向外散熱，這一點也很重要。因此，可以說此類混合材料的性質決定了環氧樹脂模塑膠的可靠性。

模塑法包括**傳遞模塑法（Transfer Molding**，舊方法）、**真空模塑法（Compression Molding，改進後的方法**，可彌補傳遞成型缺點）和**壓縮模塑（Compression Molding，朝下垂直面向晶圓）**（如圖 3-109 所示）。

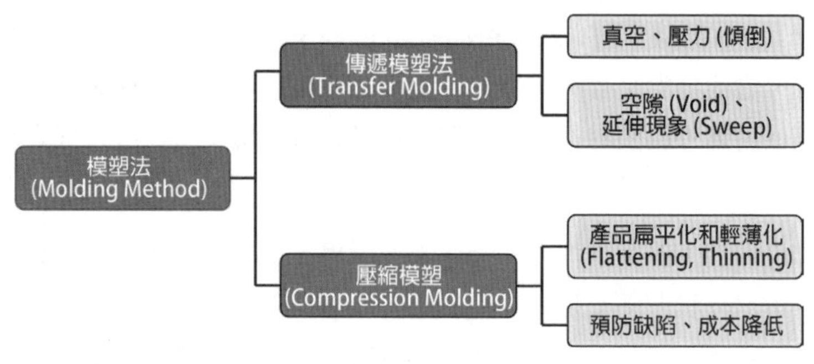

▲ 圖 3-109 模塑工藝分類

一、傳遞模塑（Transfer Molding）

傳遞模塑法採用樹脂，屬於早期的模塑方法。需要將引線鍵合連接晶片的基板放置在兩個模具上，同時將環氧樹脂模塑膠片放置在中間，然後施加熱量和壓力，使固態環氧樹脂模塑膠熔化為液態，流入模具並填充間隙（如圖 3-110 所示）。

隨著晶片越來越小，層次越來越多，引線鍵合結構變得越來越複雜，環氧樹脂在模塑過程中不能均勻鋪開，導致成型不完整或空隙 / 孔隙增加。換句話說，環氧樹脂的速度控制變得更加困難。

為了解決這個問題，當移動環氧樹脂透過一條狹窄的路徑時，一種能形成真空並將其從另一側拉出的方法來控制環氧樹脂的速度被採用。此外，人們正在嘗試各種方法來減少空隙，以確保環氧樹脂能夠均勻鋪開。

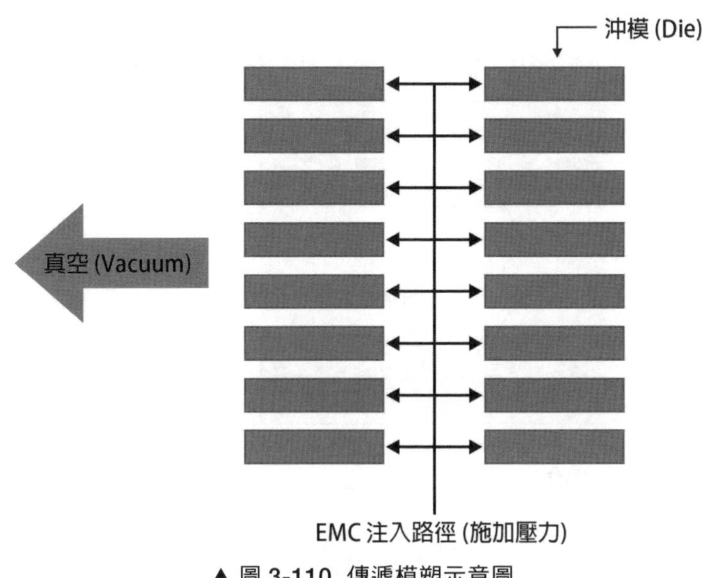

▲ 圖 3-110 傳遞模塑示意圖

基本上傳遞模塑成形機是由以下裝置所組成的：裝入已收納導線架的卡匣後，將導線架搬入成型用金屬板的裝載部位；加熱模塑成型用金屬板，將供應制金屬板的液化樹脂用壓力機（Pressure）加壓後填充至金屬**母版**的衝壓部位，最後還有將已完成樹脂封裝的導線架從金屬板上剝離後搬入收納機的卸載等部位。

這種傳遞模塑樹脂成型方式，其實與做日式鯛魚燒的原理相同，上下各設一塊金屬板，再設計用來符合導線架半導體晶片部位固定所要求的空間形狀，將導線架半導體的晶片部位收納於其中。透過數十噸的塑型壓力，將上下金屬板與導線架緊密鍵合，再將樹脂填充於已經將半導體晶片收納於其中的母版內以形成固定的形狀。

在樹脂封裝裝置內會進行如下作業：（a）在引線鍵合工程中，讓已經完成結線的晶片在導線架狀態下傳送，並且設置加熱至 160°C ~180°C 的模塑金屬板（指下方金屬板）；（b）關閉上方金屬板後，再將平板狀的熱硬化性環氧樹脂投入樹脂存放加熱筒內；（c）一般會採用傳遞模塑的方式將融解的樹脂用壓力機注入；（d）在模塑金屬板內使其硬化到一定程度後，即可取出已經完成模塑成型的導線架，再以其他設定的溫度使其變得更加成熟至完全硬化（如圖 3-111 所示）。

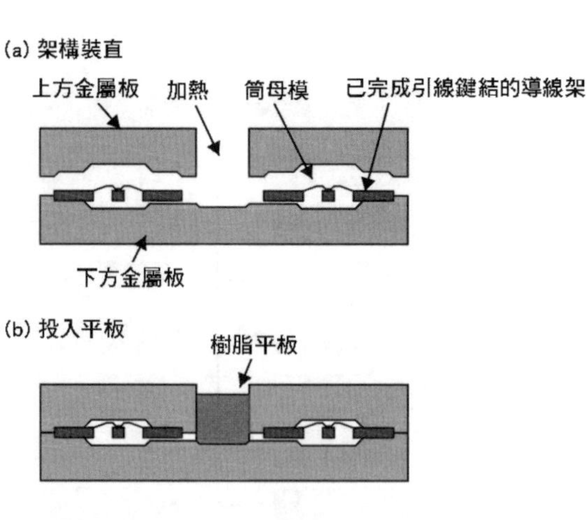

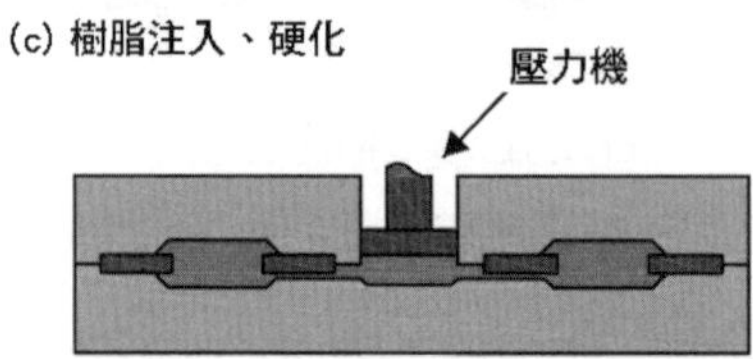

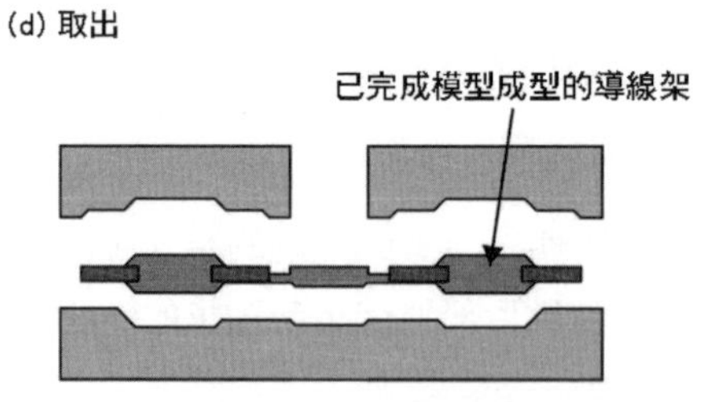

▲ 圖 3-111 樹脂封裝製程示意圖

過去的樹脂封裝裝置是在一個金屬板中僅使用 1 個可以將樹脂注入數十個到數萬個母版內的樹脂存放加熱筒，以及使用 1 個壓力機的模塑金屬板就得以進行分批次處理的傳統慣用型方式。近年來則是會在每個母版內放置兩到多個導線架，並且使用如加熱筒 / 壓力機等**多柱塞型（Multi-Plunger）**的小型模塑金屬板，由於柱塞型方式在品質面非常優良，也具有易於自動化等優勢，因此已成為主流的樹脂封裝方式（見表 3-9）。

▶ 表 3-9 樹脂封裝方式比較

	多柱塞式	慣用型
金屬板型 L/0	L / F 加熱筒 CAV	L / F 加熱筒 CAV
品質	良好（分散程度小）	普通（分散程度大）
樹脂效率	良好	不好
自動化	容易	困難
生產性	些微不佳	良好
設備成本	昂貴	便宜
樹脂成本	昂貴	便宜
彈性	高	低
備註	最近多支焊型的 QDP 等，如不適用多柱塞型則不具有生產性。 此外，由於不需要的樹脂部位體積較小，因此可使用專用的高速硬化性樹脂。	過去只有大型設備，近年才出現這類慣用型的自動機器。 然而，不論如何加熱筒都只有放在一個地方，因此無法避免因處理距離而造成的分散。

二、壓縮模塑（Compression Molding）

隨著芯多晶片封裝和引線鍵合變得更加複雜，傳遞模塑法的局限性逐漸顯露出來。尤其是，為了降低成本，載體（印刷電路板或引線框架）的尺寸變大，因此傳遞模塑變得更加困難。與此同時，由於環氧樹脂難以穿透複雜的結構並進一步鋪開，因此需要一種新的模塑方法。

壓縮模塑法是一種能夠克服傳遞模塑法局限性的新方法。在壓縮模塑法的工藝中，模具中會預先填充環氧樹脂模塑膠粉末，基板放入模具中後，隨後施加熱量和壓力，模具中填充的環氧樹脂模塑膠粉末會液化並最終成型（如圖 3-112 所示）。在這種情況下，環氧樹脂模塑膠會即刻熔化為液體，無需流動便可填充間隙，因此成為了填充晶片與封裝頂部之間小空隙的理想選擇。

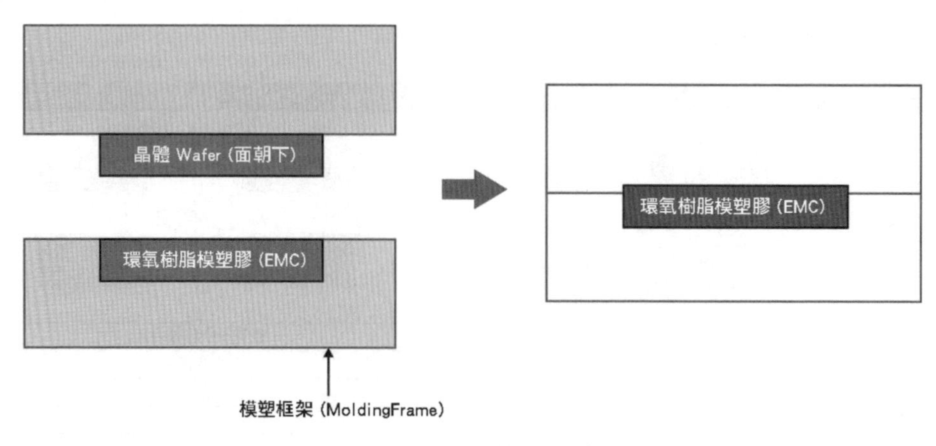

▲ 圖 3-112 壓縮模塑示意圖

在使用環氧樹脂進行半導體模塑時，傳遞模塑法和壓縮模塑法被同時採用。由於壓縮模塑法具有缺陷檢測、成本低廉和環境影響小等優點，因此更受供應商青睞。隨著客戶對產品扁平化和輕薄化的需求不斷增加，壓縮模塑法將在未來得到更積極的應用。

3.8 封裝——組裝前和出貨前的檢查

半導體產品的檢查，是為了確認前段製程到後段製程中各個製程所產出的狀況。在前段製程中，會測量半導體內各部分的尺寸、位置關係、抵抗值、雜質濃度等基本資料。在晶圓的最終製程中，則會測量基本的電力特性，以判定晶片的良莠與否（晶圓檢測）。進入後段製程階段，就會檢查以切割製程分割的各個晶片是否有損傷、迴路圖形狀況等外觀上是否有所缺陷，待前段製程中製造的晶片檢查完成後，再將篩選出的優良品晶片送入後段製程。後段製程中會在每一個製程檢測其外觀（晶片 / 封裝 / 外部端子 / 標記傷痕 / 汙漬等）及其他各項特性（晶圓厚度、鍵合的接續強度、鍍膜等），如果判定為不合格品則要會被清除掉。完成製造製程的封裝產品最後會進行電力特性檢測以及封裝的外觀、尺寸檢測，只有優良品才能夠出貨（如圖 3-113 所示）。

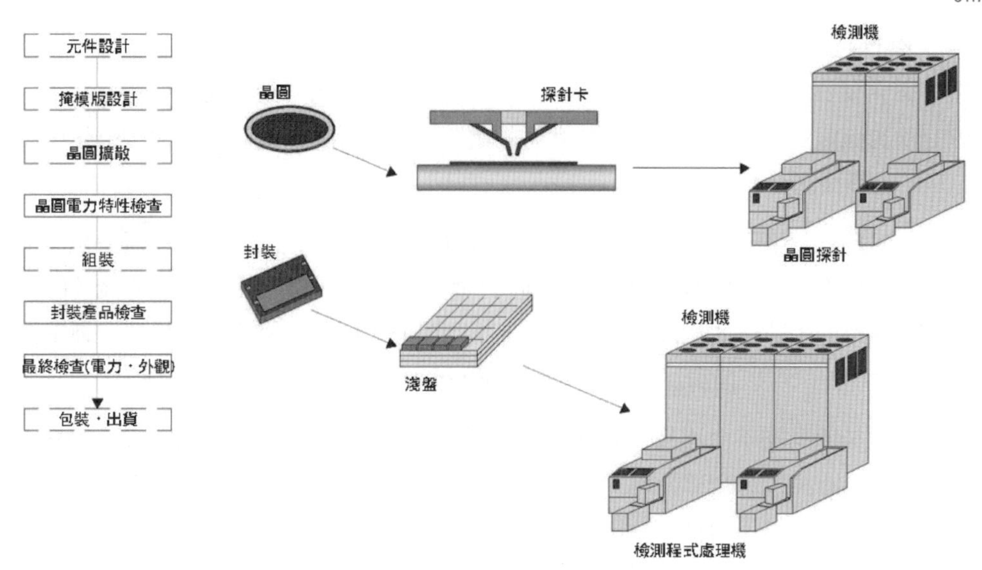

▲ 圖 3-113 半導體檢查製程概要

用來進行這些晶圓產品或是封裝產品的電力檢查裝置是由可用來測量電力特性的電腦檢測機以及用來處理產品（晶圓或封裝）的程式機所構成，來進行各個晶片的電力特性檢查及良莠與否判定。檢測內容及檢測種類會因對應產品的種類不同而各異。

3.8.1 組裝前晶圓檢查工程所使用的裝置範例

對已經完成擴散、佈線處理的晶圓，針對每一片晶片進行電力方面的良莠判定。透過封裝前的檢測，能夠早期回饋到擴散製程，並且也能夠試圖降低在組織製程後的**耗損成本（Loss Cost）**。

一、晶圓探針

是指檢測主體的檢測頭部位、作為晶片接觸端子的探針卡、以及與晶片接續的處理裝置（如圖 3-114 所示）。將已形成的數百片晶片搬運至指定的位置，並且調整到與測定部位的探針卡工具相同位置後，將探針的前端壓至晶片電極部位即可能夠測量晶片的電力特性。

二、DC 參數檢測（DC Parametric Test）

可透過電流施加電壓測量或是電壓印加電流來測量各個晶圓上多個晶片的 MOS 基本特性等，並去除不合格的晶圓。

三、儲存檢測機

將已經完成 DC 參數檢測的優良晶圓上所有晶片，進行迴路動作與電力特性檢查。儲存檢測機雖然可以變更記憶動作狀態的電壓、信號、寫入圖形等條件，但是與微電腦的邏輯檢測有所差異。

近年來的存放裝置已經具有能夠同時測量 64~128 片晶片的功能，目前市場上也出現能夠與晶片進行電力接觸、100pin 針腳以上的探針卡。此外，由於在邏輯元件的情況下，使用面矩陣方式可以在 1 片晶片上排列出數千引腳的電極因此也有一種是使用垂直式探針，可以接觸到晶圓上所有電極，並進行晶圓階段檢測的方法。

檢查完成後的晶圓不合格品，會被送至標記裝置打上標記，如此一來在後段製程切割後想要進行晶片外觀確認時，即可方便去除不合格的晶片。此外，還有一種是在每一片晶圓上紀錄不合格晶片所處的位置，在進行外觀確認時，即可自動檢測出不合格品的系統。

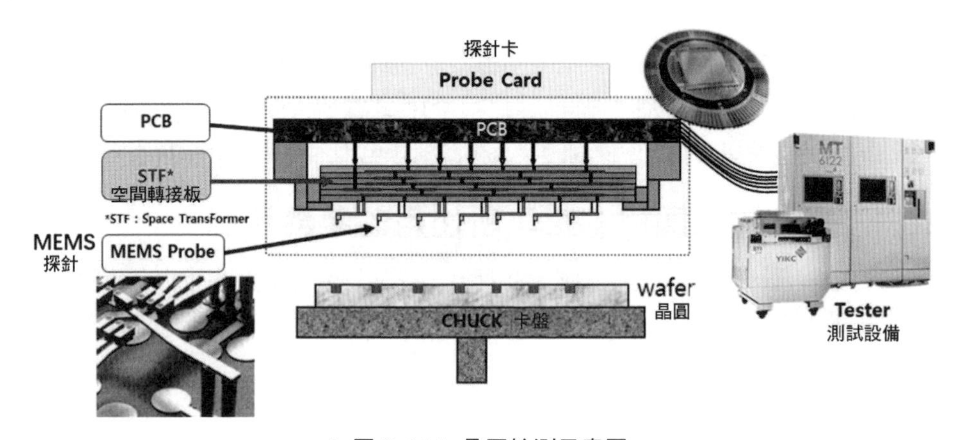

▲ 圖 3-114 晶圓檢測示意圖

3.8.2 預燒（IC 產品出貨前的封裝產品檢查製程預燒）

預燒（Burn-in）是可靠性測試的一種，旨在檢驗出那些在使用初期即損壞的產品，而在出貨前予以剔除。

預燒試驗的作法，就是將元件（產品）置於高溫的環境下，加上指定的正向或反向的直流電壓，如此殘留在晶片上氧化層與金屬層的外來雜質離子或腐蝕性離子將容易游離而使**故障模式（Failure Mode）**提早顯現出來，達到篩選、剔除「早期夭折」產品的目的。

預燒試驗分為**靜態預燒**（**Static Burn-in**）與**動態預燒**（**DynamicBurn-in**）兩種，前者在試驗時，只在元件上加上額定的工作電壓及消耗額定的功率。而後者除此外並有模擬實際工作情況的訊號輸入，故較接近實際況，也較嚴格。

一、靜態預燒（Static Burn-in）

在高溫狀態下，僅施加一定的電壓，不使其進行迴路動作。如果用於邏輯產品方面，由於靜態預燒會活化與儲存產品不同的元件迴路，因此不容易充分產生圖形或信號，且因為封裝的多樣性、多針腳化等所產生的困難點也多，即便是去除了部分的高機能產品也無法執行具有真正圖形產生器的動態預燒作業。

儲存產品方面則主要採用以下方式（如圖 3-115 所示）：

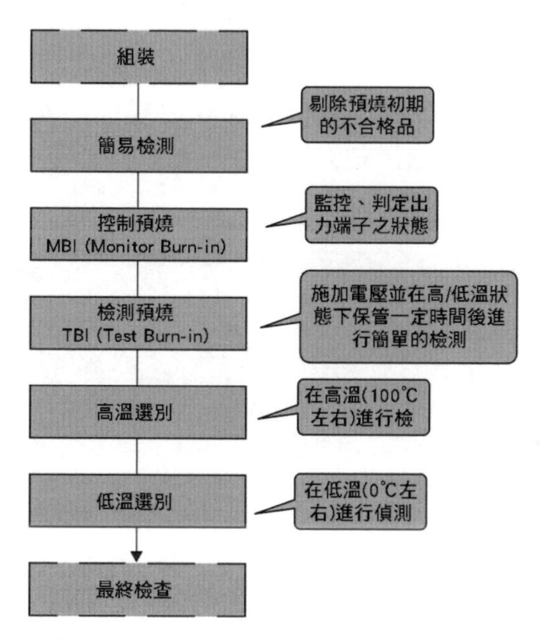

▲ 圖 3-115 具有代表性的 DRAM 封裝檢查製程

二、動態預燒（Dynamic Burn-in）

在高溫狀態下，將施加交流電電壓、動作的簡單方式。

三、控制（Monitor）預燒

在輸入端子上輸入警示信號，並使其內部產生迴路動作，以做出力端子狀態控制與判定的方式。

四、檢測預燒

這是一種將檢測速度較慢且必須長時間進行檢測的項目以預燒基板進行檢測的方法。檢測預燒時會在各個基板上標記上插座的辨識號碼並且對檢測結果檔案進行保管，待檢測結束後用插拔機將產品進行良莠分類。近年來，隨著儲存產品的動作監控機的蓬勃發展，施加電壓並在高 / 低溫狀態下保管一定時間後，即可對其進行簡單的檢測，因此，這種透過數次反覆的方法能夠減輕儲存產品檢測負荷的檢測預燒裝置逐漸成為主流。

基本上，每一批產品在出貨前，皆須作百分之百的預燒試驗，但由於成本及交貨期等因素，有些產品就只作抽樣（部分）的預燒試驗，透過後才貨。另外，對於一些我們認為它品質夠穩定且夠水準的產品，亦可以抽樣的方式進行。當然，具有高信賴度的產品，皆須透過百分之百的預燒試驗

不只是積體電路，一般產品的故障發生狀況都可以用浴缸型故障率曲線來表示（如圖 3-116 所示）。尤其是積體電路可以用於所有的電子儀器，因此如果在市場上發生故障，將可能會導致重大安全事件。

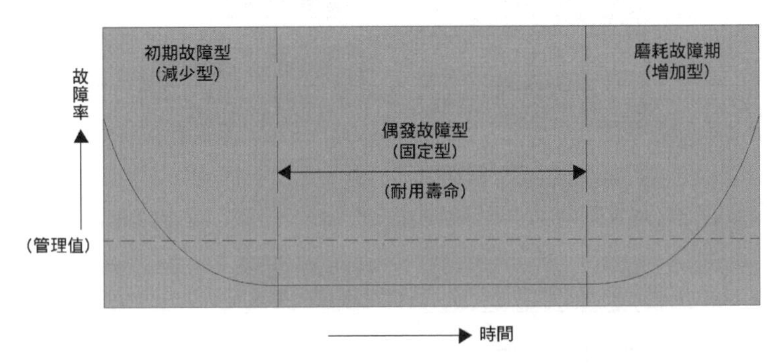

▲ 圖 3-116　浴缸型的故障率曲線示意圖

利用測量電力特性的檢測機與處理產品封裝的程式機可進行各個晶片的電力特性檢查並且判別其良莠與否。檢測的內容、種類會根據檢測物件品類的不同而有所區別。

關於機能、特性等通常會依據產品的**使用手冊（Data sheet）**，採用比手冊上面更嚴格的條件（溫度、動作頻率、電源電壓等）組合成各樣高低不同的檢測形式後進行檢測。

一般來說，會和「檢測機 + 探針機」的形式一樣，例如「以 1 檢測機 +2 程式機形成一個檢測系統」。在進行量產時，檢測頭部分就會如同懷抱著程式機一般保持在一起。程式機會將待封裝產品的檢測溫度維持在 85°C（高溫）到 0°C（低溫）甚至以下，通常會在儲存檢測時同時進行多個檢測（例如，上述系統就可同時檢測 128 ~256 個封裝產品）。

使用此程式機進行高溫及低溫檢測後，會再甄別出良莠不同的產品，對於合格品則予以出貨。

3.9 封裝 —— 半導體封裝的發展趨勢

封裝技術發展主要經歷了三個階段：

一、堆疊競爭

過去，一個封裝中只包含一個裸片。因此，封裝操作比較簡單，也沒有任何差異化因素，封裝技術的附加價值較低。然而，到了 20 世紀初，隨著向細間距球柵網格陣列封裝的轉變，多晶片堆疊封裝技術開始盛行。這一時期可以被稱為「堆疊競爭時期」。由於可以將晶片相互堆疊，因此封裝形式變得更加多樣化，還根據記憶體晶片的不同組合開發了各類衍生產品。多晶片封裝也出現在這一時期，該技術可以將 DRAM 和 NAND 整合在同一封裝中。

二、性能競爭

第二個時期始於 2010 年之後，當時出現了一種利用晶片凸點的互連方法。因此，運行速度和元件屬性**裕度（Margin）**發生了變化。這一時期可以稱為「性能競爭時期」，因為在 2010 年之前，封裝技術通常涉及金屬線連接，而凸點的引入縮短了**信號路徑（Signal Path）**，提高了速度。同時，採用矽通孔技術的堆疊方法大幅增加了 I/O 數量，可連接 1024 個 wide I/O（標準 DRAM 最多包含 64 個 I/O，而 HBM3 最多包含 1024 個 wide I/O），即使在低電壓狀態下也可實現高速運行。在性能競爭時期，晶片性能依據封裝技術而異，這成為滿足客戶要求的重要因素。由於封裝技術可能影響企業的成敗，因此封裝技術的價值持續增長。

三、整合

第三也是最後一個時期始於 2020 年，是在先前所有封裝技術的基礎上發展起來的。這一時期可以被稱為「整合時期」，需要藉助技術將各類晶片整合到同一封裝內，還需要在整合系統時將多個部分連接至同一模組。在這一時期，封裝技術本身已成為一種系統解決方案，可為客戶提供客製化的封裝解決方案，來實現小批量生產。從這一點來說，封裝技術將成為決定企業成敗的關鍵因素。

如圖 3-117 所示，是近年來半導體封裝技術的六大發展趨勢。分析這些趨勢有助於我們瞭解封裝技術如何不斷演變並發揮作用。

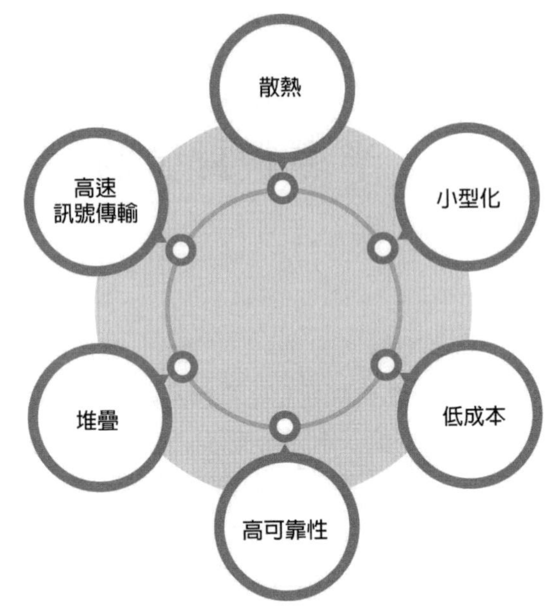

▲ 圖 3-117 近年來半導體封裝技術的六大發展趨勢

首先，由於散熱已經成為封裝工藝的一個重要因素，因此人們開發出了熱傳導（指在不涉及物質轉移的情況下，熱量從溫度較高的部位傳遞到相鄰溫度較低部位的過程）性能較好的材料和可有效散熱的封裝結構。

可支援高速電信號傳輸的封裝技術也成為了一種重要發展趨勢，因為封裝會限制半導體產品的速度。例如，將一個速度達每秒 20 千兆（Gbps）的半導體晶片或元件連接至僅支援每秒 2 千兆的半導體封裝裝置時，系統感知到的半導體速度將為每秒 2 千兆。由於連接至系統的電氣通路是在封裝中創建，因此無論晶片的速度有多快，半導體產品的速度都會極大地受到封裝的影響。這意謂著，在提高晶片速度的同時，還需要提升半導體封裝技術，從而提高傳送速率。這尤其適用於人工智慧技術和 5G 無線通訊技術。另一個發展趨勢是三維半導體堆疊技術，它促進了半導體封裝領域的變革性發展。過去，一個封裝外殼內僅包含一個晶片，而如今可採用多晶片封裝和系統級封裝等技術，在一個封裝外殼內堆疊多個晶片。

晶片內建晶片（CoC：Chip-on-Chip，是指在不使用矽通孔技術的情況下，以電氣方式連接兩個或以上晶圓的封裝）技術表現尤為突出，這項技術將凸點互聯與引線鍵合相結合，在提高運行速度和降低成本方面實現了突破。**大規模回流模塑底部填充（MR-MUF：Mass Reflow Molded Underfill）技術**並將其應用於 HBM 產品中。透過這項技術確保了**高頻寬記憶體（HBM：High Bandwidth Memory）**10 萬多個微凸點互連的優良品質。此外，該封裝技術還增加了散熱凸點的數量，同時由於其採用具有高導熱性的模制底部填充材料，與競爭產品相比具有更加出色的散熱性能。混合鍵合技術則採用 Cu-to-Cu（銅 - 銅）鍵合替代焊接。這種技術可以進一步縮小間距（互連線之間中心到中心的最小距離），同時作為一種**無間隙鍵合（Gapless Bonding）**技術，在晶片堆疊時不使用焊接凸點，因此在封裝高度上更具優勢（如圖 3-118 所示）。

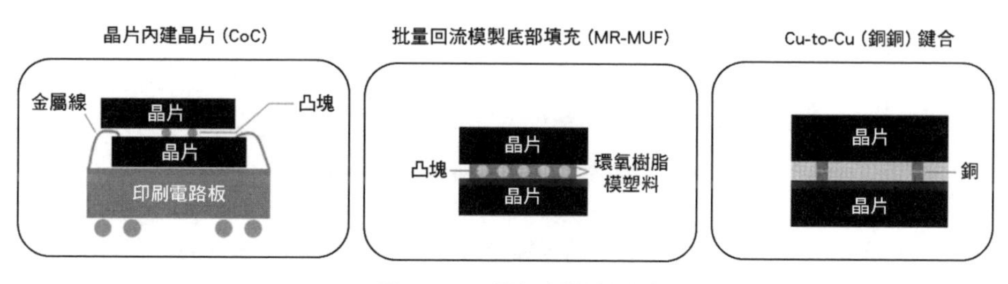

▲ 圖 3-118 最新封裝技術舉例

如圖 3-119 所示，為封裝與高密度基板行業發展趨勢：

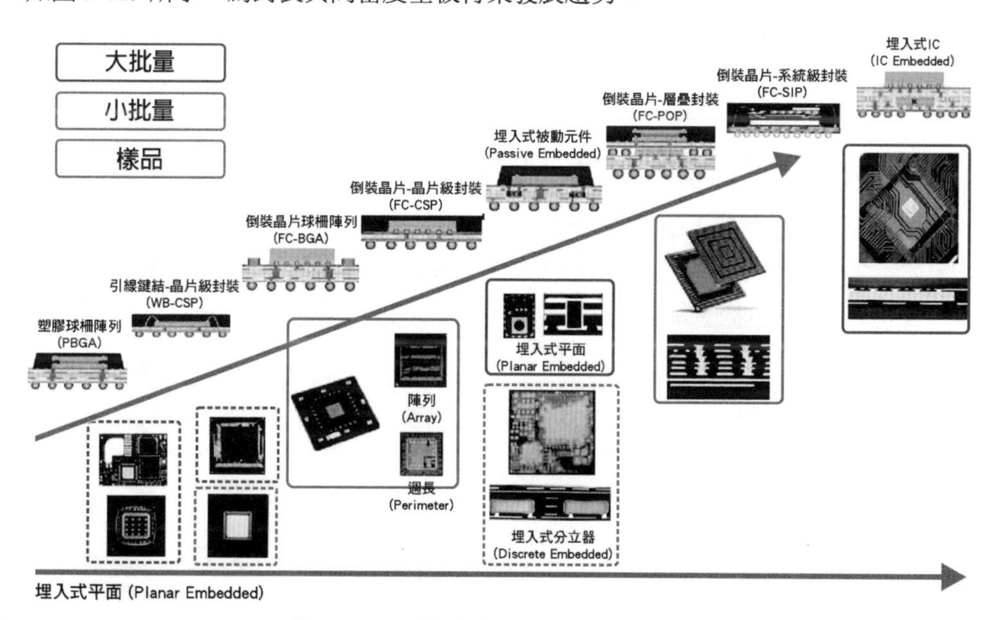

▲ 圖 3-119 封裝與高密度基板行業發展趨勢

與半導體晶片一樣，封裝也朝著「輕、薄、短、小」的方向發展。開發新的半導體封裝，首先必須改變封裝在主機板上的安裝方式和外部形式。其次，還要改變封裝的內部結構和材料。當封裝結構越複雜時，焊接在主機板上的引腳或錫球數量就越多，引腳間距就越小。目前，封裝與主機板之間的接點數量已迅速接近其極限與飽和點（如圖 3-120 所示）。

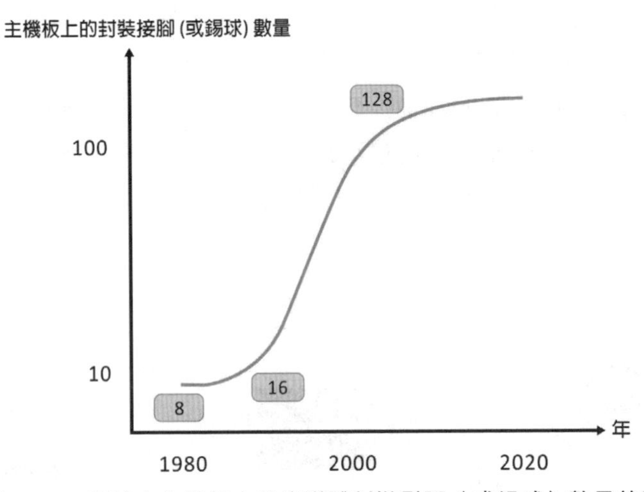

▲ 圖 3-120 焊接在主機板上的半導體封裝引腳（或錫球）數量的變化

隨著半導體產品逐漸被用於移動以及可穿戴產品，小型化成為客戶的一項重要需求。為了滿足這一需求，許多旨在減小封裝尺寸的技術隨之而誕生。

3.10 後段製程主要裝置

3.10.1 球柵網格陣列封裝（BGA）封裝端子加工

端子間距會隨著封裝端子數的增加而變窄，這樣就能從封裝的一邊取出許多端子。如前文所述，切斷阻杆的打孔機厚度大約在 0.1mm 左右，為了確保刀刃的金屬精確度，管理工作變得日益困難。

目前在導線架型的封裝中最大支杆數為 476 針（引腳），雖然可以應用於端子間隔為 0.4mm 的 QFP 中，但卻無法用於 500 針以上的封裝。

此外，如果導線端子幅度小，導線成形後導線端子就會容易彎曲，過去如果想要在印刷佈線板上附著錫鉛則會產生一些障礙，現在普及的則是由附著有積體電路元件的樹脂基板取代導線架以及在基板端子側面由錫球所構成的封裝。

雖然在 BGA 完成加工製程中是理所當然的事情，但是當導線架型封裝端子加工處理中已經完成所必要的樹脂封裝後，就不需要再進行導線外裝鍍膜及導線成形加工，而是必須讓錫球附著於封裝樹脂基板，並且進行封裝分離（切斷基板）。

3.10.1.1 形成 BGA 產品外部端子的錫球附著裝置

在此所使用的錫球為目前一般主流的共晶錫球（如圖 3-121 所示）。會在放有錫球的槽內，透過配合封裝端子焊墊吸附工具將錫球進行真空吸吸附處理，並且預先在已完成助焊劑的塗佈（Flux Coating）封裝基板端子焊墊部位搭載錫球。此外，還有錫球搭載製程，是將被真空吸附的錫球的表面端浸於助焊劑槽內，再在封裝基板的端子焊墊上暫時性地搭載錫球。

搬運通常是以封裝基板架為單位，其方法與導線架搬運同樣都會使用到收納導線架用的卡匣（收納導引）。讓搭載錫球的基板架透過加熱回流爐，使錫球溶融後形成封裝基板用的錫球。

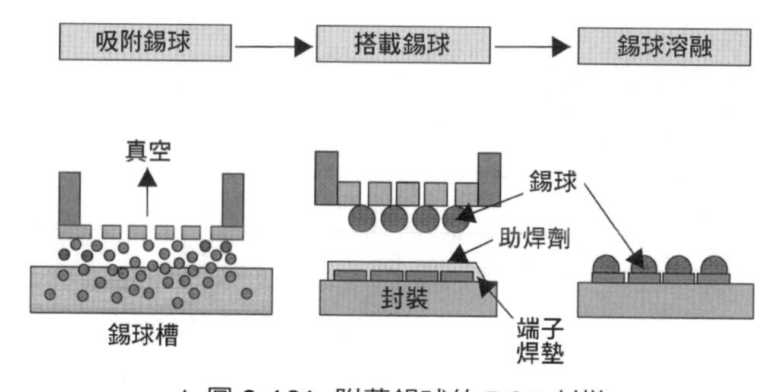

▲ 圖 3-121　附著錫球的 BGA 封裝

3.10.1.2 封裝切斷分離裝置

錫球形成後，如同前文所述的球柵陣列封裝一樣，封裝的切斷、分離可分為個別封裝型與整體封裝型兩種方式。是用金屬壓力機將個別樹脂封裝基板架的基板連結部位切斷、分離成為個別封裝的方法（如圖 3-122 所示），並且將整體樹脂封裝的基板架用晶圓切割機切斷其基板與封裝樹脂，使其形成封裝形狀，而且必須分離成為單獨的封裝狀態（如圖 3-123 所示）。

舉例來說，這些裝置可以與下一個製程的裝置進行組合，也包括了從封裝切斷到清洗、乾燥、甚至到運送用託盤為止的一系列裝置。

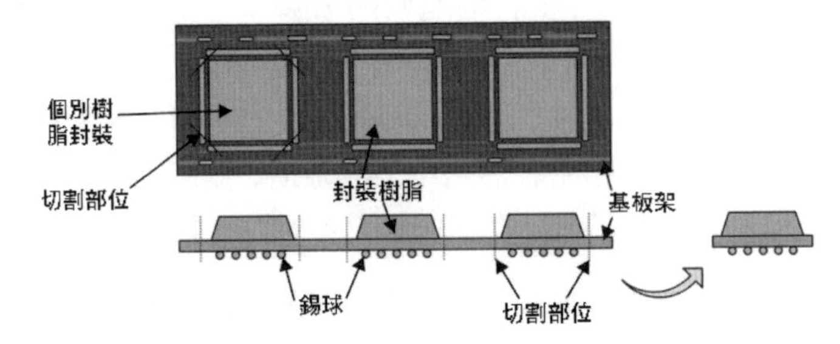

▲ 圖 3-122 BGA 封裝 —— 切斷分離（個別封裝架範例）示意圖

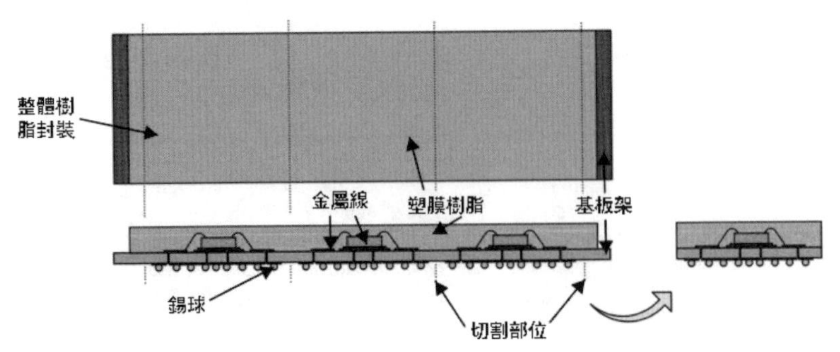

▲ 圖 3-123 球柵陣列封裝的切斷分離（整體封裝架範例）示意圖

3.10.2 無接線鍵合中代表性的製造工藝

在前文中敘述了積體電路製造方式中最具普遍性的範例就是引線鍵合法以及樹脂封裝製造方法。接下來對無接線鍵合法的其他具有代表性的封裝技術進行介紹。

3.10.2.1 使用載帶自動鍵合（TAB）的積體電路封裝（TBGA）

使用載帶自動鍵合的 IC 封裝的製造方法如下圖 3-124 所示：

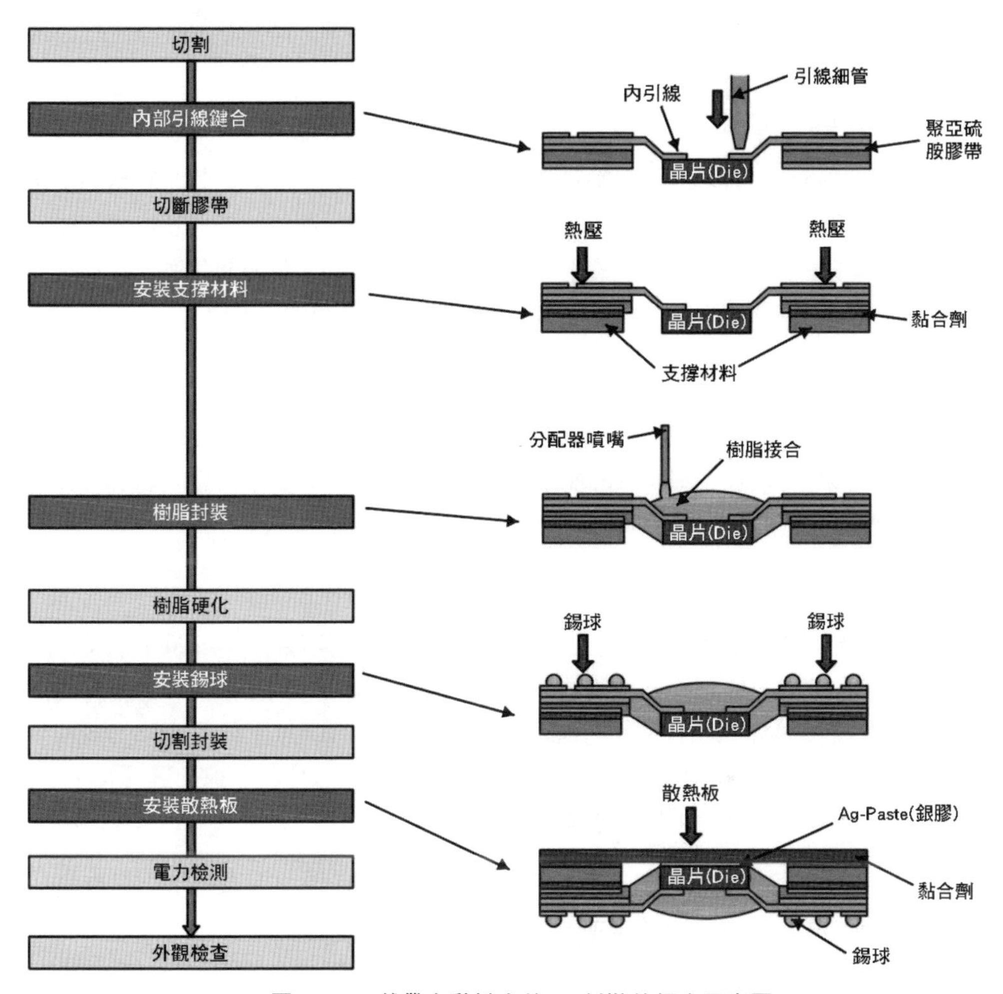

▲ 圖 3-124 載帶自動鍵合的 IC 封裝的組合示意圖

一、內部引線鍵合

將晶圓切割為單片晶片的 A1 電極以及已經完成載帶自動鍵合的金鍍膜的內部引線，經由打線細管以超音波熱壓方式與每一點進行鍵合。

二、支撐體附著

切斷已經盤好在卷盤內、完成內部引線鍵合的載帶自動鍵合膠帶（切斷膠帶），使其成為與導線架同樣尺寸的短管狀後收納於卡匣內。為了補強薄聚亞硫胺的載帶自動鍵合膠帶，會在包覆於晶片的聚亞硫胺材料上以黏合劑附著於支撐體上。

三、樹脂封裝

有一種是以傳送模塑方式進行樹脂封裝的情形，通常會先將液狀樹脂在分配器噴嘴的前端做適度的搖晃，再將樹脂隱密地充分注入膠帶開口部位的晶片及接續部位。此時，必須注意要避免樹脂的流量不能讓晶片內部的樹脂產生迴旋狀態，以及為了讓樹脂硬化必須根據樹脂的種類以爐進行加熱或進行紫外線硬化處理。

四、附著錫球

將已經完成樹脂硬化後的載帶自動鍵合膠帶，根據前述的方法在其迴路面的外部電極部位安裝錫球，隨後將短管狀的載帶自動鍵合膠帶於完成樹脂封裝的個別封裝上進行切斷分離。

五、安裝散熱板

個別切斷的載帶自動鍵合 - 積體電路封裝是在晶片內部以**銀膠（Ag-Paste）**以及在周邊支撐材料方面以黏合劑安裝能夠完全覆蓋於整體封裝尺寸的散熱板，等成為載帶自動鍵合 IC 封裝產品後再送至電力性能檢測。

3.10.2.2 倒裝球柵格陣列封裝（FCBGA）

倒裝晶片鍵合方法中的凸點形成方法，如先前所述雖然有各式各樣的方式，但是一般使用於高性能 IC 時，在晶片電極上鉛 - 錫的鉛錫共晶方法。

一、凸點形成（隔離膜形成）

在半導體前段製程中，會在晶片的凸點裝置部位，透過濺射裝置形成鈦及 Pt 的隔離膜。隨後，在晶圓狀態下透過鉛錫糊劑的印刷方法以及前述的錫球附著安裝等方法，在數千個電極部位上安裝錫球。此外，也有一種是在晶圓切割後形成鉛錫球的情況。

二、倒裝晶片鍵合

在高性能 IC 用多層佈線封裝基板上，將已安裝鉛錫球的晶片反轉後放置於封裝基板所預定的鍵合位置，再以加熱處理方式進行鉛錫鍵合（通常欲與晶片鍵合的錫球會使用高融點的鉛錫材料，其鍵合強度是可維持到後段製程中也不會因加熱處理而融解的鍵合狀態）（如圖 3-125 所示）。

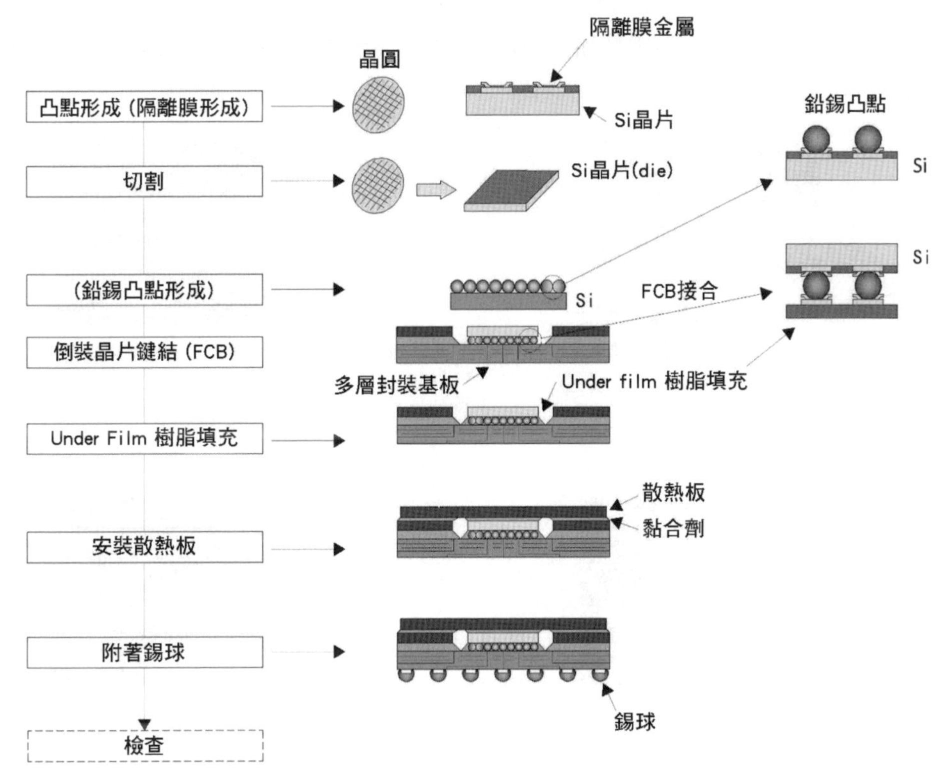

▲ 圖 3-125 使用倒裝晶片鍵合的 IC 封裝組合範例（FCBGA）

三、樹脂填充

倒裝晶片鍵合後，為了補強鍵合部分，會用液狀樹脂進行填充，使其流入晶片下方與封裝基板的間隙來固定晶片。

四、安裝散熱板

將散熱板黏合於晶片內部以及封裝基板周圍部位。

五、黏合錫球

一般會根據前述方法將 60：40 的共晶錫球安裝於封裝基板的外部端子部位，使其成為倒裝晶片球柵格陣列封裝完成品後，送至電力檢測。

六、各式各樣的倒裝晶片封裝黏合

在此倒裝晶片封裝中，具有代表性的是倒裝晶片凸點與接續材料的組合，其他還有鉛錫 - 鉛錫鍵合、金屬 - 導電性樹脂鍵合、金屬一金屬壓接鍵合、金屬 - 鉛錫鍵合等（如圖 3-126 所示）。

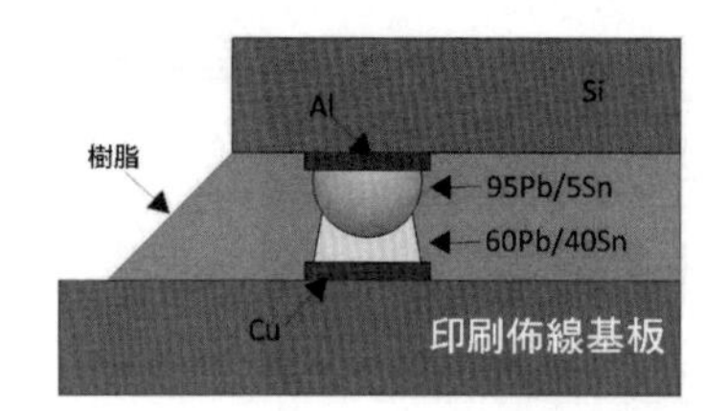

鉛錫 - 鉛錫鍵合

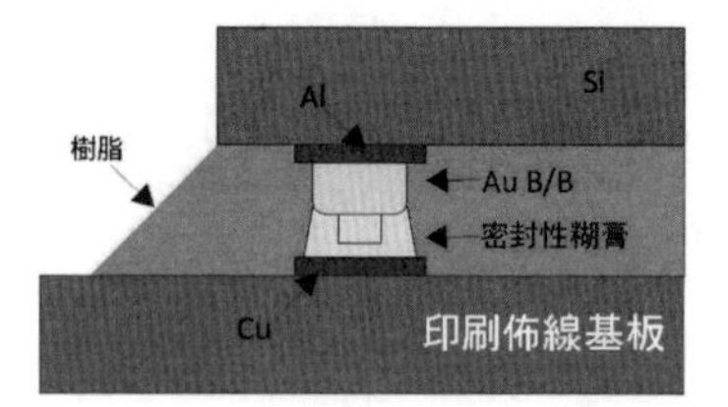

金屬 - 導電性樹脂鍵合

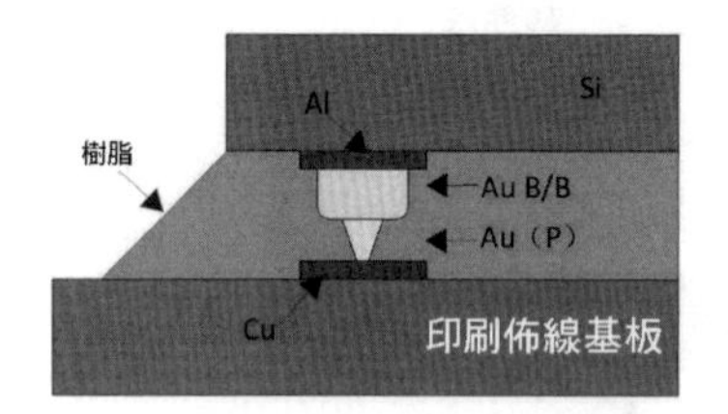

金屬 - 金屬壓接鍵合

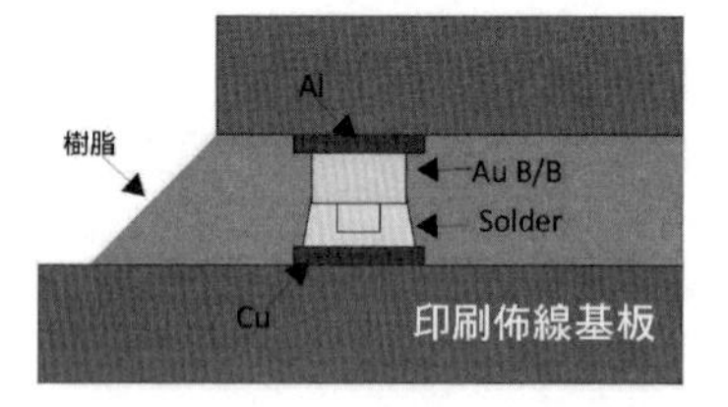

金屬 - 鉛錫鍵合

▲ 圖 3-126 各種倒裝晶片封裝方法

3.10.3 3D 晶片堆疊封裝（晶片堆疊的高密度、高性能化）

人們對通訊、資訊內容的處理已經從文字逐漸發展到更加複雜的影像、聲音、動畫甚至 AI 等，這些都要求所使用的手機、Paid、筆電、相機等產品要能夠高速傳送大容量的資訊。伴隨而來的是，為了因應這些產品的高機能化與小型化，半導體晶片平面配置的 2D 封裝技術必須升級到可以將晶片堆疊的 3D 封裝技術。縮短零件間的佈線長度，則是為了適應裝置工作時頻率的增加和提升搭載零件封裝面積效率的系統，因此也出現了晶片堆疊類的封裝方式。

晶片堆疊型是指將 2 個以上的元件堆疊，這樣能提升晶片封裝面積效率。在已經被採用的多晶片封裝範例中，是將晶片進行兩階段的堆疊，在該情況下的晶片封裝面積比率幾乎已經達到 100%。其次，在三階段堆疊中，封裝面積能夠變得比裸晶封裝（BareChip）的總面積小，目前晶片與基板的鍵合，一般會使用引線鍵合的方法，或是在無接線鍵合方面採用倒裝晶片鍵合方法，以及在晶片架區域中形成貫通孔的通孔鍵合技術（如圖 3-127 所示）：

引線鍵結型

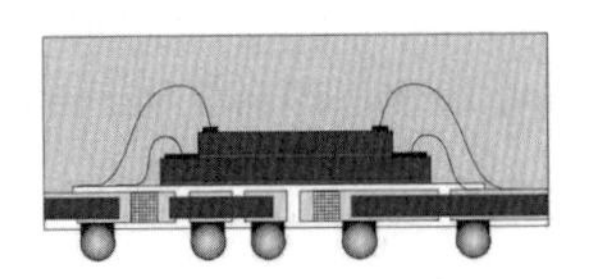

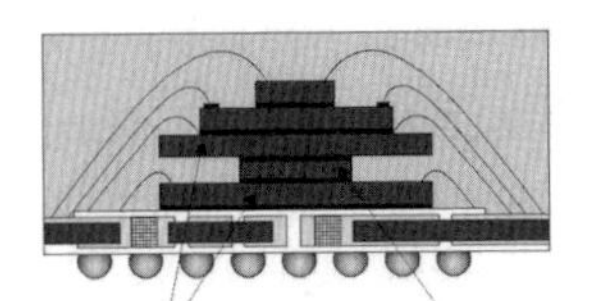

無引線鍵結型

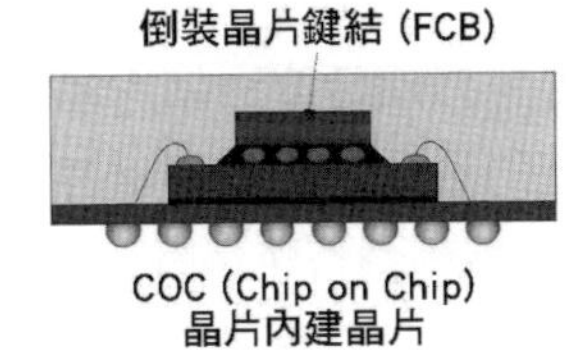

▲ 圖 3-127　3D 堆晶片類的多晶片封裝示意圖

目前使用堆疊晶片的產品主要是掌上型消費類電子類產品，採用的是被稱為細間距球柵網格陣列封裝。通常除了球柵陣列封裝技術外，還需要以下兩種技術：

一、透過 3D 堆疊技術得到比紙更薄的晶圓

一直以來，為了能在封裝中收納多張晶片，晶片的薄型化與否極其重要。因此必須在背面研磨製程中，將晶圓背部研磨至 100um 以下的厚度（50um 左右）。但此時，在研磨加工製程中，可能會出現有加工歪斜、線條痕跡等加工損傷以及讓晶圓周邊有所缺陷的情形。這些加工損傷層，可能會回到晶圓上，或是導致強烈的惡化狀況，並且在後續製程中的搬運及作業中刮傷晶圓表面，因此去除這些加工損傷層會比以往的封裝作業顯得更為重要。

研磨晶圓時，由於已經去除部分有所歪斜以及有裂痕的表層，因此此時也可以用化學蝕刻這種簡單的**乾式拋光（Dry Polishing）**方法。

二、也可用於同一尺寸的晶片堆疊：矽墊片與逆鍵合

在堆疊晶片的引線鍵合方面，線圈形狀低就會形成一個檯面的形狀，因此必須控制在一定的高度內。在越上層的部位放置越小型的晶片，這種將晶片堆疊成金字塔形狀的做法較為容易，如果為相同面積或是想鍵合一些小面積的晶片時，就必須使用在晶片間夾入矽墊片的引線鍵合方法，以及將小型晶片視為倒裝晶片封裝後進行鍵合。

前者會先在下一階段的半導體晶片完成引線鍵合後，將矽墊片貼附其上，並在其上方貼附下一片半導體晶片後完成第 2 階段的引線鍵合。一般的鍵合會在晶片端進行**初次鍵合（First Bonding）**，待打線的啟動強度維持到某種程度後，就會將打線延伸到基板導線端以便進行**第二次鍵合（Second Bonding）**，由於啟動了最初的打線，因此線圈數會變高（通常為 300um 左右）。

為了提升線圈數，必須進行金線材質及引線鍵合線圈軌跡的軟性改良。可在 99.99% 的金線上添加微量元素，使其成為高強度的金線材料，改良成為即便高度較低也不會下垂的線圈。

此外近年來，會先在基板導線端進行初次鍵合，再將打線延伸到晶片電極端後才會進行第二次鍵合，二次鍵合端已經可以採用低線圈的形狀，所以不用再維持原有高度了。由於這種方式和一般的方向相反，因此也稱的為逆鍵合（如圖 3-128 所示）。

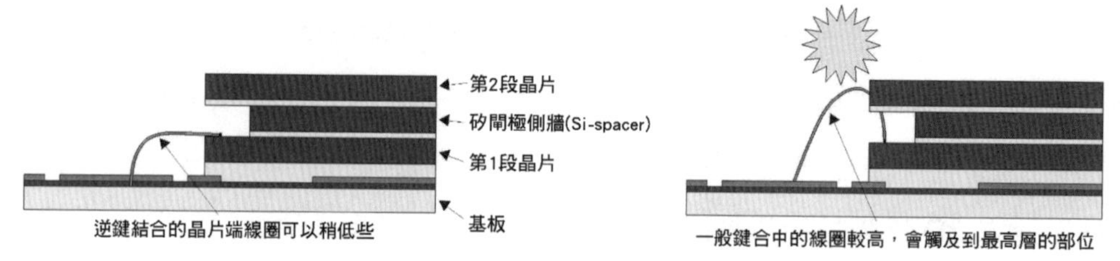

▲ 圖 3-128 以逆鍵合方式接續相同尺寸的晶片堆疊示意圖

4 CHAPTER

半導體行業發展趨勢

4.1 半導體行業發展現狀

半導體應用廣泛，涵蓋智慧手機、**個人電腦（PC：PersonalComputer，桌上型電腦、筆記型電腦、平板電腦等均屬於個人電腦的範疇）**、汽車電子、醫療、通訊技術、人工智慧、物聯網、工業電子和軍事等各行各業。從下游需求結構看，電腦（以 PC、伺服器為主）和通訊產品（以智慧手機為主）構成全球半導體需求的主要需求來源，二者合計占比接近四分之三。根據 IC Insights 資料，2020 年電腦領域銷售額占半導體下游比重為 39.7%，通訊領域銷售額占比 35.0%，其次為消費電子與汽車電子，分別占比 10.3% 和 7.5%（如圖 4-1 所示）。

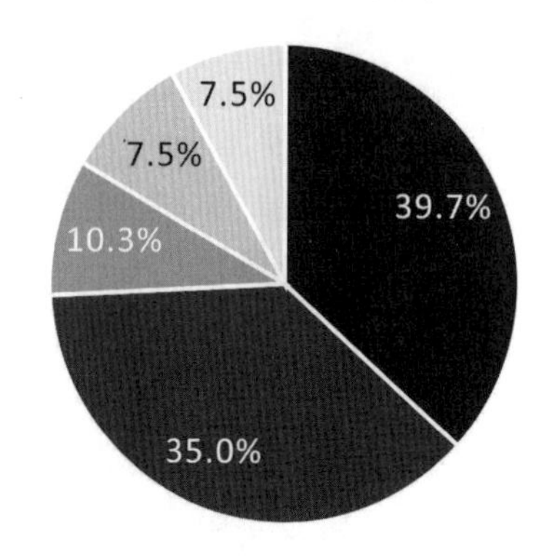

▲ 圖 4-1 半導體下游需求結構圖

隨著電子資訊時代的快速發展半導體在經濟發展中越來越扮演著重要的角色。根據**世界半導體貿易統計組織（WSTS：The World Semiconductor Trade Statistics）**與貨幣基金組織提供的資料，在 1987-1999 年，全球半導體銷售額增長率與**國內生產總值（GDP：Gross Domestic Product，國內生產總值反映了一國（或地區）的經濟實力和市場規模，是國民經濟核算的核心指標，是衡量一個國家或地區經濟狀況和發展水準的重要資料，有價值形態、收入形態和產品形態等表現形態）**增長率相關係數為 0.13，而在 2000-2022 年二者相關係數提升至 0.46，相關性大幅增強。隨著下游 PC、伺服器、智慧手機和新能汽車等含矽量持續提升，預計未來一段時間半導體銷售金額與經濟發展水準的相關程度有望繼續提高（見表 4-1）。

▶ 表 4-1 2000-2022 年全球半導體銷售額同比增長率、全球 GDP 實際增長率

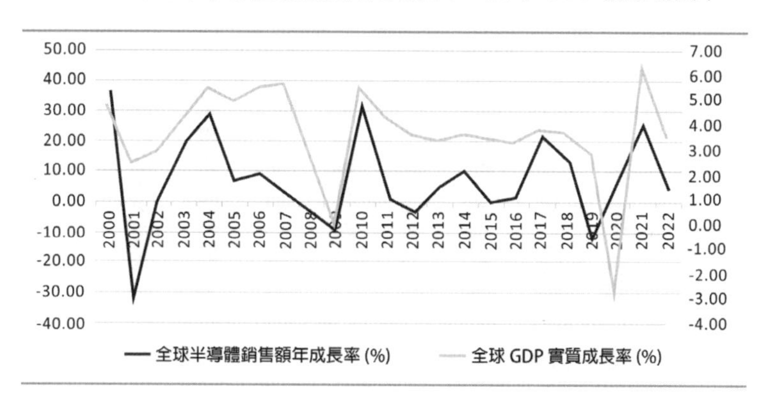

對歷年半導體銷售情況進行複盤可以發現，行業市場規模主要由下游創新決定，下游終端銷售情況與企業產能釋放共同決定週期波動，整體呈現出在波動中成長的特點。從 2015 年至 2022 年，全球半導體銷售規模從 3,352 億美元增長至 5,735 億美元，年複合增速為 7.97%，高於同期全球 GDP 增速。

2015-2018 年：智慧手機仍處於快速滲透期，受下游智慧手機、TWS 等消費類電子需求旺盛的驅動，全球半導體市場蓬勃發展，市場規模從 3,352 億美元增長至 4,688 億美元，2015-2018 年複合增長率為 11.83%；

2019 年：以智慧手機為代表的智慧終端機市場景氣度下滑，全球半導體週期向下，疊加國際貿易摩擦加劇，全球半導體產業市場規模為 4,123 億美元，同比下滑 12.05%；

2020-2022 年：隨著 5G 終端規模不斷擴大、資料中心需求增加，以及**人工智慧物聯網（AIoT：Artificial Intelligence of Things，是指將人工智慧（AI）技術與物聯網（IoT）技術相結合，建構智慧物聯網路的一種技術手段。簡單來說，AI 負責資料處理，IoT 負責連接和資料收集，就像大腦和神經末梢網路一樣相互協作，為人類創造更智慧化的生活）**等智慧化場景逐步拓展及汽車電子不斷滲透，疊加疫情背景下對遠端辦公、居家娛樂等需求增加，全球半導體產業規模上行，2020 年、2021 年和 2022 年全球半導體市場規模分別為 4,404 億美元、5,559 億美元和 5,735 億美元，同比分別增長 6.82%、26.83% 和 3.17%（見表 4-2）。

▶ 表 4-2　2015-2022 年全球半導體市場規模

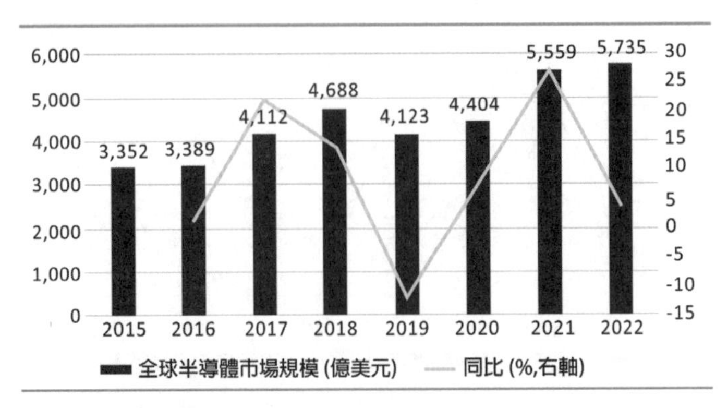

另外，根據**世界半導體貿易統計組織**（**WSTS：World Semiconductor Trade Statistics**）將半導體產品細分為四大積體電路、分立元件、光電子元件和感測器。其中，積體電路佔據行業規模的八成以上，其細分領域包括邏輯晶片、記憶體、微處理器和類比晶片等，被廣泛應用於 5G 通訊、電腦、消費電子、網路通訊、汽車電子、物聯網等產業，是絕大多數電子設備的核心組成部分（如圖 4-2 所示）。

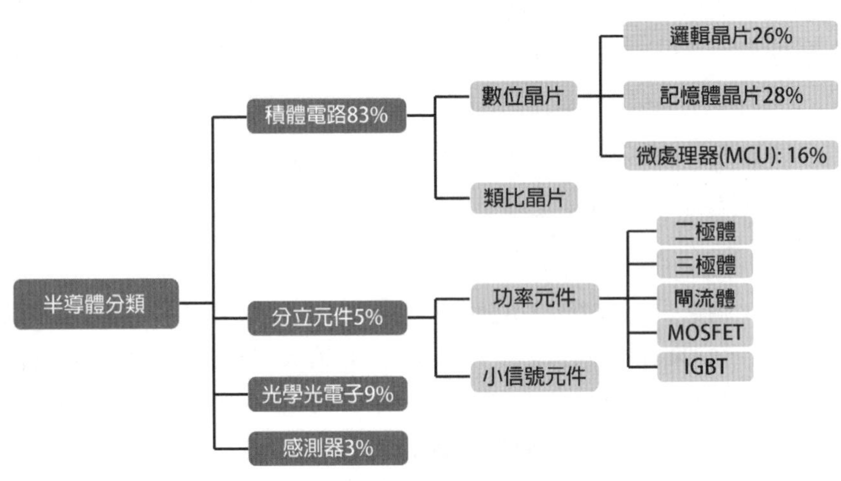

▲ 圖 4-2　半導體分類

據 WSTS 資料，2022 年全球積體電路、分立元件、光學光電子和感測器市場規模分別為 4,799.88 億美元、340.98 億美元、437.77 億美元和 222.62 億美元（見表 4-3），在全球半導體行業占比分別為 82.7%、5.9%、7.5% 和 3.8%（見表 4-4）。

▶ 表 4-3 半導體各細分品類 2011-2022 年市場規模變化

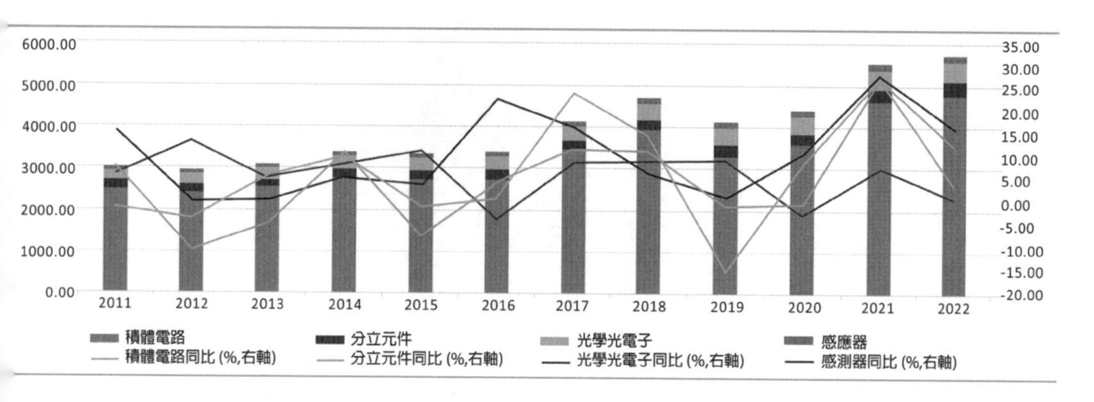

▶ 表 4-4 半導體細分品類銷售額占比（2022 年）

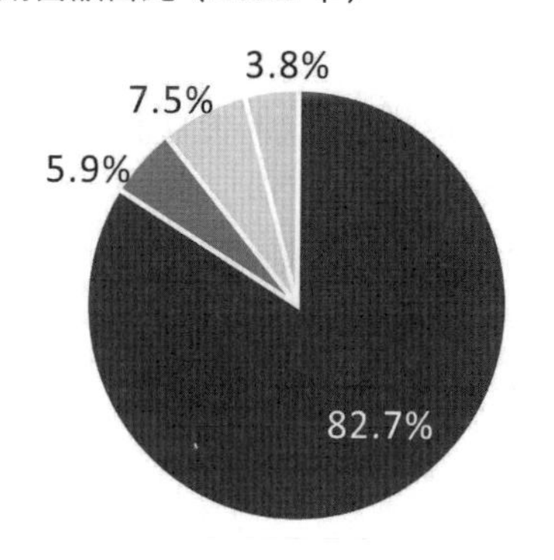

一、積體電路

在上述半導體產品分佈中，積體電路是技術難度最高、增速最快的細分產品，是半導體行業最重要的構成部分。

根據 WSTS 資料，2020 年邏輯晶片、儲存晶片、微處理器和類比晶片分別占積體電路市場規模的 32.78%、32.52%、19.29% 和 15.41%（見表 4-5）。

▶ 表 4-5 2020 年全球積體電路產品構成

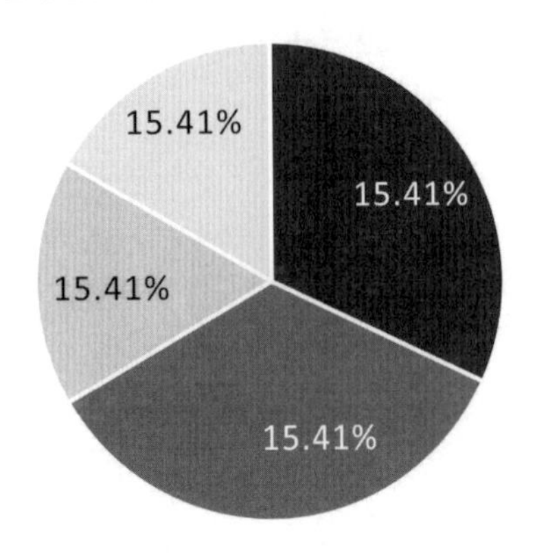

二、分立元件

指具有固定單一特性和功能，且在功能上不能再細分的半導體元件，如二極體、三極體、閘流體、功率半導體元件（如 LDMOS、IGBT）等。它內部並不整合其他任何的電子元件，只具有簡單的電壓電流轉換或控制功能，而不具備電路的系統功能（見表 4-6）。相比積體電路，分立元件的體積更大，但在超大功率、半導體照明等場合，分立元件相比積體電路具有優勢。

▶ 表 4-6 分立元件部分種類

種類	描述
二極體	二極體結構簡單，有單向導電性，只允許電流由單一方向流過，由於無法對導通電流進行控制，屬於不可控型元件。二極體廣泛應用於各種電子產品，主要用於整流、開關、穩壓、限幅、續流、檢波等。
閘流體	與二極體相比，閘流體用微小的觸發電流即可控制主電路的開通，在實際應用中主要作為可控整流元件和可控電子開關使用，主要用於電機調速和溫度控制等場景。與其他功率半導體相比，閘流體具有更高電壓，更大電流的處理能力，在大功率應用領域具有獨特的優勢，主要應用場景有工業控制的電源模組、電力傳輸的無功補償裝置、家用電器的控制板等領域。

種類	描述
MOSFET	MOSFET 為電壓控制型元件，具有開關和功率調節功能。與二極體和閘流體依靠電流驅動相比，電壓驅動元件電路結構簡單：與其他功率半導體相比，MOSFET 的開關速度快、開關損耗小，能耗低、熱穩定性好、便於整合，在節能以及便攜領域具有廣泛應用。
IGBT	IGBT 為電壓驅動型元件，耐壓高，工作頻率介於閘流體和 MOSFET 之間，能耗低、散熱小，元件穩定性高。在低壓下，MOSFET 相對 IGBT 在電氣性能和價格上具有優勢：超過 600V 以上 IGBT 的相對優勢凸顯，電壓越高，IGBT 優勢越明顯。目前 IGBT 在軌道運輸、汽車電子、風力和光伏發電等高電壓領域應用廣泛。

三、光學光電子元件（Photoelectron Devices）

是利用電 - 光子轉換效應製成的各種功能元件。光電子元件應用範圍廣泛，包括光通訊、光顯示、手機相機、夜視眼鏡、微光攝影機、光電瞄具、紅外探測、紅外探測、紅外制導、醫學探測和透視等多個領域（如圖 4-3 所示）。

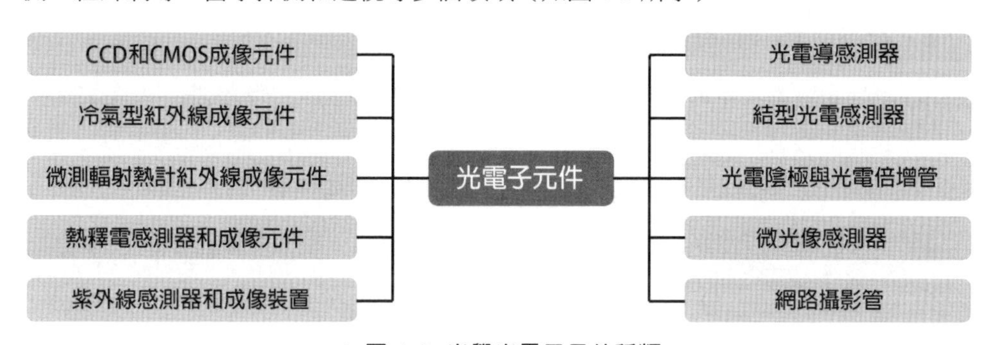

▲ 圖 4-3 光學光電子元件種類

四、感測器（Sensor）

根據國家標準 GB/T7665-2005 的定義，感測器指能感受被測量並按照一定的規律轉換成可用輸出信號的元件或裝置，它能夠偵測環境中所發生的事件或變化，並將此訊息傳送至其他電子設備（如 CPU）的設備，通常由敏感元件和轉換元件組成，一般包含感測單元、計算單元和介面單元。感測器種類繁多，根據測量用途不同可將其分為溫度感測器、壓力感測器、流量感測器氣體感測器、光學感測器和慣性感測器等（如圖 4-4 所示）。

▲ 圖 4-4 感測器分類

4.2 半導體產業結構

從生產流程角度看，半導體生產主要分為設計、製造和封測三大流程，並需要上游的半導體設備與材料作為支撐。以積體電路為代表的都不同產品下游應用廣泛，下游創新引領的需求增長是半導體產業快速發展的核心驅動力（如圖 4-5 所示）。

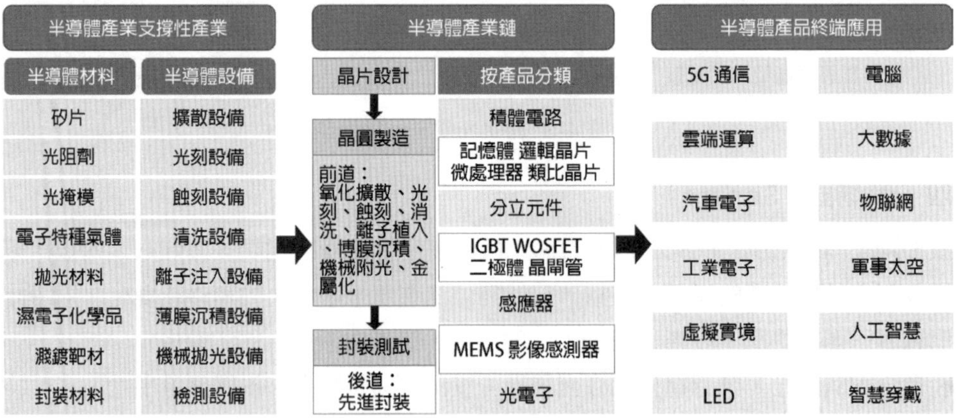

▲ 圖 4-5 半導體產業鏈示意圖

4.3 原材料環節

半導體材料產業鏈的第一個環節是原材料環節。這個環節主要包括半導體材料的生產和供應。

4.3.1 常見的半導體原材料應用

常見的半導體原材料包括矽、鍺、砷化鎵、磷化鎵（GaP）、氮化鎵等（如圖 4-6 所示）。其中，矽是最常用的一種半導體材料，具有穩定性好、成本低、加工工藝成熟等優點，可以製成單晶矽、多晶矽、非晶矽等形式，在積體電路、微電子領域應用廣泛。此外，氮化鎵是一種新興的半導體材料，具有高電子遷移率、高電導率和高熱穩定性等特性，可以用於製造高效率的 LED 和高功率半導體元件，同時也可以應用於航空航太、國防、通訊等領域。。這些原材料需要透過礦山開採、提純、加工等過程，然後供應給半導體製造企業。在這個環節中，原材料的品質和成本對整個產業鏈的影響至關重要。

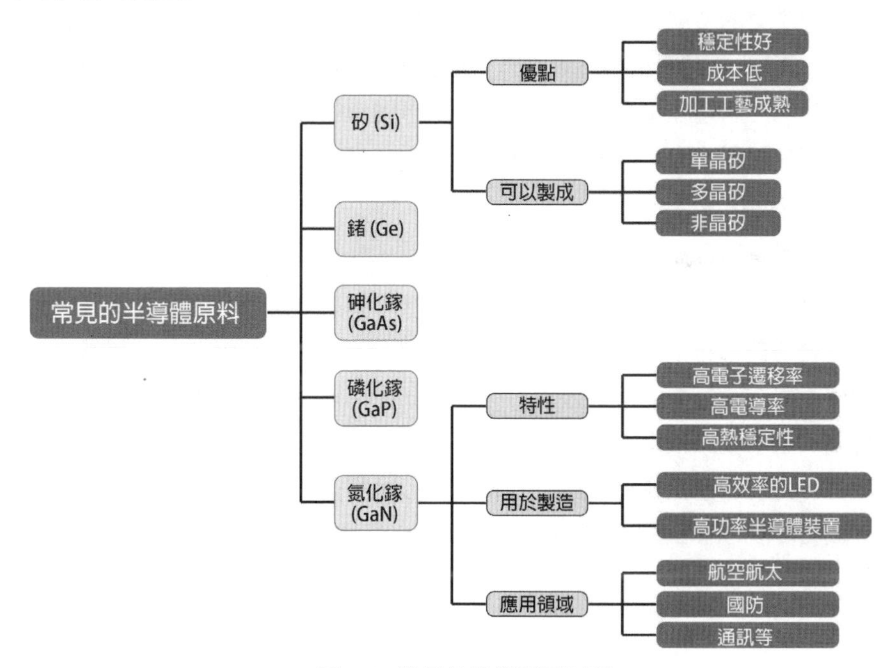

▲ 圖 4-6 常見的半導體原材料

4.3.2 半導體材料的發展趨勢

半導體材料在未來將繼續發揮其關鍵作用，並在以下幾個方面呈現出重要的發展趨勢（如圖 4-7 所示）：

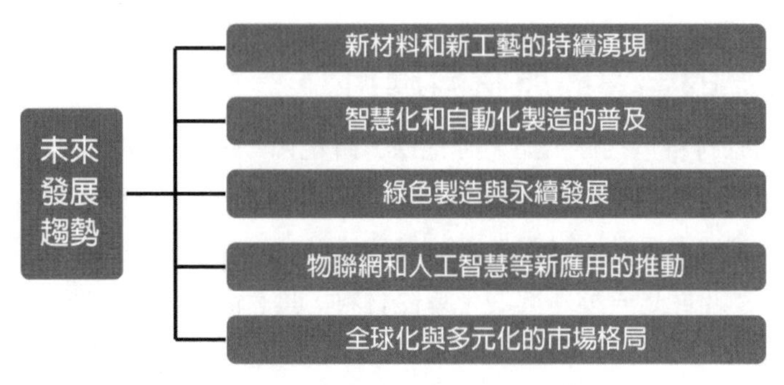

▲ 圖 4-7 半導體材料的未來發展趨勢

一、新材料和新工藝的持續湧現

隨著半導體產業的發展，新材料和新工藝的持續湧現成為半導體材料未來的重要趨勢。例如，新型半導體材料如碳化矽、氮化鎵等具有更高的電子遷移率和更高的擊穿電壓等特點，有望在電力電子、通訊、軍事等領域發揮重要作用。此外，新型製造工藝如**奈米壓印（NIL：Nanoimprint Lithography）**、金屬蒸發等也將為半導體產業帶來突破性的進展。

奈米壓印技術是一種使用與曝光技術圖形形成方法截然不同的技術。這是一種新型的微納加工技術，將設計並製作在範本上的微小圖形，透過壓印等技術轉移到塗有高分子材料的矽基板上。具體來講，奈米壓印的解析度由所用印範本圖形的大小決定，物理上沒有微影中的繞射限制，奈米壓印技術可以實現奈米級線寬的圖形。可以理解為，奈米壓印技術造晶片就像蓋章一樣，把閘極長度只有幾奈米的電路刻在掩膜版上，再將印章蓋在壓印膠上，實現圖形轉移後，然後透過熱能或者紫外線光照的方法使轉移的圖形固化，以完成微納加工的「雕刻」步驟。

奈米壓印技術優缺點如下所述：

1、優點

生產效率高、解析度高、成本低、工藝過程簡單、大面積結構複製的均勻性和重複性良好。

2、缺點

在範本製造、結構均勻性與解析度、缺陷率控制、範本壽命、壓印膠材料、複雜結構製備、圖形轉移缺陷控制、抗蝕劑選擇和塗鋪方式、模具材料選擇和製作工藝、模具定位和套刻精度、多層結構高差、壓印過程精確化控制等方面仍存在挑戰。

奈米壓印技術研究起步於上世紀九十年代，將現代微電子加工工藝融合於印刷技術中，克服了光學曝光技術中光繞射現象造成的解析度極限問題，展示了超高解析度、高效率、低成本、適合工業化生產的獨特優勢，從發明至今，一直受到學術界和產業界的高度重視。因此，奈米壓印技術被稱為微納加工領域中第三代最有前景的微影技術之一。

在晶片製造領域，與傳統微影技術相比，奈米壓印技術具有生產效率高、製造成本低等優勢，可用於製造 DRAM、3D NAND 等各種儲存晶片。奈米壓印從 1995 年正式提出之後，經過了幾十年的技術演變，出現了許多不同的類型。常見奈米壓印技術有**熱壓印（Hotembossing Lithography）**、**紫外固化壓印（UV- curing Lithography）**和**微接觸印刷（Micro Contact Printing）**等（如圖 4-8 所示）。還可以以固化方式、壓印面積以及模具的方式劃分成其他不同的類型。

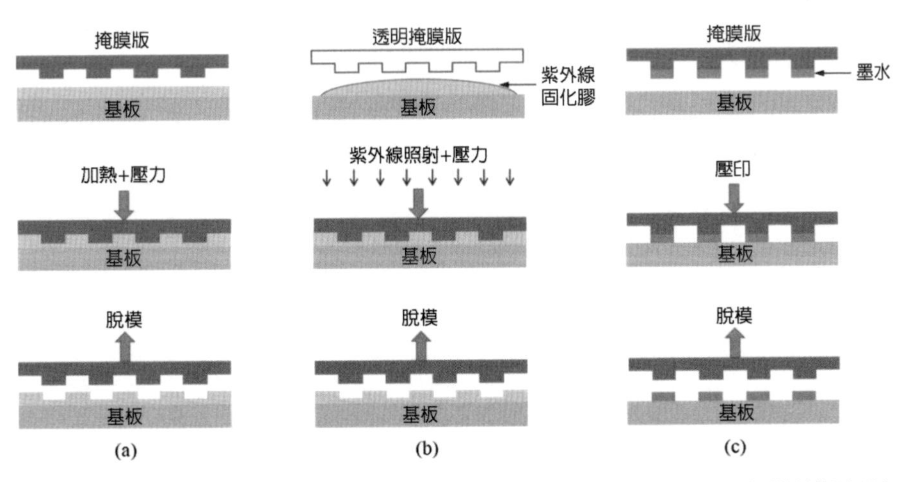

▲ 圖 4-8 三種基本奈米壓印工藝（a）熱壓印（b）紫外固化壓印（c）微接觸印刷

近年來，受益於晶片行業發展速度加快，奈米壓印技術應用前景持續向好，其未來有望代替傳統微影技術，成為晶片製造核心技術（如圖 4-9 所示）。

領域	應用
積體電路	場效電晶體、NEMS納機電系統、奈米尺度與特定功能的電子元件、先進積體電路、柔性電子元件、奈米光子元件
儲存	3D NAND、DRAM、CD記憶體、磁記憶器
光學	LED、OLED、3D 結構光人臉辨識、擴增實境眼鏡波導光柵、晶元級微透鏡陣列加工、線柵偏光片、導光板、AR近眼顯示設備、超構透鏡
生命科學	DNA電泳晶片、生物細胞培養膜、微流控、生物感測器
其它	抗反射塗層或薄膜、超疏水錶面、超濾膜、太陽能電池

▲ 圖 4-9　奈米壓印技術的應用領域

二、智慧化和自動化製造的普及

隨著人工智慧、機器學習等技術的不斷發展，智慧化和自動化製造將成為半導體材料未來的重要趨勢。透過智慧化和自動化製造，可以大幅提高生產效率、降低生產成本、提高產品品質，並滿足不斷增長的市場需求。此外，智慧化和自動化製造還可以實現更加精細的工藝控制和更加靈活的生產調整，為半導體產業帶來更大的發展空間。

三、綠色製造和可持續發展

隨著全球環保意識的不斷提高，綠色製造和可持續發展成為半導體材料未來的重要趨勢。半導體產業需要消耗大量的能源和資源，因此需要採取更加環保和可持續的生產方式。例如，採用低能耗、低汙染的製造設備，使用環保材料，優化能源結構等措施，實現綠色製造和可持續發展。

四、物聯網和人工智慧等新應用的推動

隨著物聯網、人工智慧等新應用的不斷發展，半導體材料在這些領域的應用也將成為未來發展的重要趨勢。例如，在物聯網領域，半導體材料可以用於製造各種感測器、通訊晶片等關鍵元件；在人工智慧領域，半導體材料可以用於製造高性能計算晶片、智慧感測器等關鍵部件。這些新應用領域的不斷拓展，將為半導體材料帶來更加廣闊的發展前景（如圖 4-10 所示）。

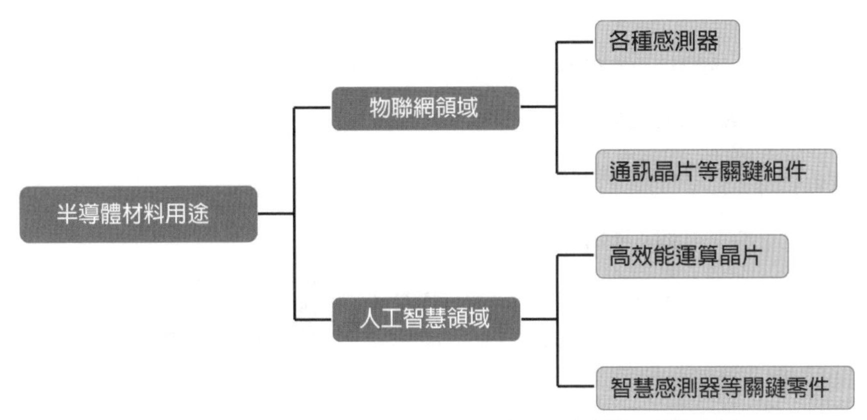

▲ 圖 4-10 半導體材料在物聯網和人工智慧等領域的應用

五、全球化和多元化的市場格局

隨著全球化和多元化的市場格局的形成，半導體材料未來的發展也將呈現出全球化和多元化的趨勢。全球各地的半導體產業都在快速發展，新興市場國家也在逐漸崛起。同時，多元化的市場格局也將為半導體材料帶來更加多樣化的應用場景和更加激烈的市場競爭。在這樣的市場環境下，半導體材料企業需要不斷提高自身的技術水準和創新能力，以適應不斷變化的市場需求並保持競爭優勢。

總而言之，半導體材料在未來將繼續發揮其關鍵作用，並呈現出新材料和新工藝的持續湧現、智慧化和自動化製造的普及、綠色製造和可持續發展、物聯網和人工智慧等新應用的推動以及全球化和多元化的市場格局等重要趨勢。這些趨勢將為半導體材料帶來新的機遇和挑戰，需要企業不斷提高自身的技術水準和創新能力以適應市場的變化並保持競爭優勢。

4.4 半導體設備環節

這個環節主要包括半導體設備的研發、生產和銷售。晶圓製造設備、封裝設備和測試設備是半導體設備產業中的重要組成部分，如曝光機、蝕刻機、薄膜沉積設備等。這些設備需要具備高精度、高穩定性、高效率等特點，以保證半導體製造的品質和效率。在這個環節中，設備的性能和可靠性對整個產業鏈的影響至關重要（如圖 4-11 所示）。

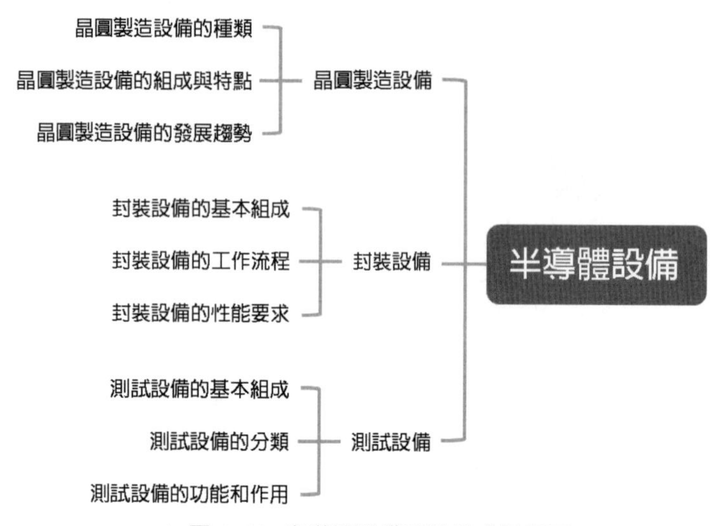

▲ 圖 4-11 半導體設備系統構成示意圖

4.4.1 晶圓製造設備

晶圓製造設備是半導體生產過程中最重要的設備之一，主要分為前道工序設備和後道工序設備兩類：

一、前道工序設備

是半導體製造過程中的重要設備，主要用於晶圓製造環節（如圖 4-12 所示）：

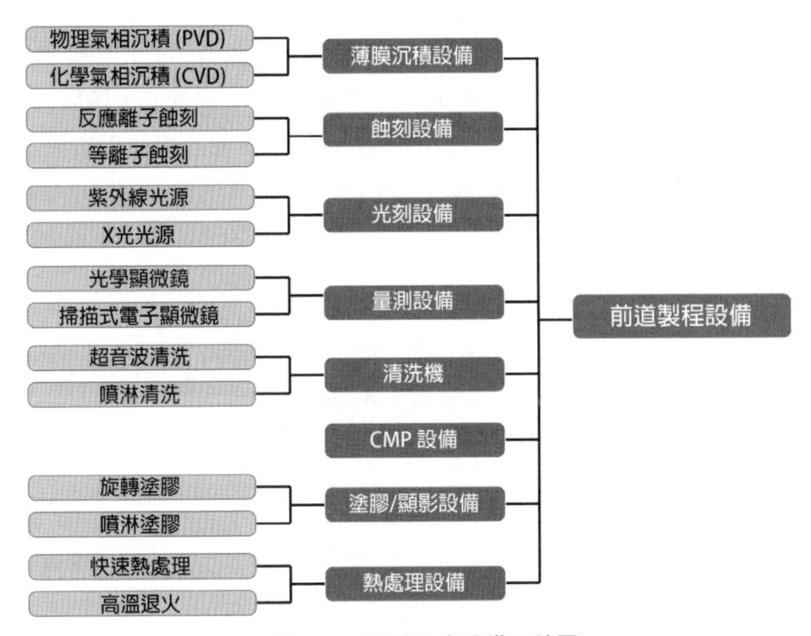

▲ 圖 4-12 前道工序設備匯總圖

1、薄膜沉積設備

薄膜沉積設備是前道工藝設備中的重要組成部分，用於在晶圓表面沉積各種薄膜材料，如金屬、氧化物等。薄膜沉積設備通常採用物理氣相沉積或化學氣相沉積等技術，以實現均勻、穩定的薄膜沉積。

2、蝕刻設備

蝕刻設備用於對晶圓表面進行蝕刻，以形成所需的電路線條和孔洞。蝕刻設備通常採用反應離子蝕刻或電漿蝕刻等技術，以實現高精度、高效率的蝕刻操作。

3、微影設備

微影設備是前道工藝設備中的核心設備，用於將電路圖案轉移到晶圓表面。微影設備通常採用紫外光源或 X 射線光源，以實現高解析度、高靈敏度的微影操作。

4、量測設備

量測設備用於對晶圓表面進行各種測量和檢測，以保證晶片的品質和可靠性。量測設備通常採用**光學顯微鏡（OM：Optical Microscope，是利用光學原理，把人眼所不能分辨的微小物體放大成像，以供人們提取微細結構資訊的光學儀器，第一架複式光學顯微鏡是於 1665 年由英國物理學家虎克制作）、掃描電子顯微鏡（SEM：Scanning Electron Microscope，是一種用於高分辨力微區形貌分析的大型精密儀器。具有景深大、分辨力高，成像直觀、立體感強、放大倍數範圍寬以及待測樣品可在三維空間內進行旋轉和傾斜等特點）**等設備，以實現高精度、高效率的測量和檢測操作。

5、清洗機

清洗機用於清洗晶圓表面的雜質和汙染物，保證晶片製造過程中的品質和穩定性。清洗機通常採用超音波清洗、噴淋清洗等技術，以實現高效、徹底的清洗操作。

6、化學機械拋光設備

如前文所述，化學機械拋光設備用於對晶圓表面進行平坦化處理，以保證晶片製造過程中的穩定性和精度。

7、塗膠 / 顯影設備

如前文所述，塗膠 / 顯影設備用於在晶圓表面塗覆光阻劑，並對光阻劑進行顯影，以形成所需的電路圖案。塗膠 / 顯影設備通常採用旋轉塗膠、噴淋塗膠等技術，以實現均勻、穩定的塗膠和顯影操作。

8、熱處理設備

如前文所述，熱處理設備用於對晶圓進行加熱處理，以實現所需的化學反應和物理變化。熱處理設備通常採用快速熱處理或高溫退火等技術，以實現高效、穩定的加熱處理操作。

二、後道工序設備

是半導體製造過程中的重要設備（如圖 4-13 所示），主要用於封裝和測試環節：

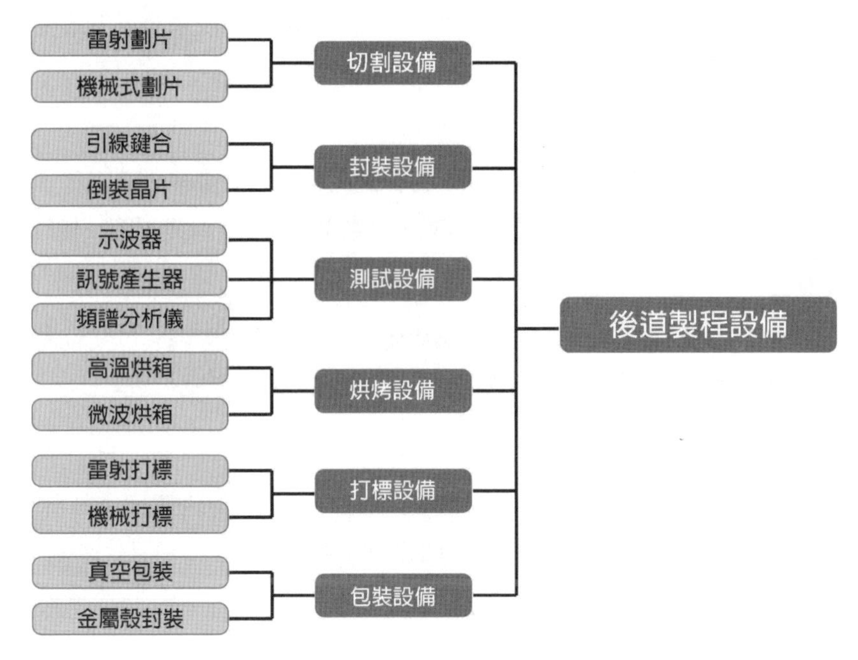

▲ 圖 4-13 後道工序設備

1、切割設備

如前文所述，切割設備用於將晶圓劃成單個的晶片，以便進行封裝和測試。切割設備通常採用雷射或機械切割等方式，以實現高精度、高效率的切割操作。

2、封裝設備

如前文所述，封裝設備用於將晶片封裝在基板上，以保證晶片的正常工作和使用壽命。封裝設備通常採用引線鍵合、倒裝晶片等方式，以實現高效率、高可靠性的封裝操作。

3、測試設備

如前文所述，測試設備用於對晶片進行功能和性能測試，以保證晶片的品質和可靠性。測試設備通常採用示波器、信號發生器、頻譜分析儀等設備，以實現高精度、高效率的測試操作。

4、烘烤設備

如前文所述，烘烤設備用於對晶片進行烘烤處理，以消除晶片內部的殘餘應力，提高晶片的穩定性和可靠性。烘烤設備通常採用高溫烘箱或微波烘箱等方式，以實現高效、穩定的烘烤操作。

5、打標設備

如前文所述，打標設備用於在晶片表面進行標記處理，以便後續的識別和管理。打標設備通常採用雷射打標、機械打標等方式，以實現高精度、高效率的打標操作。

6、包裝設備

包裝設備用於將晶片進行包裝，以保護晶片免受外界環境的影響。包裝設備通常採用真空包裝、金屬殼封裝等方式，以實現高可靠性的包裝操作。

三、晶圓製造設備的發展趨勢

隨著半導體技術的不斷發展和進步，晶圓製造設備也在不斷發展和改進。未來晶圓製造設備的發展趨勢主要包括以下幾個方面（如圖 4-14 所示）：

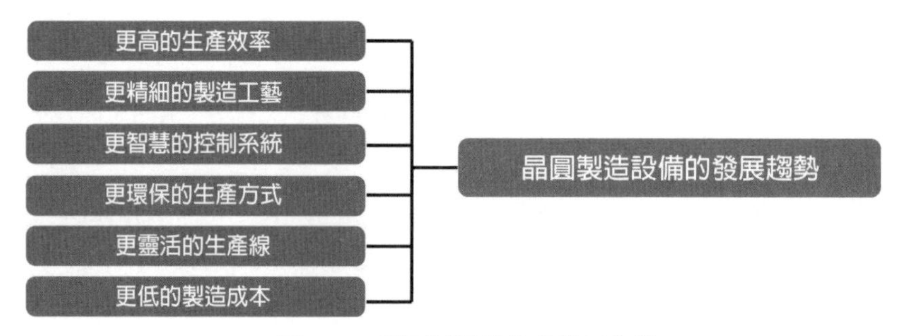

▲ 圖 4-14 晶圓製造設備的發展趨勢

1、更高的生產效率

隨著半導體市場的不斷擴大和競爭的加劇，晶圓製造設備需要更高的生產效率以滿足市場需求。為了提高生產效率，晶圓製造設備需要實現更快的速度、更高的精度和更可靠的穩定性。例如，機械手設備需要實現更快速、更精準的搬運和定位，控制系統需要實現更高效、更穩定的控制和調度。

2、更精細的製造工藝

隨著半導體晶片複雜程度的不斷提高和工藝要求的不斷細化，晶圓製造設備需要具備更精細的製造工藝。例如，微影設備需要實現更精細的微影線條和更高的解析度，薄膜沉積設備需要實現更均勻、更穩定的薄膜沉積。此外，蝕刻設備、量測設備等也需要不斷改進工藝技術，以適應更精細的工藝要求。

3、更智慧的控制系統

隨著自動化技術和人工智慧技術的不斷發展，晶圓製造設備需要實現更智慧的控制系統。透過引入人工智慧、機器學習等技術，可以實現設備的自主控制和優化調度，提高生產效率和產品品質。例如，控制系統可以透過機器學習演算法對生產資料進行學習和分析，實現生產過程的精細控制和優化。

4、更環保的生產方式

隨著環保意識的不斷提高和政策法規的日益嚴格，晶圓製造設備需要實現更環保的生產方式。設備的製造和使用過程中需要盡可能減少對環境的影響，例如採用節能設計、減少廢棄物排放等措施。此外，設備也需要不斷改進工藝技術，以減少對環境的汙染。

5、更靈活的生產線

隨著市場需求的變化和技術的發展，晶圓製造設備需要實現更靈活的生產線。生產線需要具備更高的適應性、可擴展性和可維護性，以適應不同類型、不同工藝要求的晶片生產。例如，生產線可以透過模組化設計實現不同設備的靈活組合和擴展，透過智慧維護系統實現設備的預測性維護和快速修復。

6、更低的製造成本

為了提高市場競爭力，晶圓製造設備需要實現更低的製造成本。設備的材料選擇、設計優化、生產流程等方面都需要進行成本控制和優化。例如，設備可以採用新型材料、優化結構設計、簡化生產流程等方式來降低製造成本。此外，設備也需要透過提高生產效率、降低故障率等方式來降低運營成本。

總之，晶圓製造設備的發展趨勢是多方面的，包括提高生產效率、實現更精細的製造工藝、實現更智慧的控制系統、實現更環保的生產方式、實現更靈活的生產線以及降低製造成本等。這些發展趨勢將有助於提高晶圓製造設備的性能和市場競爭力，推動半導體產業的持續發展。

4.4.2 封裝設備

一、封裝設備的基本組成

封裝設備是半導體製造過程中不可或缺的一部分，主要用於將晶片封裝在基板上，以實現電路的連接和保護，保證晶片的正常工作和使用壽命。封裝設備通常分為前道工序和後道工序兩個部分：

1、前道工序設備

如前文所述，前道工序是將晶片黏貼在基板上，並實現電路連接的過程。常見的設備包括晶片黏貼機、引線焊接機和金球焊接機等。

2、後道工序設備

如前文所述，後道工序是將封裝體進行切割、研磨、電鍍等處理的過程。常見的設備包括切割機、研磨機和電鍍機等。

封裝設備是半導體製造過程中至關重要的一部分，其基本組成包括以下幾個主要部分（如圖 4-15 所示）：

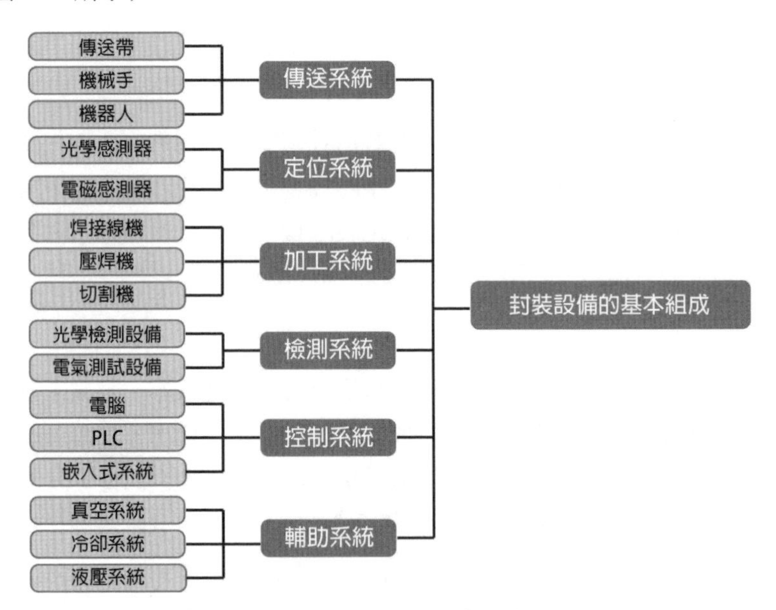

▲ 圖 4-15 封裝設備構成

1、傳送系統

如前文所述，封裝設備的傳送系統主要由傳送帶、機械手或機器人等組成，用於將晶片和基板從一個工位傳送到另一個工位。這個傳送系統需要具備高精度、高速度和高可靠性的特點，以確保設備能夠高效地完成封裝任務。

2、定位系統

如前文所述，封裝設備的定位系統用於確保晶片和基板能夠準確地放置在正確的位置上。這個定位系統通常由一系列的感測器和控制器組成，如光學感測器、電磁感測器等，用於監測和控制晶片和基板的精確位置。

3、加工系統

如前文所述，封裝設備的加工系統用於在晶片和基板之間進行各種加工操作，如焊接、壓接、切割等。這個加工系統通常由一系列的機器和工具組成，如焊線機、壓焊機、切割機等。這些機器和工具需要根據不同的封裝需求進行選擇和配置，以滿足不同類型晶片的封裝要求。

4、檢測系統

如前文所述，封裝設備的檢測系統用於檢測晶片和基板之間的連接品質和封裝品質。這個檢測系統通常由一系列的感測器和測試設備組成，如光學檢測設備、電氣測試設備等。這些感測器和測試設備需要具備高精度和高效率的特點，以便快速準確地檢測出封裝過程中的缺陷和問題。

5、控制系統

如前文所述，封裝設備的控制系統用於控制整個設備的運行和各個系統的協調工作。這個控制系統通常由電腦、**可程式設計邏輯控制器（PLC：Programmable Logic Controller，是以微處理器、嵌入式晶片為基礎，綜合了電腦技術、自動控制技術和通訊技術發展而來的一種新型工業控制裝置，是工業控制的主要手段和重要的基礎設備之一）**或嵌入式系統等組成，用於接收來自感測器的信號，並根據預設的程式和指令控制設備的運行。控制系統需要具備高可靠性、高穩定性和高靈活性的特點，以確保設備能夠高效地完成各種封裝任務。

6、輔助系統

如前文所述，封裝設備還需要一些輔助系統，如真空系統、冷卻系統、液壓系統等，用於支援設備的正常運行和加工操作。這些輔助系統需要根據設備的具體需求進行配置和使用，以確保設備能夠高效地完成封裝任務。

除了以上幾個主要組成部分外，封裝設備還需要具備高可靠性、高穩定性、高精度和高效率的特點。這些特點需要在設備的設計、製造和使用過程中得到充分考慮和保障。同時，隨著半導體技術的不斷發展和進步，封裝設備也需要不斷進行升級和改進，以滿足不斷變化的市場需求和技術要求。

封裝設備的性能要求是確保半導體元件的品質、穩定性和可靠性

二、封裝設備的性能要求

封裝設備的性能要求是確保半導體元件的品質、穩定性和可靠性（如圖 4-16 所示）：

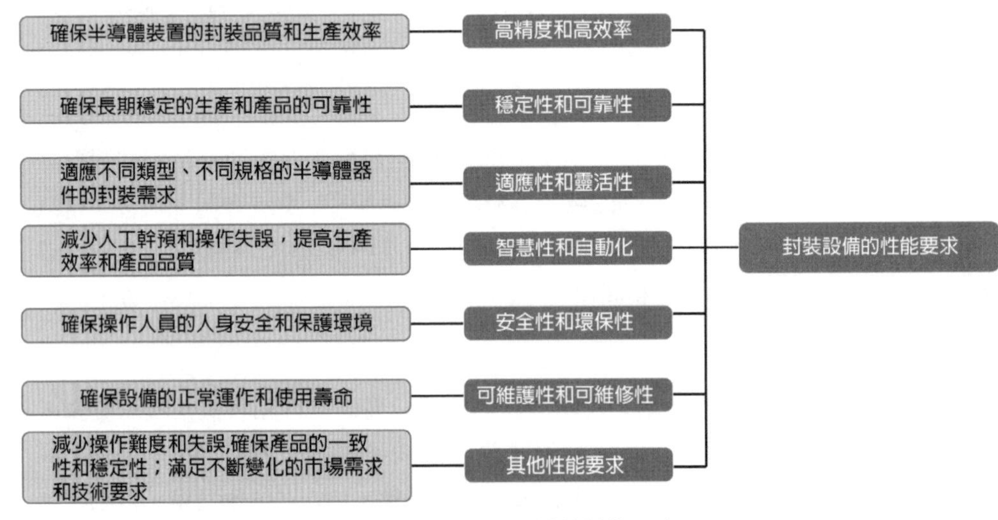

▲ 圖 4-16 封裝設備的性能要求

1、高精度和高效率

封裝設備需要具備高精度和高效率的特點，以確保半導體元件的封裝品質和生產效率。高精度是指設備能夠準確地完成各項操作，如晶片貼裝、引腳焊接、塑封固化等，以確保封裝位置、引腳連接和塑封材料的均勻分佈等符合設計要求和規格。高效率是指設備能夠快速地完成各項操作，提高生產效率，以降低生產成本和滿足市場需求。

2、穩定性和可靠性

封裝設備需要具備穩定性和可靠性的特點，以確保長期穩定的生產和產品的可靠性。穩定性是指設備在長時間連續生產過程中，能夠保持穩定的性能和精度，不會出現故障或誤差。可靠性是指設備在規定的條件下能夠可靠地完成各項操作，確保產品的品質和性能。

3、適應性和靈活性

封裝設備需要具備適應性和靈活性的特點，以適應不同類型、不同規格的半導體元件的封裝需求。適應性是指設備能夠適應不同類型和規格的晶片和基板，以滿足不同產品的封裝要求。靈活性是指設備能夠靈活地調整和優化各項參數和操作，以適應不同的生產需求和變化。

4、智慧性和自動化

封裝設備需要具備智慧性和自動化的特點，以減少人工干預和操作失誤，提高生產效率和產品品質。智慧性是指設備能夠根據預設的程式和指令自動地完成各項操作，並能夠進行自我檢測和故障診斷。自動化是指設備能夠減少人工參與，提高自動化程度，以減少人為因素對產品品質的影響。

5、安全性和環保性

封裝設備需要具備安全性和環保性的特點，以確保操作人員的人身安全和保護環境。安全性是指設備能夠保證操作人員的安全，避免因操作不當或設備故障導致的安全事故。環保性是指設備能夠採用環保材料和工藝，減少對環境的影響和汙染。

6、可維護性和可維修性

封裝設備需要具備可維護性和可維修性的特點，以確保設備的正常運行和使用壽命。可維護性是指設備能夠方便地進行日常維護和保養，如清潔、潤滑等，以延長設備的使用壽命。可維修性是指設備在出現故障時能夠方便地進行維修和更換部件，以減少停機時間和降低生產成本。

7、其他性能要求

除了以上幾個方面的性能要求外，封裝設備還有其他性能要求，如：可操作性、可重複性、可擴展性等。可操作性是指設備能夠方便地進行操作和控制，以減少操作難度和失誤。可重複性是指設備能夠重複地完成相同的操作和生產任務，以確保產品的一致性和穩定性。可擴展性是指設備能夠根據生產需求和技術進步進行升級和擴展，以滿足不斷變化的市場需求和技術要求。

總而言之，封裝設備的性能要求是多方面的，需要綜合考慮設備的精度、效率、穩定性、可靠性、適應性、靈活性、智慧性、安全性、環保性以及其他性能要求。這些性能要求需要在設備的選型、設計、製造和使用過程中得到充分考慮和保障，以確保半導體元件的品質、穩定性和可靠性。

4.4.3 測試設備

半導體設備中的測試設備是確保半導體產品品質和可靠性的重要環節。

一、測試設備的組成

測試設備是對半導體產品進行檢測和評估的過程，以確保產品的品質和性能符合要求。其中，測試設備的基本組成包括以下幾個主要部分（如圖 4-17 所示）：

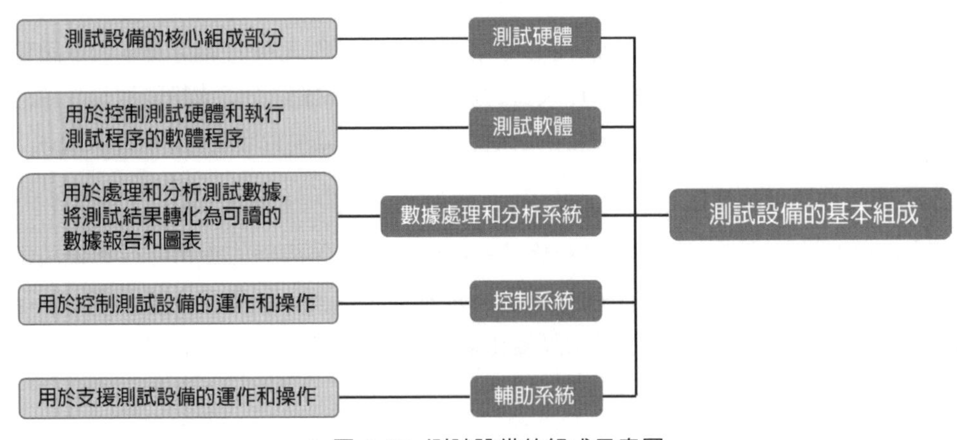

▲ 圖 4-17 測試設備的組成示意圖

1、測試硬體

測試硬體是測試設備的核心組成部分，主要包括測試介面板、探針卡、**晶片測試插座（IC Socket）**等。如前文所述，測試介面板是用於連接測試程式和測試硬體的周邊設備；探針卡是用於連接被測晶片和測試介面板的中繼裝置；晶片測試插座是連接晶片與印刷電路板的連接器插座，主要作用就是滿足晶片引腳端子與印刷電路板測試主機板的聯接需求。最大優勢是在晶片測試環節可以隨時拆換晶片，不損壞晶片和印刷電路板，從而實現快速高效的測試。具有操作簡單、故障定位準確、方便快捷、測試良率高等特點。

2、測試軟體

測試軟體是用於控制測試硬體和執行測試程式的軟體程式。測試軟體需要針對不同的被測晶片和測試專案進行開發和優化，以確保測試結果的準確性和可靠性。

3、資料處理和分析系統

資料處理和分析系統用於處理和分析測試資料，將測試結果轉化為可讀的資料包告和圖表。資料處理和分析系統還需要對測試結果進行統計和分析，以發現產品存在的問題和改進方向。

4、控制系統

控制系統用於控制測試設備的運行和操作，包括機械運動系統、溫度控制系統、壓力控制系統等。控制系統需要與測試軟體進行配合，實現自動化測試和控制。

5、輔助系統

輔助系統用於支援測試設備的運行和操作，包括冷卻系統、清潔系統、照明系統等。

二、測試設備的分類

半導體設備中的測試設備根據不同的分類方式可以有多種類型。以下是一些常見的分類方式及對應的測試設備種類（如圖 4-18 所示）：

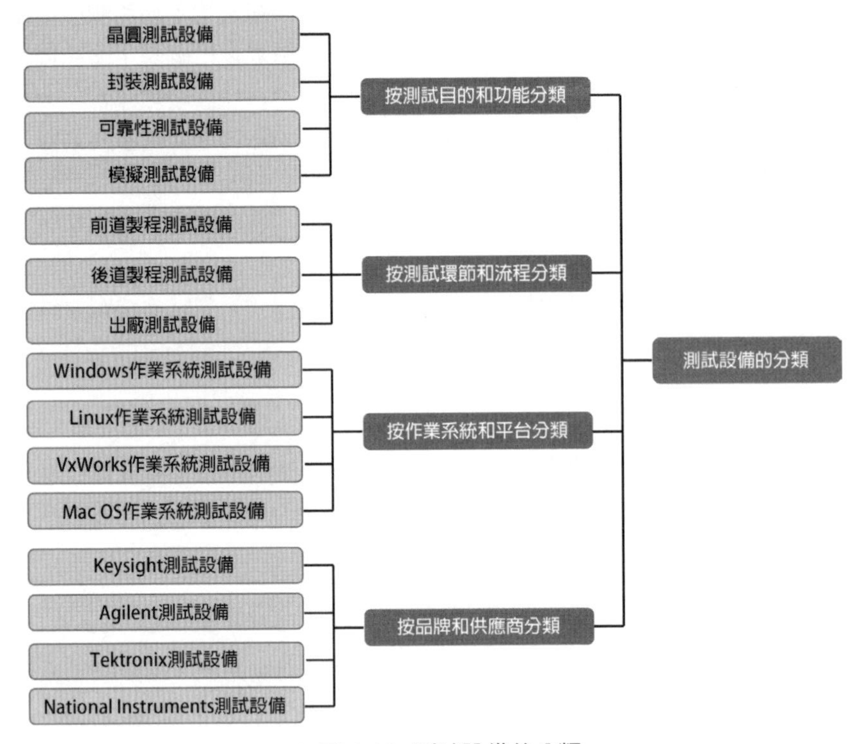

▲ 圖 4-18 測試設備的分類

下面主要講解前兩類：

1、按測試目的和功能分類

（1）晶圓測試設備

如前文所述，晶圓測試設備是指透過探針台和測試機的配合使用，對晶圓上的裸晶片進行功能和電參數測試，其測試過程為：探針台將晶圓逐片自動傳送至測試位置，晶片的端點透過探針、專用連接線與測試機的功能模組進行連接，測試機對晶片施加輸入信號並採集輸出信號，判斷晶片功能和性能是否達到設計規範要求。測試結果透過通訊介面傳送給探針台，探針台據此對晶片進行打點標記，形成晶圓的映射圖，即晶圓的電性測試結果。晶圓測試設備用於在製造過程中對晶圓進行測試，檢測晶片的功能和性能，通常包括測試介面板、探針卡、片測試插座等硬體，以及測試程式和資料處理系統等軟體。

（2）封裝測試設備

如前文所述，用於在晶片封裝完成後進行測試，檢測封裝品質和晶片的性能。封裝測試設備通常包括晶片測試插座、測試程式和資料處理系統等軟體，以及機械操作平臺等硬體。

（3）可靠性測試設備

用於對晶片進行可靠性評估和測試，檢測晶片在不同環境下的穩定性和可靠性。可靠性測試設備通常包括環境類比設備、測試程式和資料處理系統等軟體，以及測試樣品等硬體。

（4）類比測試設備（Emulation Tester）

用於對晶片的類比電路進行測試，檢測類比電路的性能和功能。類比測試設備通常包括信號發生器、示波器、邏輯分析儀等硬體，以及測試程式和資料處理系統等軟體。

2、按測試環節和流程分類

（1）前道工藝測試設備

用於在晶片製造過程中對前道工藝進行測試，檢測薄膜、微影、蝕刻等工藝的品質和穩定性。前道工藝測試設備通常包括光學顯微鏡、電子顯微鏡、X射線繞射儀等硬體，以及測試程式和資料處理系統等軟體。

（2）後道工藝測試設備

用於在晶片製造過程中對後道工藝進行測試，檢測金屬佈線、封裝等工藝的品質和穩定性。後道工藝測試設備通常包括探針台、掃描電子顯微鏡、能譜儀等硬體，以及測試程式和資料處理系統等軟體。

（3）出廠測試設備（Out-off-line Tester）

用於對已經製造完成的晶片進行最終測試，檢測晶片的功能和性能。出廠測試設備通常包括測試介面板、探針卡、測試 socket 等硬體，以及測試程式和資料處理系統等軟體。

Note

5

CHAPTER

半導體製程裝置清單及專業術語匯總

5.1 半導體製程裝置清單匯總

下面是整理出的所有製程以及該製程會使用到的裝置，清單如下（見表 5-1~5-4）：

▸ 表 5-1 前道工序所使用的裝置概要整理 —— ①形成 STI~ 形成 P 通道的延伸區域

<table>
<tr><th></th><th colspan="2">製程</th><th>製造裝置</th><th>概要</th></tr>
<tr><td rowspan="16">形成溝槽
（STI）</td><td colspan="2">清洗、乾燥</td><td>清洗、乾燥裝置</td><td rowspan="16">為了讓晶圓板上所製作的金屬氧化物半導體電晶體等各個元件與電氣絕緣，必須形成一個絕緣區域。蝕刻並挖掘出晶圓基板的絕緣區域，再以化學機械拋光方式去研磨已形成的矽氧化層，再將矽氧化膜埋設進溝槽內。</td></tr>
<tr><td colspan="2">氧化</td><td>熱氧化裝置</td></tr>
<tr><td colspan="2">形成氮化層</td><td>化學氣相沉積裝置</td></tr>
<tr><td rowspan="5">微影技術</td><td>光阻劑塗佈</td><td>旋轉塗佈裝置</td></tr>
<tr><td>硬烤</td><td>烘烤裝置</td></tr>
<tr><td>曝光</td><td>步進機曝光裝置</td></tr>
<tr><td>顯影</td><td>旋轉顯影裝置</td></tr>
<tr><td>硬烤
（Hard-bake）</td><td>烘烤裝置</td></tr>
<tr><td colspan="2">氮化層—氧化層 ——
Si 蝕刻</td><td>乾式蝕刻裝置</td></tr>
<tr><td colspan="2">光阻劑剝離</td><td>光阻劑剝離裝置</td></tr>
<tr><td colspan="2">清洗</td><td>清洗裝置</td></tr>
<tr><td colspan="2">氧化</td><td>熱氧化裝置</td></tr>
<tr><td colspan="2">形成氧化層</td><td>化學氣相沉積裝置</td></tr>
<tr><td colspan="2">氧化層化學機械拋光</td><td>化學機械拋光裝置</td></tr>
<tr><td colspan="2">氧化層蝕刻</td><td>濕式蝕刻裝置</td></tr>
<tr><td colspan="2"></td><td></td></tr>
<tr><td rowspan="7">形成
N-well
（阱）</td><td rowspan="5">微影技術</td><td>光阻劑塗佈</td><td>旋轉塗佈裝置</td><td rowspan="7">如同把形成 P 通道金屬氧化物半導體電晶體的區域包圍起來一樣，注入離子後，就會形成 N 型雜質區域。</td></tr>
<tr><td>硬烤</td><td>烘烤裝置</td></tr>
<tr><td>曝光</td><td>步進機曝光裝置</td></tr>
<tr><td>顯影</td><td>旋轉顯影裝置</td></tr>
<tr><td>硬烤</td><td>烘烤裝置</td></tr>
<tr><td colspan="2">磷離子植入</td><td>離子植入裝置</td></tr>
<tr><td colspan="2">光阻劑剝離</td><td>光阻劑剝離裝置</td></tr>
<tr><td rowspan="3">形成閘極氧化層</td><td colspan="2">氧化層蝕刻</td><td>濕式蝕刻裝置</td><td rowspan="3">用熱氧化法形成金屬氧化物半導體電晶體的閘極絕緣膜（矽氧化層）。</td></tr>
<tr><td colspan="2">清洗</td><td>清洗裝置</td></tr>
<tr><td colspan="2">氧化（閘極氧化）</td><td>熱氧化裝置</td></tr>
</table>

	製程		製造裝置	概要
形成多晶矽閘極	清洗		清洗裝置	用多晶矽形成金屬氧化物半導體電晶體的閘極絕緣膜（矽氧化層）。
	形成多晶矽		化學氣相沉積裝置	
	微影技術	光阻劑塗佈	旋轉塗佈裝置	
		硬烤	烘烤裝置	
		曝光	步進機曝光裝置	
		顯影	旋轉顯影裝置	
		硬烤	烘烤裝置	
	多晶矽閘極蝕刻		乾式蝕刻裝置	
	光阻劑剝離		光阻劑剝離裝置	
形成 N 通道的延伸區域	微影技術	光阻劑塗佈	旋轉塗佈裝置	在 N 通道內注入 N 型雜質、注入離子後就可以形成金屬氧化物半導體電晶體的延伸區域，以抑制熱載流子效應的產生，並且試圖抑制產生短通道效應。
		硬烤	烘烤裝置	
		曝光	步進機曝光裝置	
		顯影	旋轉顯影裝置	
		硬烤	烘烤裝置	
	磷離子植入		離子植入裝置	
	光阻劑剝離		光阻劑剝離裝置	
形成 P 通道的延伸區域	微影技術	光阻劑塗佈	旋轉塗佈裝置	在 P 通道內注入 P 型雜質、注入離子後就可以形成金屬氧化物半導體電晶體的延伸區域，以抑制熱載流子效應的產生，並且試圖抑制產生短通道效應。
		硬烤	烘烤裝置	
		曝光	步進機曝光裝置	
		顯影	旋轉顯影裝置	
		硬烤	烘烤裝置	
	磷離子植入		離子植入裝置	
	光阻劑剝離		光阻劑剝離裝置	

▶ 表 5-2 前道工序所使用的裝置概要整理 —— ② 形成側壁 ~ 形成佈線層間絕緣膜

	製程	製造裝置	概要
形成側壁	清洗	清洗裝置	蝕刻已經形成的矽氧化層並在多晶矽閘極側壁上形成矽氧化層。
	形成氧化層	化學氣相沉積裝置	
	氧化層蝕刻	乾式蝕刻裝置	

	製程		製造裝置	概要
形成 N 通道 元極、汲極	微影技術	光阻劑塗佈	旋轉塗佈裝置	在可接受電流的源極、汲極上注入高濃度的 N 型雜質、離子，以形成 N 通道金屬氧化物半導體電晶體。同時 N 通道多晶矽閘極也同樣被參入了一些雜質。
		硬烤	烘烤裝置	
		曝光	步進機曝光裝置	
		顯影	旋轉顯影裝置	
		硬烤	烘烤裝置	
	砷離子植入		離子植入裝置	
	光阻劑剝離		光阻劑剝離裝置	
形成 P 通道 元極、汲極	微影技術	光阻劑塗佈	旋轉塗佈裝置	在可接受電流的源極、汲極上注入高濃度的 P 型雜質、離子，以形成 P 道金屬氧化物半導體電晶體。同時 P 道多晶矽閘極也同樣被參入了一些雜質。
		硬烤	烘烤裝置	
		曝光	步進機曝光裝置	
		顯影	旋轉顯影裝置	
		硬烤	烘烤裝置	
	離子植入		離子植入裝置	
	光阻劑剝離		光阻劑剝離裝置	
形成 二硒化鈷層	清洗		清洗裝置	降低由多矽層所形成的與源極、汲極的電阻程度，在多晶矽閘極、源極、汲極區域上形成二硒化鈷層。
	鈷成膜		濺射裝置	
	熱處理（形成二硒化鈷）		退火處理裝置	
	鈷蝕刻		濕式蝕刻裝置	
形成層間膜	形成氧化層		化學氣相沉積裝置	在整個晶圓板上形成絕緣膜。
	層間氧化層化學機械拋光		化學機械拋光裝置	
形成接觸點	微影技術	光阻劑塗佈	旋轉塗佈裝置	為了讓金屬氧化物半導體電晶體的電極與金屬佈線連接設置接觸口。
		硬烤	烘烤裝置	
		曝光	步進機曝光裝置	
		顯影	旋轉顯影裝置	
		硬烤	烘烤裝置	
	接觸頭蝕刻		濕式蝕刻裝置	
	光阻劑剝離		光阻劑剝離裝置	

<table>
<tr><th></th><th colspan="2">製程</th><th>製造裝置</th><th>概要</th></tr>
<tr><td rowspan="4">形成接觸點</td><td colspan="2">清洗</td><td>清洗裝置</td><td rowspan="4">由於接觸點相當細微、深入，必須用鎢金屬來進行埋設。鎢金屬為了不讓金屬氧化物半導體的電極擴散，必須在中間先形成隔離用的金屬。</td></tr>
<tr><td colspan="2">氮化鈦層成膜</td><td>濺射裝置</td></tr>
<tr><td colspan="2">形成鎢金屬</td><td>化學氣相沉積裝置</td></tr>
<tr><td colspan="2">鎢金屬 / 氮化鈦化學機械拋光</td><td>化學機械拋光裝置</td></tr>
<tr><td rowspan="9">形成
第 1 金屬
佈線</td><td colspan="2">有機清洗</td><td>清洗裝置</td><td rowspan="9">透過接觸點連接金屬氧化物半導體電晶體及第 1 金屬佈線，就可擁有電流迴路的特性。</td></tr>
<tr><td colspan="2">氮化鈦 - 鋁 - 氮化鈦成膜</td><td>濺射裝置</td></tr>
<tr><td rowspan="5">微影技術</td><td>光阻劑塗佈</td><td>旋轉塗佈裝置</td></tr>
<tr><td>硬烤</td><td>烘烤裝置</td></tr>
<tr><td>曝光</td><td>步進機曝光裝置</td></tr>
<tr><td>顯影</td><td>旋轉顯影裝置</td></tr>
<tr><td>硬烤</td><td>烘烤裝置</td></tr>
<tr><td colspan="2">第一佈線鋁金屬蝕刻</td><td>乾式蝕刻裝置</td></tr>
<tr><td colspan="2">光阻劑剝離</td><td>光阻劑剝離裝置</td></tr>
<tr><td rowspan="3">形成佈線層
絕緣膜</td><td colspan="2">有機清洗</td><td>清洗裝置</td><td rowspan="3">在整個晶圓板上形成絕緣膜。第 1 金屬佈線也作為絕緣膜覆蓋其上。採用化學機械拋光裝置使晶圓表面得以平坦化。</td></tr>
<tr><td colspan="2">形成氧化層</td><td>電漿輔助化學氣相沉積裝置</td></tr>
<tr><td colspan="2">佈線層間氧化層化學機械拋光</td><td>化學機械拋光裝置</td></tr>
</table>

▶ 表 5-3 前道工序所使用的裝置概要整理 —— ③形成導通孔 ~ 形成電極焊墊

<table>
<tr><th></th><th colspan="2">製程</th><th>製造裝置</th><th>概要</th></tr>
<tr><td rowspan="7">形成導通孔</td><td rowspan="5">微影技術</td><td>光阻劑塗佈</td><td>旋轉塗佈裝置</td><td rowspan="7">為了形成可連接第 1 金屬佈線和第 2 屬佈線的導通孔，第 1 金屬佈線必須成為絕緣膜覆蓋其上。</td></tr>
<tr><td>硬烤</td><td>烘烤裝置</td></tr>
<tr><td>曝光</td><td>步進機曝光裝置</td></tr>
<tr><td>顯影</td><td>旋轉顯影裝置</td></tr>
<tr><td>硬烤</td><td>烘烤裝置</td></tr>
<tr><td colspan="2">導通孔蝕刻</td><td>乾式蝕刻裝置</td></tr>
<tr><td colspan="2">光阻劑剝離</td><td>光阻劑剝離裝置</td></tr>
</table>

	製程		製造裝置	概要
形成第 2 金屬佈線	有機清洗		清洗裝置	透過導通孔連接第 1 金屬佈線和第 2 屬佈線，就可實現擁有電流迴路的特性。
	氮化鈦 - 鋁 - 氮化鈦成膜		濺射裝置	
	微影技術	光阻劑塗佈	旋轉塗佈裝置	
		硬烤	烘烤裝置	
		曝光	步進機曝光裝置	
		顯影	旋轉顯影裝置	
		硬烤	烘烤裝置	
	第 2 佈線鋁金屬蝕刻		乾式蝕刻裝置	
	光阻劑剝離		光阻劑剝離裝置	
形成鈍化膜	有機清洗		清洗裝置	形成鈍化絕緣膜來保護金屬氧化物半導體電晶體及金屬佈線。
	形成氧氮化層（鈍化膜）		電漿輔助化學氣相沉積裝置	
形成電極焊墊	微影技術	光阻劑塗佈	旋轉塗佈裝置	為了與外部電極端子連接，在金屬佈線上的絕緣膜設置一個焊墊口。
		硬烤	烘烤裝置	
		曝光	步進機曝光裝置	
		顯影	旋轉顯影裝置	
		硬烤	烘烤裝置	
	電極焊墊蝕刻		乾式蝕刻裝置	
	光阻蝕刻剝離		光阻劑剝離裝置	

▶ **表 5-4 前道工序所使用的裝置概要整理 —— ④後段製程所使用的裝置匯總**

晶圓電路檢查	晶圓探針檢測、半導體檢驗
背部研磨	背部研磨裝置
切割	切割刀
晶片貼裝	晶片貼裝機
引線鍵合	引線鍵合機
封裝（壓膜樹脂封裝）	模塑封裝裝置
去除模塑液料	去除模塑液料裝置
導線電解鍍膜	電鍍裝置
導線加工	阻杆 / 橫筋切斷裝置

打標	打標裝置
電路檢查	測試分類機、半導體檢驗
預燒	預燒裝置
電路檢查	測試分類機、半導體檢驗

5.2 專業術語匯總

A

■ 灰化（Ashing）

透過氧氣電漿等所產生的化學反應，可用來去除光阻劑所含有的揮發性物質。大多用於蝕刻加工、離子植入 / 注入等製程之後，用來去除多餘的光阻劑，也稱「去膠」。

■ APM（氫氧化銨與過氧化氫）

Ammonia Hydrogen Peroxide Mixture。氫氧化銨（NH_4OH）、過氧化氫（H_2O2）和去離子水組成的混合液，用於去除有機物、微粒子（Particle）。

■ 退火（Anneal）

又稱回火、熱處理，將晶圓置於氮氣等非活性氣體中，以進行退火的熱處理。通常用於離子植入 / 注入後用來去除離子活性化以及所產生的傷痕。積體電路工藝中所有的在氮氣等不活潑氣氛中進行的熱處理過程都可以稱為退火。

■ 合金（Alloy）

為了改善和提高鋼的某些性能和使之獲得某些特殊性能而有意在冶煉過程中加入的元素稱為合金元素。常用的合金元素有鉻、鎳、鉬、鎢、釩、鈦、鈮、鋯、鈷、矽、錳、鋁、銅、硼及稀土等。磷、硫、氮等在某些情況下也起到合金的作用。

■ 氬氣（Argon）

氬是一種化學元素，其化學符號為 Ar，原子序數為 18，原子量為 39.948 u，位在週期表的第 18 族，是一種稀有氣體。氬占大氣體積的 0.934%（9340 ppmv），是地球大氣層第三多的氣體，是水蒸氣的兩倍以上（平均 4000 ppmv 左右，但變化很大）、二氧化碳（400 ppmv）的 23 倍之多、氖（18 ppmv）的 500 倍以上。氬是地殼含量中最豐富的惰性元素，在地殼中占了 0.00015%。

■ 縱寬比 / 縱橫比（Aspect Ratio）

被加工圓形平面尺寸長（L）與深（D）的比例，縱深尺寸比 =D/L。

■ 原子層沉積（ALD：Atomic Layer Deposition）

是一種一層一層原子級生長的薄膜製備技術。理想的原子層沉積生長過程，透過選擇性交替，把不同的前驅體暴露於基片的表面，在表面化學吸附並反應形成沉積薄膜。

■ 常壓化學氣相沉積（AP CVD：Atmospheric Pressure CVD）

是指在大氣壓下進行的一種化學氣相沉積的方法，這是化學氣相沉積技術中最古老、應用最廣泛的方法之一。

■ 金（Au）

金的元素符號為 Au，金的拉丁文名 Aurum，來自 Aurora 極光，這一命名也恰好反映了金在所有的元素週期表中的元素中有一個非常特別的一個性質，就是它的色澤呈金黃色。

■ 非等向性（Anisotropic）蝕刻

利用具有方向性的離子撞擊來實現特定方向的蝕刻，從而形成垂直的輪廓。

■ ArF 浸沒式曝光機（ArF immersion）

以水取代曝光機內光的介質（空氣），從而進一步改善性能。

■ 校正 / 對準（Alignment）

微影對準技術是曝光前一個重要步驟作為微影的三大核心技術之一，一般要求對準精度為最細線寬尺寸的 1/7-1/10。隨著微影分辨力的提高，對準精度要求也越來越高，例如針對 45am 線寬尺寸，對準精度要求在 5am 左右。

受微影分辨力提高的推動，對準技術也經歷迅速而多樣的發展。從對準原理上及標記結構分類，對準技術從早期的投影微影中的幾何成像對準方式，包括影片圖像對準、雙目顯微鏡對準等，一直到後來的波帶片對準方式、干涉強度對準、雷射外差干涉以及莫爾條紋對準方式。從對準信號上分，主要包括標記的顯微圖像對準、基於光強資訊的對準和基於相位資訊對準。

■ 電弧離子鍍（AIP：Arc ion plating）

實現電弧離子鍍的第一步是引弧，其原理與電焊時的引弧類似。引起的弧斑在靶材上運動（可以透過磁場進行控制），利用電弧的高溫和高壓使靶材產生離化的氣體，並在電場力的作用下轟擊基片。

■ 原子層外延（Atomic Layer Epitaxy）

在原子層階段中，控制在單晶基板上所吸附與反應的材料氣體，再透過反覆操作以形成單晶膜的方法。

■ 交流電（AC：Alternating current）

交流電是指大小和方向會隨時間週期性變化的電壓或電流。

■ 交流測試（AC Test）

驗證交流電流的規格，包括產品的輸入和輸出轉換時間等運作特性。

■ 人工智慧物聯網（AIoT：Artificial Intelligence of Things）

是指將人工智慧（AI）技術與物聯網（IoT）技術相結合，建構智慧物聯網路的一種技術手段。簡單來說，AI 負責資料處理，IoT 負責連接和資料收集，就像大腦和神經末梢網路一樣相互協作，為人類創造更智慧化的生活。

B

■ 凸塊 / 點（Bump）

凸塊是定向指生長於晶片表面，與晶片焊盤直接或間接相連的具有金屬導電特性的突起物。凸塊是晶片倒裝必備工藝，是先進封裝的核心技術之一。凸塊可分為金凸塊、銅鎳金凸塊、銅柱凸塊、焊球凸塊。金凸塊主要應用於顯示驅動晶片、感測器、電子標籤等產品封裝；銅鎳金凸塊主要應用於電源管理等大電流、需低阻抗的晶片封裝；銅柱凸塊主要應用於通用處理器、影像處理器、記憶體晶片、ASIC（Application Specific Integrated Circuit，晶片是專用積體電路，是針對用戶對特定電子系統的需求，從根級設計、製造的專有應用程式晶片，其計算能力和計算效率可根據演算法需要進行客製化，是固定演算法最優化設計的產物，可廣泛應用於人工智慧設備、虛擬貨幣挖礦設備、耗材列印設備、軍事國防設備等智慧終端）、FPGA、電源管理晶片、射頻前端晶片、基帶晶片、功率放大器、汽車電子等產品或領域；錫凸塊主要應用於圖像感測器、電源管理晶片、高速元件、光電元件等領域。

■ 球柵陣列封裝（BGA：Ball Grid Array Package）

這種封裝的特點是外引線變為焊球或焊凸點，成陣列分佈於基本的底平面上。20 世紀 90 年代隨著技術的進步，晶片積體密度不斷提高，I/O 引腳數急劇增加，功耗也隨之增大，對積體電路封裝的要求也更加嚴格。為了滿足發展的需要，BGA 封裝開始被應用於生產。

BGA 佔用基板的面積比較大。雖然該技術的 I/O 引腳數增多，但引腳之間的距離遠大於四角扁平封裝，從而提高了組裝成品率。而且該技術採用了可控塌陷晶片法焊接，從而可以改善它的電熱性能。另外該技術的組裝可用共面焊接，從而能大幅提高封裝的可靠性；並且由該技術實現的封裝 CPU 信號傳輸延遲小，適應頻率可以提高很大。

■ 錫球（Ball）

錫球是滿足電氣互連以及機械互連要求的一種新型的連接方式。焊錫球因性能穩定、超低氣孔氣泡率、工藝控制簡單等優勢，廣泛應用於 BGA、CSP 等現代微電子封裝領域。隨著積體電路的小型化，錫球更逐步成為 Filp-Chip、WLCSP、MEMS、FCBGA 等先進封裝的主流輔助材料。

錫球焊接以非接觸式、無助焊劑無汙染、低熱影響、焊接精度高、一致性好等技術優勢逐漸成為彌補傳統焊接工藝不足的新技術，並得到微電子行業的廣泛應用。

■ 球形鍵合（Ball Bonding）

球形鍵合工藝是將鍵合引線垂直插入毛細管劈刀的工具中，引線在電火花作用下受熱熔成液態，由於表面張力的作用而形成球狀，在視覺系統和精密控制下，劈刀下降使球接觸晶片的鍵合區，對球加壓，使球和焊盤金屬形成冶金結合完成焊接過程，然後劈刀提起，沿著預定的軌道移動，稱做弧形走線，到達第二個鍵合點（焊盤）時，利用壓力和超音波能量形成月牙式焊點，劈刀垂直運動截斷金屬絲的尾部，這樣完成兩次焊接和一個弧線迴圈。

■ 鍵合拉伸強度（bonded tensile strength）

連線後拽拉引線時的承受能力。

■ 背面研磨 / 背面減薄（Back Grinding）

在半導體和 LED 的製造中，需要研磨以使晶片的厚度變薄，以及拋光以使表面成為鏡面。研磨法是一種在圓形的表面板上澆注研磨劑，將表面板與晶圓表面摩擦在一起，調整厚度、平行度、表面粗糙度的加工方法。一般研磨後的晶圓，加工損傷層為 10 ～ 15 μm 左右。因此，矽晶圓的加工方法一般是透過蝕刻處理去除加工損傷後再進行拋光。

背面研磨具體可以分為以下三個步驟：第一、在晶圓上貼上保護膠帶貼膜；第二、研磨晶圓背面；第三、在將晶片從晶圓中分離出來前，需要將晶圓安置在保護膠帶的晶圓貼片上。晶圓貼片工藝是分離晶片（切割晶片）的準備階段，因此也可以包含在切割工藝中。近年來，隨著晶片越來越薄，工藝順序也可能發生改變，工藝步驟也越來越精細化。

■ 裸晶圓（Bare wafer）

切割後的晶圓需要進行加工，以使其像鏡子一樣光滑。這是因為剛切割後的晶圓表面有瑕疵且粗糙，可能會影響電路的精密度，因此需要使用拋光液和拋光設備將晶圓表面研磨光滑。加工前的晶圓就像處於沒有穿衣服的狀態一樣，所以叫做裸晶圓。

■ 烘烤（Bake）

在積體電路晶片的製造過程中，將晶片置於稍高溫（60°C~250°C）的烘箱或熱板上均可謂之烘烤。隨其目的不同，可區分為軟烤（Softbake）與硬烤（Hardbake，也稱「預烤」）。

■ 預燒（Burn-in）

可靠性測試的一種，旨在檢驗出那些在使用初期即損壞的產品，而在出貨前予以剔除。

■ 預燒檢測（Burn-in Test）

積體電路產品出貨前必須讓晶片動作經過高溫、高電壓檢測，這樣在 LSI 晶片初期不合格狀況可以提早發生並清除，此操作是為了確保封裝產品的可靠度。預燒裝置所謂的高溫槽與搭載封裝產品的預燒基板，都可用於處理階段用的接頭插拔檢測機。

■ 緩衝層（Buffer Layer）

通常此層沉積於兩個熱膨脹係數相差較大的兩層之間，緩衝兩者因直接接觸而產生的應力作用。我們製程最常見的緩衝層即 SiO_2，它用來緩衝 SiN_4 與 Si 直接接觸產生的應力，從而提升 Si_3N_4 對 Si 表面附著能力。

■ 鳥嘴（BB：Bird'sBeak）

在用 Si_3N_4 作為掩膜製作 fieldoxide 時，在 Si_3N_4 覆蓋區的邊緣，由於氧或水氣會透過 PadOxideLayer 擴散至 Si-Substrate 表面而形成 SiO_2，因此 Si_3N_4 邊緣向內會產生一個鳥嘴狀的氧化層，即所謂的 Bird'sBeak。其大小與坡度可由改變 Si_3N_4 與 PadOxide 的厚度比及 FieldOxidation 的溫度與厚度來控制。

■ 後道工序（BEOL：Back End Of the Line）

這是一種精細的金屬佈線技術。它的主要功能是連接數以億計的電子元件，形成複雜的電路系統。

■ 雙極性電晶體（BJT：Bipolar Junction Transistor）

透過一定的工藝將半導體內的 P 型半導體和 N 型半導體結合在一起（PN 結合）製成的電晶體。

■ 金手指（Bond Finger）

毛細管劈刀在基板移動時，引線會像縫線一樣被拉出，形成一個引線環。向引線施加力量，將其按壓到基板上的電氣連接插腳，即金手指，以此來實現引腳式鍵合。

■ 毛刺（Burr）

切割時產生的一些殘渣。

■ 刀片切割（或鋸切）（Blade Dicing or Blade Sawing）

即連續使用刀片兩到三次進行切割的方法。「刀片」切割法可以彌補「劃片」後「掰開（Breaking）」時，晶片剝落的現象，可在「切割」過程中起到保護晶片的作用。「刀片」切割與之前的「劃片」切割有所不同，即進行完一次「刀片」切割後，不是「掰開（Breaking）」，而是再次用刀片切割。所以，也把它稱為「分步切割」法。

■ 刀片負載監測（Blade Load Monitering）

刀片或任何其它磨削過程中，在不超出可接受的切削品質參數時，新一代的切片系統可以自動監測施加在刀片上的負載，或扭矩。對於每一套工藝參數，都有一個切片品質下降和 BSC 出現的極限扭矩值。切削品質與刀片基板相互作用力的相互關係，和其變數的測量使得可以決定工藝偏差和損傷的形成。工藝參數可以即時調整，使得不超過扭矩極限和獲得最大的進給速度。

切片工序的關鍵部分是切割刀片的修整。在非監測的切片系統中，修整工序是透過一套反覆試驗來建立的。在刀片負載受監測的系統中，修整的終點是透過測量的力量資料來發現的，它建立最佳的修整程式。這個方法有兩個優點：不需要限時來保證最佳的刀片性能，和沒有合格率損失，該損失是由於用部分修整的刀片切片所造成的品質差。

■ 浴盆曲線（Bath-Tub Curve）

如果以失效率來描述產品失效的發展過程，那麼在沒有預防性維修的情況下，設備、元件的失效率與其工作時間之間就形成典型失效率曲線，俗稱浴盆曲線。

■ 背面碎片（BSC：Back-Side Chipping）

背面碎片發生在晶圓的底面，當大的、不規則微小裂紋從切割的底面擴散開並匯合到一起的時候。當這些微小裂紋足夠長而引起不可接受的大顆粒從切口除掉的時候，BSC 變成一個合格率問題。

通常，切割的矽晶圓的品質標準是：如果背面碎片的尺寸在 10 μm 以下，忽略不計。另一方面，當尺寸大於 25 μm 時，可以看作是潛在的受損。可是，50 μm 的平均大小可以接受，示晶圓的厚度而定。

■ 彎曲度（BOW）

指的是矽片的彎曲。這個詞可能來源於物體彎曲時形態的描述，就像弓的彎曲形狀一樣。彎曲度的值是透過測量矽片的中心和邊緣之間的最大偏差來定義的。這個值通常用 μm 表示。4inch 矽片的 SEMI 標準是，Bow<40um。

■ 苯並環丁烯（BCB：Benzocyclobutene）

一種交聯狀芳香族聚合物，適用於光敏和乾式蝕刻兩種旋塗模式。

C

■ 晶圓測試（Chip Probing）

是指透過探針台和測試機的配合使用，對晶圓上的裸晶片進行功能和電參數測試，其測試過程為：探針台將晶圓逐片自動傳送至測試位置，晶片的端點透過探針、專用連接線與測試機的功能模組進行連接，測試機對晶片施加輸入信號並採集輸出信號，判斷晶片功能和性能是否達到設計規範要求。測試結果透過通訊介面傳送給探針台，探針台據此對晶片進行打點標記，形成晶圓的映射圖（Mapping），即晶圓的電性測試結果。晶圓測試系統通常由支架、測試機、探針台、探針卡等組成。

■ 中央處理器（CPU：Central Processing Unit）

是一塊由超大型積體電路組成的運算和控制核心，主要功能是運行指令和處理資料。

■ 固化（Curing）

當以 SOG（G 是 Glass 的縮寫，意為剝離，其實就是 SOD（旋塗絕緣介質，主要絕緣膜是矽氧化膜））來做介電層和平坦化的技術時，由於 SOG 是一種由溶劑與含有介電材質的材料，經混合而形成的一種液態介電材料，以旋塗的方式塗佈在晶片的表面，必須經過熱處理來趨離 SOG 本身所含的溶劑，稱之為固化。

■ 端子平坦度（Coplanarity）

是指將封裝平面放置時，其導線端子前端的浮沉量。由於進行表面封裝時，如果浮沉量變大，則導線前端就不會接觸到佈線板，因而使得鉛錫無法穩定地附著於佈線板。所以說端子平坦度是非常重要的一個影響項目。

■ 接觸式曝光（Contact Printing）

光罩直接與光阻劑層接觸。

■ 晶片（Chip）

一片晶圓，首先經過切割，然後測試，將完好的、穩定的、足容量的晶粒 / 晶片取下，封裝形成日常所見的晶片。

晶片可指半導體元件產品的總稱，是積體電路經過設計、製造、封裝、測試的產物。在電子和半導體行業中，「Chip」是一個非常常見的術語，又稱積體電路（IC：Integrated Circuit），微電路（Microcircuit）、微晶片（Microchip），是一個更宏觀、更產品化的概念。經過設計、製造、封裝和測試後，形成的可直接使用的產品形態，都被認為是晶片。在強調用途的時候，人們會更多採用「晶片」的叫法，例如 CPU 晶片、AI 晶片、基帶晶片等。

■ 晶片封裝或晶片尺寸封裝（CSP：Chip Size Package 或 Chip Scale Package）

晶片封裝作為設計和製造電子產品開發過程中的關鍵技術之一日益受到半導體行業的關注和重視。封裝的作用主要有保護電路免受外界環境的影響、避免雜訊信號的汙染，遮罩外場的串擾，支撐封裝體內機械機構、電氣互連，緩解封裝體內部的機械應力，提供從封裝體內功率元件到外界環境的熱傳遞路徑，使晶片間的引線從封裝體牢固地引出而非直接裝配在基片上等功能。封裝技術的優劣直接關係到晶片自身性能的發揮以及與晶片連接的 PCB（電路板）的設計和製備，因此封裝是至關重要的。

■ 單元（Cell）

為在記憶元件儲存資訊（Data）所需的最小單位的單元陣列；DRAM 儲存單元由一個電晶體和一個電容器組成。

■ 邊緣剝落（Chipping）

晶片或晶圓邊角損壞。

■ 銅柱凸塊（CPB：Cu Pillar Bump）

用於倒片鍵合的凸點結構，旨在減少凸點間距。銅作為材料，被用於製作銅柱來承上方凸點。

■ 真空反應室 / 腔體（Chamber）

專指一密閉的空間，而有特殊的用途、諸如抽真空，氣體反應或金屬濺射等。因此常需對此空間的種種外在或內在環境加以控制；例如外在粒子數（particle）、濕度等及內在溫度、

■ 通道 / 縫道（Channel）

當在 MOS 的閘極加上電壓（PMOS 為負，NMOS 為正）。則閘極下的電子或電洞會被其電場所吸引或排斥而使閘極下的區域形成一反轉層（Inversionlayer）。也就是其下的半導體 p-type 變成 N-typeSi，N-type 變成 p-typeSi，而與源極和汲極成同 type，故能導通汲極和源極。我們就稱此反轉層為「通道」。

■ 互補式金氧半導體（CMOS：omplementary Metal Oxide Semiconductor）

互補式金氧半導體常用於微處理器、微控制器、SRAM（靜態隨機記憶體）和其他數位邏輯電路；CMOS 技術也常用於圖像感測器等領域。1963 年，Frank Wanlass 在仙童半導體工作的時候發明的 CMOS。CMOS 由成對的互補 p 溝道和 n 溝道 MOSEFET（MOS）組成。

■ 互補金屬氧化物半導體圖像感測器（CIS：CMOS Image Sensor）

一種光學感測器，其功能是將光信號轉換為電信號（指隨著時間而變化的電壓或電流），並透過讀出電路轉為數位化信號。

■ 化學氣相沉積（CVD：Chemical Vapor Deposition）

CVD 是利用氣態物質在固體表面進行化學反應，使晶圓表面產生矽氧化層、矽氮化層、多晶矽等薄膜的工藝過程。

■ 熱絲化學氣相沉積（Cat-CVD：Catalvtic CVD）

利用高溫熱絲催化作用使 SiH_4 分解來製備非晶矽薄膜，對襯底無損傷，且成膜品質非常好，但鍍膜均勻性較差，且熱絲作為耗材，成本較高，而且工藝過程中可能會導致金屬汙染（熱絲導致）。

■ 陶瓷 BGA（CBGA：Ceramic BGA）

載體為多層陶瓷，晶片與陶瓷載體的連接可以有兩種形式：金屬絲壓焊；倒裝晶片技術。具有電性能和熱性能優良以及良好的密封性等優點。

■ 化學機械拋光 / 化學機械平坦化（CMP：Chemical-Mechanical Polishing）

透過物理、化學反應研磨，去除非所需物質，使半導體晶圓表面變得平坦。

■ 冷壁式化學氣相沉積（Cold Wall CVD）

使用低壓 CVD 將整個晶圓加熱（500°C 左右），是不加熱反應室內壁的 CVD 法。由於沒有將反應室內壁加熱，因此可以降低無法附著於內壁、剝離所產生的微粒子數量，通常用於形成鎢金屬過程中。

■ 毛細管劈刀（Capillary）

引線鍵合設備中輔助引線連接晶片電極與引線端子的工具。

■ 熱膨脹係數（CTE：Coefficient of Thermal Expansion）

在壓力恆定的情況下，物體的體積隨著溫度升高而增大的比率。膨脹或收縮的程度與溫度的升高或降低呈線性關係。

■ 毛細管底部填充（CUF：Capillary Underfill）

毛細管底部填充是在倒片鍵合後，使用毛細管劈刀沿著晶片的側面注入底部填充材料以填補凸點間隙。

■ 壓縮模塑法（Compression Molding）

壓縮模塑法是一種能夠克服傳遞模塑法局限性的新方法。在壓縮模塑法的工藝中，模具中會預先填充環氧樹脂模塑膠粉末，基板放入模具中後，隨後施加熱量和壓力，模具中填充的環氧樹脂模塑膠粉末會液化並最終成型。在這種情況下，環氧樹脂模塑膠會即刻熔化為液體，無需流動便可填充間隙，因此成為了填充晶片與封裝頂部之間小空隙的理想選擇。

■ 接觸孔 / 點（Contact Hole）

是設計用來覆蓋形成矽晶圓電晶體等元件的絕緣膜，也是接續電力用的開口。接觸孔的尺寸是積體電路工藝中最小的尺寸之一，是決定晶片面積的關鍵尺寸，接觸孔工藝是積體電路製造中的關鍵工藝，也是技術難度最高的工藝之一。

接觸孔的形狀也是需要重點關注的，上、下尺寸要求基本一樣，孔的表面平滑，上開口稍微打開（像一個喇叭口），以確保阻障層的均勻性，並形成良好的覆蓋。為了形成接觸孔開口良好、光滑的形狀，通常在 SiO_2 介質層中摻雜硼和磷，形成硼磷矽玻璃或磷矽玻璃（用熱退火回流形成）。最後的 CMP 金屬鎢或乾式蝕刻金屬鎢，是為了去除殘留在氧化層表面的多餘的鎢，以便形成互相隔離的接觸孔（通常其形狀是圓形的）。

■ 電容（Capacitor）

蓄電池等儲存電荷（電能）的設備，用於各種電子產品。在本文中，電容指半導體數據的存放裝置。

■ 塗覆（Coating）

在電路板特定區域運用機械的、化學的、電化學的、物理的方法施加塑性的或非塑性的非導電薄層塗料，起環境保護和（或）機械保護作用。

■ 準直濺射（Collimate Sputtering）

準直濺射是在晶圓與靶材間設置格子（Collimate），再以與晶圓垂直的方向，將彙整後的濺射原子附著於晶圓的方法。如此一來，能夠提高縱橫尺寸比的細微孔洞與溝槽等的附著率。

■ 化學鍍（Chemical Plating）

又稱無電鍍或自身催化電鍍（Autocatalyti Cplating）。無電鍍是指於水溶液中的金屬離子被在控制的環境下，予以化學還原，而不需電力鍍在基材上。

■ 關鍵尺寸（CD：Critical Dimension）

蝕刻完成後特定區域圖形尺寸大小。

■ 冷卻劑流量穩定（Coolant Flow Stabilization）

以穩定的扭矩運轉的系統要求進給率、心軸速度和冷卻劑流量的穩定。冷卻劑在刀片上施加阻力，它造成扭力。最新一代的切片系統透過控制冷卻劑流量來保持穩定的流速和阻力，從而保持冷卻劑扭矩影響穩定。

當切片機有穩定的冷卻劑流量和所有其它參數都受控制時，維持一個穩定的扭矩。如果記錄，從穩定扭矩的任何偏離都是由於不受控的因素。這些包括由於噴嘴堵塞的冷卻劑流量變化、噴嘴調整的變化、刀片對刀片的變化、刀片情況和操作員錯誤。

■ 晶片內建晶片（CoC：Chip-on-Chip）

是指在不使用矽通孔技術的情況下，以電氣方式連接兩個或以上晶片的封裝技術。

■ 銅 - 銅（Cu-to-Cu）鍵合

封裝工藝的一種混合鍵合方法，可在完全不使用凸塊的情況下將間距縮小至 10 微米及以下。當需要將封裝內的 Die 相互連接時，可在此工藝中採用銅 - 銅直接連接的方法。

■ 電容器（Capacitor）

一種儲存電荷並提供電容量的元件。

■ 團簇離子植入（ClusterIon Implantation）

團簇離子植入技術是將分子量大的物質進行離子植入的方法，特色是可以縮短注入時間、減少能量分散等。

D

■ DHF 稀氫氟酸（稀氫氟酸）

Diluted Hydrofluoric acid，$HF+H_2O$。

■ 乾式氧化法（Dry Oxidation）

使用氧氣進行熱氧化。由於乾式氧化法只利用純氧，氧化膜生長速度慢，主要用於形成薄膜；生長速度較慢時之所以有利於形成薄膜，是因為生長速度越慢，越容易控制膜的厚度。

■ 凹陷（Dishing）

凹陷是指圖形中央位置的材料厚度減小。凹陷的多少與被拋光的線條寬度有關，線條越寬，凹陷越多，拋光墊的硬度也對凹陷有影響。

■ 腐蝕 / 浸蝕（Erosion）

腐蝕是根據雷射器設計和材料，製備所需各種結構和形狀（有選擇地從矽片表面去除不需要的材料）。當埋設的金屬圖形有稀疏與密集的部分（稱為圖形的粗密），就會容易發生在細微金屬圖形較密集的部分。

■ 雙列直插封裝（DIP：Dual In-line Package）

一種電氣連接引腳排列成兩行的封裝技術。採用雙列直插形式封裝的積體電路晶片，絕大多數中小規模積體電路均採用這種封裝形式，其引腳數一般不超過 100 個。

■ 晶粒 / 裸晶 / 晶片（Die）

Die 是從晶圓上切割出來的單獨的方形或矩形片段。每個 Die 都包含一個積體電路，這個電路設計完成特定的功能，例如微處理器、記憶體、感測器等。晶圓上的多個 Die：一個晶圓通常包含數百或數千個 Die，具體數量取決於 Die 的大小和晶圓的直徑。

晶粒封裝後就成為一個顆粒，俗稱「裸晶」。晶粒是組成多晶體的外形不規則的小晶體，而每個晶粒有時又有若干個位向稍有差異的亞晶粒所組成。晶粒的平均直徑通常在 0.015~0.25mm 範圍內，而亞晶粒的平均直徑通常為 0.001mm 數量級。在半導體行業中，Die 也通常被稱為「晶片」。

■ 固晶（Die Bond）

固晶又稱裝片。固晶即透過膠體（對於 LED 來說一般是導電膠或絕緣膠）把晶片黏結在支架的指定區域，形成熱通路或電通路，為後序的打線連接提供條件的工序。

■ 固晶機（Die bonder）

也稱貼片機，是封測的晶片貼裝環節中最關鍵、最核心的設備，可高速、高精度地貼放元件，並實現定位、對準、倒裝、連續貼裝等關鍵步驟。

■ 晶片鍵合（Die Bonding）/ 晶片貼裝（Die Attach）

在切出的晶片中挑選合格品貼在封裝底座上，然後用黏合劑固定到封裝中。主要是為了後序的引線鍵合做準備的工序，形成電通路。

■ 晶片貼裝 / 黏晶（Die Attach）

封裝設備對其進行固定和連接。這個階段需要使用精密的機械手和傳送裝置，以確保晶片能夠準確地放置在基板上。同時，還需要使用焊線機等設備將晶片的引腳與基板的引腳進行連接。

晶片貼裝的方法隨封裝形式而異，按照晶片黏結材料可分為：金屬共晶焊接、軟釬焊料焊接、有機聚合物黏結、低溫玻璃黏結等。用有機聚合物黏結的晶片貼裝主要過程包括：點膠（Dispense）、取晶片（Pick up）和貼片（Placement）。

■ 晶圓切割 Wafer Dicing / 劃片（Die Sawing）

是將一個晶圓上單獨的晶圓透過高速旋轉的金剛石刀片（也有雷射切割技術）切割開來，形成獨立的單顆的晶片，為後續工序做準備。

■ 晶片黏結薄膜（DAF：Die Attach Film）

晶片黏結薄膜是在晶圓切割時，晶片可一起切割與分離，進行剝離，使切割完後的晶片都還可黏著在薄膜上，不會因切割而造成散亂排列。DAF 膜包括第一膠面、第二膠面和中間層高導熱樹脂層，第一膠面與晶片黏接，第二膠面與基板黏接。

■ 摻雜（Doping）

使用光阻劑圖形作為光罩，必須符合部分電晶體動作以形成 P/N 鍵合狀態，而且矽具有低電阻等特性，根據添加物質不同，即會形成 P 型或是 N 型的雜質區域。P 型雜質有硼（B）等；N 型雜質則包括砷（As）、磷（P）等。雖然一般來說會使用離子植入 / 注入 / 注入的方法摻入雜質，但是也可以使用熱擴散法來實現。

■ 顯影（Development）

是一種利用顯影液來溶解因微影製程而軟化的光阻劑的工藝。

■ 顯影液（Developer）

通常會使用一種名為四甲基氫氧化銨（TMAH，Tetramethylammoniumhydroxide）的強性藥水。TMAH 水溶液的主要成分是水，占 99% 以上。它被廣泛用於微影製程中的顯影。不管是 I- 線、248nm、193nm、193nm 浸沒式或是極紫外光微影（EUV），都是使用 TMAH 水溶液做顯影液。有時為了避免光阻劑線條的倒塌，還可以在 TMAH 水溶液中添加很少量的表面活化劑。

■ 沉積（Deposition）

沉積工藝非常直觀：將晶圓基底投入沉積設備中，待形成充分的薄膜後，清理殘餘的部分即可以進入下一道工藝了。

■ 沉積速率（Deposition Rate）

表示薄膜成長快慢的參數。一般單位 A/min。

■ 擴散（Diffusion）

是指物質分子從高濃度區域向低濃度區域轉移直到均勻分佈的現象，速率與物質的濃度梯度成正比。擴散是由於分子熱運動而產生的品質遷移現象，主要是由於密度差引起的。

■ 電介質（Dielectric）

透過施加電場可以被極化的一種電絕緣體。

■ 深紫外線（DUV：Deep Ultraviolet Lithography）

使用 193nm 的波長的光源，透過浸沒式微影和多重曝光等技術，提高了解析度。DUV 可以用於製造 7nm 以上的晶片，但是難以達到更高的精度和效率。

■ 乾式蝕刻（Dry Etching）

相對濕式腐蝕而言，乾式蝕刻的優勢較明顯，乾式蝕刻具有各向異性，可以從根本上改善橫向鑽蝕等問題。乾式蝕刻技術是利用電漿蝕刻薄膜，主要透過物理和化學蝕刻達到蝕刻目的。

■ 乾式氧化法（Dry Oxidation）

乾式氧化法採用高溫純氧與晶圓直接反應的方式。乾式氧化法只使用純氧氣（O_2），所以氧化膜的生長速度較慢，主要用於形成薄膜，且可形成具有良好導電性的氧化物。乾式氧化法的優點在於不會產生副產物（H_2），且氧化膜的均勻度和密度均較高。

■ 阻杆 / 橫筋（Dam Bar）

在樹脂封裝製程中，用來抑制樹脂從導線架的厚金屬板間隙流出的阻杆。會與導線架外部導線間連結，並設置一個與封裝外型接近的柵欄（Tiber）。

■ 絕緣層（Dielectric Layer）

絕緣層也被稱為「阻焊層」(Solder Resist)，它是晶圓級晶片封裝中的鈍化層(Passivation Layer)，即最後的保護層，用於區分錫球放置區域。如沒有鈍化層，採用回流焊等工藝時，附著在金屬層上的錫球會持續融化，無法保持球狀。

■ 鑲嵌（Damascene）

為使用銅作為金屬佈線材料所需的工藝。該工藝先蝕刻金屬佈線的位置，隨後沉積金屬，再透過物理方法去除多餘的部分。

■ 動態隨機存取記憶體（DRAM：Dynamic Random Access Memory）

是一種用於儲存資料的半導體晶片。它的基本工作原理是在一個儲存單元中儲存一個位元（0 或 1）的資訊，並透過刷新機制來保持這些資訊的穩定性。動態隨機存取記憶體廣泛應用於各種電子設備中，如個人電腦、智慧手機等。

■ 數據手冊（Data Sheet）

定義半導體產品基本配置與特性等具體資訊的檔。

■ 去離子水（DIW：De-Ionzied Water）

在半導體製造濕式清洗工藝中，最常用的清洗液就是去離子水。水中含有導電的陰陽離子，去離子水就是去除水中的導電離子，使水基本不導電。

■ 設計實驗（DoE：Designed of Experiment）

一種設計實驗的系統方法，可使用最少的資源來獲得有關哪些因素或因素組合影響過程結果的最多資訊。使用 DOE 的結果，可以同時調整多個過程因素以優化過程輸出。

在瞭解哪些因素可能影響過程結果的情況下，可以使用所有可能的因素組合或這些組合的優化子集進行實驗。然後分析結果以確定哪些因素或因素組合提供最大 / 最小的影響，以便可以優化過程以產生最佳結果 - 通常以穩定的方式實現特定結果（即控制參數的適度偏差幾乎沒有）對結果的影響。有許多商務軟體包將幫助此過程，包括 Statease 和 Minitab。

設計的實驗通常用於製造過程中，以優化輸出的控制。大多數半導體晶圓製造工藝都是透過使用 DOE 建立的。例如，可以改變溫度，氣體混合物和濺射電壓以針對特定介電常數優化介電膜的沉積。該過程有助於確定綜合影響。例如，有時混合氣在高溫下比在低溫下更重要。應該謹慎地在一組條件下測試該過程，在這些條件下結果將發生變化，以使許多不同條件下的實驗結果都不相同。

■ 直流（DC：Direct Current）

即直流電源，是維持電路中形成穩定電流的裝置。如乾電池、蓄電池、直流發電機等。

■ 直流測試（DC Test）

直流測試驗證直流電流和電壓參數。

■ 雙列扁平無引腳（DFN：Dual Flat No-lead）封裝

屬於方形扁平無引腳封裝（QFN）的延伸封裝。DFN 封裝的管腳分佈在封裝體兩邊，而 QFN 封裝的管腳分佈在封裝體四邊，形狀通常為正方形和矩形。QFN 和 DFN 屬於同一類封裝。

■ 擴散爐（DiffusionFurnace）

在半導體工業上常在很純的矽晶片上以預置或離子植入的方式做擴散源（即紅墨水）。因固態擴散比液體慢很多（約數億年），故以進爐管加高溫的方式，使擴散在數小時內完成。這樣的爐管就叫做擴散爐。

■ 深反應離子蝕刻（DRIE：Deep Reactive Ion Etching）

是一種主要用於微機電系統的乾式腐蝕工藝。

E

■ 真空蒸鍍（Evaporation）

真空蒸鍍的原理極為簡單，可以簡單解釋為，在真空室內透過加熱使材料靶材蒸發，形成蒸汽流，同時保證待鍍件較低的溫度，使得靶材在待鍍件表面凝固。

■ 晶片頂出（Ejection）

完成劃片工藝之後，晶片將被分割成獨立模組並輕輕附著在切割膠帶（Dicing Tape）上。此時，逐個拾取水平放置在切割膠帶上的晶片並不容易。因為即使使用真空也很難輕易拾取晶片，如果強行拉出，則會對晶片造成物理損壞，為此，可採用「頂出工藝」：透過頂出裝置對目標晶片施加物理力，使其與其他晶片形成輕微步差，從而輕鬆拾取晶片。頂出晶片底部之後，可使用帶有柱塞的真空吸拾器從上方拉出晶片。與此同時，使用真空吸拾器將切割膠帶底部拉起，以使晶圓保持平整。

■ 頂出裝置（Ejector）

用於從切割膠帶下方頂起晶片的頂針。

■ 電氣測試（ET：Electrical test）

電氣測試是透過測量直流電壓和電流特性參數來測試半導體積體電路運行所需的各個元件（電晶體、電阻器、電容器和二極體）的步驟。

■ 電鍍（Electro Plating）

一項晶圓級封裝工藝，透過在陽極上發生氧化反應來產生電子，並將電子導入到作為陰極的電解質溶液中，使該溶液中的金屬離子在晶圓表面被還原成金屬。

■ 無電鍍（Electroless Plating）

又稱為化學鍍（Chemical Plating）或自身催化電鍍（Autocatalyti Cplating）。無電鍍是指於水溶液中的金屬離子被在控制的環境下，予以化學還原，而不需電力鍍在基材上。

■ 外延（Epitaxy）

Epitaxy 這個詞來源於希臘語，意為「在上方排列」，是指在具有特定晶格的潔淨襯底表面上沉積一層按襯底晶向生長的單晶層，新沉積的這層因為猶如襯底向外延伸出來的一樣而被稱為外延層。

■ Epoxy

泛指含有兩個或兩個以上環氧基，以脂肪族、脂環族或芳香族等有機化合物為骨架並能透過環氧基團反應形成有用的熱固化產物的高分子低聚體（Oligomer）。

■ 環氧樹脂模塑膠（EMC：Epoxy Molding Compound）

是用於半導體封裝的一種熱固性化學材料，是由環氧樹脂為基體樹脂，以高性能酚醛樹脂為固化劑，加入矽微粉等為填料，以及添加多種助劑混配而成的粉狀模塑膠，為後道封裝的主要原材 料之一，目前 95% 以上的微電子元件都是環氧塑封元件。環氧塑封料具有保護晶片不受外界環境的影響，抵抗外部溶劑、濕 氣、衝擊，保證晶片與外界環境電絕緣等功能。

■ 埋入式基板（Embedded Substrate）

埋入式基板技術誕生於消費類電子產品輕薄短小的發展趨勢下。埋入式基板技術根據埋入的元件種類，可大致分為無源元件埋入、有源元件埋入以及無源、有源混埋技術和 Intel 的嵌入式多核心互聯橋接（EMIB：embeddedmulti-Dieinterconnectbridge）技術。相比於傳統的、將元件全部焊接至 PCB 板表面的技術，元件埋入基板技術 [10] 能夠縮小元件間互連距離，提高信號傳送速率，減少信號串擾、雜訊和電磁干擾，提升電性能，降低模組大小，提高模組積體密度，節省基板外太空，提升元件連接的機械強度。對於實現高性能、高要求、小型化、薄型化的可攜式電子設備具有非常重要的意義。

■ 蝕刻（Etching）

透過化學反應去除矽晶圓及其上面的薄膜。大多將光阻劑圖形作為光置，以作頭可部分去除薄膜的方法。大致可區分為 Wet Etching（濕式蝕刻）及 Dry Etching（乾式蝕刻）。

■ 蝕刻速度（Etching Rate）

它表示蝕刻的快慢程度。在工藝研發過程中，通常需要在準確度和速率之間進行權衡。如果其他因素保持不變，速率越快越好，但通常情況下沒有完美的選擇，即又快又準。為了提高蝕刻的非等向性，需要降低蝕刻氣體的壓力，但這會導致參與反應的氣體量減少，從而減慢蝕刻速度。

■ 蝕刻劑（Etchant）

在蝕刻過程中使用的化學溶液和氣體等具有腐蝕性的物質的總稱。

■ 曝光（Esposure）

曝光是微影技術中最關鍵的工藝過程。這個工藝技術決定是否能成功地將光罩上的積體電路設計圖形轉移到晶圓表面的光阻劑上。

曝光過程和照相機照相過程類似：光罩上的圖形化影像曝光過程在晶圓的光阻劑上進行，與影像曝光在相機內的底片上進行一樣。先進的積體電路晶片超過 30 道微影製程，而每道光罩或倍縮光罩需要精確對準預先設計的對位標記，否則將無法成功地將設計圖形轉移到晶圓表面上，其他的必要條件還包括高的可重複性、高的生產率及低成本。

目前最常用的曝光系統是掃描投影式曝光系統，光線通過透鏡聚焦在光罩上，並將投影式的透鏡作為狹縫，讓光線重新聚焦在晶圓表面上。光罩與晶圓同步移動使紫外線掃描整個光罩，從而使整個晶圓的光阻劑曝光。

■ 電遷移（EM：Electromigration）

電遷移是指在金屬佈線上施加電流時，移動的電荷撞擊金屬原子，使其發生遷移的現象。鋁等輕金屬很容易發生這種電遷移現象。

■ 電子火焰熄滅（EFO）

用電火花熔化引線形成無空氣球的工藝。

■ EUV 曝光機

採用極紫外線繪製超精細圖形的曝光機。

■ 極紫外光微影（EUV：Extreme Ultraviolet Lithography）

簡單來說，就是以 EUV 作「刀」，對晶片上的晶圓進行雕刻，讓晶片上的電路變成人們想要的圖案。如今，世界上最先進的 EUV 曝光機可以做到的「雕刻精度」在 7nm 以下，比一根頭髮的萬分之一還要細。

■ 電子迴旋共振（ECR：Electron Cyclotron Resonance）

電子迴旋共振反應器在 1~10 毫托的工作壓力下產生很密的電漿。它在磁場環境中採用 2.45GHZ 微波激勵源來產生高密度電漿。電子迴旋共振反應器的一個關鍵點是磁場平行於反應劑的流動方向，這使自由電子由於磁力的作用做螺旋運動。當電子的迴旋頻率等於所加的微波電場頻率時，能有效地把電能轉移到電漿中的電子上。這種振盪增加了電子碰撞的可能性，從而產生高密度的電漿，獲得大的離子流。這些反應離子朝矽片表面運動並與表面層反應而引起蝕刻反應。

■ 電子束微影（EBL：Electron Beam Lithography）

電子束微影的主要原理是利用高速的電子打在光阻劑表面，使光阻劑的化學性質改變。

■ 電子束退火技術（Electron Beam Anneal）

電子束退火是一種使用高能離子束加熱晶圓表面的技術。離子束退火先將離子加速到所需的能量水準，再將離子束聚焦並掃描至樣品表面，透過離子與原子的相互作用將能量傳遞給材料，實現加熱。

■ 電子束物理氣相沉積（EB-PVD：Electron Beam-PVD）

是以高能密度的電子束直接加熱蒸發材料，蒸發材料在較低溫度下沉積在基體表面的技術。

該技術具有沉積速率高（10 ～ 15kg/h 的蒸發速率）、塗層緻密、化學成分易於精確控制、可得到柱狀晶組織、無汙染以及熱效率高等優點。該技術的缺點是設備昂貴，加工成本高。目前，該技術已經成為各國研究的熱點。

■ 電氣參數監控（EPM：Electrical Parameter Monitoring）

EPM 是半導體晶片測試的第一步。該步驟將對半導體積體電路需要用到的每個元件（包括電晶體、電容器和二極體）進行測試，確保其電氣參數達標。EPM 的主要作用是提供測得的電氣特性資料，這些資料將被用於提高半導體製造工藝的效率和產品性能（並非檢測不良產品）。

■ 電火花沉積（ESD：Electra-Spark Deposition）

電火花沉積是一種金屬表面強化處理技術，原理是把電極材料（陽極）作為沉積材料，透過脈衝電源放電在極短時間內（10^{-5}~10^{-6} s）擊穿氣體間隙將電極材料轉移到金屬工件（陰極）的表面形成強化層。電極與工件接觸表面溫度高達 8000~25000℃，由於放電瞬間在高溫下熔化並重新合金化，其殘餘應力小，經過強化後表面無需熱處理加工，可作為最終工序。

電火花沉積工藝是介於焊接與噴濺或元素滲入之間的工藝，經過電火花沉積技術處理的金屬沉積層具有較高硬度及較好的耐高溫性、耐腐蝕性和耐磨性，而且設備簡單、用途廣泛、沉積層不基體的結合非常牢固，一般不會發生脫落，處理後工件不會退火或變形，沉積層厚度容易控制，操作方法容易掌握。主要缺點是缺少理論支援，操作尚未實現機械化和自動化。

■ 可擦除可程式設計唯讀記憶體（EPROM：Erasable Programmable Read Only Memory）

非易失半導體儲存晶片，它的特點是具有可擦除功能，擦除後即可進行再程式設計，但是缺點是擦除需要使用紫外線照射一定的時間。

F

■ 平坦區（Flat Zone）

平坦區是為區分晶圓結構而創建的區域，是晶圓加工的標準線。由於晶圓的晶體結構非常精細並且無法用肉眼判斷，因此以這個平坦區為標準來判斷晶圓的垂直和水平。

■ 功能測試（Function Test）

驗證測試樣品的邏輯功能是否正確運作。以半導體記憶體為例，功能測試就是指測試儲存單元（Memory cell）與記憶體周圍電路邏輯功能是否能正常運作。

■ 閃光退火（FLA：Flash Lamp Anneal）

是一種非常快速的光退火技術，使用高強度的閃光燈來快速加熱與冷卻材料。一組鹵素燈可以從背面預熱晶圓，而閃光燈本身由一組正面的氙氣閃光燈提供。閃光燈上方的反射器將光線引導至晶圓上，確保更好的照射均勻性。為了保護預熱燈和閃光燈，透過石英窗使燈與晶圓分開。

這種退火方法與傳統的雷射退火略有不同，因為它使用的是寬波段的光源，而不是單一波長的雷射。如氙氣（Xe）燈的閃光燈一樣，只要一瞬間（數毫秒）的閃光，就能夠快速將晶圓表面升溫、降溫的技術。

■ 倒裝晶片（FC：Flip Chip）

一種透過將凸點朝下安裝於基板上，將晶片與基板連接的互連技術。

■ 倒裝晶片鍵合（FCB：Flip Chip Bonding）

FCB 是一種結合了模具鍵合和引線鍵合的方法，是透過在晶片襯墊上形成凸起來連接晶片和襯底的方法。

■ 倒裝晶片封裝（FCP：Flip Chip Package）

一種透過將凸點朝下安裝於基板上，將晶片與基板連接的互連技術。

■ 細間距 BGA（FBGA：Fine-pitch Ball Grid Array）

一種基於球柵陣列技術的積體電路表面貼裝型封裝形式。其觸點更薄，主要用於系統級晶片設計。

■ 倒裝 BGA（FCBGA：Flip Chip Ball Grid Array）

結合了 Flip-Chip 和 BGA 兩種技術的封裝形式。FCBGA 既有 FC 的高面積比，也有 BGA 封裝的高引腳密度，是 CPU/GPU/AI 等種類晶片的常見封裝形式。從封裝工序上來說，FCBGA 主要分為兩大部分晶圓級凸塊和倒裝晶片封裝。

■ 助焊劑（Flux）

一種有助錫球附著在銅表面的水溶性和油溶性溶劑。

■ 法拉第杯（Faraday Cup）

是離子植入機中在植入前用來測量離子束電流的裝置。

■ 成型（Forming）

成型工藝將封裝分離為獨立單元，並彎曲引線，以便將它們連接到系統板上。而對於基板封裝，則是在進行植球，即錫球被焊接在基板焊盤上之前，先完成模塑。

■ 前道工序（FEOL：Front End Of the Line）

晶圓加工的第一道工藝就是「製造」各種電子元件。說是「製造」，其實就是透過在晶圓上的各種處理，繪製所需的電子元件。這一過程我們稱之為晶圓加工的前道工序。

■ 四探針法（Four-point probe method）

又可以被稱作四點共線探針法，是一種用於測量薄膜方塊電阻率的技術。四點共線探針技術是將四個等距的探針與未知電阻的材料接觸。安裝在探頭中的探針被輕輕地放置在晶圓的中心，兩個外部探針用於提供電流。兩個內部探針用於測量樣品表面產生的電壓降。

■ 扇入型晶圓級晶片封裝（Fan-In WLCSP）

扇入型 WLCSP 的封裝佈線、絕緣層和錫球直接位於晶圓頂部。與傳統封裝方法相比，扇入型 WLCSP 既有優點，也有缺點。

在扇入型 WLCSP 中，封裝尺寸與晶片尺寸相同，都可以將尺寸縮至最小。此外，扇入型 WLCSP 的錫球直接固定在晶片上，無需基板等媒介，電氣傳輸路徑相對較短，因而電氣特性得到改善。而且，扇入型 WLCSP 無需基板和導線等封裝材料，工藝成本較低。這種封裝工藝在晶圓上一次性完成，因而在裸片數量多且生產效率高的情況下，可進一步節約成本。

扇入型 WLCSP 的缺點在於，因其採用矽晶片作為封裝外殼，物理和化學防護性能較弱。正是由於這個原因，這些封裝的熱膨脹係數與其待固定的 PCB 基板的熱膨脹係數存在很大差異。受此影響，連接封裝與 PCB 基板的錫球會承受更大的應力，進而削弱焊點可靠性 .

■ 扇出型晶圓級晶片封裝（Fan-Out WLCSP）

扇出型 WLCSP 既保留了扇入型 WLCSP 的優點，又克服了其缺點。扇入型 WLCSP 的所有封裝錫球都位於晶片表面，而扇出型 WLCSP 的封裝錫球可以延伸至晶片以外。在扇入型 WLCSP 中，晶圓切割要等到封裝工序完成後進行。因此，晶片尺寸必須與封裝尺寸相同，且錫球必須位於晶片尺寸範圍內。在扇出型 WLCSP 中，晶片先切割再封裝，切割好的晶片排列在載體上，重塑成晶圓。在此過程中，晶片與晶片之間的空間將被填充環氧樹脂模塑膠，以形成晶圓。然後，這些晶圓將從載體中取出，進行晶圓級處理，並被切割成扇出型 WLCSP 單元。

除了具備扇入型 WLCSP 的良好電氣特性外，扇出型 WLCSP 還克服了扇入型 WLCSP 的一些缺點。這其中包括：無法使用現有基礎設施進行封裝測試；封裝錫球陣列尺寸大於晶片尺寸導致無法進行封裝；以及因封裝不良晶片導致加工成本增加等問題。得益於上述優勢，扇出型 WLCSP 在近年來的應用範圍越來越廣泛。

■ 鰭式場效電晶體（FinFET：Fin Field-Effect Transistor）

三維 MOS（MOSFET 簡稱）的一種，因電晶體形狀與魚鰭相似而得名。

■ 柔性電路板（FPCB：Flexible Printed Circuit Board）

一種利用柔性基材製成的具有圖形的印刷電路板，由絕緣基材和導電層構成，絕緣基材和導電層之間可以有黏結劑。

■ 現場可程式設計閘陣列（FPGA：Field-Programmable Gate Array）

是作為專用積體電路領域中的一種半客製化電路而出現的，既解決了客製化電路的不足，又克服了原有可程式設計元件門電路數有限的缺點。

G

■ 氣體團簇離子束技術（GCIB：Gas Cluster Ion Beam）

氣體團簇是透過擠壓成百上千個氣體原子而產生的，它們鬆散地耦合在一起，再從一個細喉道般的噴嘴噴射出來。電荷是在氣簇形成後產生的，並在電場的作用下加速透過靜電透鏡調節到所需的光束直徑後，照射待加工的表面。由於具有低能量照射效果，因此可以進行極淺的離子植入。

■ 溝槽填充 / 間隙填充（Gap fill）

溝槽填充是衡量溝槽填充程度的一個參數。半導體表面有很多凹凸不平的溝槽，沉積過程中很難保證可以把所有溝槽都填得嚴嚴實實。溝槽填充能力差，就會形成孔洞（Void），會影響材料的緻密性，從而影響薄膜強度，造成坍塌。如果說「等向性蝕刻」是沒有方向選擇性地移除了不該移除的部分，沉積工藝中的「溝槽填充能力差」即表明沒有填充到該填充的地方。

■ 巨大型積體電路（GLSI：Giga Scale Integration）

邏輯閘 1,000,001 個以上或電晶體 10,000,001 個以上。

■ 國內生產總值（GDP：Gross Domestic Product）

國內生產總值反映了一國（或地區）的經濟實力和市場規模，是國民經濟核算的核心指標，是衡量一個國家或地區經濟狀況和發展水準的重要資料，有價值形態、收入形態和產品形態等表現形態。

H

■ HPM（鹽酸與過氧化氫混合液）

Hydrofluoric acid-Hydrogen Peroxide Mixture。鹽酸（HCI）與過氧化氫（H_2O_2）混合液，用於去除金屬物質。

■ 螺旋波型（Helicon Wave）乾式蝕刻

由於可以使用螺旋波與磁場以提高電漿的密度，因此可以抑制充電所產生的傷害。也能夠控制電漿來源以及晶圓各自所擁有的偏壓，因此也能夠進行異向性蝕刻。

■ 熱壁式（Hot Wall）

使用低壓 CVD 將整個反應室加熱（800°C 左右），也包含晶圓、反應室內壁形成薄膜的 CVD 法。主要用於形成多矽、矽氮化層、矽氧化層，能夠產生較優質的薄膜。

熱壁式 CVD 反應實際上是一個恆溫爐，通常用電阻元件加熱，用於間斷式的生產。

■ 硬掩膜（Hard Mask）

為防止因圖形微細化而造成光阻劑上的圖形被破壞，在其下方額外添加的掩模版。

■ 硬烤（Hard Bake）/ 預烤

又稱為蝕刻前烘烤（Pre-etch Bake），主要目的為去除水氣，增加光阻附著性，尤其在濕蝕刻（Wetetching）更為重要，預烤不完全常會造成過蝕刻。

■ 氫化物氣相外延（HVPE：Hydride Vapor Phase Epitaxy）

是指在溫度為 850°C 溫區內放入金屬鎵，呈液態後，從熱壁上層注入氯化氫氣體，形成氯化鎵氣體，後將氯化鎵氣體傳送至襯底，在 1000°C 至 1100°C 溫度下與氨氣反應，最終生成氮化鎵晶體。這種方法可以獲得每小時幾十微米以上的快速生長率，設備結構簡單，生產成本低，十分適合生長 GaN 厚膜。

■ 混合鍵合（Hybrid Bonding）

混合鍵合技術是一種將介電鍵（SiOx）與嵌入金屬（Cu）結合形成互連的永久鍵合，擴展了熔合鍵合，在鍵合介面中嵌入了金屬焊盤，實現了晶片的面對面連接。隨著半導體行業將重點從 2D 封裝轉向 3D 封裝，混合鍵合正在成為實現異構整合的首選方法。

■ 高 k 金屬柵（HKMG：High-K Metal Gate）

可有效減少電流洩露的新一代 MOSFET 閘極；是一種以金屬代替傳統的多晶矽（Polysilicon）閘極並以高介電（High-K）取代氧化矽絕緣膜的電晶體。

■ 同質外延（Homoepitaxy）

同質外延是指在相同類型的基片上生長出相同的材料，這種外延生長的外延層和基片有著完全相同的晶格結構。

■ 異質外延（Heteroepitaxy）

異質外延則是在一種材料的基片上生長出另一種材料，這種情況下，外延生長的晶體層和基片的晶格結構可能會有所不同。

■ 熱壓印（Hot embossing）

熱壓法是一種應用較廣泛的快速複製電泳微通道的晶片製作技術，適用於 PMMA 與 PC 等熱塑性聚合物材料。熱壓法的模具可以是直徑在 50 μm 以下的金屬絲或是蝕刻有凸突的微通道骨片陽膜，如鎳基陽模、單晶矽陽模、玻璃陽模、微機械加工的金屬陽模。此法可大批量複製，設備簡單，操作簡便，但所用材料有限。

■ 熱影響區域（HAZ：Heat Affected Zone）

在金屬引線材質被毛細管的高溫稍熔化後，在凝固過程中再結晶的金屬引線區域。

■ 密封法（Hermetic）

指附接陶瓷板或金屬蓋板進行密封，具有經久耐用的優點。因此，這種方法主要應用於特殊領域的設備，如國防和醫療保健等。典型的產品類型包括 CPU、EPROM 和電力電晶體（用於電力行業的大功率輸出電晶體）。

■ 散熱（Heat Dissipation）

半導體晶片發展路線圖上的一個障礙是「熱死（Heat Death）」，也就是大量熱量的產生而導致晶片被燒毀。所以散熱問題成為進一步發展半導體工業亟待解決的關鍵問題。

■ 高頻寬記憶體（HBM：High Bandwidth Memory）

是超微半導體和 SK Hynix 發起的一種基於 3D 堆疊工藝的高性能 DRAM，適用於高記憶體頻寬需求的應用場合，像是圖形處理器、網上交換及轉發設備（如路由器、交換器）等。首個使用 HBM 的設備是 AMD Radeon Fury 系列顯示核心。2013 年 10 月 HBM 成為了 JEDEC 透過的工業標準，第二代 HBM — HBM2，也於 2016 年 1 月成為工業標準，NVIDIA 在該年發表的新款旗艦型 Tesla 運算加速卡—Tesla P100、AMD 的 Radeon RX Vega 系列、Intel 的 Knight Landing 也採用了 HBM2。

I

■ 錠（Ingot）

為了將從沙子中提取的矽作為半導體材料使用，首先需要經過提高純度的提純工序。將矽原料高溫溶解，製造高純度的矽溶液，並使其結晶凝固。這樣形成的矽柱叫做錠。用於半導體中的錠採用了數奈米（nm）微細工藝，是超高純度的矽錠。

■ 折射率（Index of Refraction）

折射率是表徵光與物質相互作用性質和規律的量，根據材料電導率的不同，可以將材料分為絕緣體，導體和半導體，在計算折射率模型中，具有代表性的是用來處理導體的 Drude 自由電子氣體模型，絕緣體中的 Lorentz 振子模型，以及半導體材料中的結合自由電子和振子性質的 Drude-Lorentz 模型。

■ 電感耦合電漿（ICP：Inductively Coupled Plasma）型乾式蝕刻

電感耦合電漿蝕刻設備是種將射頻電源的能量經由電感線圈，以磁場耦合的形式進人反應腔內部，從而產生電漿並用於蝕刻的設備，其蝕刻原理也屬於廣義的反應離子蝕刻。

■ 離子束蝕刻（Ion Beam Etching）

是一種物理乾式加工工藝，利用高能氬離子束以大約 1 至 3keV 的能量照射在材料表面上。離子束的能量使其撞擊並去除表面材料。蝕刻過程在垂直或傾斜入射離子束的情況下是各向異性的。

■ 浸漬（Impregnation）

一種填充澆鑄過程中形成空隙的工藝，旨在降低電鍍過程中塗層失效的可能性。

■ 惰性氣體（Inert Gases/ Noble Gases）

惰性氣體共有 7 種，它們是氦氣、氖氣、氬氣、氪氣、氙氣、氡氣、Og（人造元素）。

惰性氣體有時也被叫做貴重氣體、貴族氣體、或高貴氣體等，這些稱呼是源自德語，是由雨果 · 埃德曼於 1898 年所定名。與黃金等被稱為「貴金屬」類似，由此可見其珍貴性，惰性氣體對於半導體行業來說，太重要了。

幾十年來，全球半導體工業持續取得成功的關鍵因素之一，就是惰性氣體。惰性氣體是積體電路、平板顯示、發光二極體、太陽能電池等半導體行業生產製造過程中不可或缺的關鍵性化工材料，被廣泛的應用於清洗、蝕刻、成膜、摻雜等工藝。在半導體工藝中，從晶片生長到最後元件的封裝，幾乎每一步、每一個環節都離不開惰性氣體。

■ 離子植入 / 注入 / 注入（Ion Implant）

加速雜質擴散、並添加矽晶。可根據離子加速能量及注入 / 注入時間等狀態，控制其所添加的程度及數量。根據所添加的離子不同，會形成 P 型或 N 型等具有導電特性的矽晶。P 型：硼（B）等；N 型：砷（As）、磷（P）等。

■ 積體電路（IC：Integrated Circuit）

積體電路（港臺稱之為積體電路）是一種微型電子元件或部件。選用必定的工藝，把一個電路中所需的電晶體、電阻、電容和電感等元件及佈線互連一同，製造在一小塊或幾小塊半導體晶片或介質基片上，然後封裝在一個管殼內，成為具有所需電路功用的微型結構；其間一切元件在結構上已組成一個全體，使電子元件向著微小型化、低功耗、智慧化和高可靠性方面邁進了一大步。它在電路頂用字母「IC」表示。

■ 內聯重佈線（IRDL）

是一種先進的 FAB 技術，能夠降低流程成本，可以在不損害現有晶片架構的前提下，將 IO 焊盤重新放置到封裝所需的位置。這項技術可以縮減成品厚度，有力地推動 SK 海力士成為移動市場技術領導者。

■ 仲介層（Interposer）

一種主要用於電解和電鍍的電極。它既不溶於化學溶液，也不溶於電化學溶液。鉑金等材料常被用於製作不溶性電極，用於 2.5D 配置中的裸片之間又寬又快的電信號管道。

■ 等向性（Isotropic）蝕刻

沒有方向選擇性，即除了縱向反應外，橫向反應也會同時發生。

■ 金屬層間電介質層（IMD：Intermetal Dieletric）

阻止金屬佈線層之間不必要電流的流動的保護膜。

■ 阻抗（Impedance）

衡量電路阻礙電流透過能力程度的指標。

■ 異丙醇（IPA）

電子級 IPA 是一種快速乾燥且易燃的透明、無色液體，主要用作晶片、液晶、磁頭、線路板等精密電子元件加工過程中的超淨清洗和乾燥劑，是半導體產業不可或缺的高純電子化學品材料。

■ 離子束輔助氣相沉積（IBAD：Ion Beam Enhanced Deposition）

是將離子植入與鍍膜結合在一起，即在鍍膜的同時，使具有一定能量的轟擊（注入）離子不斷地射到膜與基材的介面，藉助於級聯碰撞導致介面原子混合，在初始介面附近形成原子混合過渡區，提高膜與基材之間的結合力，然後在原子混合區上，再在離子束參與下繼續生長出所要求厚度和特性的薄膜。這種技術又稱為離子束增強沉積技術（IBED）、離子束輔助鍍膜（ICA）、動態離子混合（DIM）。

■ 互連（Interconnect）

互連是指晶片之間、晶片與基板之間，以及封裝體內其它組合間的電氣連接，側重指電氣互聯是晶片的焊區和基板焊區的互連。

■ 晶片測試插座（IC Socket）

是連接晶片與 PCB 板的連接器插座，主要作用就是滿足晶片引腳端子與 PCB 測試主機板的聯接需求。最大優勢是在晶片測試環節可以隨時拆換晶片，不損壞晶片和 PCB，從而實現快速高效的測試。具有操作簡單、故障定位準確、方便快捷、測試良率高等特點。

■ I/O

Input/Output，即輸入 / 輸出，是在主記憶體和外部設備（磁碟機、網路、終端）之間複製資料的過程。輸入是從外部設備複製到主記憶體，輸出是從主記憶體複製到外部設備。

J

■ 焦點深度

轉寫掩膜版時，雖然必須要配合晶圓上的焦點才能進行曝光，但是為了能夠獲得一定的圖形精確度，就必須要決定焦點深度的曝光類型、必須與曝光光源的波長（λ：lambda）成正比，且必與透鏡數值孔徑（NA）的二次方成反比。該數值越大，曝光的範圈（Margin）就會越大。晶圓表面的凹凸必須要彼此都能符合焦點以確保圓形的精確度。這些關係可以用如下列方程式來表示，它們都是在曝光技術中經常會被使用到的計算公式。

$DOF=k_2 X \lambda / (NA)^2$

DOF：焦點深度

K_2：製程係數

λ：曝光光源波長

NA：透鏡數值孔徑（NumericalAperture）

■ 噴射擦洗（Jet Scrub）

用高壓純水噴射至晶圓上以去除異物的方法。

K

■ 氪氟（KrF）

激發 Kr（krypton）與氟（F）放所獲得的氪氟準分子雷射（Excimer Laser）。

L

■ 海鷗翅狀（L 字形）

橫向來看封裝端子形狀的剖面，有點像是海鷗張開的翅膀形狀而得名。是表面封裝型中附有導線端子積體電路封裝的代表範例。

■ 引線（Lead）

從電路或元件終端向外引出的導線，用於連接至電路板。

■ 引線環（Loop）

從一次鍵合到二次鍵合金絲形成的形狀。

■ 大型積體電路（LSI：Large Scale Integration）

通常指含邏輯閘數為 100 門～ 9999 門（或含元件數 1000 個～ 99999 個），在一個晶片上集合有 1000 個以上電子元件的積體電路。LSI 基本上由半導體層（包括矽晶圓）、用於供電的金屬佈線層，以及用於電氣隔離的絕緣層（稱為介質層）組成。

■ 低壓化學氣相沉積（LPCVD：Low Pressure CVD）

將反應氣體在反應器內進行沉積反應時的操作壓力，降低到大約 133Pa 以下的一種 CVD 反應。

■ 雷射摻雜技術（Laser Doping）

是在金屬柵線（電極）與矽片接觸部分進行重摻雜，而電極以外位置保持輕摻雜（低濃度摻雜）。透過熱擴散方式，在矽片表面進行預擴散，形成輕摻雜；同時表面磷矽玻璃（PSG）作為局部雷射重摻雜源，透過雷射局部熱效應，磷矽玻璃中磷原子二次快速擴散至矽片內部，形成局部重摻雜區。配合雷射高精度圖形化，可實現與後續絲網印刷完美套印效果。

■ 雷射切割（Laser Dicing）

在切割過程中則無需直接接觸晶圓，而是在晶圓背面利用雷射來完成切割，可非常有效地解決斷裂問題。因為雷射切割工藝能儘量避免對晶圓表面造成損害，可以保持晶片的堅固性，所以它更適用於切割較薄的晶圓。

■ 剝落效果：（Lift-off Effect）

將晶圓表面變薄後用蝕刻來去除表面異物的效果。

■ 長拋濺射（Long Throw Sputtering）

長拋濺射是提高真空程度，並在與濺射原子平均自由徑同樣的程度下，拉長與靶材間的距離，再於與晶圓垂直的方向將彙整後的濺射原子附著於晶圓的方法。這種方法能夠提高縱深尺寸比的細微孔洞與溝槽等的附著率。

■ 燈管式退火（Lamp Anneal）

退火裝置方面，為了降低晶圓的熱流程，會使用燈管方式進行快速熱退火，和爐管（高溫石英爐）式的熱處理裝置比較起來，使用燈管式加熱的熱處理裝置能夠急速讓晶圓溫度上升、下降（急升溫、急降溫），一般來說在短時間內即可完成退火。

■ 液態外延（IPE：Liquid Phase Epitaxy）

液相外延系統是指將待生長材料（S、CGa. As. Al 等）及摻雜所（Zn、Te 等）常化於熔點較低的金屬（如 Ga、In 等）中，使溶質在溶劑中呈觀飽和或過飽和狀態，然後將單品襯底與溶液接觸，透過逐漸降溫冷卻的方式使溶質從溶劑中析出，以形成單晶膜的方法。

■ Low-k 膜

在多層佈線的情況下，層間絕緣膜是用來隔離上下佈線層電力所使用的絕緣膜。由於 LSI 性能逐步提高而降低了佈線間的電容量，因而現在逐漸採用誘電率較低的絕緣膜（Low-k 膜）。

■ 低溫煙霧清洗（Low temperature smoke cleaning）

為了給冷卻的氬氣（Argon）、氮氣、碳酸氣體等非活性氣體降壓，因此會在反應室內用噴嘴噴射使其結冰，並將結冰的固體粒子放置於反應室內，以去除可能會與晶圓衝突的異物。結冰的固體粒子如果放置在常溫條件下則會恢復成為氣體，因此不需要特別的乾燥裝置。

■ 橫向擴散 MOS（LDMOS：Later Diffused MOS）

是一種改進的 MOS，在無線通訊領域中擁有廣泛應用。它具有高功率、高效率和高可靠性的特點，成為了無線通訊設備中的重要組成部分。

M

- 多重曝光（Multi Patterning）

透過重複的曝光和蝕刻工藝，追求更高圖形密度和更小工藝節點的技術。

- 金屬有機物化學氣相沉積法（MOCVD：Metal-organic Chemical Vapor Deposition）

主要以 III 族或 II 族元素的有機化合物和 V 族或 VI 族元素的氫化物或氫化物等作為晶體生長的原材料，以熱分解反應方式在襯底上進行氣相外延，生長各種 III-V 族或 II-VI 族的化合物半導體以及它們的多元固溶體的薄層單晶材料，這些生長通常是在常壓或者低壓（10-100 Torr）下進行的，襯底溫度通常在 500-1200°C。

- 磁控型（Magnetron）乾式蝕刻

將磁場加入平行平板型 RIE 裝置中，透過磁控型放電即可生高密度電漿，並加快蝕刻速度。電漿可以產生於較高度的真空狀態下，也可以在高密度狀態下產生密度較低的離子能量。

- 磁控濺射（Magnetron Sputtering）

是一種常見的 PVD 工藝，是在真空室內加入正交（有例外）的電磁場，空間中的電子在電磁場的作用下不斷做螺旋線運動，電子運動撞擊空間中稀有氣體粒子（一般氮氣、氬氣），使其離化，離化了的粒子又會產生運動著的電子，繼續撞擊其他稀有氣體粒子，於是電子越來越多，形成電子雲環繞在陽離子周圍，構成電漿，陽離子在電場力的作用下作用下轟擊靶材（靶材接負壓），濺射出靶材離子，在基片上沉積。

- 多晶片封裝（MCP：Multi Chip Package）

透過在一個封裝外殼內垂直堆疊兩種或兩種以上不同類型記憶體半導體形成的產品。

- 模塑（Molding）法

指先熔化再固化塑膠環氧材料（Epoxy）密封引線鍵合結構或倒裝晶片鍵合結構半導體產品的過程。

- 模塑底部填充（MUF：Molded Underfill）

是在倒片鍵合後，將環氧樹脂模塑膠作為底部充填材料來發揮填充作用。

■ 主控晶片（MCU：Micro Controller Unit）

又稱微控制器或單片機，是一種整合了 CPU、記憶體（ROM/RAM）、資料轉換器（A/D、D/A）、I/O 以及計時器等多種功能模組的、微型的、晶片級的電腦。

■ 回流焊工藝（Mass Reflow）

將多個元件按陳列連接到基板上，然後在烤箱等中一起加熱，以熔化焊料使之形成互聯的工藝。

■ 大規模回流模塑底部填充（MR-MUF）

Mass Reflow -Molded Underfill，將半導體晶片貼附在電路上，並在堆疊晶片時使用 EMC 填充晶片之間或晶片與凸塊之間間隙的工藝。截至目前，NCF 技術已經用於該工藝。NCF 是一種在晶片之間使用薄膜進行堆疊的方法。MR-MUF 與 NCF 相比，導熱率高出兩倍左右，對工藝速度和良率都有很大影響。

■ 金氧半場效電晶體（MOSFET：Metal–Oxide–Semiconductor Field-Effect Transistor）

金屬氧化物半導體場效應電晶體，簡稱金氧半場效電晶體。

MOSFET 由 Mohamed M. Atalla 和 Dawon Kahng 於 1959 年在貝爾實驗室發明，並於 1960 年 6 月首次推出。它是現代電子學的基本組成部分，也是歷史上最常用的元件，自 1960 年代以來，MOSFET 的縮小和小型化一直在推動電子半導體技術的快速發展，並實現了諸如儲存晶片和微處理器之類的高密度 IC。MOSFET 被認為是電子行業的「主力軍」。

MOS 的英文全稱就是 MOSFET，其中尾碼 FET 是場效應電晶體（Field Effect Transistor 縮寫，FET 是利用控制輸入迴路的電場效應來控制輸出迴路電流的一種半導體元件。FET 是具有源極（S）、閘極（G）、汲極（D）和主體（B）端子的四端子設備。FET 透過向閘極施加電壓來控制電流，從而改變汲極和源極之間的電導率。由於它僅靠半導體中的多數載流子導電，又稱單極型電晶體。也就是說，FET 在其操作中使用電子或空穴作為電荷載流子，但不能同時使用兩者。

■ 掩膜版 / 母版 / 光罩（Mask）

在透明的石英基板上，適應 LSI 製程所形成的圖形，將可以用來遮蔽曝光裝置光源的鉻等物質附著於黑暗部位。通常會將掩膜版簡稱為掩膜版。

■ 打標（Marking）

打標是指在半導體封裝表面刻印產品資訊的工藝，包括半導體類型、製造商，以及客戶要求的圖案、符號、數位或字母等。這在封裝後的半導體產品出現故障時尤為重要，因為標記有助於追蹤產品故障原因等。打標既可以使用雷射灼燒環氧樹脂模塑膠等材料來進行刻印，也可以使用油墨壓印。

■ 承載薄膜（Mounting Tape）擴張法

利用雷射進行隱形切割並在晶圓上形成凹槽後，使貼在晶圓上的承載薄膜出現擴張。然後，在相應區域施加作用力，使晶圓分割成晶片。

■ 對映表（Mapping Table）

用於設定合格和不合格晶片標準的軟體。

■ 無光罩微影（Maskless Lithography）

也稱直寫微影，是指電腦控制的高精度光束聚焦投影至塗覆有感光材料的基材表面上，無需掩膜直接進行掃描曝光。直寫微影根據輻射源的不同大致可進一步分為兩大主要類型：一種是光學無光罩微影，如雷射無光罩微影；另一種是帶電粒子無光罩微影，如電子束無光罩微影、離子束無光罩微影等。

■ 微機電系統（MEMS：Micro Electro Mechanical Systems）

利用半導體的加工技術將機械系統的尺寸縮小到毫米級，或微米級，再與微電路一起整合到晶片上。本質是將機械系統微型化，對工藝的要求較高，不同類型的 MEMS 產品都有獨特的製造工藝和專屬的封裝形式。

與傳統工藝製造的同類產品相比，MEMS 具有體積小、重量輕、成本低、功耗低、可靠性高、可以批量化生產、易於整合和實現智慧化等優點。

■ 分子束外延（MBE：Molecular Beam Epitaxy）

是一種化合物半導體多層薄膜的物理澱積技術。其基本原理是在超高真空條件下，將組成薄膜的各元素在各自的分子束爐中加熱成定向分子束入射到加熱的襯底上進行薄膜生長。由於每一台分子束爐的爐口裝有一個能快速開閉的快門，因而生長時能快速改變所生長材料的成分及摻雜種類。這是一種非常精確且可控的半導體薄膜生長技術，它可以在原子級別精確控制沉積的材料厚度。

■ 微接觸印刷（Micro contact printing cup）

微接觸印刷法是指用彈性印章結合自組裝單分子層技術在平面或曲面基片上印刷圖形的技術。自組裝單分子層是含有一定官能團的長鏈分子在合適的基片上自發地排列成規整的結構以求自由能最小。

已確定的自組裝單分子層體系有烷基硫醇在金銀等造幣金屬表面和烷基矽氧烷在玻璃、矽、二氧化矽表面等。自組裝單分子層的厚度約 2 ～ 3nm，改變烷鏈中亞甲基的數目可在 0.1nm 的精度範圍內改變單分子層的厚度。

透過用微影等技術先製備有關圖形的模具，將 PDMS 澆注在模具上可制得彈性印章。在印章的表面塗上烷基硫醇墨水，可在金銀等金屬表面印出微圖形。

■ 金屬氧化物半導體（MOS：Metal-Oxide-Semiconductor）

MOS 是最傳統和研究最深入的氣體感測材料之一，並已被廣泛用於製備各種商業氣體感測器。

■ 金屬有機化學氣相沉積（MOCVD：Metal-Organic Chemical Vapor Deposition）

又稱作金屬有機氣相外延，已經成為被使用最多的，同時生長的 GaN 材料和元件品質最好的方法。金屬有機化合物是一類具有金屬 - 碳鍵的化合物。這些化合物包含至少一個金屬和碳原子之間的化學鍵。金屬有機化合物常常被用作前驅體，可以透過各種沉積技術在基底上形成薄膜或奈米結構。MOCVD 法生長速率適中，可以較精確的控制膜厚，特別適合於 LED 和 LD 的大規模工業化生產。

■ 多層噴射沉積（MLSD）技術

傳統的噴射沉積技術相比，多層噴射沉積的一個重要特點是可調節接收器系統和坩堝系統的運動，使沉積過程為勻速且軌跡不重複，從而得到平整的沉積表面。

其主要特點是：沉積過程中的冷卻速度比傳統噴射沉積要高，冷卻效果較好；可製備大尺寸工件，且冷卻速度不受影響；工藝操作簡單，易於製備尺寸精度較高、表面均勻平整的工件；液滴沉積率高；材料顯微組織均勻細小，無明顯介面反應，材料性能較好。

■ 微機電系統（MEMS：Micro Electromechanical System）

MEMS 產品將具有不同功能的微感測器、微執行器、微結構、信號處理與控制電路、通訊 / 介面單元在矽晶圓上製作而成，是微型機械加工工藝和半導體工藝相結合的產品。簡單來講，MEMS 是一種結合了機械和電子技術的微小裝置。

N

- NLD 型（Neutral Loop Discharge）乾式蝕刻

  透過在磁力中性線附近的電子（因線圈組合而產生的電子）可以產生具有效率的電漿。即使在高度真空的狀態下，也能夠產生密度高、電子溫度低的電漿。由於在外部磁場中也可以控制電漿的密度，因此能夠控制一致性的蝕刻狀態。

- 凹槽 / 缺口（Notch）

  帶有凹槽的晶圓比帶有平坦區的晶圓更高效，因為帶有凹槽的晶圓可以生產更多的晶片。

- 非導電膜（NCF：Non-Conductive Film）

  NCF 技術是一種在晶片之間使用一種薄膜堆疊晶片的方法。

- 快閃記憶體（NAND）

  一種可以擦除和重寫資料的非揮發性儲存介質。

- N 型（Negative）不純物質

  在矽原料上導入不純物質時，矽會在 N 型導電性的不純物質中，使用如砷（As）、磷（P）、銻（Sb）等物質。摻雜越多則自由電子越多（電子為多數載流子），導電能力越強，電阻率就越低

- 奈米壓印技術（NIL：Nanoimprint Lithography）

  奈米壓印技術是 1995 年由周鬱（Stephen Chou）教授提出，透過接觸式壓印完成圖形的轉移，等效於光學曝光和顯影的工藝過程，再利用蝕刻傳遞工藝將結構轉移到目標材料上。

- 負性光阻劑（Negative PR）

  由感光材料 + 聚合物組成，光照後進一步聚合，不溶於所謂顯影液的有機溶劑，也就是說，光照射區域保留圖形。

- N 型金屬 - 氧化物 - 半導體（NMOS：N-Metal-Oxide-Semiconductor）

  N 型金屬 - 氧化物 - 半導體，而擁有這種結構的電晶體我們稱之為 NMOS 電晶體。

O

■ 氧化（Oxidating）

氧化過程的作用是在晶圓表面形成保護膜。它可以保護晶圓不受化學雜質影響、避免漏電流進入電路、預防離子植入過程中的擴散以及防止晶圓在蝕刻時滑脫。

氧化過程的第一步是去除雜質和汙染物，需要透過四步去除有機物、金屬等雜質及蒸發殘留的水分。清潔完成後就可以將晶圓置於 800 至 1200℃ 的高溫環境下，透過氧氣或蒸氣在晶圓表面的流動形成二氧化矽層。氧氣擴散透過氧化層與矽反應形成不同厚度的氧化層，可以在氧化完成後測量它的厚度。

■ 光學鄰近修正（OPC：Optical Proximity Correction）

此方法是附加於掩膜版上，用來修正圖形，以提升晶圓圖形解析度與焦點深度的技術。

目前現有的曝光裝置是使用於光線的極限解像附近，由於光線的繞射現象會使晶圓上光阻劑圖形的終端形狀變得又細又圓，因而使得掩膜版的圖樣無法透過。

為了適應上述圖形，該技術會被應用於在掩膜版上附加凸角形、錘頭形（Hammerhead）等輔助圖形，以便讓轉寫於晶圓上的光阻劑圖形能夠符合當初所設計的圖形。

■ 光學顯微鏡（OM：Optical Microscope）

是利用光學原理，把人眼所不能分辨的微小物體放大成像，以供人們提取微細結構資訊的光學儀器，第一架複式光學顯微鏡是於 1665 年由英國物理學家虎克制作。

■ 有機發光二極體（OLED：Organic Light-Emitting Diode）

也稱有機發光半導體，是目前主流螢幕顯示技術之一。

P

■ 鈍化膜（Passivation）

在最上層的佈線中形成可保護 LSI 的電力絕緣膜。可防產生刮痕、雜質附著、濕氣、以及會造成電路特性不穩的可動式離子侵入。

■ 純水（Pure water）/ 超純水（Ultra-pure water）

高純度水是以高純度的離子交換樹脂、高機能膜等方式去除含有地下水等水源中的不純物質（純度接近 100% 的高純度水稱的為超純水），用於清洗等製程中的水洗過程。由於純水不含雜質，因此對電力具有高電阻性，而且與晶圓摩擦後容易產生靜電，因此依據不同工程需求也有可能會添加碳酸氣體，本書中所指的是包含超純水的純水。

■ 曝光後烘烤（PEB：Post Exposure Bake）

指的是在曝光後進行適當烘烤，高溫促進光敏劑的擴散，一定程度上彌補了光強分佈不均，在顯影過程中得到更均勻的圖案剖面。

在此處理過程中，多少都會因為照射光線的駐波效應而使圖形端有一些凹凸產生。透過化學增幅型光阻劑（Chemical Amplified Resis）的催化反應來增加氫的產生。

■ 物理氣相沉積（PVD：Physical Vapor Deposition）

PVD 技術表示在真空條件下，採用物理方法，將材料源固體或液體表面氣化成氣態原子、分子或部分電離成離子，並透過低壓氣體（或電漿）過程，在基體表面沉積具有某種特殊功能的薄膜的技術。

物理氣相沉積的主要方法有：蒸鍍、濺射以及離子鍍等。

■ 掩模版（Photomask）

如果直接用雷射照射整個晶圓，那麼光阻劑的所有部分都會發生質變，所以需要使光源透過特定形狀的母版，再照射到晶圓上，這個母版就是掩模版。光源透過掩模版照射到晶圓上，即可將掩模版的圖案轉印到晶圓上。

■ 接近式曝光（Proximity Printing）

光罩與光阻劑層的略微分開，大約為 10 ～ 50 μm。

■ 投影式曝光（Projection Printing）

在光罩與光阻劑之間使用透鏡聚集光實現曝光。

■ 疊層封裝（PoP：Package on Package）

是指在個處於底部具有高積體密度的邏輯封裝件上再疊加另一個與之相匹配的大量存放區封裝件，形成一個新的封裝整體。這種新的高密度封裝形式，主要應用在智慧手機、數位相機、可攜式穿戴設備等多種消費類電子產品中。

■ 介電常數（Permittivity）

指材料對外部電場的敏感度，或當電場施加到絕緣體上時，內部電荷的反應程度。

■ 塑封帶引線晶片封裝（PLCC：Plastic Leaded Chip Carrier）

塑封帶引線晶片封裝是一種帶引線的塑膠的晶片封裝載體，表面貼裝型的封裝形式，引腳從封裝的四個側面引出，呈「丁」字形，外形尺寸比 DIP 封裝小得多。PLCC 封裝適合用 SMT 表面安裝技術在印刷電路板上安裝佈線，具有外形尺寸小、可靠性高的優點。

■ 印刷電路板（PCB：Printed Circuit Board）

是指在通用基材上按預定設計形成點間連接及印製元件的印刷板，其主要功能是：（1）為電路中各種元件提供機械支撐；（2）使各種電子零元件形成預定電路的電氣連接，起中繼傳輸作用；（3）用標記符號將所安裝的各元件標注出來，便於插裝、檢查及調試。

■ 晶片拾取與放置（Pick & Place）

逐個移除附著在切割膠帶上數百個晶片的過程稱為「拾取」。使用柱塞從晶圓上拾取合格晶片並將其放置在封裝基板表面的過程稱為「放置」。這兩項任務合稱為「拾取與放置」，均在固晶機上完成。

■ 封裝（Packaging）

半導體封裝是指將透過測試的晶圓按照產品型號及功能需求加工得到獨立晶片的過程。封裝作為半導體產業鏈中的關鍵一環，直接影響著晶片的性能和可靠性。其作用不僅局限於為晶片提供保護和連接，更是承載了溫度管理、信號傳輸、電力傳遞和尺寸壓縮等多重功能。封裝技術的發展深刻改變了整個半導體產業鏈的格局，為電子產品提供了更為精密、可靠和多樣化的解決方案。

■ 引腳（Pin）

又叫管腳。就是從積體電路（晶片）內部電路引出與周邊電路的接線，所有的引腳就構成了這塊晶片的介面。引線末端的一段，透過軟釺焊使這一段與印製板上的焊盤共同形成焊點。

■ P 型（Positive）不純物質

單晶矽中摻硼為 P 型，摻硼越多則能置換矽產生的空穴也越多（空穴為多數載流子），導電能力越強，電阻率就越低。

■ 多晶矽（Poly Silicon）

結合許多結晶方向不同的小型單晶矽塊成為一塊矽晶薄膜，一般可以使用低溫 CVD 法及單晶矽以外的方法形成矽晶圓。

■ 鈍化（Passination）

半導體元件的特性和穩定性可靠性與半導體表面性質有很密切的關係。為了避免因環境和其他外界因素對元件的影響，除了將晶片封入一個特製的氣密性很好的外殼外，還需要在晶片表面覆蓋一層保護膜。這種形成表面保護膜和為克服表面缺陷而採用的工藝統稱為表面鈍化工藝。

鈍化，除了通常意義上的「保護」作用外，還有著明確的特定的微電子學物理意義，這就是鈍化層對以 Na+ 為代表的可動電荷有著阻擋、固定和提取的作用。

■ 探針卡（Probe Card）

探針卡是晶圓測試中被測晶片和測試機之間的介面，主要應用於晶片分片封裝前對晶片電學性能進行初步測量，並篩選出不良晶片後，再進行之後的封裝工程。

探針卡主要由 PCB、探針及功能部件等組成，根據不同的情況，還會有電子元件、補強板（Stiffener）等的需求。探針卡按結構類型分為：刀片針卡，懸臂針卡，垂直針卡，膜式針卡和 MEMS 針卡，懸臂針卡還包含針環（Ring）、環氧（Epoxy）等。

■ 光阻劑（photoresist）

光阻劑是一種感光性樹脂化學材料，在微影製程中經過曝光和顯影兩個步驟將掩膜版上的圖形轉移到光阻上，在下一站蝕刻（Etching）或離子植入 / 注入 / 注入（Implant）時作為保護層將不需要蝕刻或離子植入的地方保護起來，再次將圖案轉移到晶圓上。沒有被光阻劑覆蓋到的蝕刻部分則會被當作加工用的掩膜版來使用。

■ 光阻塗佈（Photoresist Coating）

光阻塗佈通常的步驟是在塗佈光阻劑之前，先在 900-1100°C 濕氧化。氧化層可以作為濕式蝕刻或離子植入的膜版。作為微影製程自身的第一步，一薄層的對紫外光敏感的有機高分子化合物，即通常所說的光阻劑，要塗在樣品表面（SiO_2）。首先光阻劑被從容器中取出滴布到置於塗膠機中的樣品表面，（由真空負壓將樣品固定在樣品臺上），樣品然後高速旋轉，轉速由膠黏度和希望膠厚度確定。在這樣的高速下，膠在離心力的作用下向邊緣流動。

■ 微影（photolithography）

利用曝光機發出的光透過具有圖形的掩膜版對塗有光阻劑的薄片曝光（Exposure），光阻劑見光後會發生性質變化，從而使掩膜版上得圖形複印到薄片上，從而使薄片具有電子線路圖的作用。

■ 光阻劑去膠（PR Stripping）

微影製程的最後需要將光阻劑從鏡片表面除去，這一步驟稱為去膠。

■ 相位偏移（Phase Shift）

相位偏移是使用特殊加工的掩膜版，以提升晶圓圖形解析度與焦點深度的技術。在掩膜版上將曝光光線相位反轉 180 度的相位偏移進行加工、並測試光線強度以提升解析度。相位偏移主要有如下三個類型：列文生（Levenson）型、半透（Halftone）型以及輔助（Assist slot）型。

■ 多晶（Polycrystal）

指的是某物質由許多小的晶粒（單晶）組成，每個晶粒都有自己獨特的晶體取向。這些晶粒在宏觀尺度上是隨機取向的，但是每一個晶粒內部的取向是一致的。

■ 多晶矽（Poly-Si）

多個單晶組成的矽材料。這些晶粒彼此之間有明顯的晶界，所以在晶界處存在著方向的不連續性。

■ 電漿（或稱等離子體，Plasma）

一種因質子和電子的自由運動而呈電中性的物質狀態。當持續對氣體狀物質進行加熱使其升溫時，便會產生由離子和自由電子組成的粒子集合體。電漿也被視為固態、液態和氣態之外的「第四種物質狀態」。

■ 電漿蝕刻（Plasma Etching）

是一種化學乾式蝕刻。優點是晶圓表面不會被加速離子損壞。由於蝕刻氣體的可移動顆粒，蝕刻輪廓是各向同性的，因此該方法用於去除整個膜層（如熱氧化後的背面清潔）。

■ 電漿切割（Plasma Dicing）

電漿切割是近年來發展起來的一項技術，即在製程中使用電漿蝕刻的方法進行切割。電漿切割時，由一股電漿射束分割工件，該射束可以極高的溫度和極快的速度接觸到切割點。因此我們把電漿稱為一種帶電的高溫氣體。

首先，在鎢電極與切割噴嘴之間點燃一個引導光弧，受此光弧引導的切割氣體穿過光弧，同時因高溫進入電漿狀態。而在電極與工件之間所施加的電壓使該電漿束加速沖向工件。一旦電漿射束接觸到工件，光弧立即跳到工件上，引導光弧也立即關斷。這個最高可達 30000°C 並充滿能量的電漿射束燒熔接觸點的材料，同時把它吹出切割縫。

■ 電漿摻雜（Plasma Doping）

電漿摻雜主要是以電漿浸沒式離子植入（PII）工藝為主。電漿浸沒式離子植入是一種低成本的離子植入方法，在毫托（1mTor=0. 133 322 4Pa）壓力範圍下具有較發散的離子植入角度，因此可以進行保形摻雜（Conformal Doping）及超淺結摻雜（USJ）。特別是對深寬比較大的深溝槽結構進行摻雜時，電漿浸沒式離子植入（PII）工藝可使深溝槽側壁及底部的摻雜濃度分佈得非常均勻，且沿著溝槽上表面、側壁及底面形成結深（Junction Depth）一致的超淺結。

■ 電漿輔助化學氣相沉積（PECVD：Plasma-enhanced CVD）

在 CVD 方法中，氣相成分與基片表面反應，使得材料沉積。該過程受到基片溫度的限制，它是促進表面化學反應的唯一能量來源。因為反應物是以電漿的形式存在的，所以 PE CVD 在降低基片溫度的情況下提供了更高的沉積率。

電漿中的電子溫度驅動化學反應，而不是靠中性氣體溫度，這使得塑膠或紡織物等材料的處理成為可能，因為這些材料將無法在 CVD 溫度下存在。這種工藝最適合在不同基片上沉積均勻性良好的氮化矽、非晶矽和微晶矽薄膜，例如光學玻璃、矽、石英和不鏽鋼。

■ 可程式設計增益放大器（PGA：Pmgrammable Gain Amplifier）

一般是晶片內部固定了放大倍數，精度較高，控制增益可選擇狀態編碼或者匯流排方式等方法，這種控制增益的方法大幅提高了應用系統的適應性和靈活性；應用最為廣泛的要屬程式控制放大器實現方法是可變增益放大器（VGA），可變增益放大器透過電壓值控制增益大小，在資料獲取中的應用非常流行，它具有週邊元件少、電路設計簡單、增益控制範圍廣等特點。

■ 拋光墊（Polishing Pad）

化學機械拋光墊是用於半導體製造中的拋光工藝中的一個關鍵部件，其作用是在拋光過程中提供支撐、壓力和磨料，幫助磨料與矽晶圓表面的化學反應和機械摩擦，從而實現對矽晶圓表面的拋光和平整。拋光墊的選擇和使用品質對於達到高品質的拋光效果至關重要，不同墊材料和不同硬度的墊材料適用於不同的拋光工藝和矽晶圓要求。因此，在半導體製造中，拋光墊的選擇和使用是非常重要的。

■ 預填充（Pre-Applied Underfill）

在倒片鍵合之前填充材料。

■ 正性光阻劑（Positive PR）

感光材料是重氮萘醌，並與酚醛樹脂結合而成，用光照射，氮氣就會脫離，變成酮結構，用鹼性水溶液顯影就會變成水溶性的羧酸，然後被去除。也就是說，沒有照射的區域將會留下圖形。

■ 前驅體（Precursor）

前驅體是攜帶目標元素，呈氣態、易揮發液態或固態，具備化學熱穩定性，同時具備相應的反應活性或物理性能的一類物質，是薄膜沉積工藝的核心製造材料，應用於半導體生產製造工藝。主要包括 HCDS、BDEAS、TDMAT 等。

前驅體材料主要用於 CVD 和 ALD。CVD 是指利用氣態物質透過化學反應在基底表面形成固態薄膜的一種成膜技術；ALD 是指將氣相前驅體材料脈衝交替地通入反應器，並在沉積基體上吸附、反應而形成薄膜的一種技術。

■ 焊盤（Pad）

一種以電氣方式連接至其他媒介的通道。在晶片上，焊盤透過導線或倒片凸點與外部實現電氣連接；在基板上，焊盤用於晶片之間的連接。

■ 直針網格陣列封裝（PGA：Pin Grid Array Package）

直針網格陣列封裝，晶片內外有多個方陣形的插針，每個方陣形插針沿晶片的四周間隔一定距離排列，根據管腳數目的多少，可以圍成 2 ～ 5 圈。安裝時，將晶片插入專門的 PGA 插座即可，具有插拔方便且可靠性高的優勢，能適應更高的頻率。

■ 塑膠 BGA（PBGA：Plasric BGA）

載體為普通的印製板基材，一般為 2~4 層有機材料構成的多層板，晶片透過金屬絲壓焊方式連接到載體上表面，塑膠模壓成形載體表面連接有共晶焊料球陣列。

■ 光敏聚醯亞胺（PSPI：Photosensitive Polyimide）

這種材料結合了聚醯亞胺的優良的物理和化學性能，以及光敏材料的特性。類似於光阻劑，在紫外光、α 射線、X 射線等的輻射下，被照射部分的結構會發生變化，能夠溶解在相應溶劑中，可以用於製作精密的圖案。

■ 聚醯亞胺（PI：Polyimide）

指主鏈上含有醯亞胺環（-CO-NR-CO-）的一類聚合物，是綜合性能最佳的有機高分子材料之一。其耐高溫達 400°C 以上，長期使用溫度範圍 -200 ～ 300°C，部分無明顯熔點，高絕緣性能，103 赫茲下介電常數 4.0，介電損耗僅 0.004 ～ 0.007，屬 F 至 H 級絕緣。

■ 聚苯並噁唑（PBO：Polybenzoxazole）

由苯雜環組成的剛性共軛體系，是含芳香雜環的苯氮聚合物中性能最優異的一種化合物，其最大特點是具有超高強度和模量以及優異的耐熱性、難燃性、耐衝擊性。

■ 爆米花效應（PoPCorn Effect）

特指因封裝產生裂紋而導致晶片報廢的現象，這種現象發生時，常伴有爆米花般的聲響，故而得名。

■ 個人電腦（PC：PersonalComputer）

桌上型電腦、筆記型電腦、平板電腦等均屬於個人電腦的範疇。

■ 可程式設計邏輯控制器（PLC：Programmable Logic Controller）

是以微處理器、嵌入式晶片為基礎，綜合了電腦技術、自動控制技術和通訊技術發展而來的一種新型工業控制裝置，是工業控制的主要手段和重要的基礎設備之一。

■ 蝕刻前烘烤（Pre-etch Bake）

也就是硬烤 / 預烤，主要目的為去除水氣，增加光阻附著性，尤其在濕蝕刻更為重要，預烤不完全常會造成過蝕刻。

Q

■ 方形扁平封裝（QFP：Quad Flat Package）

QFP 封裝的晶片引腳之間距離很小，管腳很細，一般大規模或超大型積體電路都採用這種封裝形式。用這種形式封裝的晶片必須採用 SMD 將晶片與主機板焊接起來。

■ 方形扁平無引腳封裝（QFN：Quad Flat No-lead Package）

QFN 是一種具有外設終端墊以及一個用於機械和熱量完整性暴露的晶片墊的無鉛封裝。該封裝可為正方形或長方形。封裝四側配置有電極觸點，由於無引腳，貼裝佔有面積比 QFP 小，高度比 QFP 低。

R

■ 解析度（Resolution）

使用微影技術時的圖形解析度會和曝光光源的波長成正比（λ：lambda），與透鏡數值孔徑（NA：用來表示 Numerical Aperture 透鏡的明亮程度）的二次方成反比。為了獲得更細緻的圖形，必須要縮短光源波長（λ）、提高透鏡數值孔徑（NA）。因此為了適應細微化的要求而必須縮短光源波長，縮短光源的 g 線（波長 436nm）、i 線（波長 365nm）、KrF（波長 248nm）、ArF（波長 193nm）的理由就在這裡。這些關係可以用如下方程式（Rayleigh）表示，這些都是在曝光技術中經常會被使用到的計算公式。

$R=k_1X(\lambda/NA)$；

R：解析度；

K_1：製程係數（理論極限為 0.25，通常為 0.6~0.4 左右）；

λ：曝光光源波長；

NA：透鏡數值孔徑（NumericalAperture）。

或是以 $NA=n X \sin\theta$ 表示：

n：透鏡與晶圓間的介質折射率（通常在空氣中 n=1）；

θ：曝光面的最大入射角。

同一光源波長狀態下，將透鏡數值孔徑變大，製程係數（k_1）變小，便可提升解析度。將製程係數變小的方法有超分辨技術、相位移轉技術、變形照明技術等。

可在晶圓與透鏡的間放入液體的浸潤式曝光裝置，其 n 值如果能夠達到 1 以上（比方說純水 =1.44），則 NA 所產生的實際效果則會變更大。

■ 解析度增強技術（RET：Resolution Enhancement Technology）

這是為一種提升曝光的解析度技術，可縮小瑞利公式（Rayleigh's equation）的製程係數（K_1），例如光學鄰近修正、相位偏移等。

■ 快速熱處理（RTP：Rapid Thermal Process）

透過紅外線照射等方式將晶圓急速加熱處理的流程，通常可以在數十秒左右加熱至 1000°C。不過，由於整片晶圓都被加熱，因此降溫必須花費一些時間。

■ 電阻（Resistance，通常用「R」表示）

是一個物理量，在物理學中表示導體對電流阻礙作用的大小。導體的電阻越大，表示導體對電流的阻礙作用越大。不同的導體，電阻一般不同，電阻是導體本身的一種性質。導體的電阻通常用字母 R 表示，電阻的單位是歐姆，簡稱歐，符號為 Ω。

■ RoHS

RoHS 是由歐盟立法制定的一項強制性標準，它的全稱是《關於限制在電子電氣設備中使用某些有害成分的指令》（Restriction of Hazardous Substances）。該標準已於 2006 年 7 月 1 日開始正式實施，主要用於規範電子電氣產品的材料及工藝標準，使之更加有利於人體健康及環境保護。該標準的目的在於消除電器電子產品中的鉛（Pb）、汞（Hg）、鎘（Cd）、六價鉻（Cr6+）、多溴聯苯（PBBs）和多溴二苯醚（PBDEs）6 種有害物質，使之更加有利於人體健康及環境保護。其中重點規定了鎘的含量不能超過 100ppm，其它物質不能超過 1000ppm。

■ 重佈線（RDL：Re-distributed Layer）

重佈線層是實現晶片水平方向互連的關鍵技術，可將晶片上原來設計的 I/O 焊盤位路透過晶圓級金屬佈線工藝變換位臵和排列，形成新的互連結構。

RDL 需要的設備包括曝光設備、PVD 設備等。RDL 的工藝流程：（1）形成鈍化絕緣層並開口；（2）沉積黏附層和種子層；（3）微影顯影形成線路圖案並電鍍填充；（4）去除光阻劑並蝕刻黏附層和種子層；（5）重複上述步驟進行下一層的 RDL 佈線。

■ 回流焊（Reflow Oven）

回流焊是 SMT 技術應用非常多的一種生產工藝。回流焊主要適用於表面貼裝元件與印製板的焊接，透過重新熔化預先分配到印製板焊盤上的膏狀軟釬焊料，實現表面貼裝元件焊端或引腳與印製板焊盤間機械與電氣連接的軟釬焊，從而實現具有定可靠性的電路功能。

回流焊接一般工作流程：

1、當 PCB 進入升溫區時，焊膏中的溶劑、氣體蒸發掉，同時，焊膏中的助焊劑潤濕焊盤、元件端頭和引腳，焊膏軟化、塌落、覆蓋了焊盤，將焊盤、元件引腳與氧氣隔離。

2、PCB 進入保溫區時，使 PCB 和元件得到充分的預熱，以防 PCB 突然進入焊接高溫區而損壞 PCB 和元件。

3、當 PCB 進入焊接區時，溫度迅速上升使焊膏達到熔化狀態，液態焊錫對 PCB 的焊盤、元件端頭和引腳潤濕、擴散、漫流或回流混合形成焊錫接點。

4、PCB 進入冷卻區，使焊點凝固，此時完成了回流焊。

■ 反應性離子蝕刻（RIE：Reactive-Ion Etching）

反應離子蝕刻結合了物理濺射和電漿蝕刻，即在利用電漿進行電離物理蝕刻的同時，藉助電漿活化後產生的自由基進行化學蝕刻。除了蝕刻速度（Etching Rate）超過前兩種方法以外，RIE 可以利用離子各向異性的特性，實現高精細度圖案的蝕刻。

■ 自由基（Radical）

指氣體具有不成對電子等高反應性的狀態。

■ 自由基氧化（Radical Oxidation）

自由基氧化與乾式氧化法和濕式氧化不同：濕式與乾式氧化法都是透過提高自然氣體的溫度來提升其能量，從而促使氣體與晶圓表面發生反應。自由基氧化則多一道工藝，即在高溫條件下把氧原子和氫分子混合在一起，形成化學反應活性極強的自由基氣體，再使自由基氣體與晶圓進行反應。由於自由基的化學活性極強，自由基氧化不完全反應的可能性極小。因此，相比乾式氧化，該方法可以形成更好的氧化膜。

此外，自由基氧化還可以生成在立體結構上厚度均勻的氧化膜。半導體公司使用的都是單結晶體晶圓，結晶方向相同。

■ 射頻（RF：Radio Frequency）

表示可以輻射到空間的電磁頻率，頻率範圍從 300KHz ～ 30GHz 之間。

■ 射頻（RF）濺射

是一種用於製造薄膜的技術，例如電腦和半導體行業的薄膜。和直流電（DC）濺射一樣，這種技術也需要讓高能波透過惰性氣體產生正離子。最終將成為薄膜塗層的目標材料受到這些離子的撞擊，破碎成細霧，覆蓋在襯底上，即薄膜的內基。射頻（RF）濺射的原理可以被用來產生濺射效應的原因是它可以在靶材上產生自偏壓效應。在射頻濺射裝置中，擊穿電壓和放電電壓顯著降低。

■ 快速熱處理（RTP：Rapid Thermal Process）

這是一種在幾秒鐘內快速加熱晶片的過程，使得晶片內部得點缺陷均勻，抑制金屬雜質，防止半導體異常運轉。

在這種製造工藝中，矽晶圓在幾秒鐘或更短的時間內被加熱到超過 1000°C 的溫度。這是透過使用高強度的雷射器或燈作為熱源來實現的。然後，矽晶圓的溫度被慢慢降低，以防止因熱衝擊而可能發生的任何變形或破裂。從啟動摻雜物到化學氣相沉積，快速熱處理的應用範圍廣泛。

■ 偶然失效（Random failure）

產品生命週期中的不良率浴盆曲線上，產品在偶然失效期間，產品的失效率降低。

■ 維修（Repair）

維修作為記憶體半導體測試中的一道工序，是透過維修演算法（Repair Algorithm），以備用單元取代不良單元的過程。假設在晶圓測試中發現 DRAM 256bit 記憶體的其中 1bit 為不良，該產品就成了 255bit 的記憶體。但如果經維修工序，用備用單元替換不良單元，255bit 的記憶體就又重新成了 256bit 的記憶體，可以向消費者正常銷售。可見，維修工序可以提高產品的良率，因此，在設計半導體記憶體時，會考慮備用單元的製作，並根據測試結果以備用單元取代不良單元。當然，製作備用單元就意謂著要消耗更多的空間，這就需要加大晶片的面積。因此，我們不可能製作可以取代所有不良記憶體的充足的備用單元（比如可以取代所有 256bit 的備用 256bit 等）。要綜合考慮工藝能力，選擇可以最大程度地提升良率的數量。如果工藝能力強，不良率少，便可以少做備用單元，反之則需要多做。

維修可分為列（Column）單位和行（Row）單位：備用列取代不良單元所在的列；備用行取代不良單元所在的行。

DRAM 的維修要先切斷不良單元的列或行，再連接備用列或行。維修可分為雷射維修和電子保險絲（e-Fuse）維修。雷射維修，顧名思義，就是用雷射燒斷與不良單元的連接。這要求先脫去晶圓焊盤周圍連線的保護層（Passivation layer），使連接線裸露出來。由於完成封裝後的晶片表面會被各種封裝材料所包裹，雷射維修方法只能用於晶圓測試。電子保險絲維修則採用在連接線施加高電壓或電流的方式斷開不良單元。這種方法與雷射維修不同，它透過內部電路來完成維修，不需要脫去晶片的保護膜。因此，除晶圓測試外，該方法在封裝測試中也可使用。

■ 粗磨（Rough Grinding）

粗磨主要是提高加工效率，使用較大的磨粒。該工藝可以有效的去除線割產生的損傷層，修復面型，降低總厚度變化（TTV）、彎曲度（BOW）、翹曲度（WARP），去除速率穩定，一般能達到 0.8-1.2um/min 的去除率。但該工藝加工後的晶片表面是亞光面，粗糙度較大，一般在 50nm 左右，對後工序的去除要求較高。

S

■ 超精細研磨（Super Fine Grinding）

超精細研磨是目前半導體研磨技術的主要發展方向之一。透過提高設備精度和優化加工參數，實現更高的表面平整度和表面品質。這項技術已經成為新一代半導體元件加工中不可或缺的工藝之一。

■ 方塊電阻（Sheet Resistance）

指的是半導體膜或金屬薄膜單位面積上的電阻，大小隻與膜的厚度和材料特性有關。

■ 半導體（Semi Conductor）

顧名思義，「半導體」一詞由首碼「semi-」（意為「半」）和單詞「conductor」（「導體」）組合而成，其介於導體和絕緣體之間。半導體同時具有導體跟絕緣體的特性。也因為如此，半導體最大的特色，就是可以在導體與絕緣體之間自由轉換，同時兼具兩者的特性。一般情況下，本來是絕緣體，但在特殊的條件之下就會轉換為導體，反之亦然。像這樣介於導體和絕緣體之間的物質，在科學上稱之為「半導體」。

半導體材料當中，最具代表性的物質是矽。

■ 側壁（Side Wall）

附著在高低差異的側面而形成的薄膜。通常是指 MOS 閘極的側壁層。

■ 自校準（Self-alignment）

在 IC 製造中，可使用掩膜版來調整晶圓上構成電晶體的部分來決定其位置。一般來說會根據順序建立圖形，然而如果能夠調整到剛好符合掩膜版的狀態，不只可以用來決定位置，下一個圖形也可以根據先前已經製作好的圖形來自動決定位置，這個過程就是自校準。

■ 階梯式覆蓋率（Step Coverage）

在根據溝槽、牆壁等有階梯形狀形成薄膜的情況下，水平面所附著的薄膜厚度（Tp）與階梯面附著的薄膜厚度（Ts）的比率會用 Ts/Tp 來表示，一般來說數值越大，可以說就是採用的越好的技術或裝置。

■ 研磨液（Slurry）

CMP 研磨液（也可以譯為「懸浮液」）是工件表面平坦化工藝過程中所使用的一種混合物，由研磨材料及化學添加劑組成。舉例來說，我們可以嘗試用身體磨砂膏來理解研磨液，因為磨砂膏就是一種典型的研磨液濃縮物，其中含有的固體顆粒在皮膚上進行研磨摩擦，能夠幫助將皮膚老舊角質去除，從而達到將皮膚磨光滑的效果。

研磨液主要成分包括研磨劑、表面活性劑、PH 緩衝膠、氧化劑和防腐劑等，其中研磨劑又由二氧化矽（SiO_2）、三氧化二鋁（Al_2O_3）、氧化鈰（CEO_2）、雙氧水（H_2O_2）、氫氧化鉀（KOH）、二氧化錳（MNO_2）、硝酸鐵（FE（NO_3）$_3$）、碘酸鉀（KIO_3）、氨水（NH_4OH）等等成分組成。

■ 金屬矽化物（Silicide）

金屬矽化物（Silicide）由金屬和矽經過化學反應形成的一種金屬化合物，導電性介於金屬和矽之間。矽化物技術在 20 世紀 80 年代得到發展和發展，至今仍被普遍使用。矽化物即使在合金化後的後續高溫熱處理中也表現出穩定的性能，可以顯著減少金屬與矽介面的缺陷，降低肖特基勢壘，並將摻雜原子（摻雜劑）驅向介面。此外，利用僅在存在矽的區域進行合金化工藝這一事實，開發了一種工藝技術，無需單獨的微影製程即可透過將金屬沉積在正面，對其進行熱處理，然後蝕刻未與矽反應的金屬。

■ 瞬間退火（Spike Anneal）

就是瞬間把整個片子透過大功率燈照到 1200°C 以上，然後慢慢地冷卻下來，為了使得注入的離子能更好的被啟動以及熱氧化。

但是為了能夠更細微化、淺鍵合化，能夠在更短時間內進行的熱處理技術還在不斷地被開發出來。

■ 固態結晶外延生長（Solid-Phase Epitaxy）

用電子束等方式將單結晶基版上的多晶膜與不定形膜（Amorphous：非晶質膜）進行加熱處理，以形成單晶薄膜的方法。

■ 前烘（Soft Bake）

完成光阻劑的塗抹之後，需要進行軟烘乾操作，這一步驟也被稱為前烘。前烘能夠蒸發光阻劑中的溶劑溶劑、能使塗覆的光阻劑更薄。

■ 表面貼裝技術（SMT：Surface Mount Technology）

一種透過焊接將晶片安裝到系統板表面的封裝方法。

■ 系統級封裝（SiP：System in Package）

一種將多個元件整合在單個封裝體內構成一個系統的封裝技術。具體而言，是將不同功能的「多顆晶片」，包括 AP 處理器，DRAM 記憶體等晶片整合在一個封裝內，可以是並排的也可以是疊加的，從而實現一個基本完整的功能系統，晶片的種類不同，製程一般也是不同的。像 2.5D 和 3D 封裝都屬於 SiP 級封裝。

■ 小外形封裝（SOP：Small Outline Package）

表面貼裝型封裝之一，引腳從封裝兩側引出呈海鷗翼狀（L 字形），材料有塑膠和陶瓷兩種。後來，由 SOP 衍生出了 SOJ（J 型引腳小外形封裝）、TSOP（薄小外形封裝）、VSOP（甚小外形封裝）、SSOP（縮小型 SOP）、TSSOP（薄的縮小型 SOP）及 SOT（小外形電晶體）、SOIC（小外形積體電路）等。

■ J 形引腳小外型封裝（SOJ：Small Out-Line J-Leaded Package）

表面貼裝型封裝之一。引腳從封裝兩側引出向下呈 J 字形，故此得名。通常為塑膠製品，多數用於 DRAM 和 SRAM 等記憶體 LSI 電路，但絕大部分是 DRAM。用 SOJ 封裝的 DRAM 元件很多都裝配在 SIMM 上。引腳中心距 1.27mm，引腳數從 20 至 40。

■ 焊接凸點（Solder Bump）

一種透過倒片鍵合將晶片連接到基板的導電凸點。它還可以將 BGA 或 CSP 連接至電路板。

■ 焊點可靠性（Solder joint reliability）

透過焊接方式將封裝與 PCB 連接時，確保焊點的品質足以在封裝生命週期內完成預期的機械和電氣連接目的。

■ 表面貼裝技術（SMT：Surface Mount Technology）

一種透過焊接將晶片安裝到系統板表面的封裝方法。

■ 小型積體電路（SSI：Small Scale Integration）

邏輯閘 10 個以下或電晶體 100 個以下。

■ 分割線 / 劃片槽（Scribe Line）

看起來各個晶粒像是黏在一起，但實際上晶粒和晶粒之間具有一定的間隙。該間距稱為分割線。在晶粒和晶粒之間設置分割線的是為了在晶圓加工完成後將這些晶粒一個個割斷，然後組裝成晶片，也是為了留出用金剛石鋸切割的空間。

■ 濺射（Sputtering）

在真空狀態下，已經被離子化的氬氣（Ar）等物質會撞擊到靶材，技術人員就可利用該物理性衝擊造成目標材料彈飛的現象（濺射）進行成膜、蝕刻。將鋁金屬應用在靶材上，並在其對面設置矽基板，彈飛出去的鋁金屬就會附著於矽基板上，即可形成薄膜。將矽基板當作靶材放置，則就可對矽基板進行蝕刻。

■ 選擇比 / 相對蝕刻速率（selectivility）

是指在同一蝕刻條件下兩種不同材料蝕刻速率快慢之比。舉個例子：當光阻劑作為掩膜需要去蝕刻 SiO_2，用乾式蝕刻，這時就需要考慮蝕刻時在同等的時間，光阻劑和 SiO_2 的蝕刻比。否則會出現光阻劑作為掩膜已經被蝕刻完了，SiO_2 還沒蝕刻到所需要的要求。

■ 軟烤 / 前烘（Soft Baking）

其使用時機是在上完光阻後，主要目的是為了將光阻中的溶劑蒸發去除，並且可增加光阻與晶片的附著力。

■ 超臨界清洗（Supercritical Cleaning）

在臨界溫度以及臨界壓力下，會使用具有液體與氣體中間特質狀態的「流體」進行清洗，由於其黏性較低、擴散速度較快，因此可以用於溶解物質使其剝離開晶圓表面。在 LSI 製程中大多會考慮使用碳酸氣體（CO_2）的方法。

■ 氮化矽（Si_3N_4、SixNy）

氮化矽是一種很好的絕緣介質。其結構緻密、硬度大、介電強度高、化學穩定性好，除與 HF 和 180°C 以上的熱磷酸有輕微作用外，幾乎不與任何酸類反應。它不僅對 Na+ 有很好的掩蔽作用；由於 Na+ 在氮化矽中的固溶度大於在 Si 和 SiO_2 中的固溶度，所以它還有固定、提取 Na+ 的作用。氮化矽是目前生產中用的較多較理想的鈍化介質膜。氮化矽薄膜的缺點是應力比較大，厚度一厚就容易開裂。

氮化矽薄膜採用 LPCVD、APCVD 都能生長，但是澱積溫度分別高達 750°C 和 900°C 以上，只能用作 Al 下的一次鈍化。只有 PECVD 氮化矽（SixNy），可以作 Al 上鈍化膜。

■ 切單（Singulation）

是基板封裝工藝的最後一道工序。即使用刀片將成品基板切割為單獨的封裝。切單完成後，將封裝放在託盤上進行測試，並完成其餘步驟。

■ 網板印刷（Stencil Printing）

一種使用鏤空範本將糊狀材料塗抹到諸如基板等元件的印刷方法。

■ 引腳式鍵合（Stitch Bonding）

在半導體封裝過程中，透過按壓方式將引線鍵合到焊盤上。

■ 表面鈍化（Surface Passivation）

在 P 區、N 區和 PN 接面形成以後，在半導體表面生長或塗覆一層保護膜的過程。

■ 氮化矽（Si_3N_4）

Si_3N_4 是保護膜主要材質的一種，在半導體電子元件的製造過程中以沉積方式覆蓋在電子錶面。

■ 淺溝槽隔離（STI：Shallow Trench Isolation）

在相鄰的元件之間形成陡峭的溝渠，在溝渠中填入氧化物形成元件隔離結構，以防止漏電。

■ SPM（硫酸過氧化氫）

Sulfuric acid-Hydrogen Peroxide Mixture。硫酸（H_2SO_4）與過氧化氫（H_2O_2）的混合液，這樣的清洗方式又被稱為白骨化清洗（Piranha），可用去除有機物質和金屬等。

■ 排氣管（Scavenger）

使用熱氧化裝置或 CVD 等裝置時，為了不讓反應氣體與熱氣從無塵室旁邊溢出和傳導出去，會將排氣部位設置在反應爐體前端。

■ 規格（Spec）

Specification 的縮寫，指產品配置，即製造產品時在設計、製作方法上或對所需特性的各種規定。

■ 臺階覆蓋率（Step Coverage）

在半導體製造中，臺階通常是不同結構造成的高度差異。臺階可以是凹入的，如溝槽或孔；也可以是凸出的，如導線、塊，柱等。舉個例子來講，晶片的溝槽就像河渠，孔就像旱井；而導線就像馬路，塊就像房屋，柱就像樹木，陽光照在平原上是比較容易把平原覆蓋的，但是河渠，旱井，房屋，樹木各部分都能被陽光覆蓋是比較困難的。

臺階覆蓋能力指的是覆蓋這些高度差異的結構的能力。覆蓋能力強，就說明沉積的薄膜將整個結構包裹的更好；反之，覆蓋能力弱，則說明沉積的薄膜把整個結構包裹的不好。這種臺階覆蓋能力直接影響到晶片的電性能、可靠性等。

■ 旋塗 / 旋轉塗佈（Spin Coating）

是一種高速成膜方法，可以得到均勻的薄膜，均勻性廣泛應用於半導體材料及化工材料等薄膜製備。它利用旋轉產生的離心力，將溶膠、溶液或懸濁液等均勻平鋪到襯底表面。

■ 漿料（Slurry）

研磨時所使用的原料稱為「漿料（Slurry）」，主要是由粉與水組成，「粉」是硬度較高的陶瓷粉末，它的功能是與晶圓表面磨擦而將凸出來的部分磨平；「水」通常含有化學藥品，它的功能是潤滑與侵蝕晶圓表面，將晶圓表面磨平。

■ 基板封裝（Substrate Package）

基板是半導體晶片封裝的載體之一，它為晶片提供電連接、保護、支撐、散熱等。利用基板進行封裝，能達到增加引腳數量、減小體積、改善電性能、實現多晶片模組化的目的。基板類封裝是指以封裝基板作為晶片載體的封裝形式。封裝基板按材料的不同主要分為陶瓷基板、有機基板和玻璃基板 3 類。

■ 應力（Stress）

在物理學中，Stress 是一個描述力的分佈的概念。更具體地說，應力是單位面積上的力。當一個物體受到力的作用時，這個力會在物體內部產生應力。這種應力會引起物體的形狀和體積發生改變，這種改變通常被稱為應變（Strain）。當物體由於溫度的變化而膨脹或收縮時，如果膨脹或收縮受到阻礙，則會在物體內部產生應力，這種應力就被稱為熱應力。

在半導體製造中，應力是一個非常重要的因素，也是一個不得不考慮的問題。過大的應力可能會引起晶圓的破裂或脫落；導致晶體結構的改變，這可能會影響電子的運動；過大的應力可能會導致沉積或蝕刻過程的問題，從而影響產品的製程式控制制和產量。

■ 剝離液（Stripper）

剝離液主要用於半導體 / 顯示器製造工藝中光阻劑（Photoresist）的剝離去除。通常的半導體 / 顯示器製造工藝中，需在待加工材料膜層的表面塗覆光阻劑，透過曝光、顯影、蝕刻工藝後將掩膜版圖形轉移到待加工材料層，然後藉助剝離液將殘留的光阻劑剝離去除，同時不能腐蝕其他基材。

■ 二氧化矽（SiO_2）

SiO_2 是一種奇特的材料，在半導體晶片的製程中，可以作為電介質材料隔離金屬與金屬或電晶體與電晶體，也可以作為阻擋材料保護特定區域不被摻雜和離子植入，某些場景下也可作為蝕刻阻擋層來提高蝕刻反應的選擇性。在光電領域，絕緣體上的矽層可以很好地吸收遮斷 SWIR（short wave infrared），可以用作高信噪比的紅外感測器襯底材料，在矽光晶片中也有非常廣闊的應用場景。SiO_2 也具有很好的聲學性能，同樣是基於 SOI 的材料兼顧了性能與成本屬性，相比砷化鎵（GaAs）和藍寶石上矽（SOS：Silicon on Saphire）更勝一籌，逐漸贏得了市場，在射頻晶片和物聯網中得到了廣泛應用。

■ 錫（Solder）

一種低熔點金屬，支援電氣和機械鍵合。

■ 堆疊封裝（Stacked Packages）

堆疊封裝技術是一種對兩個以上晶片（片芯、籽芯）、封裝元件或電路卡進行機械和電氣組裝的方法，在有限的空間內成倍提高記憶體容量，或實現電子設計功能，解決空間、互連受限問題。

■ 籽晶（Seed）

籽晶引晶原理是一種晶體生長技術，它是透過在晶體生長過程中添加一定量的籽晶，來促進晶體的生長。在半導體領域，籽晶引晶技術被廣泛應用於生產生長單晶矽材料。

■ 分步切割（Step Dicing）

「刀片」切割法可以彌補「切割」後「劈開（Breaking）」時，晶片剝落的現象，可在切割過程中起到保護晶片的作用。「刀片」切割與之前的「劃片」切割有所不同，即進行完一次「刀片」切割後，不是「劈開（Breaking）」，而是再次用刀片切割。所以，也把它稱為「分步切割（Step Dicing）」法。

■ 雷射隱形切割（SD：Stealth Dicing）

先用雷射能量切割晶圓的內部，再向貼附在背面的膠帶施加外部壓力，使其斷裂，從而分離晶片的方法。當向背面的膠帶施加壓力時，由於膠帶的拉伸，晶圓將被瞬間向上隆起，從而使晶片分離。

■ 系統級封裝（SiP：System in a Package）

一種將多個元件整合在單個封裝體內構成一個系統的封裝技術。

■ 靜態預燒（Static Burnin）

在高溫狀態下，僅施加一定的電壓，不使其進行迴路動作。如果用於邏輯產品方面，由於靜態預燒會活化與儲存產品不同的元件迴路，因此不容易充分產生圖形或信號，且因為封裝的多樣性、多引腳（Pin）化等所產生的困難點也多，即便是去除了部分的高機能產品也無法執行具有真正圖形產生器的動態預燒作業。

■ 旋塗絕緣介質（SOD：Spin-on Dielectric）

是 STI 技術中的關鍵填充材料，具有絕緣性能力好，填洞能力強等優點，採用旋塗絕緣介質填充微電子電路之間的溝槽，能夠在元件性能保持不變的前提下，使得隔離區變小，實現高密電路的技術工藝，提升電路效率。旋塗絕緣介質也被稱為「自旋電介質」，由於主要絕緣膜是矽氧化膜，所以 SOG（G 是 Glass 的縮寫，意為剝離）的稱呼也比較普遍。

■ 網板印刷（Stencil Printing）

一種使用鏤空範本將糊狀材料塗抹到諸如基板等元件的印刷方法。

■ 植球（Solder Ball Mounting）

將錫球黏合至基板焊盤的過程，焊好的錫球即為晶片的 I/O 介面。

■ 掃描電子顯微鏡（SEM：Scanning Electron Microscope）

是一種用於高分辨力微區形貌分析的大型精密儀器。具有景深大、分辨力高，成像直觀、立體感強、放大倍數範圍寬以及待測樣品可在三維空間內進行旋轉和傾斜等特點。

T

■ 轉換電阻（TR）

Trans-resistor，後來縮寫為 Transistor，中文譯名是電晶體。

■ 矽通孔（TSV：Through-Silicon Via）

一種可完全穿過矽裸片或晶圓實現矽片堆疊的垂直互連通道的技術，被認為是目前半導體行業最先進的技術之一。矽通孔技術具有互連距離短、積體密度高的優點，能夠使晶片在三維空間堆疊密度最大，並提升晶片性能、降低功耗、縮小尺寸。

矽通孔技術透過銅、鎢、多晶矽等導電物質的填充，實現矽通孔的垂直電氣互聯，這項技術是目前唯一的垂直電互聯技術，是實現 3D 先進封裝的關鍵技術之一。矽通孔技術可以替代引線鍵合和倒裝晶片封裝技術。

■ TEOS（正矽酸乙酯 $Si(OC_2H_5)_4$）

正矽酸乙酯 $Si(OC_2H_5)_4$，是用於形成常壓化學氣相沉積（AP CVD）氧化層的原料名稱，使用 TEOS 形成的氧化層稱的為 TEOS 氧化層。

■ 熱退火（Thermal Annealing）

其過程是將矽片放置於較高溫度環境中一定的時間，使矽片表面或內部的微觀結構發生變化，以達到特定的工藝目的。

■ 熱固性環氧樹脂（Thermosetting Resin）

一種穩定的聚合物材料，在加熱後會發生聚合反應從而硬化並形成聚合物。它主要用於製作環氧樹脂模塑膠，透過防止熱損傷、機械損傷，及腐蝕以保護半導體電路的電子和電氣性能。

■ 切筋（Trimming）

一種應用於引線框架封裝的工藝，使用剪切衝床去除引線之間的阻尼條。

■ 載帶自動鍵合 / 焊（TAB：tape automated bonding）

載帶自動鍵合（TAB）是一種將 IC 安裝和互連到柔性金屬化聚合物載帶上的 IC 組裝技術。載帶內引線鍵合到 IC 上，外引線鍵合到常規封裝或者 PCB 上，整個過程均自動完成，因此，效率比要高。按照電氣連接方式來看屬於無線鍵合方法。

■ 頂面碎片（TSC：top-side Chipping）

它發生晶圓的頂面，變成一個合格率問題，當切片接近晶片的有源區域時，主要依靠刀片磨砂細微性、冷卻劑流量和進給速度。

■ 總厚度變化（TTV：Total Thickness Variation）

是矽片的最大厚度和最小厚度之間的差異，是用來衡量矽片厚度均勻性的一個重要指標。

■ 薄型四方扁平封裝（TQFP：Thin Quad Flat Package）

四邊扁平封裝（TQFP）工藝能有效利用空間，從而降低對印刷電路板空間大小的要求。由於高度和體積的縮小，這種封裝工藝非常適合對空間要求較高的應用，如 PCMCIA 卡和網路元件。幾乎所有 ALTERA 的 CPLD/FPGA 都有 TQFP 封裝。

■ 薄型小尺寸封裝（TSOP：Thin Small Outline Package）

薄型小尺寸封裝記憶體封裝技術的一個典型特徵就是在封裝晶片的周圍做出引腳，TSOP 適合用 SMT 技術在 PCB 上安裝佈線。TSOP 封裝外形尺寸時，寄生參數（電流大幅度變化時，引起輸出電壓擾動）減小，適合高頻應用，操作比較方便，可靠性也比較高。

■ 熱壓縮工藝（TC：Thermo Compression）

對物體進行加熱和加壓處理，使其進行鍵合的一種工藝。

■ 熱壓鍵合（TCB：Thermal Compression Bonding）

熱壓鍵合是利用加壓和加熱的方法，使得金屬絲與焊區接觸面的原子間達到原子間的引力範圍，從而達到鍵合的目的，常用於金絲的鍵合。

■ 靶材（Target）

靶材是一種用於製備薄膜的材料，其作用類似於微觀射擊目標。透過高速荷能粒子的轟擊，靶材可以與不同的雷射或離子光束相互作用，從而實現導電和阻擋等功能。因此，靶材也被稱為「濺射靶材」。

一塊靶材通常由「靶坯」和「背板」組成。靶坯是由高純金屬製作而成，成為高速離子束流轟擊的目標；而背板透過焊接工藝連接在靶坯上，起到固定靶坯的作用，並且背板本身需要具備導熱導電性。

不同領域對靶材的要求也有所不同，太陽能電池和平板顯示器對靶材要求達到 4N 級別，而積體電路晶片則要求更高達 6N 級別。

■ 薄膜（TF：Thin Film）

在晶圓上面長膜，分 PCS 和 CVD 兩種，膜厚、均勻度以及平坦度很重要。要獲得好的均勻度和平坦度，要在真空環境下來完成操作，因為真空環境，把金屬氣化之後就會在無序四面狀態下實現全方位運動，就會更均勻。

■ 貼膜（Tape Lamination）

背面研磨的第一步是貼膜。這是一種將膠帶黏到晶圓正面的塗層工藝。進行背面研磨時，矽化合物會向四周擴散，晶圓也可能在這一過程中會因外力而破裂或翹曲，且晶圓面積越大，越容易受到這種現象的影響。因此，在背面研磨之前，需要貼上一條薄薄的紫外線（UV）藍膜用於保護晶圓。

■ 傳遞模塑法（Transfer Molding）

傳遞模塑法採用樹脂，屬於早期的模塑方法。需要將引線鍵合連接晶片的基板放置在兩個模具上，同時將環氧樹脂模塑膠片放置在中間，然後施加熱量和壓力，使固態環氧樹脂模塑膠熔化為液態，流入模具並填充間隙。

■ 老化測試（TDBI：Test During Burn In）

也叫高溫壽命試驗，是一種常用的晶片可靠性測試方法，透過將晶片在高溫環境下長時間運行，以模擬實際使用中的熱應力和老化過程。這種測試有助於評估晶片在高溫環境下的穩定性和長期可靠性。

在進行熱老化測試時，晶片通常被放置在具有恆定高溫的熱槽中，持續運行一段時間，常見的測試溫度範圍為 100°C 至 150°C。測試期間，晶片的電氣特性、性能和可靠性會被監測和記錄。

透過熱老化測試，可以檢測到由於熱擴散、結構破壞或材料衰變等原因引起的故障。這些故障可能包括電阻變化、洩漏電流、接觸不良、金屬遷移等。透過分析測試結果，可以評估晶片在長期高溫環境下的可靠性，並為改進設計和製造過程提供參考。

■ 容差（Tolerance）

性能差異導致的空間或數位上的誤差範圍。

■ 臨界溫度（TC：critical temperature）

超導電性出現的最高溫度。

■ 溫度回流（Temperature Reflow）

在晶片鍵合和倒裝晶片鍵合這兩種方法中，組裝好的單元將經過一個被稱為溫度回流（Temperature Reflow）的通道，該通道可隨著時間的推移調節溫度，以熔化黏合劑或焊球。然後，在其冷卻後將晶片（或凸塊）固定到基板上。

■ 通孔插裝（TH：Through Hole）

其外形特點是具有直插式引腳，引腳插入 PCB 上的通孔後，使用波峰焊進行焊接，元件和焊點分別位於 PCB 的兩面。

■ 載帶球柵陣列（Tape BGA）

又稱陣列載帶自動鍵合，是一種相對較新穎的 BGA 封裝形式。其採用的基板類型是 PI 多層佈線基板，焊料球材料為高熔點焊料合金，焊接時採用低熔點焊料合金。

■ 電晶體外形（TO：Transistor Outine）封裝

透過引線鍵合，把這 60 個電晶體的閘極和汲極，統一連接到閘極 Pad 和汲極 Pad 上，這兩個 Pad 再分別和左右兩邊的引腳相連，源極的部分和中間一整片引腳相連，最後封裝好後對外界體現出來的，就是一個三端子的 HEMT 黑盒，這種長著三個引腳的封裝形式稱為電晶體外形封裝，TO 封裝也可稱為同軸封裝，是指晶片、TO 管帽 /lens 和光纖呈同軸關係。

U

■ 底部填充（Under Fill）

底部填充（Under Fill）材料應用的基本原理是透過其填充在晶片底部並經加熱固化後形成牢固的黏接層和填充層，降低晶片與基板之間因熱膨脹係數差異所造成的熱應力失配，提高元件結構強度和可靠性，增強晶片和基板間的抗跌落性能。

Underfill 材料主要由有機黏合劑、填料、固化劑、催化劑、偶聯劑、潤濕劑、阻燃劑、消泡劑以及其它添加劑組成。

■ 凸塊下金屬化（UBM：Under Bump Metallization）

是金屬凸點和晶片焊盤表面金屬層之間的過渡層。由於晶片鍵合區金屬、封裝鍵合區金屬和互連金屬之間發生的相互擴散，會破壞互連性能，降低封裝可靠性。因此必須增加 UBM 過渡層以實現穩定可靠的互連。UBM 採用多層金屬，分別作為黏附層、擴散阻擋層和犧牲層（增強濕潤）等，各層金屬綜合作用，提高互連結構可靠性。

■ 均勻性（Uniformity）

它用於衡量蝕刻工藝在整個晶圓上蝕刻能力的一致性，反映了蝕刻的不均勻程度。與曝光不同，蝕刻需要將整個晶圓暴露在蝕刻氣體中。該工藝在施加反應氣體後去除副產物，並不斷迴圈物質，因此很難做到整個晶圓的每個角落都有相同的蝕刻效果。這就導致了晶圓不同部位出現不同的蝕刻速度。

■ 紫外線（UV：Ultra Violet）清洗

照射紫外線能夠產生臭氧等有機物質，可用於分解、揮發工程。

■ 紫外固化壓印（UV-NIL）

紫外固化壓印技術採用可透過紫外光的石英或者金剛石材料模版來製作微納圖案。其解析度一般可達 50nm，在室溫下可以進行加工，所需壓力為 1~200N，襯底材料為矽片，對準精度為 500nm，採用紫外感光有機溶劑。可用於半導體積體電路製造等方向。

■ 極大型積體電路（ULSI：Ultra Large Scale Integration）

邏輯閘 10,001~1M 個或電晶體 100,001~10M 個。

V

■ 導通孔（Via Hole）

導通孔的作用是為了連接上下佈線與多層佈線，因此用來作為該層間絕緣膜所設置的電路接續用開口。

■ 超大型積體電路（VLSI：Very large scale integration）

邏輯閘 1,001~10k 個或電晶體 10,001~100k 個。

■ 中通孔（Via Middle）

一種矽通孔工藝方法，在互補金屬氧化物半導體形成後及金屬層形成之前開展的工序。

■ 空隙（Voids）

材料內部形成的空洞或氣孔，是在材料製造或熱處理過程中出現的一種缺陷。

■ 磁帶錄影機（VTR：Video Tape Recorder）

是利用電磁感應原理，將視訊訊號和音訊信號以剩磁的形式記錄在磁帶上，並可進行重放電視節目製作與播出的設備。

W

■ 引線鍵合 / 打線接合（WB：Wire Bonding）

用引線將晶片 I/O 埠和封裝引腳連接起來，有時也被稱為 Bond Wire（鍵合線或絲焊）。Wire Bonding 強調鍵合的整個過程，而 Bond Wire 則多指鍵合線本身。

■ 晶圓 / 晶片（Wafer）

晶圓是指矽半導體積體電路製作所用的矽晶片，由於其形狀為圓形，故稱為晶圓。

■ 晶圓級晶片封裝（WLCSP：Wafer-Level Chip-Scale Package）

一種在晶圓級封裝積體電路的技術，是倒片封裝技術的一個變體。WLCSP 的特點在於連接超出（「扇出」）晶片表面。

■ 晶圓級封裝（WLP：Wafer-Level Package）

不同於傳統封裝工藝，晶圓級封裝是在晶片還在晶圓上的時候就對晶片進行封裝，保護層可以黏接在晶圓的頂部或底部，然後連接電路，再將晶圓切成單個晶片。這是一種先進的封裝技術，因其具有尺寸小、電性能優良、散熱好、成本低等優勢，近年來發展迅速。根據 Verified Market Research 研究資料，晶圓級封裝市場 2020 年為 48.4 億美元，預計到 2028 年將達到 228.3 億美元，從 2021 年到 2028 年的複合年增長率為 21.4%。

■ 翹曲度（Warp）

晶片中心面與基準平面之間最大和最小距離的差值，是晶片的一種體性質而不是表面特性。

■ 晶圓老化（WBI：Wafer Burn-in）

「老化（Burn in）」的目的就是為識別產品的潛在缺陷，提前發現產品的早期失效狀況。晶圓老化是在晶圓產品上施加溫度、電壓等外界刺激，剔除可能發生早期失效的產品的過程。

■ 濕式蝕刻（Wet Etching）

濕式腐蝕是化合物半導體元件製作中一種不可或缺的工藝技術，主要原理是腐蝕溶液與浸漬在腐蝕液中的材料進行化學反應生成可溶解的生成物，從而將需要腐蝕的區域去除。它一般在光阻劑的保護下，對材料進行腐蝕，清洗去除光阻劑後得到最終圖形。

■ 濕式氧化（Wet Oxidation）

濕式氧化法採用水蒸氣與氧氣，因此氧化膜生長速度快，可形成厚膜，但與乾式氧化法相比，氧化層密度較低。因此，其缺點是氧化膜的品質較乾式氧化法較差；在相同溫度和時間下，濕式氧化法得到的氧化膜有較乾式氧化法厚 5~10 倍。

■ 阱（Well）

是指在矽表面注入摻雜物的局部區域，以調整其電氣特性並優化電晶體性能。阱還透過在鄰近 PMOS 和 NMOS 元件之間建立二極體屏障，增強了淺溝槽隔離提供的電氣隔離效果。

■ 水痕（Water Mark）

是指不純物質在乾燥製程中最後殘留的部分水分，它們會在晶圓上形成極薄的矽氧化層水合物。

Y

■ 良率（Yield）

良率（Yield）是滿足品質要求的晶片（Good Die）相對於單個晶圓上最大晶片數量（GDPW：Gross Die per wafer）的百分比，是半導體生產率的直接指標。

Z

■ 鋸齒型單列式封裝（ZIP：Zig-zag In-line Package）

一種引腳排列成鋸齒型的封裝技術，是雙列直插式封裝的替代技術，可用於增加安裝密度。